永磁同步电机的智能控制优化算法

刘 凌 著

科 学 出 版 社

北 京

内 容 简 介

本书以工业领域广泛应用的三相永磁同步电机为研究对象，以永磁同步电机矢量控制技术与非线性滑模变结构控制理论相结合的设计与实现为主线。主要阐述永磁同步电机系统的滑模速度控制器设计、基于滑模观测器的无位置传感器驱动及智能控制技术的原理与应用问题。此外，还讨论了智能控制优化算法在不同的电机本体结构、运行工况、转速控制指令下的应用实例，并详细介绍了各个智能算法的相关系数和结构框图。

本书适用于高等院校电气工程及其自动化、自动化等专业本科“现代电机智能控制技术”或“面向电力拖动智能控制系统”课程教学，也可作为电机系统及其控制、电力电子与电能变换等相关学科的研究生用书，还可供从事电力拖动控制系统的工程技术人员参考。

图书在版编目（CIP）数据

永磁同步电机的智能控制优化算法 / 刘凌著. -- 北京 ： 科学出版社, 2024. 12. -- ISBN 978-7-03-080196-8

Ⅰ. TM351.012

中国国家版本馆 CIP 数据核字第 2024MU6734 号

责任编辑：赵丽欣　王会明 / 责任校对：赵丽杰
责任印制：吕春珉 / 封面设计：东方人华平面设计部

科学出版社 出版
北京东黄城根北街 16 号
邮政编码：100717
http://www.sciencep.com
三河市骏杰印刷有限公司印刷
科学出版社发行　各地新华书店经销
*
2024 年 12 月第　一　版　开本：787×1092 1/16
2024 年 12 月第一次印刷　印张：14 1/4
字数：334 000

定价：158.00 元

（如有印装质量问题，我社负责调换）
销售部电话 010-62136230　编辑部电话 010-62138978-2010

前言

永磁同步电机的滑模变结构自适应控制技术是实现高性能智能伺服驱动的核心技术之一，在先进制造中得到了广泛应用。例如，依托滑模变结构无位置传感器驱动技术构成的伺服驱动装置，是目前轨道交通牵引系统、工业传动等高性能机电一体化系统的重要组成部分，也是未来电机控制系统的重要发展趋势。

20 世纪 50 年代末，苏联学者 Emelyanov 等最先提出了滑模变结构控制。经过多年的发展，滑模变结构控制已经成为自动控制系统的一种重要设计方法。20 世纪 70 年代，德国学者 Blaschke 针对交流电机提出了矢量控制理论，这一理论直接促进了交流伺服系统的发展和广泛应用。进入 21 世纪，永磁同步电机的设计与制造技术日趋成熟，国内外对其研发与应用不断深入。目前，随着神经网络等人工智能算法的蓬勃发展，神经网络算法和矢量控制相结合，通过选择合适的网络拓扑结构、学习算法和训练函数，实现了电机系统的高精度、强鲁棒和自适应控制。永磁同步电机的先进驱动技术还在不断发展和完善，逐步实现了无位置传感器驱动，最终将建成具有卓越性能的智能驱动系统。

为了将永磁同步电机滑模变结构控制技术的相关科学研究成果及时应用于高校教学与工程技术中，便于学生与工程技术人员学习与掌握其中的控制思想，国内迫切需要系统介绍永磁同步电机滑模变结构控制技术的书籍。本书作者在多年的科学研究和学术积累的基础上，参考了国内外大量相关文献，编著了本书。

全书共 6 章。第 1 章介绍永磁同步电机控制系统的研究背景、意义及研究现状，以及滑模变结构控制的研究现状。第 2 章介绍基础知识，包括永磁同步电机矢量控制系统、滑模变结构控制的滑模面及控制律选择与设计、滑模控制的抖振问题及融合人工智能算法的滑模控制。第 3 章和第 4 章分别介绍永磁同步电机的滑模变结构控制器设计和滑模观测器设计。第 5 章和第 6 章分别介绍复杂工况下永磁同步电机的滑模控制和自适应智能控制。

用于高性能永磁同步电机驱动的矢量控制、滑模变结构控制、神经网络算法及分数阶微积分理论在理论上相对独立，但随着技术的发展，各个理论逐步融合，形成先进的高度集成的理论与技术。因此，在逐步理解各部分理论后，还需要整体把握各部分理论的融合。

虽然作者用了大量精力来编写本书，但仍难免存在不足之处，殷切希望广大读者批评指正。

目　　录

第 1 章　绪　　论

1.1　研究背景及意义

自 20 世纪 80 年代以来，交流电机逐渐取代了直流电机[1]。高效节能的生产需求促进了高性能电机及其驱动系统的开发和应用。过去，永磁材料的弱磁性能力导致电机在运行过程中受负载影响较大，极大地限制了永磁同步电机（permanent magnet synchronous motor，PMSM）的发展应用。稀土永磁材料钕铁硼热稳定性、耐腐蚀性能的改善及其价格的降低，以及新型永磁材料的出现，使永磁同步电机在快速发展的电力电子技术、电机控制技术、规模集成电路、计算机技术、传感器技术等的支撑下，已在现代工农业、国家安全防护、武器装备等高科技领域获得广泛的推广应用，成为国家快速发展的主要动力，正向大功率化（高转速、高转矩）、高精度、高稳定度、快速响应、高效节能和微型化方面发展。

永磁同步电机具有结构简单、体积小、重量轻、损耗小、转动惯量低、功率密度高、功率因数高、效率高等物理特性，易实现高速运行、制动、正反转切换，调速范围宽，动态响应性能好，运行可靠。目前，永磁同步电机的应用已不局限于恒频、恒转速的场合，其矢量控制系统能够实现高稳态精度、高动态性能、大范围调速和定位控制。然而，永磁同步电机是一个多变量、强耦合的非线性动力系统，在其运行过程中，存在负载突变和外部扰动的干扰；随着电机运行状态的变化，电机参数也会发生一定的变化；也存在系统参数检测受限、数学建模不准确的问题。这些问题直接影响永磁同步电机系统性能，尤其在一些高性能应用领域，必须要面对和解决。永磁同步电机控制系统广泛使用比例-积分（proportional-integral，PI）调节器进行控制，但 PI 调节器易受电机参数变化影响，负载变化时适应力差。因此，可引入现代控制方法以提高系统的鲁棒性。在 PMSM 控制系统中，转子位置和速度的准确获取是电机稳定快速运行的关键。

1.2　永磁同步电机控制策略的研究现状

目前，大部分电机控制系统关于转子信息的采样都是依靠旋转变压器、光电编码器等机械位置传感器，但这些传感器成本高，增加了电机占用面积与轴承的惯量，在一些特殊场合及环境下，使用会受到限制。无传感器控制技术将采样到的电信号作为无位置控制器的输入，再经过一些控制算法实现对转子位置和速度的估算，无须通过机械传感器对转子信息进行检测，这将是今后电机控制发展的趋势。PMSM 在某些电机参数、工作电压及负载下易出现混沌振荡行为，主要表现为转矩、转速不规则振荡和不规则电磁噪声等。

1.2.1 永磁同步电机控制技术发展

1. 智能控制

交流电机矢量控制技术明显改善了电机的调速性能，但传统的矢量控制依赖于电机数学模型和参数，对于永磁同步电机这个非线性、时变、不确定性受扰系统，其抗干扰性能较差，满足不了现代电机调速系统的要求。近年来，人工智能技术摆脱了对被控对象模型的依赖，具有较强的自适应性和鲁棒性，成为研究与应用的热点。智能化电气传动控制也成为目前重要的发展方向，主要出现了滑模控制、神经网络控制、模糊控制、H_∞控制、自适应控制等智能控制方法，并在电机传动系统中得到了广泛的研究与应用。

2. 无传感器技术

高性能永磁同步电机控制系统需要电机转速与位置的精确反馈，通常转速和位置反馈信号由与电机同轴的速度传感器获得。为了获得可靠的转速和位置信号，需要高精度速度传感器采集信号，且必须精确安装、妥善维护，这使得系统成本增加，对环境的适应能力变差，因而在可靠性要求高的场合应用受到限制，如机器人、空间飞行器等军用设备。因此，无速度传感器技术能够使系统具有更好的控制性能。如何利用所测量的电压和电流信号准确地估计电机转速和位置是无传感器控制技术的关键。目前，PMSM 无位置控制的方法主要有模型参考自适应法、高频注入法、卡尔曼滤波法、基于 LMI（linear matrix inequality，线性矩阵不等式）法、滑模观测器法等。

3. 电机系统非线性混沌振荡研究与控制

作为一个典型的非线性系统，永磁同步电机的参数落入一些特定的数值区域时，会呈现复杂的非线性混沌吸引子，主要体现为转矩忽大忽小、转速忽高忽低的振荡现象及不规则电流噪声等。电机的混沌运动会影响永磁同步电机系统的稳定性，降低系统的运行性能，甚至会导致机电系统的崩溃。因此，研究永磁同步电机运行过程中混沌产生的原理，以及如何采取有效的方法抑制或消除混沌振荡，意义重大。但大部分对永磁同步电机混沌系统的研究成果在进行模型变换时，未考虑转子极对数，默认极对数为 1，最终得到的无量纲系统不具有普遍性。目前，稳定永磁同步电机混沌系统的方法有非线性反馈控制、最优控制、瞬时 Lyapunov 指数法、纳入轨道与强迫迁徙法、基于微分几何法、延迟反馈法等[2]。

4. 参数辨识

永磁同步电机参数在一定环境及工况下会发生变化，通过实时准确地获取电机参数，可以实现电机的高性能控制、可靠状态监控及早期故障诊断。为此，永磁同步电机的参数辨识技术获得了广泛的研究关注，呈现出大量的研究和应用成果。为了改善定子电阻、电感变化对矢量控制系统电流控制器的影响，根据所采集的定子电压、电流和转速信号，采用带遗忘因子的多信息最小二乘法，实现了对定子电阻、电感和磁链的在线精确辨识。

1.2.2 永磁同步电机神经网络控制及其应用

1. 神经网络（neural network，NN）监督控制系统

NN 监督控制系统是指通过对传统控制器进行学习，然后用 NN 控制器取代原控制器。NN 监督控制系统结构框图如图 1-1 所示。

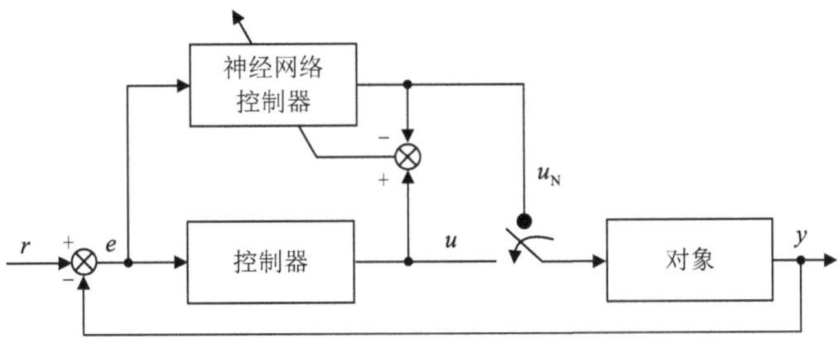

图 1-1　NN 监督控制系统结构框图

2. NN 直接逆控制

NN 直接逆控制是指将被控对象的 NN 逆模型与被控对象环节相串联，使期望输出与实际输出之间的函数关系等于 1。在图 1-2（a）中，NN1 和 NN2 具有完全相同的网络结构，采用相同的学习算法来修正权值。在图 1-2（b）中，通过评价函数来修正权值。

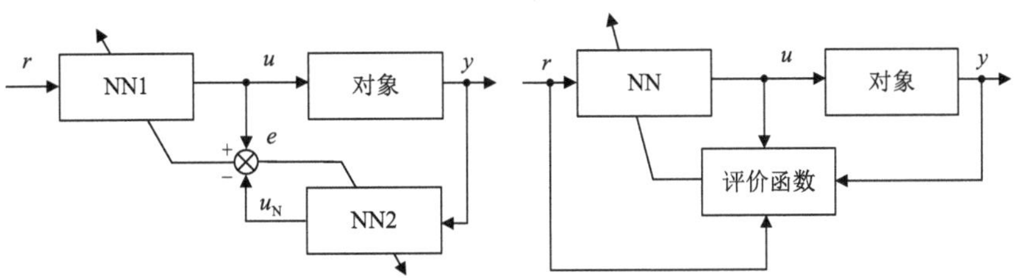

（a）　　（b）

图 1-2　NN 直接逆控制结构框图

3. NN 自适应控制

NN 自适应控制分为间接自校正控制与直接模型参考自适应控制两种。在间接自校正控制中，NN 用作过程参数或某些非线性函数的在线估计器，而控制器则基于得到的估计器来进行设计，其结构框图如图 1-3 所示。图 1-4 为 NN 直接模型参考自适应控制结构框图。图中 NNC（neural network control）为神经网络控制器。

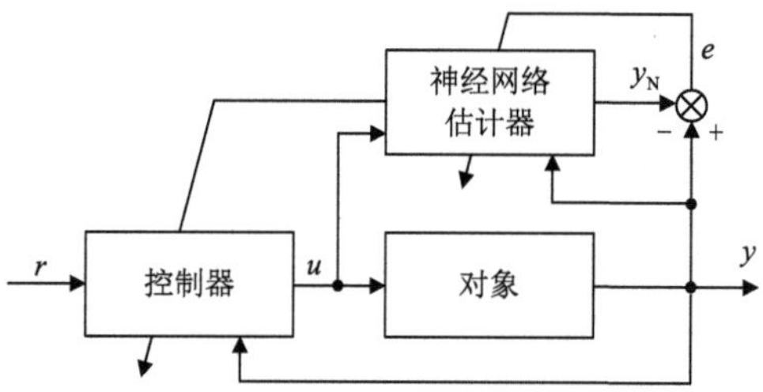

图 1-3　NN 间接自校正控制结构框图

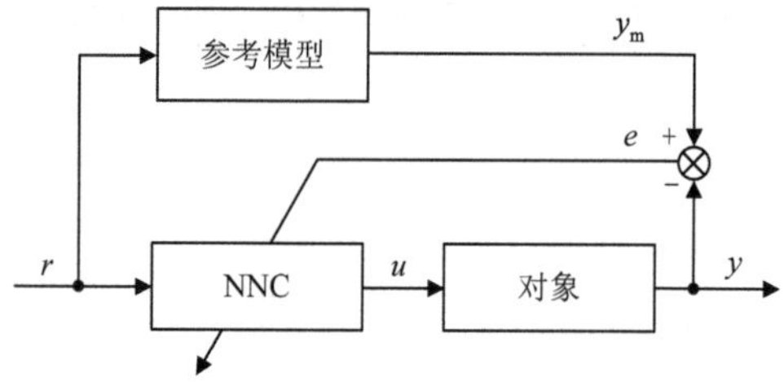

图 1-4　NN 直接模型参考自适应控制结构框图

4. NN 内模控制

NN 内模控制中被控对象的正向模型和控制器皆由 NN 实现。图 1-5 为 NN 间接模型参考自适应控制结构框图。图 1-6 为内模控制结构框图。图中 NNI（neural network intelligence）为神经网络智能套件。

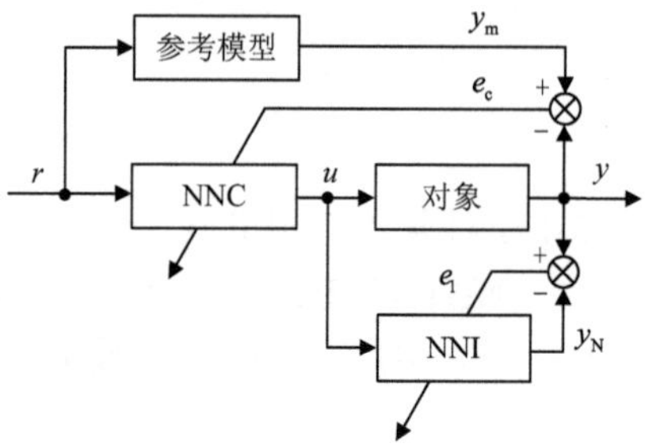

图 1-5　NN 间接模型参考自适应控制结构框图

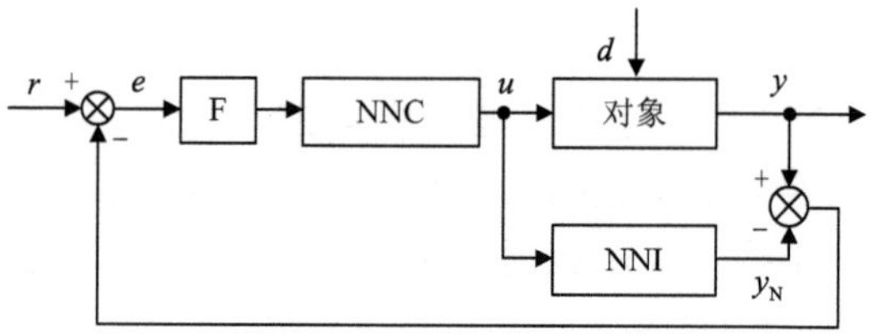

图 1-6　NN 内模控制结构框图

5. NN 预测控制

预测控制的特征是对模型的预测、滚动优化和反馈校正。图 1-7 中，NN 预测控制的结构框图中的虚线用于训练 NNC 以模拟非线性优化轨迹。此外，NN 预测控制器建立了被控对象的预测模型。

6. NN 模糊控制

图 1-8 是一种 NN 模糊控制结构框图，其中 NN 负责学习，模糊控制器负责推理。NN 和模糊控制器在信息加工处理过程中，皆表现出很强的容错能力。将 NN 的学习机

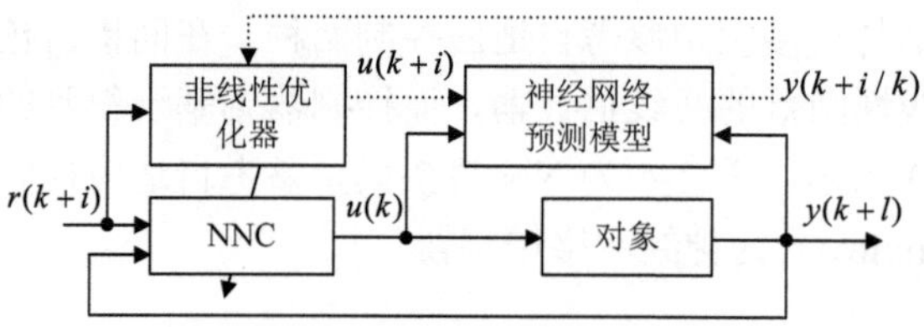

图 1-7　NN 预测控制结构框图

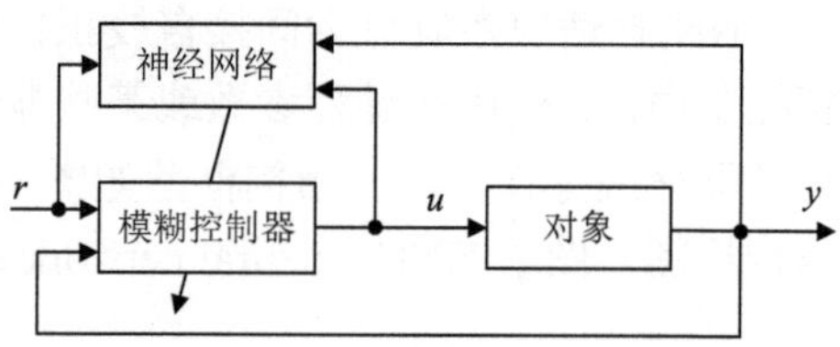

图 1-8　NN 模糊控制结构框图

制引入模糊控制器，将 NN 和模糊控制器相结合，构成模糊 NN，使模糊控制器也具有自学习能力和并行处理的结构，以此来完成推理[3]。

1.2.3　无差拍电流预测控制研究现状

无差拍电流预测控制（deadbeat predictive current control，DPCC）属于预测控制中的一类，控制目标是在不考虑实际系统单位计算延迟的情况下，在一个周期内消除电流误差。DPCC 最早是由日本的 Kawamura 教授在 1988 年提出的，首先应用在逆变器的控制中，利用电压传感器获得接近正弦的 PWM 逆变器输出电压。DPCC 在电机控制中应用的基本思想是根据 k 时刻的电机电流实际值和电流参考值，利用电机的离散数学模型，预测出电机下一时刻的期望电压，使电机的实际电流在 k+1 时刻达到参考值。目前，对于 DPCC 算法的研究主要集中在降低算法对电机参数的敏感性和提高算法的鲁棒[4-10]性上。引入扰动观测器的改进方法在传统 DPCC 改进算法中最为常见，其基本思想是将离散数学模型不准确造成的误差看成扰动进行观测，然后将观测到的扰动补偿到预测模型的输出电压上，以提高 DPCC 算法的鲁棒性。常见的扰动观测器有滑模观测器[11-13]和龙伯格观测器[14-15]。图 1-9 展示了常见的 DPCC 改进算法。

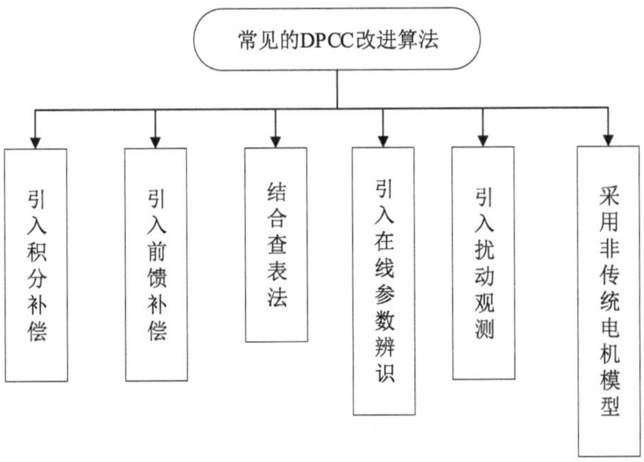

图 1-9　常见的 DPCC 改进算法

1.3　永磁同步电机无传感器控制方法发展现状

目前，根据控制机理可将 PMSM 无传感器控制方法分为两大类：一类是基于 PMSM 基波数学模型的控制方法，此类方法主要用于电机的中高速无传感器控制中；另一类是基于 PMSM 凸极特性的控制方法，此类方法主要用于电机的零速和低速无传感器控制中。

1.3.1　无位置传感器控制方法综述

图 1-10 为 PMSM 两大类无传感器控制方法的细分图，图中列出了两大类方法中几种常用的控制方法。

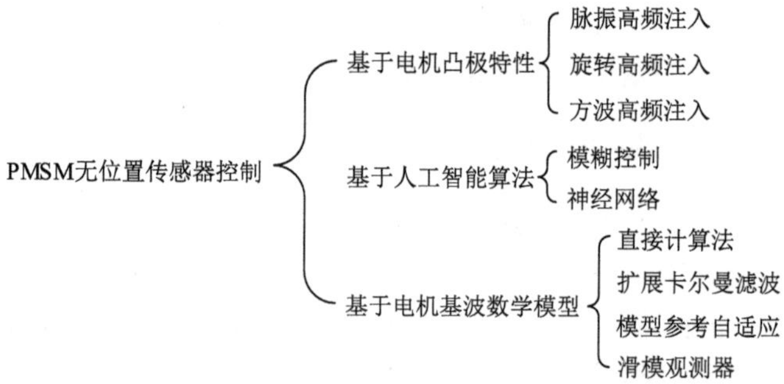

图 1-10　PMSM 无传感器控制方法细分图

基于电机凸极特性的无传感器控制方法主要包括脉振、旋转和方波三种高频注入控制方法[16-19]。这些方法主要是根据电机的凸极特性，即电机交轴和直轴磁路的不对称性，通过向电机注入高频信号，由此获得电机的高频信号响应，通过计算等效阻抗，最终从电感矩阵中获取电机的位置信息。三者之间的区别在于注入信号的类型和信号提取的方式。高频注入法虽然性能优良，不受电机参数变化的影响，但由于高频信号会给系统带来高频噪声，从而影响系统性能。因此，关于高频注入法在精确获取电机位置信息的同时如何降低系统的噪声，成为了 PMSM 在零速和低速无传感器控制的研究热点。

从 20 世纪 90 年代起，以模糊控制、神经网络等为代表的人工智能算法开始逐渐应用在 PMSM 的无传感器控制中。人工智能算法的优点在于可以不依赖于电机的数学模型，而通过其信息处理和学习能力来学习和辨识电机的动态性能，以此获得电机的位置信息。

基于电机基波数学模型的无传感器控制方法主要包括直接计算法、扩展卡尔曼滤波、模型参考自适应和滑模观测器（sliding mode observer，SMD）[20-23]。它们主要是通过在电机运行时，测量电机的相关电信号，如定子电压和电流，再根据电机的数学模型来构建观测器，以观测电机的反电动势或磁链，最终从观测的反电动势或磁链中提取出电机的位置信息。

下面介绍基于电机基波数学模型的四种无传感器控制方法的具体方式。

1. 直接计算法

直接计算法是根据 PMSM 的数学模型，即电机的电压、电流、磁链等方程，通过测量得到的各种电信号以及电机的自身参数，采用直接计算的方式来获取电机的位置信息。但由于 PMSM 模型中的一些参数变量如定子电阻、定子电感等容易受温度、湿度变化的影响，直接计算可能会导致较大的误差，使系统控制精度下降，严重时可能会影响系统稳定性。为了解决上述问题，一般需要结合参数辨识技术才能进行有效控制[24]，但这增加了算法的复杂度，所以直接计算法使用较少。

2. 扩展卡尔曼滤波

扩展卡尔曼滤波的原理是采用最优估计，通过引入模型误差与测量扰动，不断修正系统状态变量的估计值[25]。不仅具有对估计值进行修正优化和自适应能力，而且能够有效抑制系统因测量带来的扰动与噪声[26]。利用扩展卡尔曼滤波获取 PMSM 位置信息时，首先根据电机的模型推算出反电动势，然后从反电动势中获取实际转速和位置，再对转速和位置的估计值不断修正，以此来获得最优的估计值。因此，该方法可以在存在模型误差与测量噪声的系统中不断修正所需的估计值，具有很强的抗内外扰动能力[27]。但扩展卡尔曼滤波也存在一些技术难点[28]：计算量大，需要对矩阵进行求逆，需要计算机硬件的支持，需要根据大量的模型误差与测量噪声的统计数据并通过多次实验才能求得误差与噪声的矩阵。

3. 模型参考自适应

模型参考自适应基于系统稳定性理论，根据模型中是否包含未知参数，构建可调模型和参考模型。其中，可调模型可做调整，其输出与参考模型一致，使两个模型物理意义相同。根据自适应律来调整两个模型的差值，使可调模型的参数跟踪参考模型参数。通常将 PMSM 本身作为参考模型，电机的电压或电流方程作为可调模型，转速一般为两个模型的参数，通过自适应律调整可调模型，从而得到电机的转速和位置信息[29]。该方法具有自适应速度快、性能优良、工程上易于实现等特点，但由于两种模型的选取以及自适应律的选择尤为重要，因此该方法容易受电机参数变化的影响[30]。模型参考自适应根据研究重点的不同，可分为对两种模型选择的研究、自适应律选择的研究以及与其他算法结合的研究。模型参考自适应由于依赖电机参数，若要将其在实际工控中进行进一步的应用，需要结合参数辨识等技术来加强抗参数摄动的能力。但这样加大了该方法的计算量，因此需要性能更加优良的硬件进行支持，系统成本较高。

4. 滑模观测器

滑模观测器（SMO）是一种基于变结构理论发展而来的控制方法，最早由 T. Furuhashi 用于对直流无刷电机反电动势的观测，后逐渐应用于 PMSM 控制中。SMO 是基于 PMSM 基本数学模型，构建 d 轴、q 轴电流观测方程，通过选择滑模面和滑模切换函数，求出电机的反电动势，最终从反电动势中提取出电机的转速和位置信息[31-35]。SMO 对内部参数摄动与外部负载扰动不敏感，具有强鲁棒性的优点。但在 SMO 中，由于切换函数的不连续性，系统会产生抖振问题，严重的抖振将影响系统的性能与精度。

1.3.2 基于滑模观测器的无位置传感器控制研究现状

SMO 虽然具有强鲁棒性、强稳定性、方法简单易实现等优点，但由于滑模本身是一种不连续的非线性控制方法，因此由 SMO 观测出的转速中存在抖振问题，观测出的位置具有相位滞后和精度低等问题。针对 SMO 出现的问题，国内外众多学者进行了深入的研究。

1. 抖振问题

SMO 由于滑模运动，导致其在滑模面上做高频往返运动，必然会导致系统产生一定的抖振。另外，系统惯性、时间和空间的滞后也会导致一定程度的抖振。针对这一问题，可以通过准滑模[36]、低通滤波器的改进[37]、与其他算法相结合[38]以及高阶 SMO[39]来解决。上述几种改进方法均在不同方面对系统抖振进行减小，具有一定的效果。通过用 Sigmoid 函数替代传统的符号切换函数，形成一种准滑模控制，起到了降低系统抖振的作用。文献[37]采用了一种截止频率随转速变化的低通滤波器，实验结果表明 SMO 系统具有精度高、抖振小的优点。文献[38]提出了用模糊 RBF 神经网络来调整滑模切换函数的增益，有效地减小了系统抖振。文献[39]以传统滑模面为一阶滑模面，建立高阶滑模面，利用高阶滑模面的优良特性来减小系统抖振。

2. 内部参数变化问题

SMO 虽然具有很强的鲁棒性，但当 PMSM 内部参数摄动过于大时，有可能导致系统不稳定，甚至使系统发散。针对内部参数变化问题，文献[40]利用 Lyapunov 函数推导了定子电阻参数估计公式，并将估计值实时应用到 PMSM 电机模型中。文献[41]在文献[40]的基础上，引入了定子电感的估计公式，将定子电阻与电感同时代入 SMO 模型中，进一步提高了系统精度，取得了很好的应用效果。

3. 相位滞后问题

SMO 的基本原理为构建 α 轴、β 轴电流观测方程，再由观测器得到电机的反电动势，最后由反电动势提取其中的转速和位置信息。但观测出来的反电动势含有较大的高频噪声，需要用低通滤波器进行处理。低通滤波器的使用会导致观测的电机位置出现滞后，因此需要对其进行相位补偿。

4. 估计精度低问题

PMSM 反电动势中包含电机的转速和位置信息，SMO 在估计出反电动势后，采用直接计算的方法从反电动势信号中提取 PMSM 的转速和位置信息[42-43]。但直接计算会带来较大的计算噪声，且硬件执行上需要不断查表，精度低，具有一定的局限性[44]。为了实现对永磁同步电机无位置矢量控制系统所需的转子位置和速度的准确估计，提出一种基于跟踪微分器的新型非奇异快速终端滑模观测器[45]。与传统滑模观测器相比，该新型滑模观测器具有收敛速度更快、跟踪精度更高、反电动势抖振更小的特点。当系统存在负载扰动及参数摄动时，仍然能够准确地估算出电机转子的位置和速度，具有较强的鲁棒性。

5. 负载转矩扰动问题

PMSM 在实际运行中容易受到外部负载转矩突变的影响。虽然 SMO 具有抗外部负载扰动的能力和一定的鲁棒性[46-49]，但在严重情况下，仍会使 PMSM 的转速出现较大的下降或上升。在许多需要 PMSM 恒速运行且转速基本上没有太大变化和抗外部负载扰动能力强的场合，普通的 SMO 无法满足需求。目前，最普遍的解决方法是对负载转矩进行及时的观测和补偿，即采用扰动观测器。文献[47]提出了一种带积分隔离的负载转矩观测器，并采用自适应的切换函数，进一步提高了系统的性能。文献[50]将积分滑模负载观测器与改进的 SMO 结合，SMO 系统性能有所提升，但仍存在相位滞后等不足。

1.4 滑模变结构控制的发展及其应用

最初的滑模控制采用线性滑模面，由系统状态的一次项及其各阶导数的一次项构成滑模面，模型简单，但系统状态以指数形式渐进收敛，无法快速收敛至平衡点，控制精度较低。为改善系统受到外界扰动时可能存在的稳态误差，引入了积分滑模面，但该方法具有一定的局限性，要求被控对象的系统模型是可控标准型，且系统状态仍是渐进收敛的。采用快速终端滑模抑制电力系统的混沌振荡，通过在线性滑模中引入非线性项，提高了系统的收敛速度，并使系统状态在有限的时间内收敛至平衡点，提高了控制精度。然而，对滑模面求导后，控制律中存在状态指数为负的项，可能会使控制量趋于无穷大，产生奇异点。

1.4.1 滑模控制发展历程

1. 滑模理论的发展

滑模控制分为两个阶段：到达阶段和滑动阶段。滑模面的设计保证了系统状态在滑动阶段具有优良特性。为了改善系统状态在离滑模面较远时到达滑模面的过程特性，中国学者高为炳院士提出了趋近律思想。目前，常见的趋近律有等速趋近律、指数趋近律和幂次趋近律[51]。为了提高到达阶段的性能，有些文献提出了变速趋近律的思想。根据被控对象构成的滑模面，设计自适应参数校正律来调节指数趋近律中切换函数前增益的大小，可实时调节切换系数，优化系统状态在到达阶段的动态性能，并改善抖振现象。

2. 消除抖振

抖振的存在影响了控制的精确性，增加了能耗，且容易诱发系统未建模特性，影响系统性能，更有可能导致系统产生振荡失稳，损坏控制器。滑模控制的鲁棒性由切换控制得以保证，但滑模控制的抖振也由切换控制造成，因此如何削弱滑模抖振是滑模控制的首要任务。目前所采用的削弱抖振的方法有以下五种。

（1）准滑模：采用饱和函数代替符号函数，在边界层以外仍为非线性切换控制，在边界层以内为线性连续控制，有效地削弱了抖振，但弱化了切换函数的快速收敛性，使得在边界层内的收敛速度减慢，同时也无法实现有限时间收敛，控制精度有所影响。还有一种用 Sigmoid 函数替换切换函数的方法，使切换曲线更加柔滑，但仍失去了非线性切换函数的有限时间收敛特性，鲁棒性较差。

（2）融合智能算法：一种是采用模糊控制，根据跟踪误差及控制律导数设计模糊规则，或者调节神经网络神经元个数、网络层数，选择适当的激活函数。采用自适应技术也可以使切换系数或边界层大小能够自我调整。另一种是利用模糊系统及神经网络的逼近特性，逼近外界干扰及不确定性，并补偿控制律，或者逼近滑模控制器中的切换控制部分，实质上使不连续控制信号连续化，从而减轻抖振。

（3）高阶滑模：高阶滑模的核心思想是将非线性符号函数作用在更高一阶的滑模面上，控制量出现在滑模面的高阶导数中，从而得到本质上时间连续的动态滑模控制律，有效降低滑模抖振。

（4）干扰观测器：采用干扰观测器可以估计引起抖振的扰动，并前馈补偿至控制器，这样切换增益只需尽可能大于干扰观测器的观测误差，从而大大减小抖振。设计负载转矩滑模观测器，将观测到的负载转矩通过前馈补偿减小切换增益幅值，从而在实现永磁同步电机抗扰性能的同时削弱抖振。

（5）滤波：由于低通滤波器可滤除高频信号，因此可采用低通滤波器对控制信号或切换函数进行平滑滤波，以滤除高频未建模动态造成的抖振。但这种方法存在一定的延时，因为低通滤波器存在一定的相位滞后。

1.4.2 滑模控制在永磁同步电机系统中的应用

永磁同步电机是一个典型的非线性系统，在实际控制系统中存在电流耦合、驱动饱和、摩擦力矩、转矩波动等非线性因素。同时，永磁同步电机还是一个不确定受扰系统，受负载扰动及参数摄动的影响。例如，温度变化和集肤效应将引起定子电阻值的变化；磁链饱和将引起定子电感值的变化；机械磨损将引起摩擦系数的变化；负载的变化将引起转动惯量的变化。此外，还存在建模误差、测量噪声、不确定的外部扰动、未建模动态特性等问题。因此，采用传统控制方法设计控制器，很难实现永磁同步电机的高性能控制要求。由于滑模控制对内部参数摄动和外部干扰具有较强的鲁棒性和较高的控制精度，且不依赖于被控对象的数学模型，并且实现简单，极大地提高了永磁同步电机的控制性能，是值得研究并推广的方法。下面介绍目前滑模控制技术在永磁同步电机中的主要应用。

1. 改善矢量控制性能

将滑模变结构控制与矢量控制相结合应用于速度控制器和电流控制器的设计，可提高永磁同步电机控制系统的鲁棒性，同时响应速度和精度也有所改善。结合新型指数趋近律，可设计永磁同步电机矢量控制系统的速度环滑模控制器，提高调速系统的动态品质，系统的鲁棒性和动静态特性也得到了改善。采用高阶终端滑模控制方法，可设计电流环滑模控制器，实现电流环的快速响应及较强的抗干扰性能。

2. 改善直接转矩控制性能

传统的永磁同步电机直接转矩控制存在磁链和转矩脉动较大、逆变器开关频率不恒定、低速时准确控制较难的问题。在永磁同步电机直接转矩控制中引入滑模控制策略，采用滑模转矩控制器和滑模磁链控制器代替传统滞环调节器，很大程度上减小了静态转矩脉动，同时保留了直接转矩控制的固有特征，有效地改善了系统的动静态性能。

3. 无位置滑模观测器

无位置滑模观测器是以定子测量的电压和电流作为输入信号，针对电流观测误差系统，以定子电流观测误差设计滑模面，得到滑模观测器的控制律和反电动势的估算值。由于所设计的观测器根据误差不断变化结构，迫使系统沿着规定的滑动模态运动，最终使电流观测误差收敛到 0，观测器的鲁棒性强。最后从反电动势的估算值中获得转子位置和速度。

4. 电机参数辨识

永磁同步电机在运行过程中，电机参数会随环境变化而变化，且受测量技术的影响，电机参数存在测量误差。对于 PMSM 驱动系统，为避免机械参数变化对 PMSM 电磁参数辨识结果造成影响，采用高阶终端滑模观测器以实现永磁同步电机转动惯量、摩擦系数、负载转矩等机械参数的辨识，观测精度高。即使工况改变时，该方法仍能更新控制器参数，实现机械参数的实时估计，减小了电机参数随环境变化对系统的影响。

5. 电机混沌振荡控制

针对永磁同步电机的混沌振荡现象，不确定的永磁同步电机混沌系统可采用自适应滑模控制方法。所设计的自适应滑模控制器对模型参数不敏感，不需要永磁同步电机参数的精确信息，且负载可变。

参 考 文 献

[1] WANG G, QU L, ZHAN H, et al. Self-commissioning of permanent magnet synchronous machine drives at standstill considering inverter nonlinearities[J]. IEEE Transactions on Power Electronics, 2014, 29(12):6615-6627.

[2] WEI Q, WANG X Y, HU X P. Optimal control for permanent magnet synchronous motor[J]. Journal of Vibration and Control, 2014, 20(8): 1176-1184.

[3] CHEN C L P, LIU Y J, WEN G X. Fuzzy neural network based adaptive control for a class of uncertain nonlinear stochastic systems[J]. IEEE Transactions on Cybernetics, 2014, 44 (5): 583-593.

[4] 靳东松，刘凌. 永磁同步电机的改进无差拍预测抗扰前馈控制[J]. 西安交通大学学报，2022，56 (7): 38-46.

[5] WANG Z Q, YU A, LI X, et al. A novel current predictive control based on fuzzy algorithm for PMSM[J]. IEEE Journal of Emerging and Selected Topics in Power Electronics, 2019, 7(2): 990-1001.

[6] 范佩樟，刘凌，靳东松，等. 永磁同步电机的无差拍电流预测控制优化算法[J]. 西安交通大学学报，2023，57 (4): 29-38.

[7] 韩在焜. 永磁同步电机无差拍预测控制的新型在线参数直接辨识与自整定策略[D]. 重庆：重庆大学，2021.

[8] WANG Z T, CHAI J Y, XIANG X W, et al. A novel online parameter identification algorithm Designed for deadbeat current control of the permanent-magnet synchronous motor[J]. IEEE Transactions on Industry Applications, 2022, 58(2): 2029-2041.

[9] YAO Y, PENG F, DONG J N, et al. An improved deadbeat predictive current control with online parameter identification for surface-mounted PMSMs[J]. IEEE Transactions on Industrial Electronics, 2020, 67(12): 10145-10155.

[10] FANG H Y, DUAN X L, YANG Y, et al. Deadbeat control of permanent magnet synchronous motor based on MRAS parameter identification[C]// The 23rd International Conference on Electrical Machines and Systems (ICEMS). Hamamatsu:IEEE, 2020:161-166.

[11] XU H, GUI X G, LUAN T R, et al. A robust predictive current controller with incremental model and inductance observer for PMSM drive[C]//IEEE Transportation Electrification Conference and Expo, Asia-Pacific (ITEC Asia-Pacific). Harbin:IEEE, 2017: 1-6.

[12] PENG Y, XI X. An incremental predictive current control for PMSM with small or saturated inductance[C]//IEEE International Electric Machines and Drives Conference (IEMDC). Miami:IEEE, 2017: 1-6.

[13] ZHANG X G, HOU B, MEI Y. Deadbeat predictive current control of permanent-magnet synchronous motors with stator

current and disturbance observer[J]. IEEE Transactions on Power Electronics, 2017, 32(5): 3818-3834.

[14] JIANG Y, XU W, MU C, et al. Improved deadbeat predictive current control combined sliding mode strategy for PMSM drive system[J]. IEEE Transactions on Vehicular Technology, 2018, 67(1): 251-263.

[15] YANG H, ZHANG Y, LIANG J. Deadbeat control based on a multipurpose disturbance observer for permanent magnet synchronous motors[J]. IET Electric Power Applications, 2018, 12(5): 708-716.

[16] HE L, WANG F, WANG J, et al. Zynq implemented Luenberger disturbance observer based predictive control scheme for PMSM drives[J]. IEEE Transactions on Power Electronics, 2020, 35(2): 1770-1778.

[17] WANG B, DONG Z, YU Y, et al. Static-errorless deadbeat predictive current control using second-order sliding-mode disturbance observer for induction machine drives[J]. IEEE Transactions on Power Electronics, 2018,33(3): 2395-2403.

[18] WANG L J, ZHAO J W, YANG X, et al. Robust deadbeat predictive current regulation for permanent magnet synchronous linear motor drivers with parallel parameter disturbance and load observer[J]. IEEE Transactions on Power Electronics, 2022,37(7): 7834-7845.

[19] ZHANG Q S, FAN Y, MAO C Y. A gain design method for a linear extended state observers to improve robustness of deadbeat control[J]. IEEE Transactions on Energy Conversion, 2020,35(4): 2231-2239.

[20] KE D L, WANG F X, HE L, et al. Predictive current control for PMSM systems using extended sliding mode observer with Hurwitz-Based power reaching law[J]. IEEE Transactions on Power Electronics, 2021,36(6): 7223-7232.

[21] 王孟孟，贺思艳，李振勇，等. 永磁同步电机的神经网络离散位置跟踪控制[J]. 青岛大学学报（工程技术版），2018，33(3): 52-57.

[22] 安睿驰. 永磁同步电机全速域无位置传感器控制系统的研究与实现[D]. 西安：西安交通大学，2019.

[23] 张立伟，佘超，李志军，等. 无位置传感器内置式永磁同步电机参数的在线辨识方法[J]. 北京交通大学学报，2018，42(5): 77-85.

[24] 魏才柱. 基于 dSPACE 的 PMSM 无位置传感器矢量控制研究[D]. 厦门：厦门理工学院，2019.

[25] 张晓光. 永磁同步电机调速系统滑模变结构控制若干关键问题研究[D]. 哈尔滨：哈尔滨工业大学，2014.

[26] 任俊杰. 基于滑模观测器的船舶永磁同步电机无位置传感器控制研究[D]. 大连：大连海事大学，2015.

[27] 朱军，李香君，付融冰，等. 双重遗忘卡尔曼滤波 PMLSM 无位置传感控制研究[J]. 系统仿真学报，2018，30(2): 672-678.

[28] 李雪恺. 永磁同步电机无传感器新型滑模观测器研究[D]. 成都：电子科技大学，2016.

[29] SHI C X, WANG C. Sensorless vector control of three-phase permanent magnet synchronous motor based on model reference adaptive system[C]//IEEE 4th International Conference on Control Science and Systems Engineering (ICCSSE), Wuhan: IEEE, 2018: 178-182.

[30] 郭伟，王跃，李宁，等. 永磁同步电机模型参考自适应无速度控制研究[J]. 电力电子技术，2016，50(8): 75-77.

[31] 何延昭，王贞艳，王金霞，等. 高速永磁同步电机模型参考自适应转速观测[J]. 电气传动，2020，50(10): 16-22.

[32] ZHANG M L, CHENG M, ZHANG B F. Sensorless control of linear flux-switching permanent motor based on improved MRAS[C]//IEEE 9th International Symposium on Sensorless Control for Electrical Drives. Helsinki:IEEE, 2018:84-89.

[33] 王庆龙，张兴，张崇巍. 永磁同步电机矢量控制双滑模模型参考自适应系统转速辨识[J]. 中国电机工程学报，2014，34(6): 897-902.

[34] 常雪剑，刘凌，崔荣鑫. 永磁同步电机非奇异快速终端可变边界层滑模控制[J].西安交通大学学报，2015，49(6): 53-59.

[35] 张润波，林荣文，高靖凯. 基于改进滑模观测器的 PMSM 无位置传感器的研究[J]. 电气技术，2016(1): 51-54.

[36] 陈俊杰，迟长春. 基于正弦饱和函数的永磁同步电机滑模观测器研究[J]. 组合机床与自动化加工技术，2019(3): 67-70.

[37] 陈李济，应保胜，马强，等. 基于模糊径向基函数神经网络的永磁同步电机滑模观测器设计[J]. 电机与控制应用，2019，46(6): 66-71.

[38] HU Q, LING L, CHENG Z, et al. Researching for sensorless control of PMSM based on a novel sliding mode observer[C]//2018 3rd International Conference on Advanced Robotics and Mechatronics (ICARM). Singapore:IEEE, 2018:542-547.

[39] 张勇军，汪伟，张小庆，等. 带电阻在线辨识的改进型永磁同步电机滑模观测方法[J].电机与控制学报，2017，21(6):

10-17.
[40] 王悍枭，刘凌，吴华伟. 改进型滑模观测器的永磁同步电机无传感器控制策略[J]. 西安交通大学学报，2016，50(6): 104-109.
[41] ZHOU C, ZHOU Z, TANG W, et al. Improved sliding-mode observer for position sensorless control of PMSM[C]// 2018 Chinese Automation Congress (CAC). Xian:CAA, 2018: 2374-2378.
[42] 孟贺，文新宇. 永磁同步电机高阶终端滑模观测器设计[J]. 计算机仿真，2018，35(2): 200-204.
[43] 王悍枭. 基于新型滑模控制器和改进型滑模观测器的 PMSM 无传感器控制研究[D]. 西安：西安交通大学，2017.
[44] 常雪剑，彭博，刘凌，等. 新型非奇异终端滑模观测器的永磁同步电机无传感器控制[J]. 西安交通大学学报，2016，50(1): 85-91.
[45] DENG Y , WANG J , LI H , et al. Adaptive sliding mode current control with sliding mode disturbance observer for PMSM drives[J]. ISA Transactions, 2018, 82:113-126.
[46] JIANG Y , WEI X , MU C. Robust sliding mode speed control with adaptive torque observer for high performance PMSM[C]// 2016 IEEE Vehicle Power and Propulsion Conference (VPPC). Hangzhou:IEEE, 2016.
[47] 刘京，李洪文，邓永停. 基于扰动观测器的永磁同步电机电流环自适应滑模控制[J]. 光学精密工程，2017，25(5): 1229-1241.
[48] 徐艳平，李泽辉，侯永乐，等. 负载扰动观测的 PMSM 滑模无速度传感器控制[J]. 电力电子技术，2018，52(5): 22-24.
[49] LING L, HAN S, DELIANG L. High Performance sensorless control of PMSM with sliding mode load torque observer[C]// 2020 4th International Conference on HVDC (HVDC). Xi'an:IEEE, 2020:1060-1066.
[50] 苏小玲，韩民晓，孙海. 基于自适应全局滑模控制的微电网稳定控制策略[J]. 中国电机工程学报，2014，34(31): 5534-5541.
[51] 陆婋泉，林鹤云，冯奕，等. 永磁同步电机无传感器控制的软开关滑模观测器[J]. 电工技术学报，2015，30(2): 106-113.

第 2 章　永磁同步电机控制系统概述

2.1　永磁同步电机数学模型

PMSM 转子包含永磁体，消除了原感应电机转子电流所带来的铜耗，具有更高的功率密度，在结构上舍弃了转子绕组等结构，能够使 PMSM 的可靠性和稳定性更高。作为同步电机，PMSM 的转速只与电源频率相关，拥有更高效率的同时也更容易控制，具有很好的工程实际价值。

PMSM 区别于其他交流电机的主要特征是其转子的独特构造，利用永磁体来代替传统转子绕组。一般根据转子永磁体的安装位置可以分类为内嵌式和表贴式，如图 2-1 所示。内嵌式 PMSM 的永磁体安装在转子内，由于结构更加牢固，转速可调节范围比较高，但由于转子凸极效应更加明显，对电机调速性能带来一些影响；表贴式 PMSM 的永磁体安装在电机的表面，调速范围相对较小，但由于电机的有效气隙较小且为隐极式电机，电枢反应较小，调速性能相对更加优良。为了便于体现控制策略的优良性，本章选择表贴式 PMSM 作为研究对象。

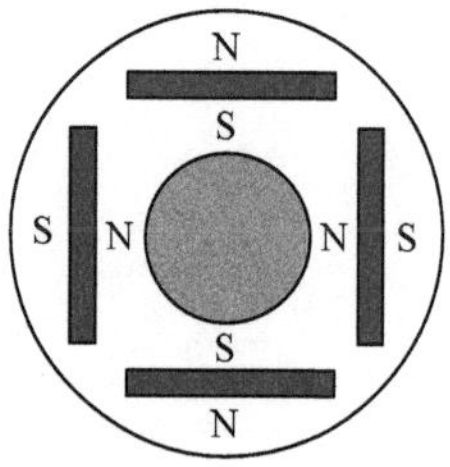

（a）内嵌式

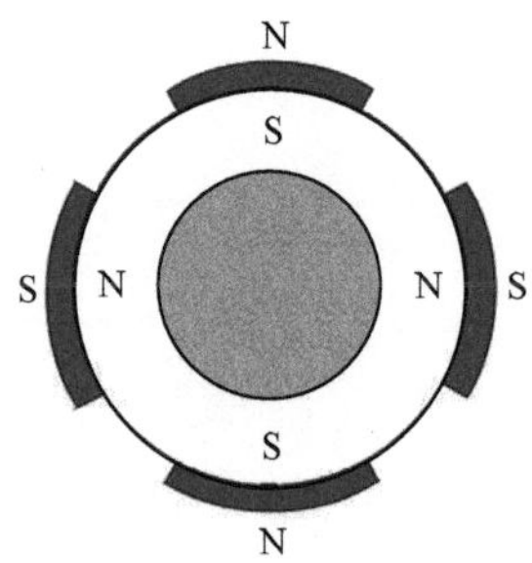

（b）表贴式

图 2-1　内嵌式、表贴式 PMSM 结构图

2.1.1　三相坐标系下的数学模型

表贴式 PMSM 的数学模型可以反映其中各个物理量的相互关系，精确描述电机的动态行为，其基本方程分为磁链方程、电流方程、转矩方程和运动方程。为了简化分析过程，在建模的过程中做出以下几个假设。

（1）假设三相绕组对称，忽略磁场高次谐波，磁动势呈正弦波分布。

（2）假设转子永磁材料电导率为 0，磁导率接近空气磁导率。

（3）忽略电机铁心饱和，假设磁路具有线性特性，且忽略涡流、磁滞损耗。

（4）认为供电电源三相均衡。

根据假设条件可知，ABC 三相绕组的自感相等且相互之间的互感值也相等，于是静止 ABC 三相坐标系下 PMSM 的磁链方程为

$$\begin{cases}\psi_{\mathrm{A}}=Li_{\mathrm{A}}+Mi_{\mathrm{B}}+Mi_{\mathrm{C}}+\psi_{\mathrm{fs}}\cos\theta\\ \psi_{\mathrm{B}}=Mi_{\mathrm{A}}+Li_{\mathrm{B}}+Mi_{\mathrm{C}}+\psi_{\mathrm{fs}}\cos\left(\theta-\dfrac{2\pi}{3}\right)\\ \psi_{\mathrm{C}}=Mi_{\mathrm{A}}+Mi_{\mathrm{B}}+Li_{\mathrm{C}}+\psi_{\mathrm{fs}}\cos\left(\theta-\dfrac{4\pi}{3}\right)\end{cases} \tag{2-1}$$

式中：ψ_{A}、ψ_{B}、ψ_{C}为定子 ABC 三相绕组的磁链；i_{A}、i_{B}、i_{C}为定子 ABC 三相绕组电流的瞬时值；L 为定子 ABC 三相绕组的自感；M 为定子 ABC 三相绕组之间的互感；ψ_{fs}为定子 ABC 三相绕组匝链的转子永磁体磁链；θ 为转子与 A 相绕组之间的电角度。

电流方程为

$$\begin{cases}i_{\mathrm{A}}=1/R_{\mathrm{s}}(-u_{\mathrm{A}}+\mathrm{d}\psi_{\mathrm{A}}/\mathrm{d}t)\\ i_{\mathrm{B}}=1/R_{\mathrm{s}}(-u_{\mathrm{B}}+\mathrm{d}\psi_{\mathrm{B}}/\mathrm{d}t)\\ i_{\mathrm{C}}=1/R_{\mathrm{s}}(-u_{\mathrm{C}}+\mathrm{d}\psi_{\mathrm{C}}/\mathrm{d}t)\end{cases} \tag{2-2}$$

式中：u_{A}、u_{B}、u_{C}为定子 ABC 三相绕组的端电压瞬时值；R_{s}为定子 ABC 三相等效电阻。

转矩方程为

$$T_{\mathrm{e}}=\frac{P_{\mathrm{e}}}{\omega}=p_0\psi_{\mathrm{fs}}\left[i_{\mathrm{A}}\sin\theta+i_{\mathrm{B}}\sin\left(\theta-\frac{2\pi}{3}\right)+i_{\mathrm{C}}\sin\left(\theta-\frac{4\pi}{3}\right)\right] \tag{2-3}$$

式中：T_{e}为电磁转矩；p_0为转子极对数；ω 为转子的机械角速度。

运动方程为

$$T_{\mathrm{e}}=T_{\mathrm{L}}+B\omega+J\frac{\mathrm{d}\omega}{\mathrm{d}t} \tag{2-4}$$

式中：T_{L}为负载转矩；B 为转子旋转阻尼系数；J 为转子转动惯量。

2.1.2　*dq* 坐标系下的数学模型

经过坐标变换后，电程的变系数特性被削弱，成为常系数的微分方程。按转子励磁磁链进行 d 轴的定向，并设定 q 轴超前 d 轴 90°，PMSM 在同步旋转坐标系下的矢量关系图如图 2-2 所示。图中，β 为定子 ABC 三相电流经矢量变换后所得的空间矢量 i_s 与 d 轴的夹角；θ 为定子 A 相绕组轴线与 d 轴轴线的夹角。

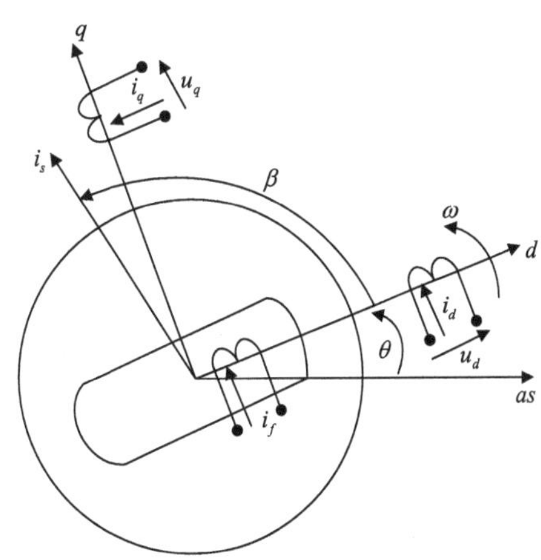

图 2-2　按转子励磁磁链定向的 PMSM 矢量关系图

表贴式 PMSM 在 *dq* 两相旋转坐标系下的磁链方程为

$$\begin{cases}\psi_d = L_d i_d + \psi_{\mathrm{f}} \\ \psi_q = L_q i_q \\ L_d = L_q = L - M\end{cases} \tag{2-5}$$

式中：ψ_d、ψ_q 为定子绕组在 d、q 轴上的磁链；L_d、L_q 为定子绕组在 d、q 轴上的等效电感；ψ_{f} 为坐标变换后的永磁磁链，它满足：

$$\frac{\psi_{\mathrm{fs}}}{\psi_{\mathrm{f}}} = \frac{N_3}{N_2} = \sqrt{\frac{2}{3}} \tag{2-6}$$

电流方程为

$$\begin{cases}\dot{i}_d = -\dfrac{R_{\mathrm{s}}}{L} i_d + n_{\mathrm{p}} \omega i_q + \dfrac{1}{L} u_d \\ \dot{i}_q = -\dfrac{R_{\mathrm{s}}}{L} i_q - n_{\mathrm{p}} \omega i_d - \dfrac{\psi_{\mathrm{f}}}{L} n_{\mathrm{p}} \omega + \dfrac{1}{L} u_q\end{cases} \tag{2-7}$$

式中：i_d、i_q 为定子绕组在 d、q 轴上的等效电流；u_d、u_q 为定子绕组在 d、q 轴上的等效电压；n_{p} 为电机的极对数。

转矩方程为

$$T_{\mathrm{e}} = 1.5 n_{\mathrm{p}} \psi_{\mathrm{f}} i_q \tag{2-8}$$

运动方程为

$$\dot{\omega} = \frac{1.5 n_{\mathrm{p}} \psi_{\mathrm{f}}}{J} i_q - \frac{B}{J}\omega - \frac{T_{\mathrm{L}}}{J} \tag{2-9}$$

式中：B 为电机转轴的摩擦系数；J 为电机转轴的转动惯量。

2.2 永磁同步电机矢量控制系统

矢量控制又称磁场定向控制，其基本思想是对电机模型进行降阶和解耦，然后通过控制直轴励磁电流分量 i_d 和交轴转矩电流分量 i_q，以分别控制电机的励磁和转矩，从而获得类似他励直流电机的控制效果。随着研究的不断深入，矢量控制也在不断产生分支并细化，逐渐发展为 $i_d = 0$ 的矢量控制、最大转矩电流比控制、功率因数控制等，其中 $i_d = 0$ 易于实现。最大转矩电流比控制使电流转矩转化率高，功率因数控制能减小逆变器容量。

2.2.1 空间矢量脉宽调制

在永磁同步电机控制系统中，空间矢量脉宽调制（space vector pulse width modulation，SVPWM）是在 PWM 周期里通过控制三相逆变桥电路中逆变器的导通与关断时间来形成特定位置和幅度的空间矢量，从而形成近似圆形的旋转磁场。当三相定子绕组中通入交流电时，定子绕组会在空间中产生一个旋转的磁场，该磁场会产生旋转电磁转矩。空间矢量脉宽调制技术通过电压矢量的变换来形成近似圆形的旋转磁场，所以该技术也被称为电压空间矢量 PWM 控制技术[1]。SVPWM 技术具有谐波畸变率低、直流电压利用率高、逆变器开关损耗小、易于在数字处理系统中实现等优点，其原理图如图 2-3 所示。

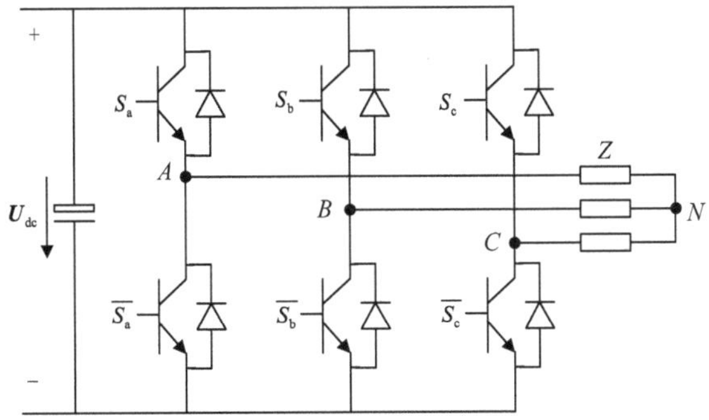

图 2-3　三相电压型逆变器原理图

在图 2-3 中，$\boldsymbol{U}_{dc}$为直流母线侧电压，S_a、S_b、S_c、$\overline{S_a}$、$\overline{S_b}$和$\overline{S_c}$分别为三相逆变器电路中的 6 个功率开关，SVPWM 输出的控制信号控制三相逆变器电路中的功率开关关断导通。当三相对称电压加到永磁同步电机的三相绕组上时，逆变器的 3 个电压矢量会合成一个输出的电压矢量，从而驱动永磁同步电机旋转。设同一时刻有 3 个功率开关导通，3 个功率开关关断，上桥臂导通状态为 1，上桥臂关断状态为 0。为了避免短路发生，同一个桥臂的上下开关不能同时导通，所以三相逆变器共有 8 个开关状态，这 8 个开关状态分别对应 8 个基本的电压空间矢量，分别是$\boldsymbol{U}_{000}$、$\boldsymbol{U}_{001}$、$\boldsymbol{U}_{010}$、$\boldsymbol{U}_{011}$、$\boldsymbol{U}_{100}$、$\boldsymbol{U}_{101}$、$\boldsymbol{U}_{110}$和$\boldsymbol{U}_{111}$。其中$\boldsymbol{U}_{000}$和$\boldsymbol{U}_{111}$是零电压矢量。其余 6 个电压幅度一样，相位相差 60°，其表达式为

$$\boldsymbol{U}_{out}=\frac{2\boldsymbol{U}_{dc}}{3}(S_a+S_b e^{j\frac{2\pi}{3}}+S_c e^{-j\frac{2\pi}{3}}) \tag{2-10}$$

根据式（2-10），将 8 个基本的空间电压矢量映射到复平面，可得到基本的电压空间矢量图，如图 2-4 所示。在图 2-4 中，复平面被 8 个基本的空间电压矢量（包括 6 个非零矢量和 2 个零矢量）分成了 6 个扇区，生成的合成空间电压矢量顶点相连即构成了旋转的空间磁场。开关频率越高，所构成的空间磁场越接近圆形，但是随着开关频率的提高，开关损耗也将随之提高。

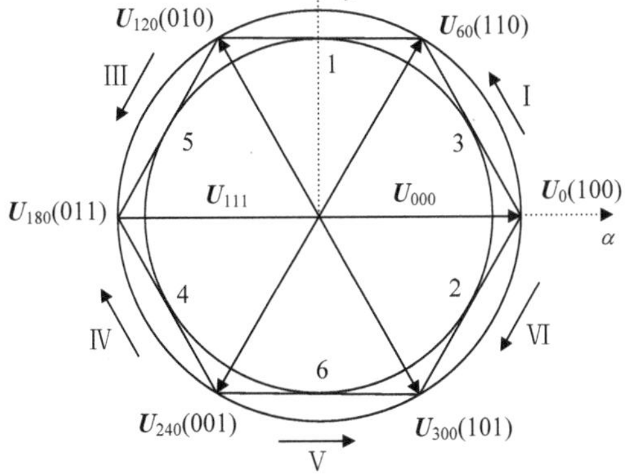

图 2-4　基本空间电压矢量图

1. $\boldsymbol{U}_{\text{out}}$ 电压矢量所在扇区判断

首先需要对空间合成电压矢量 $\boldsymbol{U}_{\text{out}}$ 所在扇区进行判断。由图 2-4 基本空间电压矢量图可以得到，$\boldsymbol{U}_{\text{out}}$ 由两相静止坐标系 $\alpha-\beta$ 轴上的电压分量 u_α 、 u_β 表示，定义变量 $\boldsymbol{U}_{\text{ref1}}$、$\boldsymbol{U}_{\text{ref2}}$、$\boldsymbol{U}_{\text{ref3}}$ 的表达式如下：

$$\begin{cases}\boldsymbol{U}_{\text{ref1}}=u_\beta\\ \boldsymbol{U}_{\text{ref2}}=\dfrac{1}{2}\left(\sqrt{3}u_\alpha-u_\beta\right)\\ \boldsymbol{U}_{\text{ref3}}=-\dfrac{1}{2}\left(\sqrt{3}u_\alpha+u_\beta\right)\end{cases} \tag{2-11}$$

为方便判断合成电压矢量所在的扇区，定义判断参数 A、B、C 为

① 当 $\boldsymbol{U}_{\text{ref1}}>0$ 时， $A=1$，否则 $A=0$；

② 当 $\boldsymbol{U}_{\text{ref2}}>0$ 时， $B=1$，否则 $B=0$；

③ 当 $\boldsymbol{U}_{\text{ref3}}>0$ 时， $C=1$，否则 $C=0$ 。

定义判断函数 N 为

$$N=A+2B+4C \tag{2-12}$$

N 值与扇区的对应关系表如表 2-1 所示。

表 2-1　N 值与扇区的对应关系表

N	3	1	5	4	6	2
扇区	Ⅰ	Ⅱ	Ⅲ	Ⅳ	Ⅴ	Ⅵ

2. 基本电压矢量作用时间计算

由图 2-4 可知，任意时刻的空间电压合成矢量通常由相邻两个非零电压矢量和零电压矢量合成。通过调节各个基本电压矢量的作用时间，可以改变空间电压合成矢量的大小和方向。由伏秒平衡法可得各个基本电压矢量的作用时间为

$$\begin{cases}X=\dfrac{\sqrt{3}T_{\text{PWM}}u_\beta}{\boldsymbol{U}_{\text{dc}}}\\ Y=\dfrac{\sqrt{3}T_{\text{PWM}}}{2\boldsymbol{U}_{\text{dc}}}\left(\sqrt{3}u_\alpha+u_\beta\right)\\ Z=\dfrac{\sqrt{3}T_{\text{PWM}}}{2\boldsymbol{U}_{\text{dc}}}\left(-\sqrt{3}u_\alpha+u_\beta\right)\end{cases} \tag{2-13}$$

式中：T_{PWM} 为载波周期；$\boldsymbol{U}_{\text{dc}}$ 为直流母线电压。各个扇区相邻两个基本电压矢量和零电压矢量的作用时间如表 2-2 所示。

表 2-2　各个扇区基本电压矢量与零电压矢量作用时间表

扇区	Ⅰ	Ⅱ	Ⅲ	Ⅳ	Ⅴ	Ⅵ
T_1	$-Z$	Z	X	$-X$	$-Y$	Y
T_2	X	Y	$-Y$	Z	$-Z$	$-X$
T_0			$T_{\text{PWM}}-T_1-T_2$			

SVPWM 在实际工作中可能会出现过调制的现象，此时 $T_1+T_2>T_{\mathrm{PWM}}$，则需要作进一步的过调制处理，即

$$\begin{cases}T_1=\dfrac{T_1}{T_1+T_2}T_{\mathrm{PWM}}\\T_2=\dfrac{T_2}{T_1+T_2}T_{\mathrm{PWM}}\\T_0=0\end{cases}\tag{2-14}$$

3. 确定开关切换时间

SVPWM 通常分为五段式 SVPWM 和七段式 SVPWM。五段式 SVPWM 在一个 PWM 周期中功率器件有 5 种通断状态，而对于七段式 SVPWM 而言，在一个 PWM 周期中有 7 种通断状态。七段式 SVPWM 相比于五段式 SVPWM，谐波要小。在七段式 SVPWM 的每个周期中，$\boldsymbol{U}_{000}$ 最先开始动作，零电压矢量 $\boldsymbol{U}_{111}$ 是中间电压矢量。为了减小开关损耗，每次切换仅有一个功率开关器件动作，所以在特定的扇区里需要改变基本电压矢量的动作顺序。例如，在扇区 II 中，基本电压矢量 $\boldsymbol{U}_{60}$ 对应的功率开关状态为（110），而基本电压矢量 $\boldsymbol{U}_{120}$ 对应的状态为（010），所以在 PWM 控制周期中，零矢量 $\boldsymbol{U}_{000}$ 先作用，然后基本电压矢量 $\boldsymbol{U}_{120}$ 再作用，继而基本电压矢量 $\boldsymbol{U}_{110}$ 作用，最后零电压矢量 $\boldsymbol{U}_{111}$ 作用，这样就保证了在每次切换的时候只有一个功率开关动作，减小了功率器件的开关损耗。引入中间变量 T_a、T_b、T_c，其定义如下：

$$\begin{cases}T_a=(T_{\mathrm{PWM}}-T_1-T_2)/4\\T_b=T_a+T_1/2\\T_c=T_b+T_2/2\end{cases}\tag{2-15}$$

式中：T_a、T_b、T_c 为三相 PWM 波切换时间点。

根据各扇区对应的基本电压矢量和零电压矢量开关顺序可以得到 CMP1、CMP2、CMP3 作用的时间切换点，如表 2-3 所示。

表 2-3　各扇区对应的时间切换点

扇区	I	II	III	IV	V	VI
T_{cmp1}	T_a	T_b	T_c	T_c	T_b	T_a
T_{cmp2}	T_b	T_a	T_a	T_b	T_c	T_c
T_{cmp3}	T_c	T_c	T_b	T_a	T_a	T_b

结合以上 SVPWM 步骤，通过将给定的三角载波与切换时间点相结合便可以得到 PWM 波信号。以第 I 扇区为例，给出 SVPWM 时序图，如图 2-5 所示。

2.2.2　*dq* 坐标系下矢量控制原理

对于表贴式 PMSM 来说，由于其作为隐极式电机没有凸极效应，d 轴、q 轴定子电流 i_{d} 和 i_q 相等，导致在运动方程中没有直轴定子电流分量，所以 $i_d=0$ 的控制方式即可达到最大转矩电流比控制的效果，计算量小且控制策略简单可靠，电流利用率和系统效

率高，因而受到更为广泛的应用。这里采用的是 $i_d = 0$ 的矢量控制方法，PMSM $i_d = 0$ 矢量控制系统结构图如图 2-6 所示。

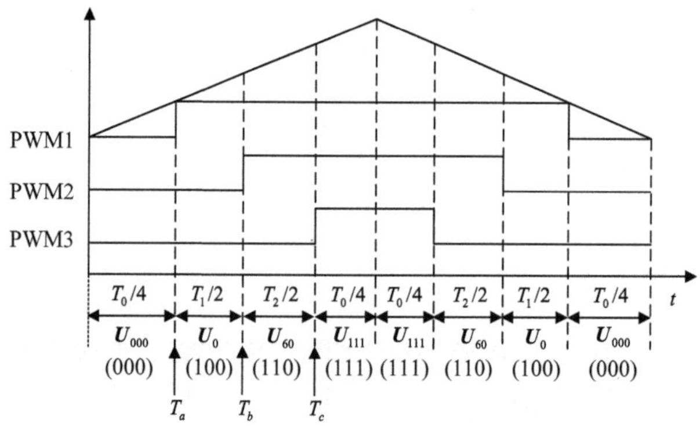

图 2-5 扇区 I 中 SVPWM 时序图

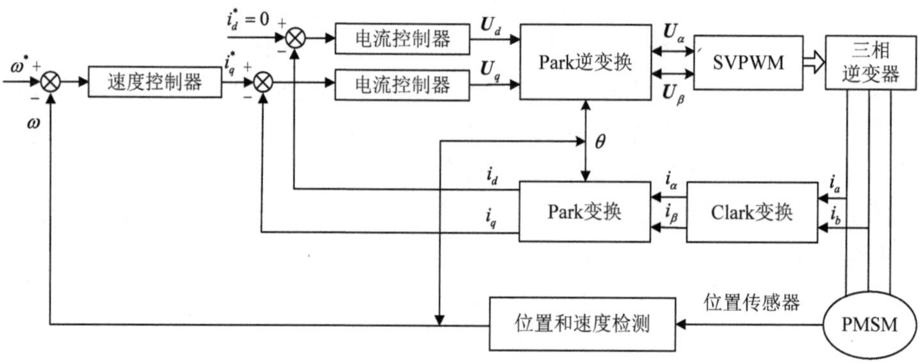

图 2-6 PMSM $i_d = 0$ 矢量控制系统结构图

由图 2-6 可知，系统采用双闭环结构，其中内环为电流环，外环为速度环。外环控制器在转速与给定转速产生差值时工作，通过改变定子 q 轴电流的大小来影响电磁转矩的大小，从而使电磁转矩与机械转矩产生差值，最终使实际转速跟随给定转速。

2.3 滑模面设计及其控制律

滑模控制是一种不连续的非线性控制方法，主要分为到达阶段和滑动阶段。系统状态从初始点到达滑模面的阶段称为到达阶段，这一阶段的控制性能由所设计的趋近律决定[2]。系统状态沿所设计的滑模面到达系统原点的阶段称为滑动阶段，这一阶段系统的性能由所设计的滑模面决定。

在滑动阶段，滑模控制器可根据系统状态变化，使系统状态沿设计的滑模面滑动。滑模面设计时不需要考虑被控对象的参数和扰动，因此滑模控制在滑动阶段对被控对象的参数和扰动具有不变性，表现出很好的适应性和鲁棒性。然而，由于系统具有惯性和延迟，会造成抖振。抖振虽然使系统具有抗扰性能，但这种抖动不能完全消除，只能减小。

2.3.1　滑模控制定义

滑模控制具有非线性、不连续和随时间变化的切换特性。这种特性使滑模控制在滑动阶段迫使系统状态沿所设计的滑模面周围小范围来回穿越。可以定义一个系统状态空间，以描述系统状态在滑模面附近的运动。

$$\dot{x}=f(x),x\in R^{n} \tag{2-16}$$

在该系统状态空间里，存在一个平面，该平面将系统状态空间分为$s>0$和$s<0$两个部分，平面上存在三种点：常点、始点、止点，如图 2-7 所示。

$$s(x)=s(x_1,x_2,\cdots,x_n) \tag{2-17}$$

（1）常点：当系统的状态到达常点时，即图 2-7 中的 A 点，系统状态将会穿越平面。

（2）始点：当系统的状态到达始点时，即图 2-7 中的 B 点，系统状态将会向平面一侧运动远离平面。

（3）止点：当系统状态接近止点时，即图 2-7 中的 C 点，系统状态将会被吸引到平面上。

若该平面满足滑动模态的存在性和可达性，则系统状态会从任意一点到达该平面$s=0$。系统状态达到该平面时，会沿着该平面一直收敛至系统原点$s(0,0,\cdots,0)=0$。这个阶段称为滑动模态，该平面被称为切换面或滑模面，对应的函数被称为滑模函数。滑模函数需要满足可微且过系统原点的条件。在理想的滑动模态中，系统状态会一直保持在滑模面上。然而，在实际系统中，由于被控系统存在惯性和延迟，实际的系统状态会在滑模面上来回穿越。以二阶系统为例，其实际滑动模态相位图如图 2-8 所示。

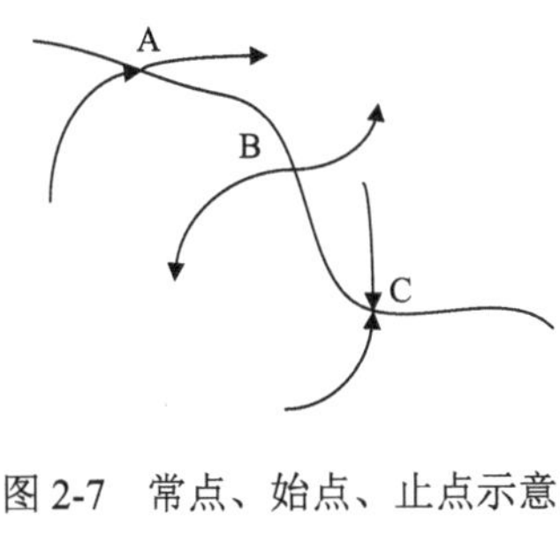

图 2-7　常点、始点、止点示意图

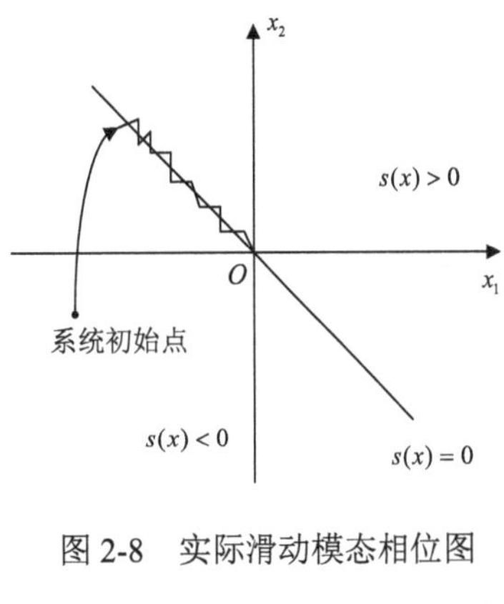

图 2-8　实际滑动模态相位图

（1）滑动模态的存在性：当系统状态达到滑模面附近时，为了保证滑动模态的存在，需要确保滑模面上的所有点都是止点。也就是说，当系统状态接近滑模面时，会被吸引到滑模面上，而不是穿越或远离滑模面。因此，需要满足以下条件：

$$\lim_{s\to 0} s\dot{s}\leqslant 0 \tag{2-18}$$

（2）滑动模态可达性：当系统状态在任意点时，需要保证系统状态必须向滑模面$s=0$运动，所以有

$$s\dot{s}<0 \tag{2-19}$$

为了确保系统状态在有限时间内达到滑动模态，则需要对式（2-19）做以下修改：

$$s\dot{s}<-\delta,\ \delta>0 \tag{2-20}$$

式中：δ可以取任意值。

（3）滑动模态的稳定性：对于一般的反馈控制系统，当滑模面满足存在性和可达性后，则系统状态稳定。

2.3.2 滑模面分类

目前，滑模控制所采用的滑模面主要有线性滑模、积分滑模、终端滑模、快速终端滑模、非奇异终端滑模、非奇异快速终端滑模。以下均以二阶系统为例，介绍各个滑模函数。

1. 线性滑模

线性滑模面函数形如下式：

$$s=x+\beta\dot{x}=0 \tag{2-21}$$

式中：$\beta>0$。

对于线性滑模而言，系统状态是指数收敛的，系统状态在时间趋于无限大时，才能无限趋近于系统原点，因此线性滑模属于渐进收敛，精度较低。

2. 积分滑模

积分滑模函数形如下式：

$$s=\beta x+\int x\mathrm{d}t=0 \tag{2-22}$$

式中：$\beta>0$。

积分滑模通过引入系统状态积分项，可以有效地消除系统的稳态误差，但是积分滑模还是属于渐进收敛。

3. 终端滑模

终端滑模函数形如下式：

$$s=\dot{x}+\beta x^{q/p}=0 \tag{2-23}$$

式中：$\beta>0$、$p>q>0$且p、q为正奇数。

终端滑模可实现系统状态在有限时间内收敛至系统原点。但是当系统状态趋于零而系统状态的导数不为零时，终端滑模控制律可能不收敛，系统状态趋于无穷大，使系统存在奇点。

4. 快速终端滑模

快速终端滑模函数形如下式：

$$s=\dot{x}+\alpha x+\beta x^{q/p}=0 \tag{2-24}$$

式中：$\alpha>0$、$\beta>0$、$p>q>0$ 且 p、q 为正奇数。

快速终端滑模与终端滑模相比，通过引入系统状态的线性项 αx，使得当系统状态距离滑模面较远时，到达滑模面的速率变大，从而减小了系统状态的收敛时间。然而，这仍未能避免系统存在奇异点的问题。

5. 非奇异终端滑模

非奇异终端滑模函数形如下式：

$$s=x+\beta\dot{x}^{p/q}=0 \tag{2-25}$$

式中：$\beta>0$、$1<p/q<2$ 且 p、q 为正奇数。

非奇异终端滑模状态指数大于 1，避免了对函数求导后，存在负指数的状态，从而避免了奇异点的存在。

6. 非奇异快速终端滑模

非奇异快速终端滑模函数形如下式：

$$s=x+\alpha x^{g/h}+\beta\dot{x}^{p/q}=0 \tag{2-26}$$

式中：$\alpha>0$、$\beta>0$、$1<p/q<2$、$g/h>p/q$，且 g、h、p、q 均为正奇数。

通过引入系统状态的高次项 $\alpha x^{g/h}$，在系统状态离滑模面较远时，收敛速度主要由该高次项起作用，加快了系统状态的收敛速度。

2.3.3　趋近律分类

选择合适的趋近律能提升滑模控制中到达阶段的品质。现有的滑模趋近律主要有等速趋近律、指数趋近律和幂次趋近律三种。

1. 等速趋近律

$$\dot{s}=-\varepsilon\operatorname{sgn}s \tag{2-27}$$

式中：$\varepsilon>0$。

等速趋近律中 ε 的取值决定系统状态达到滑模面速度的快慢。ε 取值太小，则系统趋进速率慢，但抖振小。ε 取值较大，则系统趋进速率变快，但会引起较大的抖振。

2. 指数趋近律

$$\dot{s}=-\varepsilon\operatorname{sgn}s-ks \tag{2-28}$$

式中：$\varepsilon>0$；$k>0$。

当系统状态离滑模面较远时，线性项 ks 对趋近速率的影响较大；而当系统状态接近滑模面时，非线性项 $\varepsilon\operatorname{sgn}s$ 对趋近速率的影响变大。

3. 幂次趋近律

$$\dot{s}=-k|s|^{\lambda}\operatorname{sgn}s \tag{2-29}$$

式中：$k>0$；$0<\lambda<1$。

在滑模控制的到达阶段，系统控制性能受到被控对象内部参数变化和外部干扰的双重影响。因此，在设计趋近律时，应尽量缩短系统的到达时间。

2.3.4 滑模控制律

滑模控制以控制律作为滑模控制器的输出，控制律能够提高趋近阶段的动态性能。控制律的设计需要满足滑模切换面的可达性要求。目前，控制律设计主要有以下几种方法。

1. 常值切换控制

$$u = u_0 \operatorname{sgn} s \tag{2-30}$$

式中：u_0是待求常数。

2. 函数切换控制

$$u = u_{eq} + u_{sw} \tag{2-31}$$

式中：u_{eq}是等效控制，与系统状态有关，维持系统滑动模态运动。u_{sw}是切换控制，与滑模面有关，保证系统能够到达滑模面，保证滑模的可达性。

2.4 滑模控制的抖振及其抑制

滑模控制的本质是系统“结构”随时间变化的开关特性。滑动模态可以设计，并且对系统参数变化和外部扰动具有较强的鲁棒性，这是滑模控制的突出特点。然而，其不连续的开关特性会引起系统的抖振。在实际应用中，抖振是难以完全避免的，只能尽量削弱。如何有效削弱抖振是滑模控制研究中的关键问题。

2.4.1 抖振的产生

抖振产生的主要原因有以下几方面。

（1）时间延迟。在理想情况下，当系统状态到达滑模面后，系统能够按照滑模面轨迹运动。但是在实际情况下，系统存在惯性，控制力受限，控制作用对系统的实际变化有一定的时间延迟，因此其实际运动情况呈现锯齿状的相轨迹。

（2）空间滞后。空间滞后是指在进行滑模切换时，系统状态并非立即切换到滑模面上，而是会滞后一定的距离。

（3）其他影响因素。除了时间延迟和空间滞后，系统的惯性、系统延时、测量误差、采样误差、控制对象自身的滞后等因素也能够引起系统的抖振。

2.4.2 抖振削弱的方法

目前主要有以下几种削弱抖振的方法。

1. 准动态滑模法

采用 Sigmoid 函数来代替传统的符号函数。常用的 Sigmoid 函数是一种饱和函数。符号函数和饱和函数如图 2-9 所示。

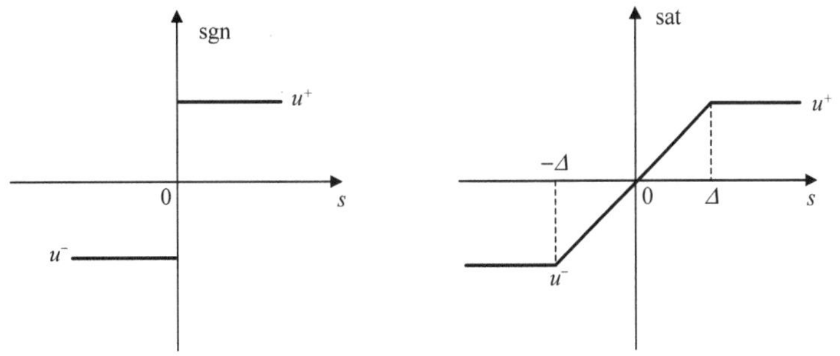

（a）符号函数　　（b）饱和函数

图 2-9　符号函数与饱和函数

在滑动模态周围的 $\pm\Delta$ 区域即为“边界层”，边界层内不再满足滑模的可达性，但是在边界层之外依然满足。因此，这只是一种近似的滑动模态，称为“准滑动模态”。

2. 趋近律方法

滑模的到达条件仅保证系统状态空间内任意一点能够在有限时间内到达滑模面，但没有对趋近运动的具体轨迹进行限制。采用趋近律控制，能够保证滑模到达阶段的动态性能。对于到达阶段而言，希望能够迅速远离滑模面，而在趋近于滑模面时速度较小以避免冲击产生抖振。趋近律的设计直接关系到响应速度和对滑模抖振的抑制效果。

3. 滤波方法

针对已经产生的抖振，可以对控制信号进行滤波以削弱抖振影响。但是在添加滤波器后需要考虑对系统的收敛性和稳定性的影响，并加以分析，保证系统稳定。

除上述主要方法以外，还有干扰观测器、降低动态增益以及结合智能控制削弱抖振等其他方法。

2.5　神经网络与滑模控制

2.5.1　模糊控制原理

以控制器输入变量数目进行划分，可将模糊控制器[3]分成以下三类，如图 2-10 所示。

维度越高则控制精度越高，但设计越复杂。因此控制器维度一般选取三维及以下，其中二维模糊控制器更易于微机实现。模糊控制系统原理图如图 2-11 所示。

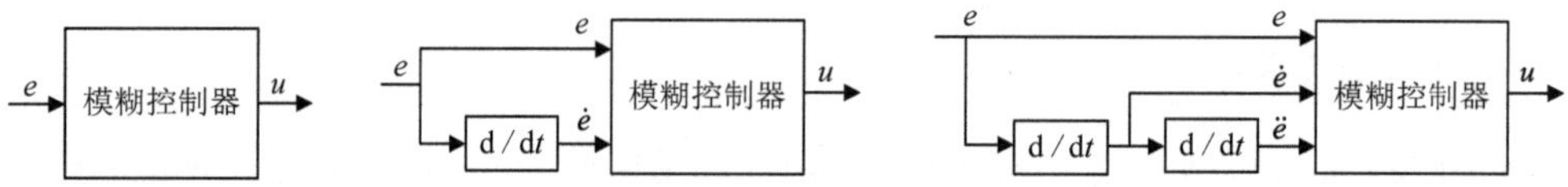

（a）一维模糊控制器　　（b）二维模糊控制器　　（c）三维模糊控制器

图 2-10　各维度模糊控制器

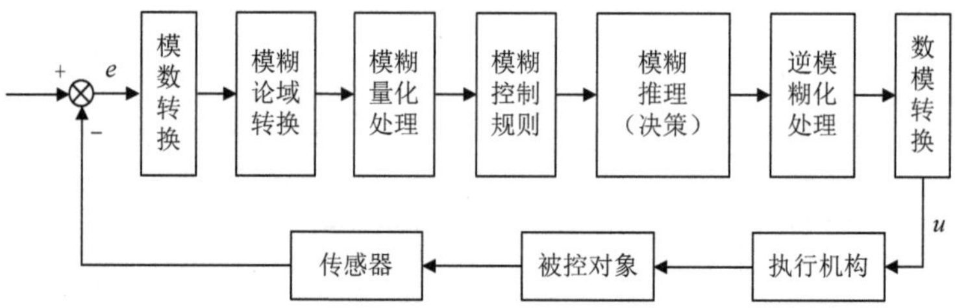

图 2-11　模糊控制系统原理图

2.5.2　神经网络结构

从连接方式看，神经网络[4]主要有前馈型网络和递归型网络两种结构。其中，前馈型网络指没有反馈的网络，如图 2-12（a）所示。递归型网络，也称互连网络。递归型网络有局部互连[图 2-12（b）和（c）]和全互连[图 2-12（d）]两种。Hopfield 网络、随机神经网络、有组织竞争型神经网络、对角递归神经网络都属于递归型网络。

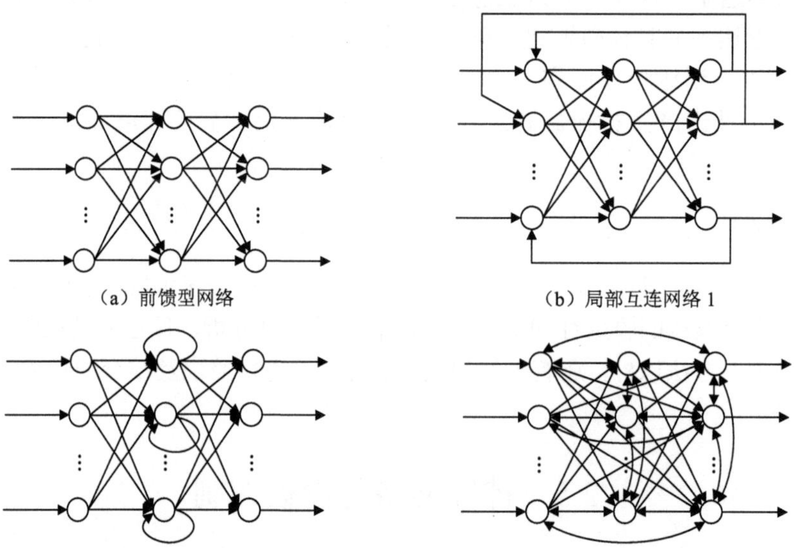

（a）前馈型网络　　（b）局部互连网络 1

（c）局部互连网络 2　　（d）全互连网络

图 2-12　神经网络典型结构

前馈型网络是一种静态网络，在用于控制或辨识时，必须先确定对象模型。对于未知或先验知识较少的系统，控制或辨识效果不佳，尤其是前馈型网络无法应用于黑箱系统。递归型网络无须详细了解对象模型，它可以利用反馈环节存储信息并完成动态映射。

2.5.3　融合模糊神经网络的滑模控制

融合模糊神经网络的滑模控制策略的出发点是根据扰动和不确定参数的变化，实时调整改进滑模控制器的切换增益，在保证稳定性的条件下尽量减小切换增益，削弱抖振[5]。对应的控制系统结构图如图 2-13 所示。激活函数采用多参数可调激活函数。模糊神经网络的输入为 q 轴电流偏差 Δi_q 及其变化率 $\Delta \dot{i}_q$；输出为切换增益 K。

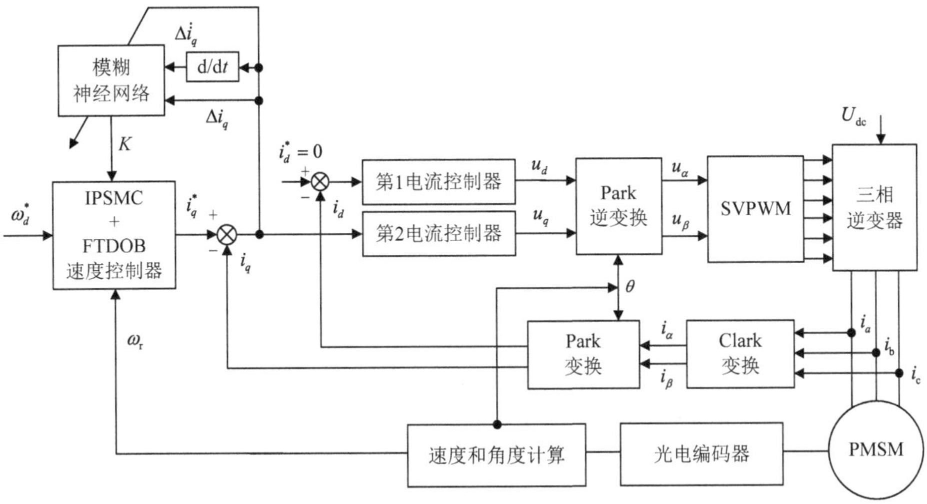

图 2-13　融合模糊神经网络的滑模控制系统结构图

模糊神经网络增益控制器（fuzzy neural network gain controller，FNNGC）用来决定切换增益 K。为减少模糊推理部分的计算量，采用单点模糊化乘积推理和重心法对输出过程进行推理。FNNGC 结构图如图 2-14 所示。

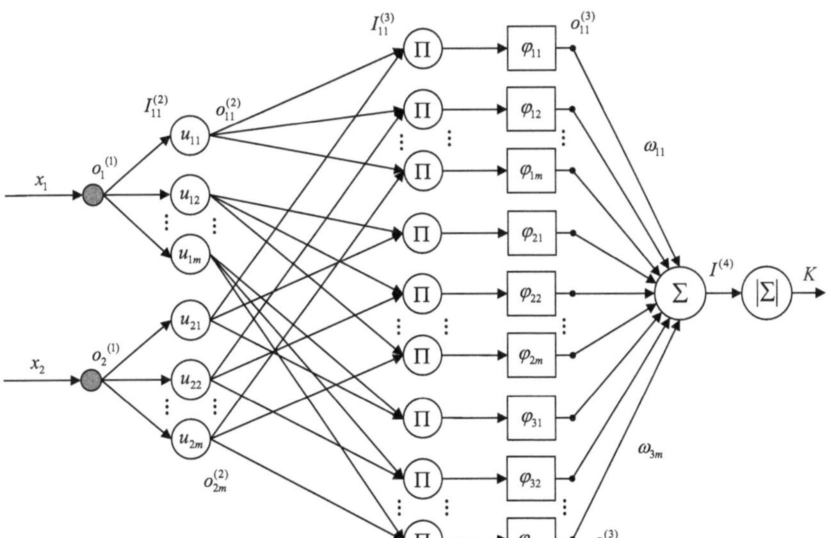

图 2-14　FNNGC 结构图

FNNGC 的输入输出关系如表 2-4 所示。

表 2-4 FNNGC 的输入输出关系

网络层数	节点计算方式	输入节点	输出节点
第一层	直接传递	$x_1=\Delta\dot{i}_q$ $x_2=\Delta i_q$	$o_1^{(1)}=\Delta\dot{i}_q$ $o_2^{(1)}=\Delta i_q$
第二层	隶属度函数取高斯函数 $\exp\left[-\left(\frac{x_i-a}{b}\right)^2\right]$	$I_{ik}^{(2)}=\frac{x_i-a_{ik}}{b_{ik}}$ $i=1,2;k=1,2,\cdots,m$	$o_{ik}^{(2)}=\exp\left[-\left(I_{ik}^{(2)}\right)^2\right]$ $i=1,2;k=1,2,\cdots,m$
第三层	求积	$I_{kj}^{(3)}=o_{1k}^{(2)}\cdot o_{2j}^{(2)}$ $k,j=1,2,\cdots,m$	$o_{kj}^{(3)}=I_{kj}^{(3)}\cdot\varphi_{kj}$ $k,j=1,2,\cdots,m$
第四层	求和	$I^{(4)}=\sum_{k=1}^{3}\sum_{j=1}^{m}o_{kj}^{(3)}\cdot\omega_{kj}$	$K=\left\|I^{(4)}\right\|$

为了加快学习，可先用先验知识对模糊神经网络进行离线训练，然后再进行在线学习。定义离线训练的性能指标函数为

$$J_1=\frac{1}{2}(u^*-u)^2 \tag{2-32}$$

式中：u^*为速度控制器理想输出；u为速度控制器实际输出。

在神经网络训练中，需要 PMSM 的 Jacobian（雅可比）矩阵，但由于 PMSM 动态模型的不确定性，一些偏导数难以精确计算。虽然神经网络辨识器可以辨识 Jacobian 矩阵，但会极大加重计算量。为加快在线学习速度，可利用符号函数来代替 Jacobian 矩阵，即 $\partial y/\partial x=\operatorname{sgn}(\partial y/\partial x)=\pm1$。高斯隶属度函数的参数 a_{ik}、b_{ik} 和权值 ω_{kj} 的下降梯度为

$$\begin{cases}\dfrac{\partial J_1}{\partial a_{1k}}=\dfrac{\partial J_1}{\partial u}\cdot\dfrac{\partial u}{\partial K}\cdot\dfrac{\partial K}{\partial a_{1k}}=-(u^*-u)\cdot\operatorname{sgn}(S)\cdot\operatorname{sgn}(I^{(4)})\cdot2\cdot\dfrac{x_1-a_{1k}}{b_{1k}^2}\cdot\sum_{j=1}^{m}o_{1k}^{(2)}\cdot o_{2j}^{(2)}\cdot\varphi_{kj}\cdot\omega_{kj}\\ \dfrac{\partial J_1}{\partial a_{2k}}=\dfrac{\partial J_1}{\partial u}\cdot\dfrac{\partial u}{\partial K}\cdot\dfrac{\partial K}{\partial a_{2k}}=-(u^*-u)\cdot\operatorname{sgn}(S)\cdot\operatorname{sgn}(I^{(4)})\cdot2\cdot\dfrac{x_2-a_{2k}}{b_{2k}^2}\cdot\sum_{j=1}^{m}o_{2k}^{(2)}\cdot o_{1j}^{(2)}\cdot\varphi_{jk}\cdot\omega_{jk}\end{cases} \tag{2-33}$$

$$\begin{cases}\dfrac{\partial J_1}{\partial b_{1k}}=\dfrac{\partial J_1}{\partial u}\cdot\dfrac{\partial u}{\partial K}\cdot\dfrac{\partial K}{\partial b_{1k}}=-(u^*-u)\cdot\operatorname{sgn}(S)\cdot\operatorname{sgn}(I^{(4)})\cdot2\cdot\dfrac{(x_1-a_{1k})^2}{b_{1k}^3}\cdot\sum_{j=1}^{m}o_{1k}^{(2)}\cdot o_{2j}^{(2)}\cdot\varphi_{kj}\cdot\omega_{kj}\\ \dfrac{\partial J_1}{\partial b_{2k}}=\dfrac{\partial J_1}{\partial u}\cdot\dfrac{\partial u}{\partial K}\cdot\dfrac{\partial K}{\partial b_{2k}}=-(u^*-u)\cdot\operatorname{sgn}(S)\cdot\operatorname{sgn}(I^{(4)})\cdot2\cdot\dfrac{(x_2-a_{2k})^2}{b_{2k}^3}\cdot\sum_{j=1}^{m}o_{2k}^{(2)}\cdot o_{1j}^{(2)}\cdot\varphi_{jk}\cdot\omega_{jk}\end{cases} \tag{2-34}$$

$$\frac{\partial J_1}{\partial\omega_{kj}}=\frac{\partial J_1}{\partial u}\cdot\frac{\partial u}{\partial K}\cdot\frac{\partial K}{\partial\omega_{kj}}=-(u^*-u)\cdot\operatorname{sgn}(S)\cdot\left[o_{kj}^{(3)}\cdot\operatorname{sgn}(I^{(4)})\right] \tag{2-35}$$

定义在线学习性能指标函数：

$$J_2=\frac{1}{2}(y^*-y)^2 \tag{2-36}$$

式中：y^* 为速度控制器的给定值；y 为系统的实际输出。

在线学习参数更新算法如式（2-38）～式（2-40）所示。

$$\begin{cases} a_{1k}(t)=a_{1k}(t-1)-\eta_{a1}\dfrac{\partial J_2}{\partial a_{1k}} \\ \quad =a_{1k}(t-1)+2\eta_{a1}(y^*-y)\cdot\operatorname{sgn}(S)\cdot\operatorname{sgn}(I^{(4)})\cdot\operatorname{sgn}\left(\dfrac{\partial y}{\partial u}\right)\cdot\dfrac{x_1-a_{1k}}{b_{1k}^2}\cdot\sum_{j=1}^{m}o_{1k}^{(2)}\cdot o_{2j}^{(2)}\cdot\varphi_{kj}\cdot\omega_{kj} \\ a_{2k}(t)=a_{2k}(t-1)-\eta_{a2}\dfrac{\partial J_2}{\partial a_{2k}} \\ \quad =a_{2k}(t-1)+2\eta_{a2}(y^*-y)\cdot\operatorname{sgn}(S)\cdot\operatorname{sgn}(I^{(4)})\cdot\operatorname{sgn}\left(\dfrac{\partial y}{\partial u}\right)\cdot\dfrac{x_2-a_{2k}}{b_{2k}^2}\cdot\sum_{j=1}^{m}o_{2k}^{(2)}\cdot o_{1j}^{(2)}\cdot\varphi_{jk}\cdot\omega_{jk} \end{cases} \tag{2-37}$$

$$\begin{cases} b_{1k}(t)=b_{1k}(t-1)-\eta_{b1}\dfrac{\partial J_2}{\partial b_{1k}} \\ \quad =b_{1k}(t-1)+2\eta_{b1}(y^*-y)\cdot\operatorname{sgn}(S)\cdot\operatorname{sgn}(I^{(4)})\cdot\operatorname{sgn}\left(\dfrac{\partial y}{\partial u}\right)\cdot\dfrac{(x_1-a_{1k})^2}{b_{1k}^3}\cdot\sum_{j=1}^{m}o_{1k}^{(2)}\cdot o_{2j}^{(2)}\cdot\varphi_{kj}\cdot\omega_{kj} \\ b_{2k}(t)=b_{2k}(t-1)-\eta_{b2}\dfrac{\partial J_2}{\partial b_{2k}} \\ \quad =b_{2k}(t-1)+2\eta_{b2}(y^*-y)\cdot\operatorname{sgn}(S)\cdot\operatorname{sgn}(I^{(4)})\cdot\operatorname{sgn}\left(\dfrac{\partial y}{\partial u}\right)\cdot\dfrac{(x_2-a_{2k})^2}{b_{2k}^3}\cdot\sum_{j=1}^{m}o_{2k}^{(2)}\cdot o_{1j}^{(2)}\cdot\varphi_{jk}\cdot\omega_{jk} \end{cases} \tag{2-38}$$

$$\omega_{kj}(t)=\omega_{kj}(t-1)-\eta_{\omega}\frac{\partial J_2}{\partial \omega_{kj}}=\omega_{kj}(t-1)+\eta_{\omega}(y^*-y)\cdot\operatorname{sgn}(S)\cdot\operatorname{sgn}(I^{(4)})\cdot\operatorname{sgn}\left(\frac{\partial y}{\partial u}\right)\cdot o_{kj}^{(3)} \tag{2-39}$$

参考文献

[1] 李亮．双三相永磁同步电机锯齿载波双随机空间矢量脉宽调制策略[D]．镇江：江苏大学，2022.

[2] WANG A M, WEI S J. Sliding mode control for permanent magnet synchronous motor drive based on an improved exponential reaching law [J]. IEEE Access, 2019, 7: 146866-146875.

[3] MANI P, RAJAN R, SHANMUGAM L, et al. Adaptive fractional fuzzy integral sliding mode control for PMSM model [J]. IEEE Transactions on Fuzzy Systems, 2019, 27(8): 1674-1686.

[4] LU S K, WANG X C. Observer-based command filtered adaptive neural network tracking control for fractional-order chaotic PMSM [J]. IEEE Access, 2019, 7: 88777-88788.

[5] 胡启国，王泽霖，曹历杰，等．基于模糊神经网络优化的永磁同步电机改进型趋近律滑模控制研究[J]．重庆交通大学学报（自然科学版），2022，41(4): 139-144.

第 3 章　永磁同步电机的滑模变结构控制器设计

3.1　非奇异快速终端滑模速度控制器

为了提高永磁同步电机矢量控制系统抗参数摄动和负载扰动的能力，本节基于可变边界层，介绍了一种非奇异快速终端滑模（nonsingular fast terminal sliding mode，NFTSM）控制策略，并将其应用于永磁同步电机调速系统[1-2]。为了获得更高性能的调速系统，采用了一种结合角速度与 d 轴定子参考电流的更为精确的二阶模型来求取控制律，并通过设计 Lyapunov 函数来证明控制器的有效性。

3.1.1　控制器设计

速度控制器的输入量通常为给定转速与实际反馈转速的误差，输出量为 q 轴电流的给定量 i_q^*，用于精确跟踪设定的速度，并对负载变化及一些不确定扰动具有一定的鲁棒性。设速度给定信号为 ω^*，并且假设 ω^* 平滑，在任一点都有二阶连续导数。将速度给定值 ω^* 和实际值 ω 的误差 e 定义为控制系统的状态变量，可得 $e=\omega^*-\omega$。为了提高永磁同步电机转速的响应速度和跟踪精度，且无奇异问题，采用非奇异快速终端滑模面设计速度控制器。

传统非奇异快速终端滑模面表示为

$$s=e+\alpha e^{g/h}+\beta\dot{e}^{p/q}=0 \tag{3-1}$$

式中：$\alpha,\beta>0$，p、q、g、h 为正奇数，且 $1<p/q<2$、$g/h>p/q$。当 $\alpha=0$ 时，式（3-1）为非奇异终端滑模面（nonsingular terminal sliding mode，NTSM）的表达式，由于缺少了转速误差的高次项，当转速误差较大时，收敛速度 $\dot{e}$ 只由转速误差的线性项提供，收敛速度较慢。

非奇异快速终端滑模面虽然实现了有限时间快速收敛，但是当 e 或 $\dot{e}$ 小于 0 时，由于存在负数的分数阶次系统状态，可能会产生具有复数解的滑模面，导致滑模面不稳定。因此，采用如下非奇异快速终端滑模面：

$$s=e+\alpha|e|^{\gamma}\operatorname{sgn}e+\beta|\dot{e}|^{\lambda}\operatorname{sgn}\dot{e}=0 \tag{3-2}$$

式中：$\alpha,\beta>0$，$1<\lambda<2$、$\gamma>\lambda$。sgn 为符号函数。符号函数的引用保证了 $|e|^{\gamma}\operatorname{sgn}e$、$|\dot{e}|^{\lambda}\operatorname{sgn}\dot{e}$ 是奇函数，能够根据转速误差及其导数的符号进行调节，且转速误差和导数的绝对值保证了无论是正是负，都能输出连续的实数值。当系统状态离平衡点较远时，误差收敛速度由式（3-2）中的高次项 $\alpha|e|^{\gamma}\operatorname{sgn}e$ 起主要作用；当系统状态靠近平衡点时，误差收敛速度由式（3-2）中的线性项 e 决定。因此，在滑动阶段 NFTSM 控制较 NTSM 可实现全局快速收敛，且与终端滑模控制相比，式（3-2）中状态指数皆大于 1，避免了

对 s 求导后，具有负指数的状态产生奇异性问题。

式（3-2）所描述的非奇异快速终端滑模面算法都是连续可微的，尽管表达式中含有绝对值和符号函数，它的一阶导数为

$$\dot{s}=\dot{e}+\alpha\gamma|e|^{\gamma-1}\dot{e}+\beta\lambda|\dot{e}|^{\lambda-1}\ddot{e}=0 \tag{3-3}$$

永磁同步电机的速度方程为

$$\dot{\omega}=\frac{1.5n_{\mathrm{p}}\psi_{\mathrm{f}}}{J}i_q+d(t) \tag{3-4}$$

式中：$d(t)$ 为参数摄动与负载扰动，表达式为 $d(t)=-B\omega/J-T_{\mathrm{L}}/J$。

式（3-4）是描述 ω 与 i_q 的一阶微分模型。传统的 PMSM 调速系统滑模速度控制器根据式（3-4）求取控制律，利用速度控制器的输出 i_q^* 近似等于 i_q 作为电流调节器的输入，所以式（3-4）也是描述 ω 与 i_q^* 的一阶模型。电流环由电信号控制，而转速环受机械参数、惯性的影响，电流环的响应速度相对转速环较快，当转速环输出 i_q^* 与实际 i_q 相差较大时，电流控制器可做出快速响应，$i_q^*\approx i_q$，此时这一近似产生的误差可以忽略。但是为了适应电机调速系统更高性能的要求，有些场合电机转速和频率较高，电流环和转速环的控制周期更短，进而相对响应速度差更小，若电流环的输入误差太大时需要较长的时间调整，这一近似降低了闭环系统高动态响应的性能。为了获得 ω 与 i_q^* 更为精确的数学模型，结合电流环 PI 控制器，设计 ω 与 i_q^* 的二阶模型。将式（3-4）进行拉普拉斯变换得

$$S\omega(S)=\frac{1.5n_{\mathrm{p}}\psi_{\mathrm{f}}}{J}i_q(S)+d(S) \tag{3-5}$$

式中：S 为复频率。

由 q 轴电流环 PI 控制器得

$$\frac{u_q(S)}{i_q^*(S)-i_q(S)}=K_{\mathrm{p}}+\frac{K_{\mathrm{i}}}{S} \tag{3-6}$$

式中：$u_q(S)$ 为 q 轴电流环的输出；K_{p}、K_{i} 为 q 轴电流环 PI 控制器的比例、积分参数。

由式（3-6）得

$$i_q(S)=i_q^*(S)-\frac{u_q(S)}{K_{\mathrm{p}}+\dfrac{K_{\mathrm{i}}}{S}} \tag{3-7}$$

将式（3-7）代入式（3-5）得

$$\begin{aligned}&\left(S^2+\frac{K_{\mathrm{i}}}{K_{\mathrm{p}}}S\right)\omega(S)\\&=\frac{1.5n_{\mathrm{p}}\psi_{\mathrm{f}}}{J}\left(S+\frac{K_{\mathrm{i}}}{K_{\mathrm{p}}}\right)i_q^*(S)-\frac{1.5n_{\mathrm{p}}\psi_{\mathrm{f}}}{JK_{\mathrm{p}}}Su_q(S)+\left(S+\frac{K_{\mathrm{i}}}{K_{\mathrm{p}}}\right)d(S)\end{aligned} \tag{3-8}$$

定义

$$u(S)=\frac{1.5n_{\mathrm{p}}\psi_{\mathrm{f}}}{J}\left(S+\frac{K_{\mathrm{i}}}{K_{\mathrm{p}}}\right)i_q^*(S) \tag{3-9}$$

为速度环滑模控制器的输出，则

$$i_q^*(S)=\frac{K_p}{(K_pS+K_i)}\frac{J}{1.5n_p\psi_f}u(S) \tag{3-10}$$

式（3-8）可简化为

$$\left(S^2+\frac{K_i}{K_p}S\right)\omega(S)=u(S)-\frac{1.5n_p\psi_f}{JK_p}Su_q(S)+\left(S+\frac{K_i}{K_p}\right)d(S) \tag{3-11}$$

对式（3-11）进行逆拉普拉斯变换，得到ω与i_q^*的二阶模型：

$$\ddot{\omega}=-\frac{K_i}{K_p}\dot{\omega}+u+D(t) \tag{3-12}$$

式中：$D(t)$为二阶模型中系统参数不确定性和外部干扰，表达式为

$$D(t)=-\frac{1.5n_p\psi_f}{JK_p}\dot{u}_q+\dot{d}(t)+\frac{K_i}{K_p}d(t) \tag{3-13}$$

在设计滑模控制器时，控制律通常由等效控制u_{eq}和切换控制u_{sw}组成。等效控制用于控制系统的确定部分，将系统状态保持在滑模面上，切换控制通过高频切换迫使系统状态在滑模面附近运动，趋于稳定点，从而实现对不确定性和外加干扰的鲁棒控制。

由$\dot{s}=0$［即式（3-3）］，结合式（3-12），并令$D(t)=0$，可得等效控制为

$$u_{eq}=\ddot{\omega}^*+\frac{K_i}{K_p}\dot{\omega}+\frac{1+\alpha\gamma|e|^{\gamma-1}}{\beta\lambda}|\dot{e}|^{2-\lambda}\operatorname{sgn}\dot{e} \tag{3-14}$$

为使状态快速到达滑模面，减小抖振，设计切换控制为

$$u_{sw}=\varepsilon\operatorname{sgn}s+\eta s \tag{3-15}$$

式中：$\varepsilon>0$；$\eta>0$。

因此可得速度环滑模控制器的控制律为

$$\begin{aligned}u&=u_{eq}+u_{sw}\\&=\ddot{\omega}^*+\frac{K_i}{K_p}\dot{\omega}+\frac{1+\alpha\gamma|e|^{\gamma-1}}{\beta\lambda}|\dot{e}|^{2-\lambda}\operatorname{sgn}\dot{e}+\varepsilon\operatorname{sgn}s+\eta s\end{aligned} \tag{3-16}$$

根据式（3-10）所得的滑模控制器的输出量u和速度控制器的输出量i_q^*的关系，可得PMSM基于二阶模型NFTSM速度控制器简化框图，如图3-1所示。

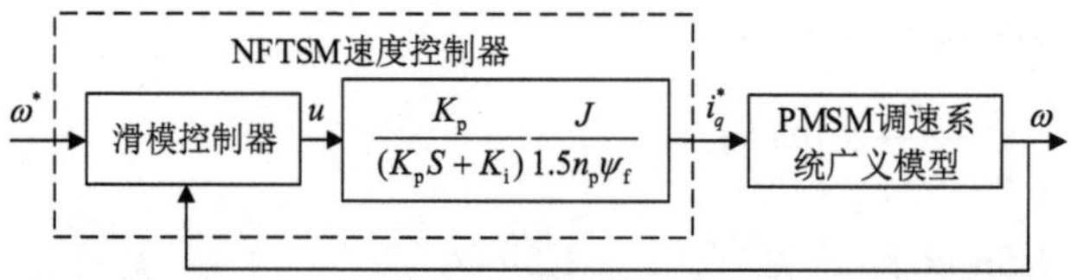

图3-1　PMSM基于二阶模型NFTSM速度控制器简化框图

由图3-1可见，NFTSM速度控制器的输出，也就是q轴电流环的给定输入i_q^*是由滑模控制律u经过一个一阶低通滤波器获得的，抖振已经在一定程度上被滤波器滤掉。

3.1.2　稳定性分析

为保证系统在任意初始状态都能到达滑模态，定义 Lyapunov 函数为

$$V=\frac{1}{2}s^2 \tag{3-17}$$

假设 $D(t)$ 有上界，且有 $|D(t)|\leqslant\varepsilon$，则

$$\begin{aligned}\dot{V}&=s\dot{s}=s\left(\dot{e}+\alpha\gamma|e|^{\gamma-1}\dot{e}+\beta\lambda|\dot{e}|^{\lambda-1}\ddot{e}\right)\\&=s\left(\dot{e}+\alpha\gamma|e|^{\gamma-1}\dot{e}+\beta\lambda|\dot{e}|^{\lambda-1}\left[\ddot{\omega}^*+\frac{K_{\mathrm{i}}}{K_{\mathrm{p}}}\dot{\omega}-u-D(t)\right]\right)\\&=s\beta\lambda|\dot{e}|^{\lambda-1}\left[-\varepsilon\mathrm{sgn}s-\eta s-D(t)\right]\\&\leqslant 0\end{aligned} \tag{3-18}$$

由此得证系统稳定。

3.1.3　边界层描述

通常采用饱和函数 $\mathrm{sat}(s)$ 代替开关函数 $\mathrm{sgn}s$ 来削弱抖振，即在边界层内采用连续的反馈控制，在边界层外采用正常的切换控制。饱和函数的表达式为

$$\mathrm{sat}(s)=\begin{cases}\dfrac{s}{\delta} & |s|\leqslant\delta\\ \mathrm{sgn}s & |s|>\delta\end{cases} \tag{3-19}$$

式中：δ 为边界层厚度，$\delta>0$。

开关函数与定边界层饱和函数如图 3-2 所示。

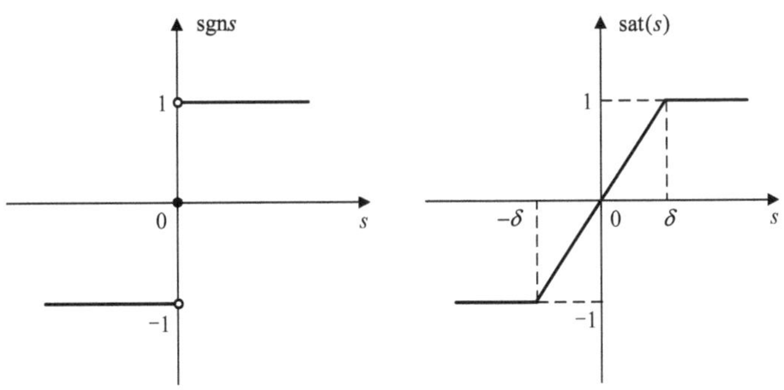

（a）开关函数　　（b）定边界层饱和函数

图 3-2　开关函数与定边界层饱和函数

由图 3-2（a）可以看到，开关函数 $\mathrm{sgn}s$ 在零点附近切换量较大。当开关函数前的增益（切换增益）较大时，控制增益变化大，进而造成严重的抖振。对于图 3-2（b）中的饱和函数，当 δ 越小时，在线性区内饱和函数具有大的控制增益，响应速度快，控制精度越高，但抖振增强；当 δ 越大时，抖振减小，但控制增益变小，响应速度减慢，超调量与稳态误差较大，控制效果差。

为了改善定边界层饱和函数无法在削弱抖振的同时保证控制精度的缺点，设计了一种可变边界层准滑模策略。该策略是指系统状态先到达较大的边界层，当误差减小至一定值$e_c(e_c>0)$时，切换至小边界层，这样既削弱了抖振，也保证了跟踪精度。

可变边界层厚度表达式为

$$\delta=\gamma_1\delta_2+(1-\gamma_1)\delta_1 \tag{3-20}$$

式中：$0<\delta_1<\delta_2$，当$|e|>e_c$时，$\gamma_1=1$；当$|e|\leqslant e_c$时，$\gamma_1=0$。另外，为了使转速曲线更为平滑，误差减小得更快，使$|s|>\delta_{20}$时，$\delta_2=\delta_{20}$；$|s|\leqslant\delta_{20}$时，$\delta_2=\delta_{20}\exp(-kt)$，其中$\delta_{20}$为$\delta_2$的最大值，$k$为速率调节系数。图 3-3 显示了具有可变边界层的饱和函数。

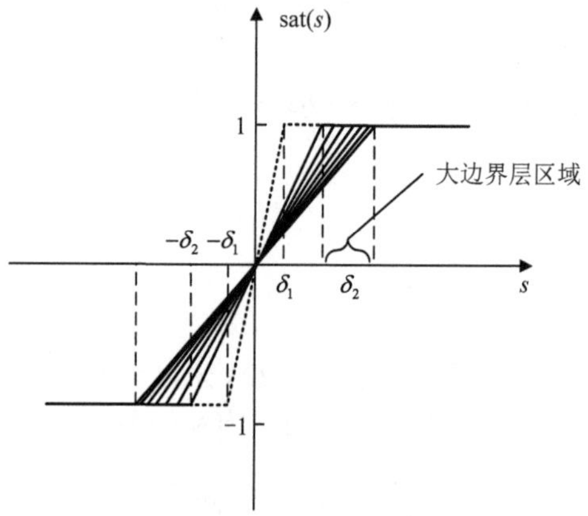

图 3-3　具有可变边界层的饱和函数

3.1.4　仿真分析

采用$i_d=0$的矢量控制策略，实现永磁同步电机的解耦控制。系统的速度控制器设计为 NFTSM 滑模控制器，d轴和q轴电流控制器设计为 PI 控制器，以保证电流内环的快速性。基于 NFTSM 速度控制器的永磁同步电机$i_d=0$矢量控制调速系统原理图如图 3-4 所示。

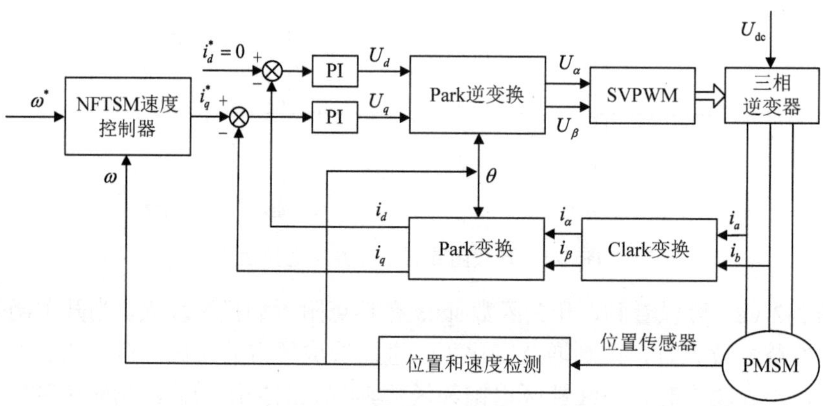

图 3-4　基于 NFTSM 速度控制器的永磁同步电机矢量控制调速系统原理图

仿真所采用的电机额定参数为$P_N=3000W$，$U_N=200V$，$I_N=18A$，$n_N=3000r/min$，

$R_s = 0.258\Omega$，$\psi_f = 0.057\text{Wb}$，$L_d = L_q = 3.5\text{mH}$，$B = 0\text{N}\cdot\text{m}\cdot\text{s}$，$J = 0.0065\text{kg}\cdot\text{m}^2$，$n_p = 5$，$q$ 轴电流限幅值 $i_{qm} = 18\text{A}$。

NFTSM 速度控制器参数为 $k = 10$，$e_c = 0.2$，$\varepsilon = 6\times10^6$，$\eta = 35\times10^4$，$\alpha = 1\times10^{-4}$，$\beta = 2\times10^{-4}$，$\gamma = 1.5$，$\lambda = 1.4$，$\delta_1 = 0.5$，$\delta_{20} = 3$。

在 MATLAB/Simulink 平台下，通过数学运算、逻辑运算等，选择 ode-45 算法，模拟实际电机控制系统。

1. 坐标变换

Clark、Park 变换的 Simulink 仿真模型如图 3-5 和图 3-6 所示。

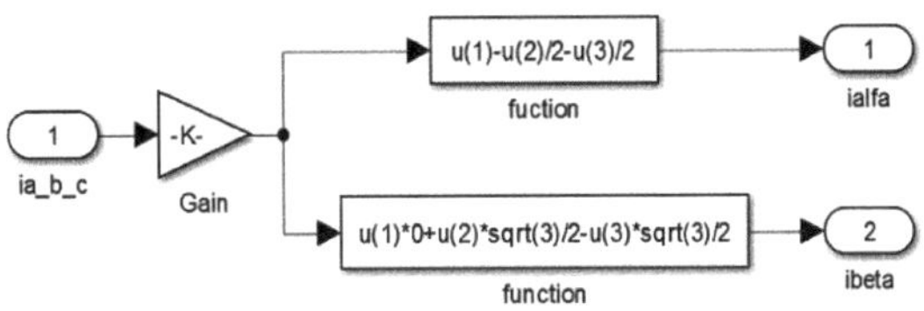

图 3-5　Clark 变换

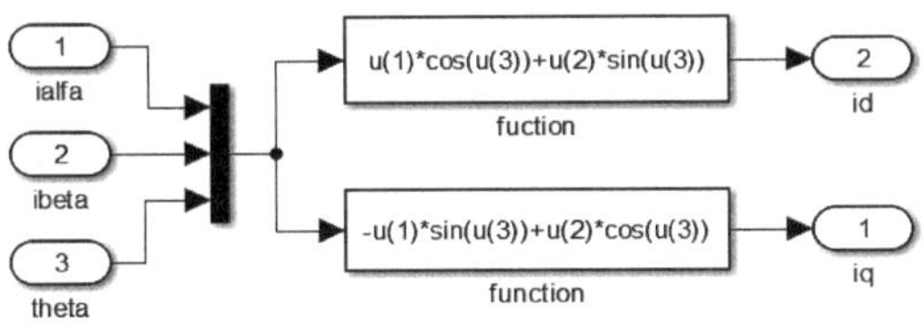

图 3-6　Park 变换

2. SVPWM

三相逆变器六路脉冲信号由 SVPWM 调制方式获得。SVPWM 部分子模块仿真模型如图 3-7～图 3-10 所示，SVPWM 整体仿真模型如图 3-11 所示。

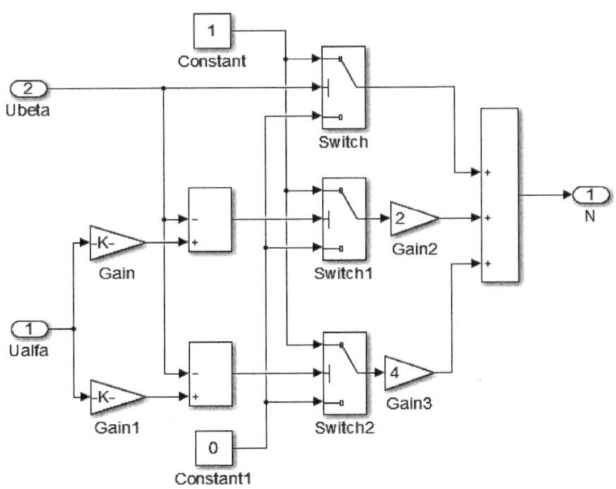

图 3-7　扇区判断模块

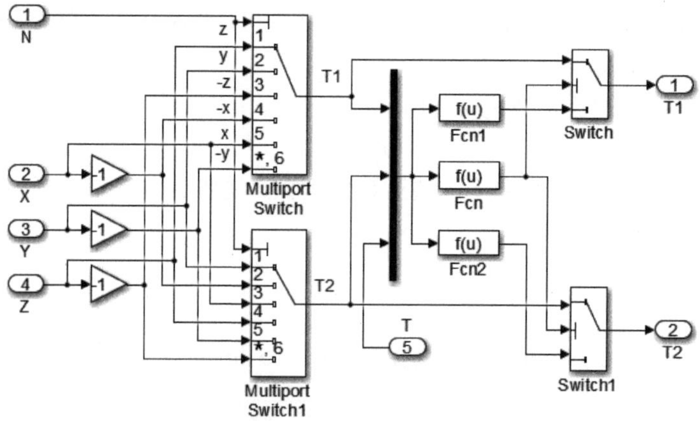

图 3-8　基本电压矢量作用时间 T_1、T_2

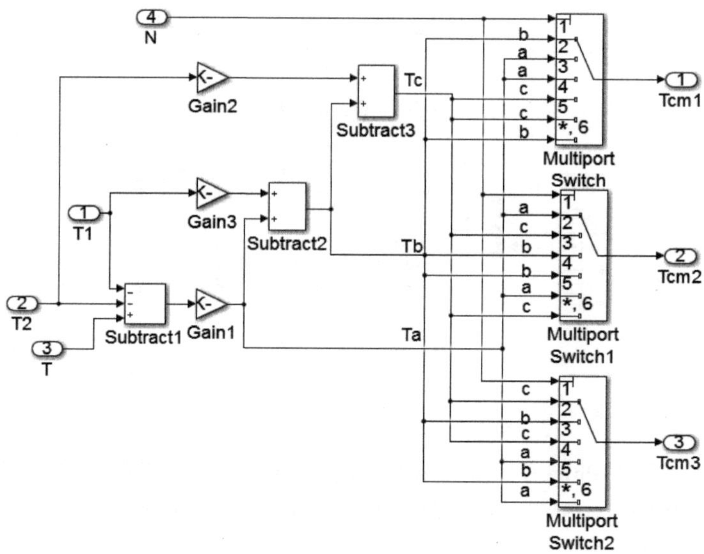

图 3-9　切换时间 T_{cmp1}、T_{cmp2}、T_{cmp3}

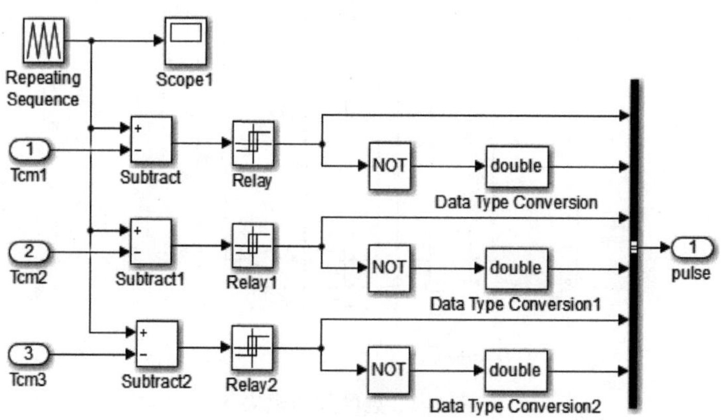

图 3-10　六路 PWM 输出信号

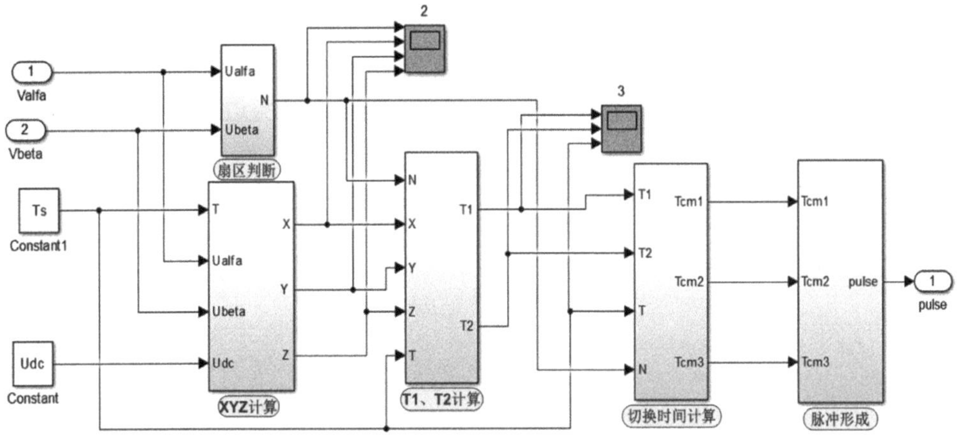

图 3-11　SVPWM 仿真模型整体框图

3. NFTSM 速度控制器

由于一般给定转速 ω^* 都是恒值，则有 $\ddot{\omega}^* = \dot{\omega}^* = 0$，又 $\dot{\omega} = \dot{\omega}^* - \dot{e} = -\dot{e}$，因此将转速误差的输入及其微分作为 S 函数的输入，滑模控制律 u 作为 S 函数的输出，定义中间变量并初始化，编写程序即可得到控制律 u。NFTSM 速度控制器的最终输出 i_q^* 由 u 经过一阶低通滤波器获得，为了防止过饱和，对 i_q^* 进行了限幅。

基于 NFTSM 速度控制器永磁同步电机调速系统仿真模型如图 3-12 所示。

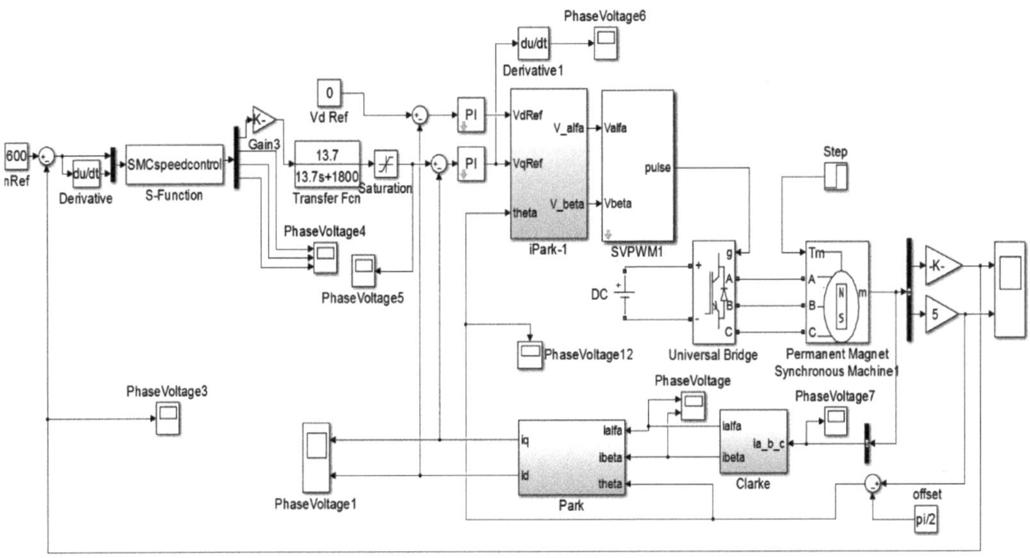

图 3-12　基于 NFTSM 速度控制器永磁同步电机调速系统仿真模型

4. 控制系统

基于非奇异快速终端滑模速度控制器的永磁同步电机矢量控制系统仿真模型是以图 3-4 所示的原理图为基础搭建起来的。

给定转速为 600r/min，在 0.1s 加入3N·m负载时的仿真结果如图 3-13～图 3-18 所示。对 NFTSM 速度控制器与 NTSM 速度控制器、PI 速度控制器的转速响应做了对比分析，并研究了控制系统在大边界层、小边界层及可变边界层下的抖振程度及转速响应。

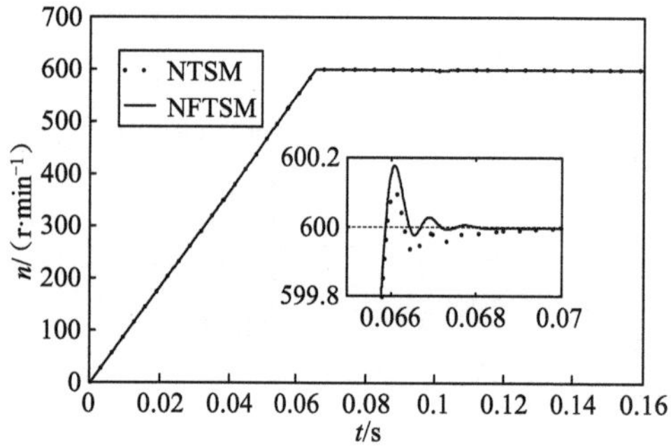

图 3-13　NTSM 控制与 NFTSM 控制的转速响应

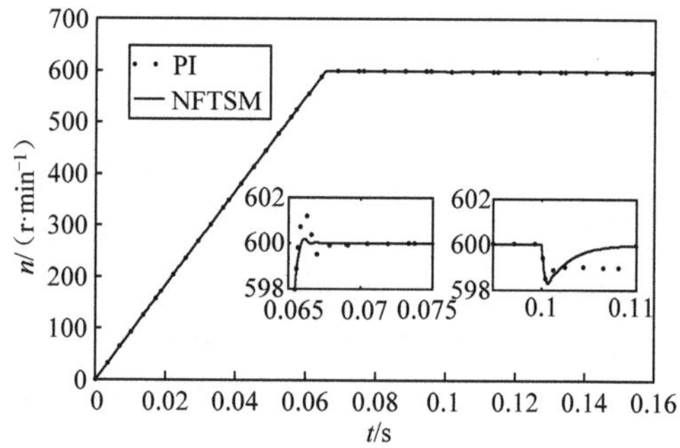

图 3-14　PI 控制与 NFTSM 控制的转速响应

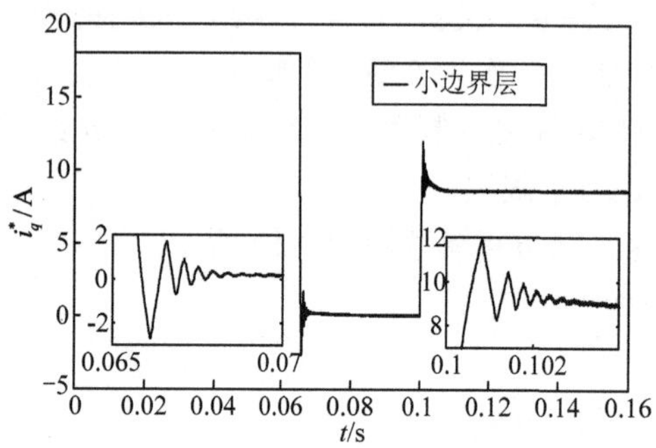

图 3-15　小边界层下 NFTSM 控制的 i_q^* 抖振图

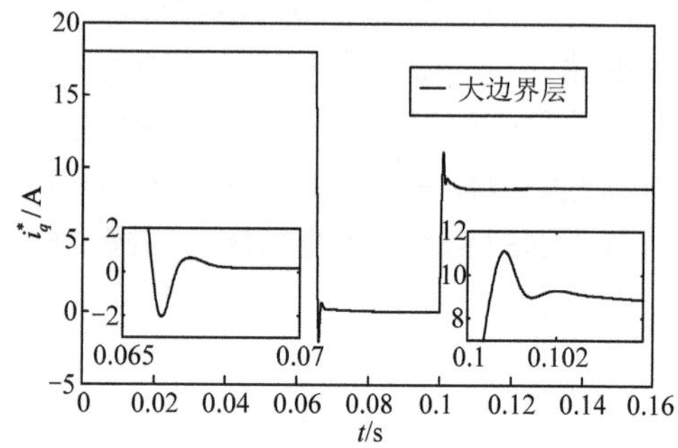

图 3-16　大边界层下 NFTSM 控制的 i_q^* 抖振图

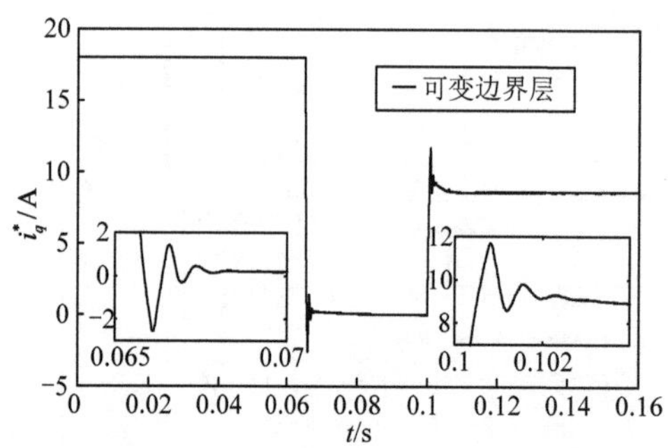

图 3-17　可变边界层下 NFTSM 控制的 i_q^* 抖振图

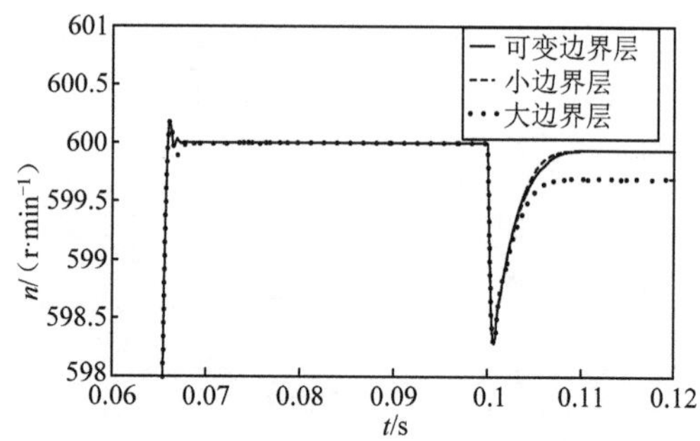

图 3-18　不同边界层下 NFTSM 控制的转速响应

由图 3-13 可见，在 NFTSM 控制作用下，电机转速在 0.068s 时进入稳态，而在 NTSM 控制作用下，转速在 0.07s 进入稳态。可见，NFTSM 控制能够比 NTSM 控制更快地趋于给定转速。不过，通过调节切换控制的系数，这两种控制的转速都具有超调小、精度高的特点。

由图 3-14 可见，PI 控制与 NFTSM 控制相比，在起动阶段，PI 控制使转速在给定值附近超调量大，波动大，调节时间长；而 NFTSM 控制几乎没有超调量，能够快速稳定到给定值。在 0.1s 突增负载时，NFTSM 控制能够使转速快速跟踪给定值，稳态精度近似为 0，而 PI 控制在转速降速后，经过一段时间的调节稳定在 599r/min，存在较大的稳态误差。

观察图 3-15、图 3-18 可以发现，当饱和函数的边界层较小时，i_q^* 抖振大，存在噪声，i_q^* 需要经过较为剧烈的振动才能稳定下来，但系统受到负载干扰时，能够准确地跟踪给定转速，稳态误差较小。观察图 3-16、图 3-18 可以发现，当饱和函数的边界层较大时，i_q^* 抖振小，调节次数少，但受到负载干扰时，转速跟踪误差大，不能稳定至给定值。观察图 3-17、图 3-18 可以发现，采用本节所设计的可变边界层时，既能削弱抖振，又能在正常运行和受到负载干扰时，准确地实现转速的稳定和快速跟踪。

给定转速为 600r/min，在 0.1s 加入 2N·m 负载，0.13s 时负载变为 4N·m，0.16s 时负载变为 3N·m，负载突变时 PI 控制与 NFTSM 控制的转速响应如图 3-19 所示。

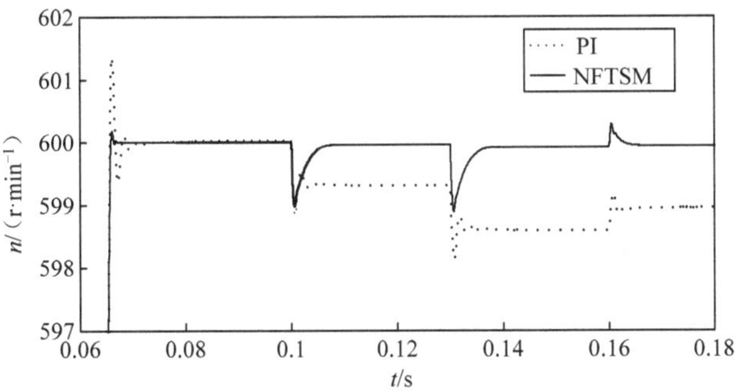

图 3-19　不同时刻突增、突卸负载时 PI 控制与 NFTSM 控制的转速响应

由图 3-19 可见，PI 控制在负载突然变化时，虽然最终会稳定到一定转速，但受负载扰动影响大，稳态误差大；而 NFTSM 控制无论是突增负载还是突卸负载，无论何时变载，仍能实现转速的动态快速响应和稳态精确跟踪，且几乎无振荡。

给定转速为 600r/min，在 0.14s 加入 3N·m 负载，转动惯量 J 变化时 NFTSM 控制的转速响应如图 3-20 所示；磁通 ψ_f 变化时 NFTSM 控制的转速响应如图 3-21 所示。

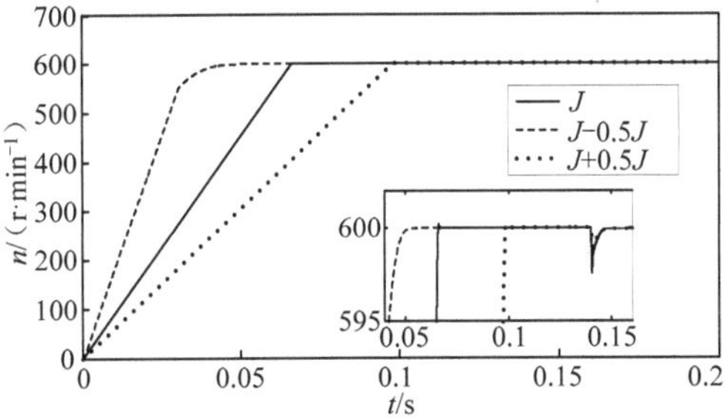

图 3-20　不同转动惯量下 NFTSM 控制的转速响应

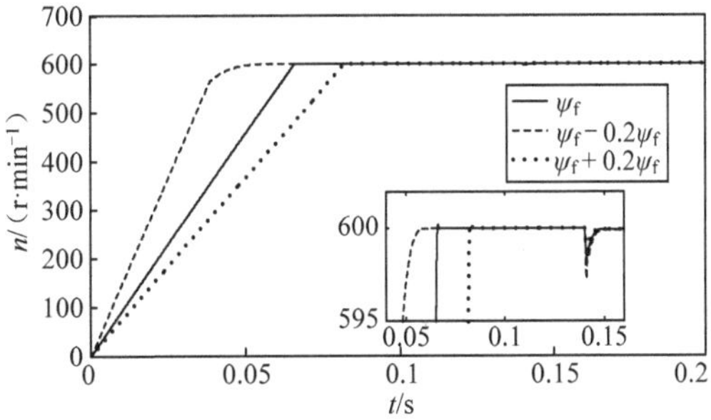

图 3-21　不同磁链下 NFTSM 控制的转速响应

由图 3-20 和图 3-21 可见，当转动惯量和磁链减小时，系统响应速度加快；当转动惯量和磁链增大时，系统响应速度减慢。然而，无论转动惯量和磁链是减小还是增大，即使系统存在负载干扰，NFTSM 速度控制器仍能够使转速具有高动态响应、高稳态精度和强鲁棒性的优良品质。

3.2 指数幂复合型趋近律设计

滑模变结构控制系统的运动分为两个阶段，即到达阶段和滑模阶段。对于一般滑模系统，仅要求满足可达性和稳定性条件，对于以何种方式趋近于滑模面并未做具体要求。采用趋近律方法可以改善滑模控制在到达阶段的动态特性，提高趋近速率。

3.2.1 传统趋近律

传统的等速趋近律为

$$\dot{s} = -\varepsilon \operatorname{sgn} s \tag{3-21}$$

式中：ε是趋近速率，且$\varepsilon > 0$。

求解式（3-21）微分方程可以得到等速趋近律的到达时间为

$$\dot{s} = \frac{s(0)}{\varepsilon} \tag{3-22}$$

式中：$s(0)$为初始时刻切换函数值。

趋近滑模面的时间由趋近速率ε决定，当ε较小时，趋近速率慢，花费时间太长。当ε较大时，趋近速率快，但是到达滑模面时速率太大，会引起较大的抖振，并且趋近速率单一，影响电机的控制性能。

为了提高收敛速率，出现了指数趋近律：

$$\dot{s} = -\varepsilon \operatorname{sgn} s - ks \tag{3-23}$$

式中：$\varepsilon, k > 0$。

求解上述微分方程可以得到指数趋近律的到达时间为

$$t = \frac{1}{k}\left[\ln\left(s(0) + \frac{\varepsilon}{k}\right) - \ln\frac{\varepsilon}{k}\right] \tag{3-24}$$

针对等速趋近律存在的问题，在等速趋近律的基础上增加了指数项，大大提高了趋近速率，加速了趋近过程。当远离滑模面时，指数项起主要作用以提高趋近速率；当靠近滑模面时，等速项对趋近速率影响较大。这在一定程度上减小了抖振，但控制性能仍有待提高。

幂次趋近律则在趋近律中引入了幂次项：

$$\dot{s} = -k|s|^{\alpha} \operatorname{sgn} s \tag{3-25}$$

式中：$k > 0$；$0 < \alpha < 1$。

求解上述微分方程可以得到幂次趋近律的到达时间为

$$t = \frac{s(0)^{1-\alpha}}{(1-\alpha)k} \tag{3-26}$$

幂次项的引入使得在接近滑模面时速率减缓，有助于削弱抖振。但是在远离滑模面时速率较小，导致运动时间过长，收敛时间久。

3.2.2　指数幂趋近律

1. 新型趋近律的提出

基于以上分析可以看出，当提高系统趋近速度时，系统状态以较高速度靠近滑模面，会产生较大抖振；另外，为了减小抖振，又需要降低系统趋近速度。为了解决这一矛盾，本节设计了一种新型指数幂滑模趋近律：

$$\dot{s}=-\frac{k+|s|^{\lambda}}{\varepsilon+\left(1+\dfrac{1}{|x|}-\varepsilon\right)e^{-\delta|s|}}\operatorname{sgn}s \tag{3-27}$$

式中：$k>0$；$\delta>0$；$0<\lambda<1$；$0<\varepsilon<1$。

新型趋近律函数能够跟随系统的状态和滑模面的变化而变化，实时进行匹配。当系统状态远离滑模面时，滑模面函数 s 较大，此时趋近律函数可以近似为

$$\dot{s}=-\frac{k+|s|^{\lambda}}{\varepsilon}\operatorname{sgn}s \tag{3-28}$$

可以看到在远离滑模面时，不仅有常数项起到加速作用，还有幂次项的存在，大大提高了收敛速率，保证在较短的时间内趋近于滑模面。

当系统状态靠近滑模面时，滑模面函数 s 不断减小，此时的新型指数幂趋近律函数可近似为

$$\dot{s}=-\frac{k|x|}{1+|x|}\operatorname{sgn}s \tag{3-29}$$

在滑模控制的作用下，系统状态逐渐收敛至零，从而趋近律也最终收敛至零，有效地抑制了到达滑模面时的抖振。因此，新型趋近律能够根据系统状态实时进行调节。当系统误差远离滑模面时，提供较大的收敛速率，有效缩短趋近时间；而当系统靠近滑模面时，采用相适应的小速率趋近，能够减小系统抖振，有效提高滑模控制的动态品质。

2. 新型趋近律的趋近时间

根据新型趋近律公式可以推导出在新型趋近律作用下趋近于滑模面的时间。对式（3-27）进行积分，积分时间从 0 到 t，并且注意到 $s(t)=0$，则可得趋近时间为

$$t=\frac{\varepsilon|s(0)|+\dfrac{1+\dfrac{1}{|x|}-\varepsilon}{\delta}\left(1-e^{-\delta|s(0)|}\right)}{k+|s|_{M}^{\lambda}} \tag{3-30}$$

式中：$|s|_{M}^{\lambda}t=\int_{0}^{t}|s|^{\lambda}\mathrm{d}\tau$，$|s|_{\mathrm{Max}}\geqslant|s|_{M}\geqslant|s|_{\mathrm{Min}}$。

采用同样的趋近速率 k，可以得到等速趋近律趋近滑模面的时间为

$$t_0 = \frac{|s(0)|}{k} \tag{3-31}$$

对比在新型趋近律作用下的趋近时间和等速趋近律作用下的趋近时间，以验证新型趋近律的性能。为了便于比较，取 $\delta >> 1+\frac{1}{x}-\varepsilon$，则 $t < \frac{\varepsilon|s(0)|}{k+|s|_M^\lambda}$，与等速趋近律趋近时间做差可得

$$t - t_0 < \frac{\varepsilon|s(0)|}{k+|s|_M^\lambda} - \frac{|s(0)|}{k} = \frac{|s(0)|}{k\left(k+|s|_M^\lambda\right)}\left[k(\varepsilon-1)-|s|_M^\lambda\right] \tag{3-32}$$

由于 $\frac{|s(0)|}{k\left(k+|s|_M^\lambda\right)}$ 恒为正，并且 $0<\varepsilon<1$，因此 $\left[k(\varepsilon-1)-|s|_M^\lambda\right]<0$，即 $t-t_0<0$。由此可见，新型趋近律的滑模面趋近时间更短。

3. *新型趋近律的趋近时间*

为了进一步验证新型趋近律的稳定性，选取 Lyapunov 函数为

$$V = \frac{1}{2}s^2 \tag{3-33}$$

若满足

$$\frac{\mathrm{d}V}{\mathrm{d}t} = s \cdot \frac{\mathrm{d}s}{\mathrm{d}t} \leqslant 0 \tag{3-34}$$

则满足滑模可达条件，所设计的新型趋近律稳定。

将式（3-27）代入式（3-33）中并求导，可得

$$\begin{aligned}\frac{\mathrm{d}V}{\mathrm{d}t} &= s \cdot \frac{\mathrm{d}s}{\mathrm{d}t} \\ &= -\frac{k+|s|^\lambda}{\varepsilon+\left(1+\frac{1}{|x|}-\varepsilon\right)e^{-\delta|s|}}\operatorname{sgn}s \cdot s \\ &= -\frac{k+|s|^\lambda}{\varepsilon+\left(1+\frac{1}{|x|}-\varepsilon\right)e^{-\delta|s|}}|s|\end{aligned} \tag{3-35}$$

其中，$\operatorname{sgn}s \cdot s = |s|$，且可以看出式中分子分母均为正数，故可得 $\frac{\mathrm{d}V}{\mathrm{d}t} \leqslant 0$，即新型趋近律满足滑模可达性条件，系统稳定。

3.2.3 指数幂趋近律滑模速度控制器

基于所提出的新型滑模趋近律设计滑模速度控制器。为了能够准确地跟踪信号，并且对扰动具有较强的鲁棒性，设定给定速度信号为 ω^*，实际速度为 ω，定义速度误差

为$\sigma = \omega^* - \omega$。

设计滑模速度控制器首先要设计滑模面，选取线性滑模面如下：

$$s = \omega^* - \omega \tag{3-36}$$

对滑模面两边进行求导可得

$$\dot{s} = \dot{\omega}^* - \dot{\omega} \tag{3-37}$$

永磁同步电机的速度方程为

$$\frac{\mathrm{d}\omega}{\mathrm{d}t} = \frac{1.5 n_{\mathrm{p}} \psi_{\mathrm{f}}}{J} i_q - \frac{B}{J}\omega - \frac{T_L}{J} \tag{3-38}$$

将其改写为

$$\dot{\omega} = \frac{1.5 n_{\mathrm{p}} \psi_{\mathrm{f}}}{J} i_q + d(t) \tag{3-39}$$

式中：$d(t) = -\dfrac{B\omega}{J} - \dfrac{T_L}{J}$，即参数摄动和负载扰动；$i_q^*$为控制器的输出量。

将式（3-39）代入式（3-37）中可得

$$\dot{s} = \dot{\omega}^* - \frac{1.5 n_{\mathrm{p}} \psi_{\mathrm{f}}}{J} i_q^* - d(t) \tag{3-40}$$

再将新型趋近律式（3-27）代入式（3-4），并且$\dot{\omega}^* = 0$，可得

$$\frac{k + |s|^{\lambda}}{\varepsilon + \left(1 + \dfrac{1}{|x|} - \varepsilon\right) e^{-\delta|s|}} \operatorname{sgn} s = \frac{1.5 n_{\mathrm{p}} \psi_{\mathrm{f}}}{J} i_q^* + d(t) \tag{3-41}$$

以i_q^*作为新型滑模速度控制器的输出，并且令干扰项$d(t) = 0$，整理式（3-41）可得

$$i_q^* = \frac{J}{1.5 n_{\mathrm{p}} \psi_{\mathrm{f}}} \cdot \frac{k + |s|^{\lambda}}{\varepsilon + \left(1 + \dfrac{1}{|x|} - \varepsilon\right) e^{-\delta|s|}} \operatorname{sgn}(s) \tag{3-42}$$

至此，新型滑模速度控制器设计完毕。

基于上述设计，可以得到基于新型趋近律的滑模速度控制器系统简化框图，如图 3-22 所示。

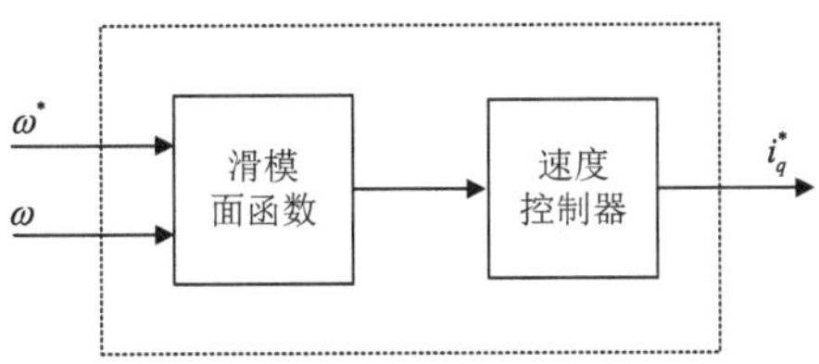

图 3-22　滑模速度控制器结构图

3.2.4　指数终端复合型趋近律设计

在人工智能算法中，常出现一种终端吸引子的结构，一般用于促使神经网络训练模型的收敛，表达式如下：

$$\dot{x}=-x^{\frac{q}{p}} \tag{3-43}$$

式中：x为系统状态量；p、q为终端系数，满足$p>q$且p、q为奇数。

由式（3-43）可知，系统状态收敛速度随着系统距离平衡点$x=0$靠近而加快，具有“吸引系统收敛”的性质。

求解式（3-43）中关于时间的微分方程可知，终端吸引子的收敛时间为

$$t_{\mathrm{r}}=\frac{p}{p-q}x(0)^{1-\frac{q}{p}} \tag{3-44}$$

式中：t_{r}为终端吸引子中系统状态量收敛至平衡点所需的时间；$x(0)$为系统初始状态值。

由式（3-44）可知，终端吸引子可以在有限的时间内使系统状态量收敛至平衡点，这使它能够作为改善滑模控制到达过程特性的项加入滑模趋近律当中。

速度控制器设计中所运用的传统指数趋近律表达式如下：

$$\dot{s}=-\varepsilon\,\mathrm{sgn}\,s-ks \tag{3-45}$$

式中：s为滑模参数；ε、k为趋近律参数且满足$\varepsilon,k>0$。

求解式（3-45）中关于时间的微分方程可知指数趋近律的收敛时间为

$$t_1=\frac{1}{k}\left[\ln\left(s(0)+\frac{\varepsilon}{k}\right)-\ln\frac{\varepsilon}{k}\right] \tag{3-46}$$

式中：t_1为指数趋近律中系统状态量到达滑模面所需的时间；$s(0)$为滑模参数初始状态值。

运用传统指数趋近律时，当系统状态离滑模面较远时，到达阶段运动速率主要由k决定；当系统状态离滑模面较近时，到达阶段运动速率主要由ε决定。在一定程度上，可以通过调节参数在不损失太多到达速率的同时削弱抖振。在传统指数趋近律的结构基础上添加终端吸引子项，新型指数终端复合型趋近律表达式如下：

$$\dot{s}=-as-b|x|^c s^{\frac{q}{p}} \tag{3-47}$$

式中：p、q为终端系数，满足$p>q$且p、q为奇数；a、b为趋近律系数，满足$a,b>0$；c为状态量系数，满足$c\geqslant 0$。

这种指数终端复合型趋近律内含一项变系数的终端吸引子，且保有了指数趋近律根据与滑模面的距离改变到达阶段运动速率的特性。当系统状态量距离滑模面较远时，到达阶段的运动速率主要由线性项$-as$决定；当系统状态量距离滑模面较近时，系统到达阶段的运动速率主要由变系数终端吸引子项$-b|x|^c s^{\frac{q}{p}}$决定。变系数终端吸引子具有自适应性。当系统状态变量较小时，它会抑制趋近律切换控制的输出值，使系统运动的速率随着系统趋于稳定点而变小，从而使切换控制更加平滑，减小了趋近律切换控制对系统造成的冲击，有效地抑制了趋近律切换控制导致的系统抖振现象。

求解式（3-47）中关于时间的微分方程可知，指数终端复合型趋近律收敛时间为

$$t_2=\frac{p}{a(p-q)}\ln\left[1+\frac{as(0)^{\frac{p-q}{p}}}{b|x|^c}\right] \tag{3-48}$$

式中：t_2 为指数趋近律中系统状态量到达滑模面所需的时间。

为了展示指数终端复合型趋近律的优越性能，将其与传统指数趋近律进行对比分析。通过对比相同到达时间情况下的参数大小，综合体现两者在抖振程度和到达运动速率上的差异，从而突出指数终端复合型趋近律的优势。

假设两种趋近律到达时间相同，即 $t_1 = t_2$，则有

$$\frac{1}{k}\left[\ln\left(s(0)+\frac{\varepsilon}{k}\right)-\ln\frac{\varepsilon}{k}\right]=\frac{p}{a(p-q)}\ln\left[1+\frac{as(0)^{\frac{p-q}{p}}}{b|x|^{c}}\right] \tag{3-49}$$

即

$$k=\frac{a(p-q)}{p} \tag{3-50}$$

$$\varepsilon=\frac{p-q}{p}b|x|^{c}s(0)^{\frac{q}{p}} \tag{3-51}$$

根据式（3-50）可以推出

$$\frac{k}{a}=\frac{p-q}{p}<1 \tag{3-52}$$

即当系统状态距离滑模面较远时，指数终端复合型趋近律的系数大于指数趋近律，说明本节设计的趋近律的到达运动速率更高。

式（3-51）可以改写为

$$\frac{\varepsilon}{b|x|^{c}s(t)^{\frac{q}{p}}}=\frac{(p-q)}{p}\frac{s(0)^{\frac{q}{p}}}{s(t)^{\frac{q}{p}}} \tag{3-53}$$

根据式（3-53）可以推出当 $s(t)\leqslant\left(\frac{p-q}{p}\right)^{-\frac{p}{q}}s(0)$ 时有

$$\frac{\varepsilon}{b|x|^{c}s(t)^{\frac{q}{p}}}\geqslant 1 \tag{3-54}$$

即当系统状态距离滑模面较近时，指数终端复合型趋近律的系数小于指数趋近律，因此抖振的程度更轻。

综合以上分析可以看出，指数终端复合型趋近律在系统状态距离滑模面较远时，能够获得比指数趋近律更高的到达运动速率；在系统状态距离滑模面较近时，能够获得比指数趋近律更小的抖振程度。

3.3　非线性滑模面设计

由于传统积分滑模面具有积分项，能够有效地消除系统静态误差。但该积分项也会导致积分饱和（integral windup）效应，即在大的误差初始条件下，积分执行器产生超饱和，从而使控制器最大输出值与实际期望输出值产生误差。当被控对象达到给定期望

时，由于积分环节产生累计值的作用，控制器产生反向输出，系统需要经历一个反向的调整过程后才能再次回到稳定状态。

3.3.1 非线性积分滑模面

一般情况下，只能通过减小积分项参数来消除积分饱和效应，然而减小积分项参数会导致滑模面的收敛速度变慢，对系统暂态性能产生影响。针对这一问题，本节提出了一种新型非线性积分滑模面（novel nonlinear integral sliding mode，NNISM）。

$$\begin{cases} s=\dot{x}+\eta_{\mathrm{p}}x+\eta_{\mathrm{i}}\delta \\ \dot{\delta}=g(x) \\ g(x)=\dfrac{\exp(x)-\exp(-x)}{\exp(x)+\exp(-x)} \end{cases} \tag{3-55}$$

式中：$\exp(x)$为自然指数函数；η_{p}、η_{i}为滑模面参数，$\eta_{\mathrm{p}}>0$、$\eta_{\mathrm{i}}>0$；$g(x)$为一种具有“大误差放大，小误差饱和”功能的光滑非线性饱和函数。

当系统离滑模面收敛点较远时，误差的收敛速度主要由$g(x)$饱和函数的积分δ决定，这种新型非线性积分滑模面利用非线性函数的自适应能力来达到“既保持滑模面收敛速度，又抑制积分器饱和”的目的，有效地消除了积分饱和效应，可以削弱系统抖振，增强系统的暂态性能。

3.3.2 速度控制器设计

采用$i_d=0$的矢量控制策略，由于电流内环在运转时不需要考虑外部的扰动量，且鲁棒性能的要求往往在转速等外环可控制的参数中体现，因此控制需求不高。为了不特意提升系统复杂度，内环设计为传统 PI 电流控制器；外环直接控制转速，控制需求较高，因此外环设计为 NNISM 速度控制器。NNISM 速度控制器的控制目标为实际转速ω和给定转速ω^*，最终输出量为q轴给定电流i_q^*，其作用是快速跟随转速偏差值，并对外界不确定性扰动和内部参数摄动提供鲁棒性能支撑。设滑模控制的状态变量为$x=\omega^*-\omega$，控制问题等效为使x在滑模控制的作用下回归原点。

由 2.1.2 节可知，PMSM 在dq坐标系下的运动方程为

$$\dot{\omega}=\frac{1.5n_{\mathrm{p}}\psi_{\mathrm{f}}}{J}i_q+d(t) \tag{3-56}$$

式中：$d(t)$为负载转矩扰动和内部参数摄动的叠加；其他各物理量及参数代表的物理意义和参数含义已在 2.1.2 节中标明，不再赘述。

$$d(t)=-\frac{B\omega}{J}-\frac{T_{\mathrm{L}}}{J} \tag{3-57}$$

为了简化系统设计，采用 Laplace 变换的方法对运动方程[式（3-56）]做等效变换：

$$S\omega(S)=\frac{1.5n_{\mathrm{p}}\psi_{\mathrm{f}}}{J}i_q(S)+d(S) \tag{3-58}$$

一般的矢量控制系统的设计方案会将实际电流i_q近似等于q轴给定电流i_q^*作为外环输出值直接输入控制内环，即忽略q轴电流内环 PI 控制器的参数变换关系，直接通过

式（3-58）的数学关系和 PI 的自适应性调控电压大小。由于电流环位于系统的内部，响应速度由于惯性和机电参数的影响相对转速环更快，在实际电流 i_q 与 q 轴给定电流 i_q^* 接近时，这一近似产生的误差可以忽略不计。但在外部扰动、内部参数摄动影响较大或实际电流 i_q 与 q 轴给定电流 i_q^* 偏差较大时，若外环控制为了迎合系统转速跟随需求刷新频率较高，则整体响应速度较快，实际电流 i_q 近似为给定电流 i_q^* 的处理会产生难以消除的偏差，降低矢量控制系统的暂态性能。因此，本节将电流环的数学关系也考虑到系统设计之中，精确处理 i_q 来获得更好的系统表现。电流环控制器数学关系为

$$\frac{u_q(S)}{i_q^*(S)-i_q(S)}=K_{\mathrm{p}}+\frac{K_{\mathrm{i}}}{S} \tag{3-59}$$

式中：K_{p}、K_{i} 为 q 轴电流内环控制器 PI 参数。

结合式（3-58）和式（3-59）可得 Laplace 变换后关于转速 ω 的二阶微分方程：

$$\begin{aligned}&\left(S^2+\frac{K_{\mathrm{i}}}{K_{\mathrm{p}}}S\right)\omega(S)\\&=\frac{1.5n_{\mathrm{p}}\psi_{\mathrm{f}}}{J}\left(S+\frac{K_{\mathrm{i}}}{K_{\mathrm{p}}}\right)i_q^*(S)-\frac{1.5n_{\mathrm{p}}\psi_{\mathrm{f}}}{JK_{\mathrm{p}}}Su_q(S)+\left(S+\frac{K_{\mathrm{i}}}{K_{\mathrm{p}}}\right)d(S)\end{aligned} \tag{3-60}$$

将式（3-60）进行整理得

$$S^2\omega(S)=F(S)+U(S)+D(S) \tag{3-61}$$

其中各简化后的函数表达式为

$$\begin{cases}F(S)=-\dfrac{K_{\mathrm{i}}}{K_{\mathrm{p}}}S\omega(S)\\U(S)=\dfrac{1.5n_{\mathrm{p}}\psi_{\mathrm{f}}}{J}\left(S+\dfrac{K_{\mathrm{i}}}{K_{\mathrm{p}}}\right)i_q^*(S)\\D(S)=-\dfrac{1.5n_{\mathrm{p}}\psi_{\mathrm{f}}}{JK_{\mathrm{p}}}Su_q(S)+Sd(S)+\dfrac{K_{\mathrm{i}}}{K_{\mathrm{p}}}d(S)\end{cases} \tag{3-62}$$

式中：$F(S)$ 为频域内关于 $\omega(S)$ 的一阶函数；$U(S)$ 为频域内滑模控制输出量；$D(S)$ 为频域内等效为二阶模型后系统内部参数摄动及外部扰动的综合扰动量。

对式（3-62）进行 Laplace 反变换，得到关于转速 ω 的二阶微分方程：

$$\ddot{\omega}=-\frac{K_{\mathrm{i}}}{K_{\mathrm{p}}}\dot{\omega}+u(t)+D(t) \tag{3-63}$$

式中：$u(t)$ 为时域内滑模控制输出量；$D(t)$ 为时域内系统综合扰动量。

类比 2.3.2 节滑模控制律的求取过程。首先求取滑模等效控制律，由式（3-55）中滑模面的数学关系，令 $\dot{s}=0$，并代入式（3-63）可得

$$\begin{aligned}\dot{s}&=\ddot{x}+\eta_{\mathrm{p}}\dot{x}+\eta_{\mathrm{i}}g(x)\\&=\ddot{\omega}^*-\ddot{\omega}+\eta_{\mathrm{p}}\dot{x}+\eta_{\mathrm{i}}g(x)\\&=0\end{aligned} \tag{3-64}$$

忽略系统综合扰动量，即 $D(t)=0$，化简可得滑模等效控制律为

$$u_{\text{eq}} = \ddot{\omega}^* + \frac{K_{\text{i}}}{K_{\text{p}}}\dot{\omega} + \eta_{\text{p}}\dot{x} + \eta_{\text{i}}g(x) \tag{3-65}$$

滑模到达阶段采取指数趋近律的方式，其对应的切换控制律为

$$u_{\text{eq}} = \ddot{\omega}^* + \frac{K_{\text{i}}}{K_{\text{p}}}\dot{\omega} + \eta_{\text{p}}\dot{x} + \eta_{\text{i}}g(x) \tag{3-66}$$

式中：$\varepsilon, k > 0$。

值得注意的是，由于$x = \omega^* - \omega$，系统状态量与ω反号，于是这里取的切换控制符号为正。

结合等效控制律和切换控制律得到速度内环滑模控制输出量为

$$\begin{aligned} u &= u_{\text{eq}} + u_{\text{sw}} \\ &= \ddot{\omega}^* + \frac{K_{\text{i}}}{K_{\text{p}}}\dot{\omega} + \eta_{\text{p}}\dot{x} + \eta_{\text{i}}g(x) + \varepsilon \text{sgn} s + ks \end{aligned} \tag{3-67}$$

速度控制器的最终输出量为q轴给定电流i_q^*，还需要从滑模控制输出量u和q轴给定电流i_q^*之间的数学关系中求取才能得到，由式（3-62）可知：

$$U(S) = \frac{1.5n_{\text{p}}\psi_{\text{f}}}{J}\left(S + \frac{K_{\text{i}}}{K_{\text{p}}}\right)i_q^*(S) \tag{3-68}$$

等效变换可得最终输出量q轴给定电流i_q^*的表达式为

$$i_q^*(S) = \frac{J}{1.5n_{\text{p}}\psi_{\text{f}}}\left(\frac{1}{S + K_{\text{i}}/K_{\text{p}}}\right)U(S) \tag{3-69}$$

由式（3-69）可知，速度控制器的最终输出量q轴给定电流i_q^*是由滑模控制输出量u经过一个一阶低通滤波器给出的，既能够精确输出q轴给定电流i_q^*提升系统精确性，又能够有效地削弱滑模控制的抖振对系统造成的暂态性能影响。

为验证滑模控制系统能在任意初始状态到达滑模面并进行滑模运动，以及系统稳定性，设 Lyapunov 函数为

$$V = \frac{1}{2}s^2 \tag{3-70}$$

假设$D(t)$为有上界的函数，且设定$\varepsilon \geqslant |D(t)|$，对 Lyapunov 函数求导可得

$$\begin{aligned} \dot{V} &= s\dot{s} \\ &= s(\ddot{x} + \eta_{\text{p}}\dot{x} + \eta_{\text{i}}g(x)) \\ &= s(\ddot{\omega}^* - \ddot{\omega} + \eta_{\text{p}}\dot{x} + \eta_{\text{i}}g(x)) \\ &= s(-\varepsilon \text{sgn} s - D(t)) - ks^2 \end{aligned} \tag{3-71}$$

当$s \geqslant 0$时$\dot{V} = s(-\varepsilon + D(t)) - ks^2 \leqslant 0$，当$s < 0$时$\dot{V} = s(\varepsilon + D(t)) - ks^2 < 0$，即$\dot{V} \leqslant 0$在任意初始条件下恒成立，由此可知稳定性得证。

3.3.3 全程非线性积分面

全程滑模面是一种旨在设计一种强迫函数$f^*(x)$，使系统状态在一开始便位于滑模

面上，即整个系统直接进入滑模运动，没有到达运动的过程。然而，在实际工程环境中，系统中还具有内部及外部的扰动。强迫函数的加入一般只能使系统在理论上更接近滑模面，不能完全消除到达运动的过程，所以系统中的趋近律切换控制项并不能被舍弃。

一般地，强迫函数具有以下两个特性：

$$f^*(0) = -s(0) \tag{3-72}$$

式中：$f^*(0)$ 为强迫函数初始值。

$$\lim_{t\to\infty} f^*(t) = 0 \tag{3-73}$$

在上述设计的非线性积分滑模面中加入强迫函数 $f^*(x)$，设计全程非线性积分滑模面如下：

$$\begin{cases} s = \dot{x} + \eta_{\mathrm{p}} x + \eta_{\mathrm{i}} \delta + (\dot{x}(0) + \eta_{\mathrm{p}} x(0)) e^{-t} \\ \dot{\delta} = g(x) \\ g(x) = \alpha \dfrac{\exp(x) - \exp(-x)}{\exp(x) + \exp(-x)} \end{cases} \tag{3-74}$$

式（3-74）中各变量代表的含义已在式（3-55）中标出，这里不再赘述。

全程非线性积分滑模面（3-74）中加入的强迫函数表达式为

$$f^*(x) = (\dot{x}(0) + \eta_{\mathrm{p}} x(0)) e^{-t} \tag{3-75}$$

3.3.4 改进型速度控制器

基于指数终端复合型趋近律和全程非线性积分滑模面，对速度控制器进行改进设计并求解控制律的过程与前面章节一致，这里不再赘述。求得改进型速度控制器的控制律为

$$\begin{aligned} u &= u_{\mathrm{eq}} + u_{\mathrm{sw}} \\ &= \ddot{\omega}^* + \frac{K_{\mathrm{i}}}{K_{\mathrm{p}}} \dot{\omega} + \eta_{\mathrm{p}} \dot{x} + \eta_{\mathrm{i}} g(x) - (\dot{x}(0) + \eta_{\mathrm{p}} x(0)) e^{-t} + as + b|x|^c s^{q/p} \end{aligned} \tag{3-76}$$

为验证改进型趋近律能使系统在任意初始状态到达滑模面，滑模控制系统稳定，设 Lyapunov 函数为

$$V = \frac{1}{2} s^2 \tag{3-77}$$

对 Lyapunov 函数求导可得

$$\dot{V} = s\dot{s} \tag{3-78}$$

结合式（3-47）可知：

$$\begin{aligned} \dot{V} &= s\dot{s} \\ &= s(\ddot{x} + \eta_{\mathrm{p}} \dot{x} + \eta_{\mathrm{i}} g(x)) \\ &= -b|x|^c s^{\frac{p+q}{p}} - as^2 \end{aligned} \tag{3-79}$$

由于 $p+q$ 为偶数，p 为奇数，可知 $-b|x|^c s^{\frac{p+q}{p}}$ 的值域为 $[0,\infty)$，则 $\dot{V} \leqslant 0$ 恒成立，由此可知系统运动轨迹一定能到达滑模面，滑模控制系统稳定。

3.3.5 数值仿真与分析

在 MATLAB/Simulink 平台建立搭载改进型滑模控制器的 PMSM 矢量控制模型，基于改进型滑模控制器的 PMSM 矢量控制系统拓扑图[3]如图 3-23 所示。

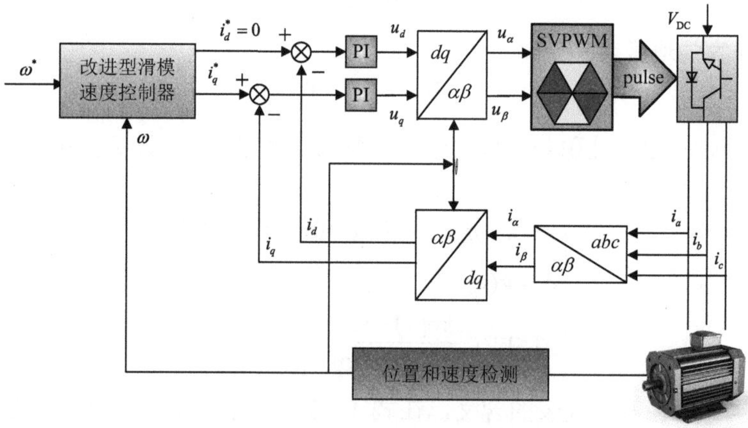

图 3-23 基于改进型观测器的 PMSM 无位置矢量控制系统拓扑图

仿真中所选用的电机模块参数及改进型滑模控制器参数为 $P_N = 3000\text{W}$，$U_N = 200\text{V}$，$I_N = 18\text{A}$，$n_N = 3000\text{r/min}$，$n_p = 5$，$R_s = 0.258\Omega$，$L = 0.827\text{mH}$，$B = 0\text{N·m·s}$，$J = 0.0065\text{kg}\cdot\text{m}^2$，$\eta_p = 320$，$\eta_i = 1.2$，$a = 23$，$b = 400$，$c = 2$，$\psi_f = 0.057\text{Wb}$，$q = 3$，$p = 5$。

在除控制器以外其他预设值均为相同值的情况下，做搭载改进型滑模控制器的 PMSM 矢量控制系统和搭载 NNISM 控制器的 PMSM 矢量控制系统的对比数值仿真，设定转速给定值为 500r/min，在 0.09s 时突加 3N·m 的负载转矩。

搭载改进型滑模控制器与搭载 NNISM 控制器的 PMSM 矢量控制的转速响应上升细节对比图和稳态细节对比图如图 3-24 和图 3-25 所示。

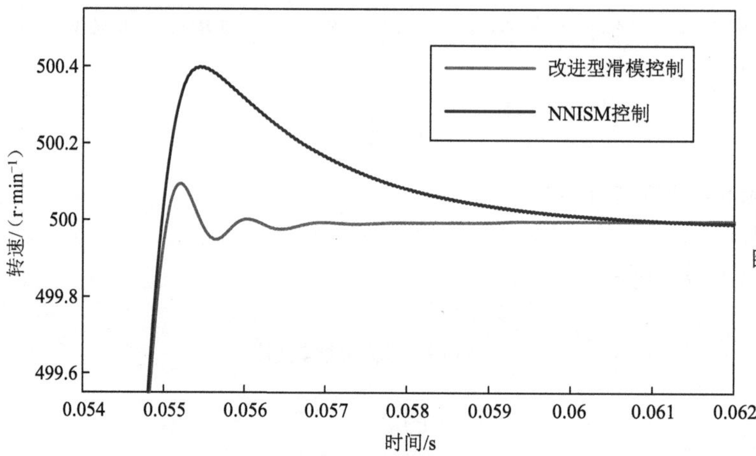

图 3-24（彩图）

图 3-24 搭载改进型滑模控制器与搭载 NNISM 控制器的 PMSM 矢量控制的转速响应上升细节对比图

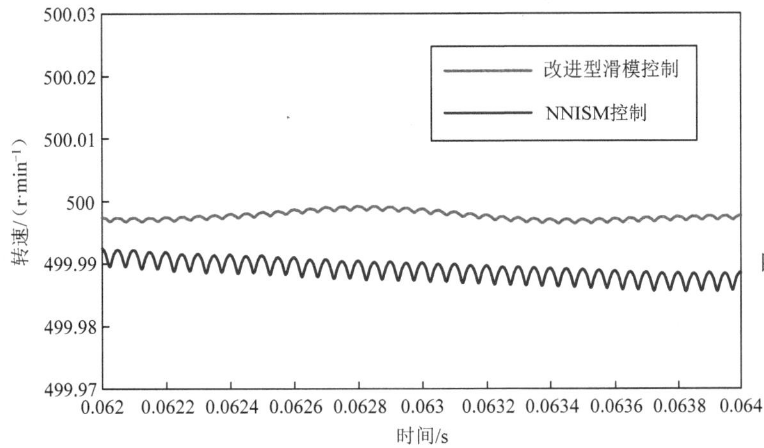

图 3-25（彩图）

图 3-25　搭载改进型滑模控制器与搭载 NNISM 控制器的 PMSM 矢量控制的转速响应稳态细节对比图

从图 3-24 可以看出，改进型滑模控制产生的超调相比于 NNISM 控制更小；且相比 NNISM 控制的转速响应于 0.061s 才趋于稳定，改进型滑模控制的转速响应于 0.057s 就趋于稳定，其跟随速度相对更快。从图 3-25 可以看出，相比于 NNISM 控制，改进型滑模控制转速响应的抖振情况更轻，且转速响应的稳态精度更高。

在图 3-24 和图 3-25 仿真的基础上增设负载转矩突变条件，设定转速给定值为 500r/min，在 0.09s 时突加 $3\text{N}\cdot\text{m}$ 的负载转矩，在 0.12s 负载转矩产生突变减小至 $1\text{N}\cdot\text{m}$，在 0.15s 负载转矩产生突变增长至 $5\text{N}\cdot\text{m}$。负载往复变化下搭载 PI 控制器和搭载 NNISM 控制器的 PMSM 矢量控制系统转速响应图如图 3-26 所示。可以看出，PI 控制下电机在负载变动时会产生较大的转速波动，且受冲击后转速恢复能力较弱；而 NNISM 控制下电机在负载往复突变的情况下转速波动相对较小，且受冲击后转速恢复能力较强，稳态精度高。

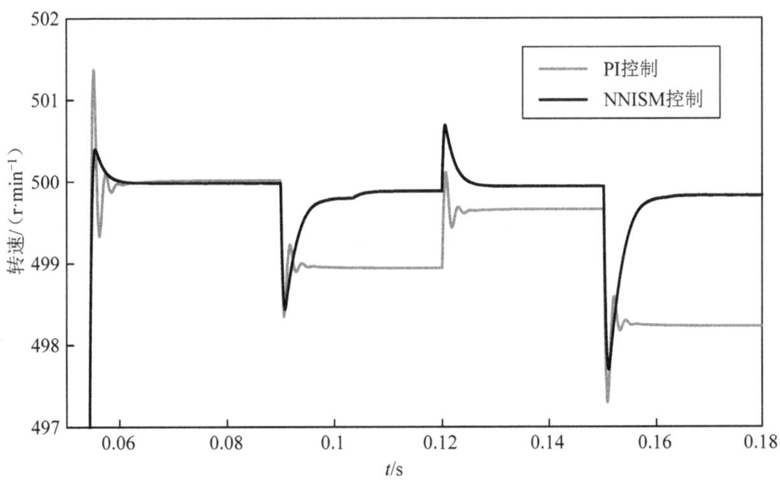

图 3-26　负载往复变化下搭载 PI 控制器和搭载 NNISM 控制器的 PMSM 矢量控制系统转速响应图

搭载 NNISM 滑模控制器的 PMSM 矢量控制系统转子 q 轴电流图、转子 d 轴电流图和电磁转矩图如图 3-27、图 3-29、图 3-31 所示。相应的，搭载改进型滑模控制器的 PMSM 矢量控制系统转子 q 轴电流图、转子 d 轴电流图和电磁转矩图如图 3-28、图 3-30、图 3-32 所示。

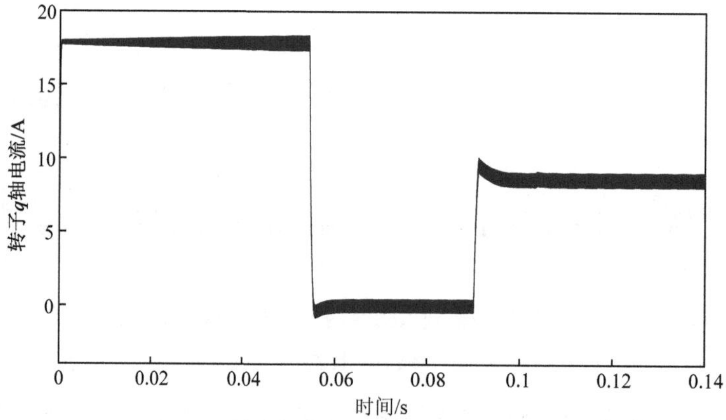

图 3-27 搭载 NNISM 滑模控制器的 PMSM 矢量控制系统转子 q 轴电流图

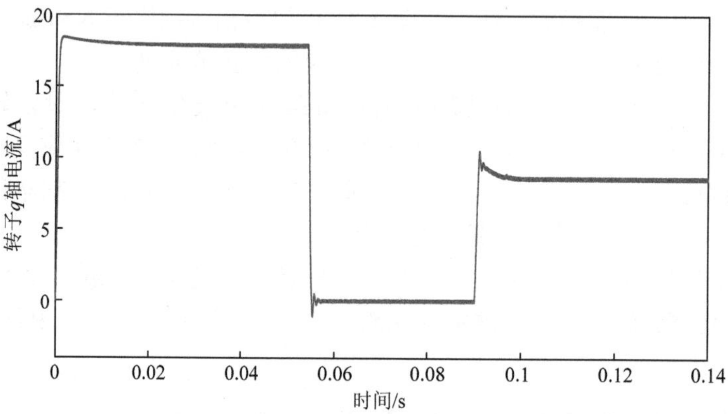

图 3-28 搭载改进型滑模控制器的 PMSM 矢量控制系统转子 q 轴电流图

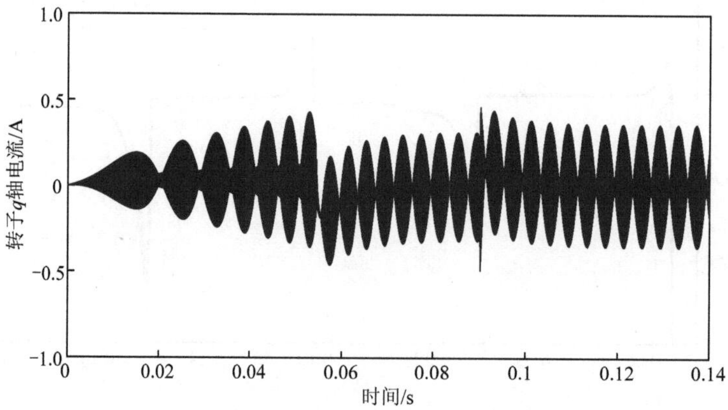

图 3-29 搭载 NNISM 滑模控制器的 PMSM 矢量控制系统转子 d 轴电流图

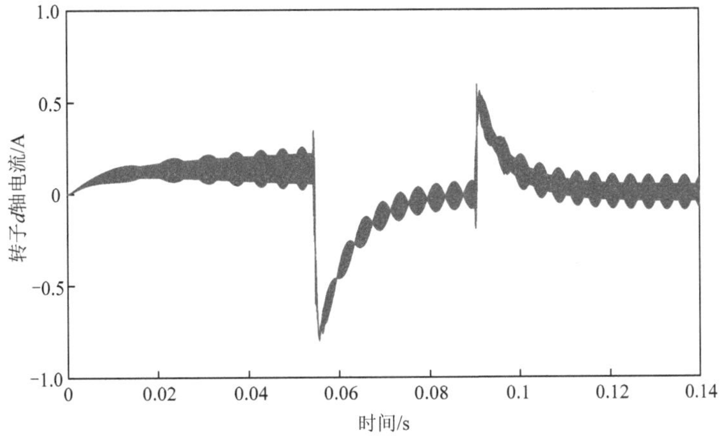

图 3-30　搭载改进型滑模控制器的 PMSM 矢量控制系统转子 d 轴电流图

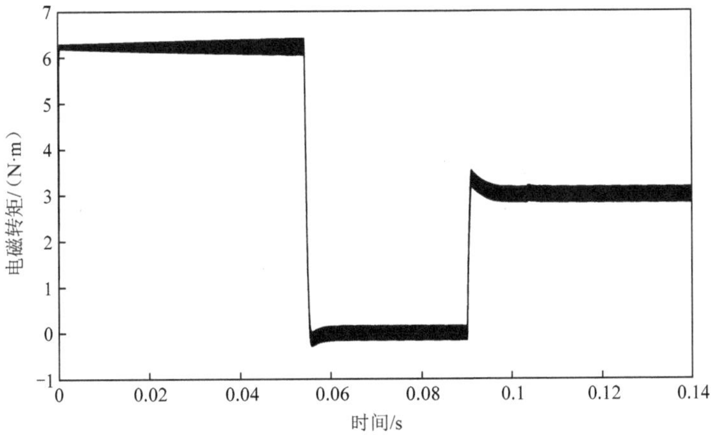

图 3-31　搭载 NNISM 滑模控制器的 PMSM 矢量控制系统电磁转矩图

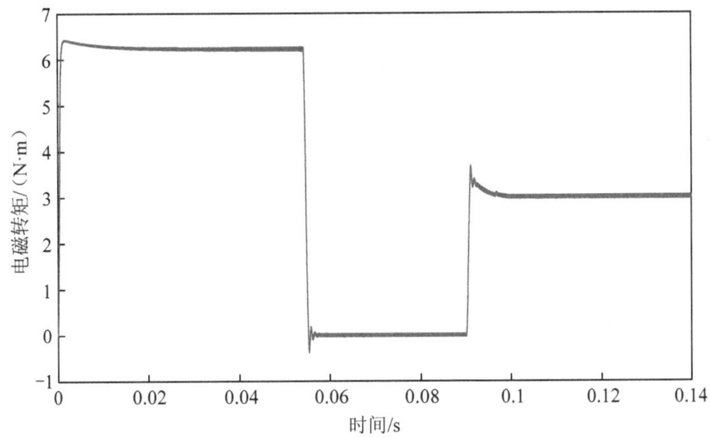

图 3-32　搭载改进型滑模控制器的 PMSM 矢量控制系统电磁转矩图

从仿真结果可以看出，改进型滑模控制下电机转子 d 轴电流纹波的最大值为 0.4A，而 NNISM 控制下电机转子 d 轴电流纹波的最大值达到 1.2A，改进型滑模控制造成的电机转子 d 轴电流抖振程度相对较轻。改进型滑模控制下电机转子 q 轴电流纹波的最大值为 0.2A，而 NNISM 控制下电机转子 q 轴电流纹波的最大值达到 0.8A，改进型滑模控制造成的电机转子 q 轴电流抖振程度相对较轻。改进型滑模控制下电机电磁转矩纹波的最大值为 $0.3\text{N}\cdot\text{m}$，而 NNISM 控制下电机电磁转矩纹波的最大值达到 $0.1\text{N}\cdot\text{m}$，改进型滑模控制造成的电机电磁转矩抖振程度相对较轻。

3.4 神经网络滑模控制

本节推导了与 Brunovsky 系统相同阶数的 PMSM 数学模型；设计了一种不依赖初始估计误差的新型固定时间扰动观测器（fixed-time disturbance observer，FTDOB），该观测器能够在有限时间内对扰动进行准确估计。所提出的 FTDOB 使用一致收敛部分将误差轨迹收敛到一个紧集，然后切换到有限时间收敛部分实现误差的精确收敛。设计了一种采用自适应可变分数次幂级数型饱和函数的改进型滑模控制器（improved sliding mode controller，IPSMC），以实现抖振与跟踪精度的协调控制。新饱和函数可以有效抑制高频抖振，提高系统响应速度。模糊神经网络切换增益控制器（fuzzy neural network gain controller，FNNGC）利用模糊逻辑的推理能力、神经网络的自学习能力和滑模变结构的快速性来整定 IPSMC 的切换增益。通过 MATLAB 对 PMSM 调速性能、参数摄动及负载扰动下的动态响应性能和鲁棒性进行了仿真研究。

3.4.1 定义及数学模型

1. 固定时间与一致有限时间稳定性

考虑下面的微分方程：

$$\dot{x}(t)=f(x(t)),x(0)=x_0 \tag{3-80}$$

式中：$x\in R$ 且 $f:R_+\times R^n\to R^n$ 是一个非线性函数。

假设原点是式（3-80）的平衡点。

定义 1：如果原点是 Lyapunov 稳定的，则系统（3-80）是有限时间稳定的，并且存在一个稳定时间函数 $T\colon R^n\to R^+$，对任何的 $x_0\in R^n$，系统（3-80）的解 $x(t,x_0)$ 定义在 $[0,T(x_0))$，对所有的 $t\in[0,T(x_0))$，有 $x(t,x_0)\in R^n$，且 $\lim\limits_{t\to T(x_0)}x(t,x_0)=0$。

定义 2：当系统（3-80）的原点在有界收敛时间 $T(x_0)$ 内全局有限时间稳定时，系统（3-80）的原点称为固定时间稳定平衡点，即存在一个有界正常数 $T_{\max}$ 满足 $T(x_0)<T_{\max}$。

定义 3：考虑如下系统：

$$\dot{\tilde{x}}=f(\tilde{x}),\ \tilde{x}(0)=\tilde{x}_0 \tag{3-81}$$

式中：$\tilde{x}\in R$；$f(\tilde{x})$ 是一个非线性函数。系统（3-81）关于初始值一致有限时间收敛，如果存在正常数 T 和 r，使所有的 $\tilde{x}_0\in R^n$；$\|\tilde{x}(t)\|\leqslant r$ 适用于所有的 $t\geqslant T$；如果上界 T 可以明确估计，系统（3-81）被称为固定时间收敛到紧集 $W=\{\tilde{x}(t):\|\tilde{x}(t)\|\leqslant r,r>0\}$。

2. 齐次定理及其他数学引理

定义 4：当$r_i > 0$时，设$\boldsymbol{r} = (r_1, r_2, \cdots, r_n)$为广义权向量。与权向量$\boldsymbol{r}$相关的膨胀变化是：$\Lambda_r : (x_1, x_2, \cdots, x_n) \mapsto (\lambda^{r_1} x_1, \lambda^{r_2} x_2, \cdots, \lambda^{r_n} x_n)$，且$\lambda > 0$。当且仅当所有的$x \in R^n$且$\lambda > 0$，向量场$f$被认为是一个与广义权向量$\boldsymbol{r}$相关的、度为$m$的齐次函数，且有$\lambda^{-m} \Lambda_r^{-1} f(\Lambda_r, x) = f(x)$。

利用齐次性定理可获得有限时间稳定性引理和一致收敛性引理。有限时间收敛意味着在有限的时间内可以实现精确收敛。齐次性的概念可用于获得如下有限时间稳定性引理。

引理 1：如果$f : R^n \to R^n$在次数$k < 0$时是均匀向量场，且是局部吸引的，则f是全局有限时间稳定的（finite time stable，FTS）。

一致收敛性是指在任何初始条件下，收敛时间都是一致有界的。基于齐次性定理，可以得到一致有限时间收敛性引理。

引理 2：如果（i）系统（3-81）的原点是全局渐近稳定的；（ii）f在度$m > 0$时是一个连续的均匀向量场，则系统（3-81）关于初始值$\tilde{x}_0$一致有限时间收敛。

引理 3：考虑乘积空间$X \times Y$，其中Y是紧集。如果一个开集N在$X \times Y$中包含切片$\{x_0\} \times Y$，那么它还包含一些管$W \times Y$，且W在x_0的领域内。

引理 4：如果连续实值函数V_1和V_2在度$l_1 > 0$和$l_2 > 0$的条件下，相对于v是齐次的，且V_1是正定的，则不等式（3-82）适用于每一个$x \in R^n$。

$$\left[\min_{\{z: V_1(z)=1\}} V_2(z)\right]\left[V_1(x)\right]^{\frac{l_2}{l_1}} \leqslant V_2(x) \leqslant \left[\max_{\{z: V_1(z)=1\}} V_2(z)\right]\left[V_1(x)\right]^{\frac{l_2}{l_1}} \tag{3-82}$$

3. 永磁同步电机二阶数学模型

考虑n阶单输入单输出非线性系统的扰动：

$$\begin{cases} \dot{x}_1 = x_2 + d_1 \\ \quad\vdots \\ \dot{x}_{n-1} = x_n + d_{n-1} \\ \dot{x}_n = f(x) + d_n \\ y_{\mathrm{O}} = x_1 \end{cases} \tag{3-83}$$

式中：$x_i (i = 1, 2, \cdots, n)$为状态变量；$y_{\mathrm{O}}$为系统输出；$f(x)$为已知的光滑非线性函数。在所有可能环节系统有扰动$d_i (i = 1, 2, \cdots, n)$且扰动是未知和不可测的。扰动满足以下假设：

假设 1：扰动$d_i (i = 1, 2, \cdots, n)$满足$d_i^{(n)} = \sum_{j=0}^{n-1} b_{(n-j)i} d_i^{(j)}$，$n$是正整数且$b_{(n-j),i}$是实数。

假设 2：电机磁场不饱和，不考虑磁滞和涡流损耗，空间磁场的分布是正弦的。

系统（3-83）是一个受扰动的 Brunovsky 系统。许多实际系统具有与系统（3-83）相同的形式，或者可以使用反馈精确线性化变形成为系统（3-83），如关节机械手、磁浮列车系统与 PMSM 等。各类干扰如周期性扰动和指数扰动都适用于假设 1。表贴式

PMSM 理想数学模型如下[4]：

$$\begin{bmatrix} \dot{i}_d \\ \dot{i}_q \\ \dot{\omega} \end{bmatrix} = \begin{bmatrix} -R_s / L_d & P_n\omega & 0 \\ -P_n\omega & -R_s / L_q & -P_n\psi_f / L_q \\ 0 & P_n\psi_f / J & -B / J \end{bmatrix} \cdot \begin{bmatrix} i_d \\ i_q \\ \omega \end{bmatrix} + \begin{bmatrix} u_d / L_d \\ u_q / L_q \\ -T_L / J \end{bmatrix} \tag{3-84}$$

式中：R_s 为定子电阻；P_n 为极对数；u_d、u_q 为 dq 坐标系下的电机定子电压；L_d、L_q 为 dq 坐标系下的定子等效电感，$L_d = L_q = L$；ω 为电机转子机械角速度；ψ_f 为永磁体转子磁链；B 为黏滞摩擦系数；T_L 为负载转矩；J 为转动惯量。

从式（3-84）可以看出，i_d 和 i_q 之间存在耦合，因此不易实现转矩的线性控制。实际常采用 $i_d^*=0$ 矢量控制方式实现 PMSM 的近似解耦。设计的基于改进型滑模控制器和固定时间扰动观测器（IPSMC+FTDOB）的 PMSM 调速系统框图如图 3-33 所示。

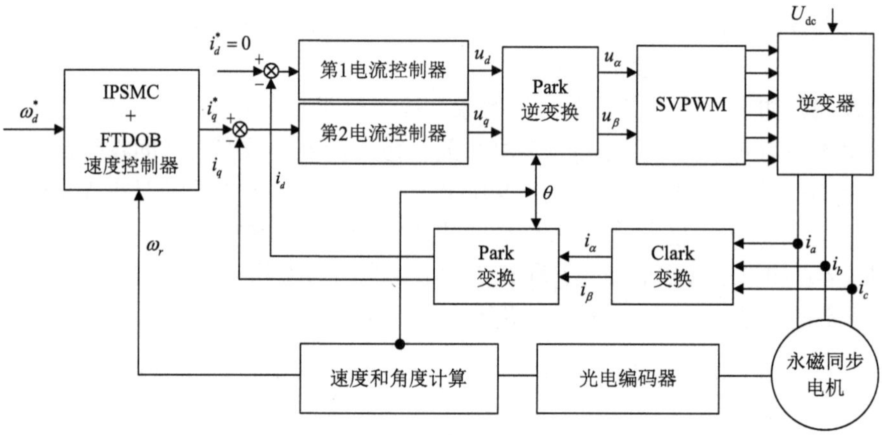

图 3-33　基于 IPSMC+FTDOB 的永磁同步电机调速系统框图

由式（3-84）可得 PMSM 的转子角速度方程为

$$\dot{\omega} = \frac{P_n\psi_f i_q - B\omega - T_L}{J} = \frac{P_n\psi_f i_q}{J} + d(t) \tag{3-85}$$

式中：$d(t) = -(B\omega / J) - (T_L / J)$ 为参数摄动、负载扰动或其他扰动之和。

式（3-85）是描述 ω 与 i_q 的一阶微分模型。PMSM 调速系统的传统滑模速度控制器利用 i_q^* 近似等于 i_q 作为第 2 电流控制器的输入，故式（3-85）也是描述 ω 与 i_q^* 的一阶模型。电流控制器由电信号控制，而转速控制器受机械参数、惯性的影响，所以电流控制器的响应速度相对转速控制器快，当转速控制器输出 i_q^* 与实际 i_q 相差较大时，电流控制器可做出快速响应，$i_q^* \approx i_q$ 这一近似误差可忽略。但为了适应更高性能的要求，特别是在某些场合下电机转速和频率较高，电流环和转速环的控制周期较短，进而相对速度差较小。若电流环的输入误差太大，则需要较长的时间来调整，此时若继续采用 $i_q^* \approx i_q$ 则会降低闭环系统的高动态响应性能。为了获得 ω 与 i_q^* 之间更精确的数学模型，结合电流 PI 控制器，设计 ω 与 i_q^* 的二阶数学模型。将式（3-85）进行 Laplace 变换可得

$$s\omega(s) = \frac{P_n\psi_f}{J} i_q(s) + d(s) \tag{3-86}$$

式中：s 为 Laplace 算子。

传递函数可以通过第 2 电流 PI 控制器获得

$$\frac{u_q(s)}{i_q^*(s)-i_q(s)}=k_{\mathrm{p}}+\frac{k_{\mathrm{i}}}{s} \tag{3-87}$$

式中：$u_q(s)$ 为第 2 电流控制器输出；k_{p} 为比例增益；k_{i} 为积分增益。

由式（3-87）变形可得下列方程：

$$i_q(s)=i_q^*(s)-\frac{u_q(s)}{k_{\mathrm{p}}+k_{\mathrm{i}}/s} \tag{3-88}$$

将式（3-88）代入式（3-86），可得

$$\left(s^2+\frac{k_{\mathrm{i}}}{k_{\mathrm{p}}}s\right)\omega(s)=\frac{P_{\mathrm{n}}\psi_{\mathrm{f}}}{J}\left(s+\frac{k_{\mathrm{i}}}{k_{\mathrm{p}}}\right)i_q^*(s)-\frac{P_{\mathrm{n}}\psi_{\mathrm{f}}}{Jk_{\mathrm{p}}}su_q(s)+\left(s+\frac{k_{\mathrm{i}}}{k_{\mathrm{p}}}\right)d(s) \tag{3-89}$$

定义式（3-90）为 IPSMC+FTDOB 的输出。

$$u(s)=\frac{P_{\mathrm{n}}\psi_{\mathrm{f}}}{J}\left(s+\frac{k_{\mathrm{i}}}{k_{\mathrm{p}}}\right)i_q^*(s) \tag{3-90}$$

因此有

$$i_q^*(s)=\frac{k_{\mathrm{p}}}{k_{\mathrm{p}}s+k_{\mathrm{i}}}\frac{J}{P_{\mathrm{n}}\psi_{\mathrm{f}}}u(s) \tag{3-91}$$

将式（3-91）代入式（3-89），可得

$$\left(s^2+\frac{k_{\mathrm{i}}}{k_{\mathrm{p}}}s\right)\omega(s)=u(s)-\frac{P_{\mathrm{n}}\psi_{\mathrm{f}}}{Jk_{\mathrm{p}}}su_q(s)+\left(s+\frac{k_{\mathrm{i}}}{k_{\mathrm{p}}}\right)d(s) \tag{3-92}$$

对式（3-92）进行逆 Laplace 变换可得到如下 PMSM 调速系统二阶模型：

$$\ddot{\omega}=-\frac{Bk_{\mathrm{p}}+Jk_{\mathrm{i}}}{Jk_{\mathrm{p}}}\dot{\omega}-\frac{Bk_{\mathrm{i}}}{Jk_{\mathrm{p}}}\omega-\frac{\dot{T}_{\mathrm{L}}}{J}-\frac{k_{\mathrm{i}}T_{\mathrm{L}}}{Jk_{\mathrm{p}}}-\frac{P_{\mathrm{n}}\psi_{\mathrm{f}}}{Jk_{\mathrm{p}}}\dot{u}_q+u(t) \tag{3-93}$$

式中：$u(t)=\dfrac{P_{\mathrm{n}}\psi_{\mathrm{f}}}{J}\dot{i}_q^*+\dfrac{P_{\mathrm{n}}\psi_{\mathrm{f}}k_{\mathrm{i}}}{Jk_{\mathrm{p}}}i_q^*$。

定义状态变量：$x_1=\omega_{\mathrm{d}}^*-\omega_{\mathrm{r}}=\Delta\omega$，$x_2=\dot{x}_1$，并设置 $u(t)$ 为控制变量，则系统的状态方程如下：

$$\begin{cases}\dot{x}_1=x_2\\ \dot{x}_2=-\dfrac{Bk_{\mathrm{p}}+Jk_{\mathrm{i}}}{Jk_{\mathrm{p}}}x_2+\dfrac{Bk_{\mathrm{i}}}{Jk_{\mathrm{p}}}\omega+\dfrac{\dot{T}_{\mathrm{L}}}{J}+\dfrac{k_{\mathrm{i}}T_{\mathrm{L}}}{Jk_{\mathrm{p}}}+\dfrac{P_{\mathrm{n}}\psi_{\mathrm{f}}}{Jk_{\mathrm{p}}}\dot{u}_q-u(t)\\ y_{\mathrm{O}}=x_1\end{cases} \tag{3-94}$$

考虑式（3-94）中某些参数的不确定性，即

$$\begin{cases}\dot{x}_1=x_2\\ \dot{x}_2=(a+\Delta a)x_2+(b+\Delta b)\omega+d-u(t)\\ y_{\mathrm{O}}=x_1\end{cases} \tag{3-95}$$

式中：Δa 和 Δb 为相关参数的不确定性；$a=-\dfrac{Bk_{\mathrm{p}}+Jk_{\mathrm{i}}}{Jk_{\mathrm{p}}}$；$b=\dfrac{Bk_{\mathrm{i}}}{Jk_{\mathrm{p}}}$；$d=\dfrac{\dot{T}_{\mathrm{L}}}{J}+\dfrac{k_{\mathrm{i}}T_{\mathrm{L}}}{Jk_{\mathrm{p}}}+\dfrac{P_{\mathrm{n}}\psi_{\mathrm{f}}}{Jk_{\mathrm{p}}}\dot{u}_q$。

PMSM 调速系统的初始条件是未知的，故需要设计一个 FTDOB，保证在不依赖初始条件的情况下，在有限的时间内准确估计扰动。

3.4.2 新型固定时间扰动观测器

PMSM 是一个复杂的非线性系统。在运行过程中，模型误差、参数摄动和外部扰动是导致控制性能下降的主要因素[5]。事实上，扰动广泛存在于各种实际系统中，会造成控制性能下降和设备损坏。因此，扰动抑制在控制系统设计中起着至关重要的作用。如果扰动是可测量的，前馈补偿策略可以用来消除扰动的影响。然而，在大多数情况下，扰动是不可避免的，不可测或测量过于昂贵和复杂。一个可行的方法是尝试估计扰动并设计控制器以补偿扰动。扰动估计激励了各式各样扰动观测器的发展。扰动观测器以其结构简单、计算量小、不依赖被控对象精确模型等优点，在伺服电机控制、机器人控制和压力控制等运动控制系统中得到了广泛的应用。许多研究提出的观测器皆是渐近收敛的，这意味着扰动无法在有限的时间内被完全消除。此外，所有这些观测器只能确保估计误差收敛到有界区域，即无法得到精确的扰动估计值。实际上，估计时间越长，系统状态收敛的时间越长，且如果估计周期过长，系统状态在观测器收敛前可能会逃逸到无穷远处。另外，有限时间扰动观测器的估计时间依赖于初始估计误差，这意味着初始误差越大，估计时间可能越长。因此，设计一种不依赖初始估计误差的 FTDOB 是非常重要的。

固定时间稳定性是有限时间稳定性的一个推广。与有限时间稳定性相比，固定时间稳定性意味着系统可以在有限的时间内实现稳定，而不依赖于初始条件。由于这一特性，固定时间稳定性已被应用于设计微分器、电力系统稳定控制器和网络一致性等问题。值得一提的是，至今尚少有文献阐述固定时间稳定性在扰动观测器设计上的应用。

扰动观测器的基本思想是将外部转矩扰动或模型参数的变化影响的实际对象和标称模型的输出误差与速度控制器的输入端口等效。然后，在控制中引入相应的补偿，以实现对干扰完全屏蔽。针对满足假设 1 的扰动系统（3-83）定义 $v_{0i}=x_i$，$v_{1i}=d_i$，$v_{2i}=\dot{d}_i$，…，$v_{ni}=d_i^{(n-1)}$，有 $\dot{v}_{0i}=v_{1i}+h_i$，$\dot{v}_{1i}=v_{2i}$，…，$\dot{v}_{ni}=\sum_{j=0}^{n-1}b_{(n-j),i}d_i^{(j)}=\sum_{j=0}^{n-1}b_{(n-j),i}v_{(j+1),i}$，其中 $h_i=x_{i+1}(i=1,2,\cdots,n-1)$，且 $h_n=f(x)$。$b_{(n-j),i}$ 为系统的系数且扰动 d_i 满足假设 1。引入中间变量 $z_{0i}=v_{0i}$，$z_{1i}=v_{1i}-b_{1i}v_{0i}$，…，$z_{ni}=v_{ni}-\sum_{j=0}^{n-1}b_{(n-j),i}v_{ji}$，有

$$\begin{cases}\dot{z}_{0i}=z_{1i}+b_{1i}z_{0i}+h_i\\ \dot{z}_{ji}=z_{(j+1)i}+b_{(j+1)i}z_{0i}-b_{ji}h_i\\ \dot{z}_{ni}=-b_{ni}h_i\end{cases} \tag{3-96}$$

设计的固定时间扰动观测器形式如下：

$$\begin{cases}\dot{\hat{z}}_{0i}=\hat{z}_{1i}+b_{1i}z_{0i}+h_i+k_{0i}\theta\mathrm{sig}^{\alpha_0}(z_{0i}-\hat{z}_{0i})+k_{0i}(1-\theta)\mathrm{sig}^{\beta_0}(z_{0i}-\hat{z}_{0i})\\ \dot{\hat{z}}_{ji}=\hat{z}_{(j+1),i}+b_{(j+1),i}z_{0i}-b_{ji}h_i+k_{ji}\theta\mathrm{sig}^{\alpha_j}(z_{0i}-\hat{z}_{0i})+k_{ji}(1-\theta)\mathrm{sig}^{\beta_j}(z_{0i}-\hat{z}_{0i})\\ \dot{\hat{z}}_{ni}=-b_{ni}h_i+k_{ni}\theta\mathrm{sig}^{\alpha_n}(z_{0i}-\hat{z}_{0i})+k_{ni}(1-\theta)\mathrm{sig}^{\beta_n}(z_{0i}-\hat{z}_{0i})\end{cases} \tag{3-97}$$

式中：$i=1,2,\cdots,n$，$j=1,2,\cdots,n-1$；$\hat{z}_{0i},\hat{z}_{1i},\cdots,\hat{z}_{ni}$ 为 $z_{0i},z_{1i},\cdots,z_{ni}$ 的估计值；$\mathrm{sig}^{\alpha}(\cdot)=|\cdot|^{\alpha}\mathrm{sign}(\cdot)$；$\alpha_i,\beta_i,k_{ji}$ 和 θ 为设计的观测器系数，它们满足下列条件：

（1）指数 $\alpha_i=(i+1)\alpha-i$，$\beta_i=(i+1)\beta-i$，其中 $\alpha\in(1-\varepsilon_1,1)$ 且 $\beta\in(1,1+\varepsilon_2)$，$\varepsilon_1$ 和 ε_2 为小的正实数。

（2）$k_{ji}(j=0,1,\cdots,n)$ 为观测器的系数，由此下式是赫尔维茨（Hurwitz）矩阵：

$$\boldsymbol{A}=\begin{bmatrix}-k_{0i} & 1 & 0 & \dots & 0\\ -k_{1i} & 0 & 1 & \dots & 0\\ \vdots & \vdots & \vdots & & \vdots\\ -k_{ni} & 0 & 0 & \dots & 0\end{bmatrix} \tag{3-98}$$

（3）函数 $\theta:[0,\infty)\to\{0,1\}$ 设置为

$$\theta(t)=\begin{cases}0 & t\leqslant T_{\mathrm{u}}\\ 1 & t>T_{\mathrm{u}}\end{cases} \tag{3-99}$$

式中：T_{u} 为切换时间，是通过反复试验选择的参数。

通过观测器（3-97），扰动可估计如下：

$$\begin{cases}\hat{d}_i=\hat{z}_{1i}+\Delta_{1i}\hat{z}_{0i}\\ \dot{\hat{d}}_i=\hat{z}_{2i}+\Delta_{1i}\hat{z}_{1i}+\Delta_{2i}\hat{z}_{0i}\\ \ddot{\hat{d}}_i=\hat{z}_{3i}+\Delta_{1i}\hat{z}_{2i}+\Delta_{2i}\hat{z}_{1i}+\Delta_{3i}\hat{z}_{0i}\\ \quad\vdots\\ \hat{d}_i^{(n-1)}=\hat{z}_{ni}+\Delta_{1i}\hat{z}_{(n-1)i}+\Delta_{2i}\hat{z}_{(n-2)i}+\ldots+\Delta_{ni}\hat{z}_{0i}\end{cases} \tag{3-100}$$

式中：$\Delta_{1i}=b_{1i}$，$\Delta_{2i}=b_{1i}\Delta_{1i}+b_{2i}$，…，$\Delta_{ni}=b_{1i}\Delta_{(n-1),i}+b_{2i}\Delta_{(n-2),i}+\cdots+b_{ni}$；$\hat{d}_i,\dot{\hat{d}}_i,\cdots,\hat{d}_i^{(n-1)}$ 为扰动 d_i 及其导数的估计值。

定义估计误差 $\sigma_{ji}=z_{ji}-\hat{z}_{ji}$，估计误差的动态方程可以表示为

$$\begin{cases}\dot{\sigma}_{0i}=\sigma_{1i}-k_{0i}\theta\mathrm{sig}^{\alpha_0}(\sigma_{0i})-k_{0i}(1-\theta)\mathrm{sig}^{\beta_0}(\sigma_{0i})\\ \dot{\sigma}_{ji}=\sigma_{(j+1)i}-k_{ji}\theta\mathrm{sig}^{\alpha_j}(\sigma_{0i})-k_{ji}(1-\theta)\mathrm{sig}^{\beta_j}(\sigma_{0i})\\ \dot{\sigma}_{ni}=-k_{ni}\theta\mathrm{sig}^{\alpha_n}(\sigma_{0i})-k_{ni}(1-\theta)\mathrm{sig}^{\beta_n}(\sigma_{0i})\end{cases} \tag{3-101}$$

当 $t\leqslant T_{\mathrm{u}}$，$\theta=0$，系统（3-101）变为

$$\begin{cases}\dot{\sigma}_{0i}=\sigma_{1i}-k_{0i}\mathrm{sig}^{\beta_0}(\sigma_{0i})\\ \dot{\sigma}_{ji}=\sigma_{(j+1)i}-k_{ji}\mathrm{sig}^{\beta_j}(\sigma_{0i})\\ \dot{\sigma}_{ni}=-k_{ni}\mathrm{sig}^{\beta_n}(\sigma_{0i})\end{cases} \tag{3-102}$$

选择 Lyapunov 函数 $V(\beta,\boldsymbol{\sigma}_i)=\boldsymbol{\xi}_1^{\mathrm{T}}(\boldsymbol{\sigma}_i)P\boldsymbol{\xi}_1(\boldsymbol{\sigma}_i)$，其中 $\boldsymbol{\xi}_1(\boldsymbol{\sigma}_i)=\left[\sigma_{0i},\sigma_{1i}^{1/\beta_0},\cdots,\sigma_{ni}^{1/\beta_{n-1}}\right]^{\mathrm{T}}$；$\boldsymbol{P}$

为对称正定矩阵且满足 $\boldsymbol{A}^{\mathrm{T}}\boldsymbol{P}+\boldsymbol{P}\boldsymbol{A}=-\boldsymbol{Q}$，其中 $\boldsymbol{Q}$ 为正定矩阵。如果 $\beta=1$，系统（3-102）变为 $\dot{\sigma}_i=\boldsymbol{A}\boldsymbol{\sigma}_i$，其中 $\boldsymbol{\sigma}_i=\left[\sigma_{0i},\sigma_{1i},\cdots,\sigma_{ni}\right]^{\mathrm{T}}$。由于矩阵 $\boldsymbol{A}$ 为 Hurwitz 矩阵，因此误差状态 $\boldsymbol{\sigma}_i$ 是渐近稳定的。$S=\left\{\boldsymbol{\sigma}_i\in R^{n+1}:V(1,\boldsymbol{\sigma}_i)=1\right\}$ 为一个紧集。由于 $M=\{(\beta,\boldsymbol{\sigma}_i)\}$ 是一个包含切片 $\{1\}\times S$ 的开集，其中 S 是紧集，因此符合引理 3，即 M 在切片 $\{1\}\times S$ 周围包含一些管 $(1-\varepsilon_1,1+\varepsilon_2)\times S$。由于 $\dot{V}(\beta,\boldsymbol{\sigma}_i)$ 对 β 和 $\boldsymbol{\sigma}_i$ 是连续的，因此 $\dot{V}(\beta,\boldsymbol{\sigma}_i)$ 在集合 $W=\{(\beta,\boldsymbol{\sigma}_i)\in R\times R^{n+1}\mid\beta=1,\boldsymbol{\sigma}_i\in S\}$ 中是一致连续的，且 $V(1,\boldsymbol{\sigma}_i)$ 对时间的导数满足：

$$\dot{V}(1,\boldsymbol{\sigma}_i)=\boldsymbol{\sigma}_i^{\mathrm{T}}(\boldsymbol{A}^{\mathrm{T}}\boldsymbol{P}+\boldsymbol{P}\boldsymbol{A})\boldsymbol{\sigma}_i=-\boldsymbol{\sigma}_i^{\mathrm{T}}\boldsymbol{Q}\boldsymbol{\sigma}_i<0 \tag{3-103}$$

当且仅当 $\boldsymbol{\sigma}_i=0$ 时，$\dot{V}(1,\boldsymbol{\sigma}_i)=0$。当 $\boldsymbol{\sigma}_i=0$ 时有 $\dot{\sigma}_i=0$，这意味着对于所有的 $\beta\in(1,1+\varepsilon_2)$ 存在一个小常数 ε_2，使得 $\dot{V}(1,\boldsymbol{\sigma}_i)<0$，也意味着 $\dot{V}(\beta,\boldsymbol{\sigma}_i)<0$。因此，$\dot{V}(\beta,\boldsymbol{\sigma}_i)$ 是系统（3-103）的 Lyapunov 函数，且系统（3-102）是渐近稳定的。此外，系统（3-102）方程等号的右侧相对于权重 $r_j=j\beta-(j-1)$ 的度为 $m=\beta-1>0$ 时是齐次的，这意味着系统（3-102）一致有限时间收敛。

由定义 4，很容易证明 Lyapunov 函数 $V(\beta,\boldsymbol{\sigma}_i)$ 在度为 $l_1=2>\max(-m,0)$ 时是齐次的，且其导数 $\dot{V}(\beta,\boldsymbol{\sigma}_i)$ 在度为 $l_2=l_1+m=1+\beta$，相对于相同的权重 $r_i=i\beta-(i-1)$ 时是齐次的，因此，根据引理 4，下列不等式成立：

$$\dot{V}(\beta,\boldsymbol{\sigma}_i)\leqslant-\kappa_1(\beta,\boldsymbol{\sigma}_i)(V(\beta,\boldsymbol{\sigma}_i))^{\frac{\beta+1}{2}} \tag{3-104}$$

因为 $\lim\limits_{\beta\to1}\kappa_1(\beta,\boldsymbol{\sigma}_i)=\dfrac{\lambda_{\min}(Q)}{\lambda_{\max}(P)}$，系统（3-102）公式的右侧是连续的且与 β 相关，则存在一个小常数 $\varepsilon_2>0$，这样 $\beta\in(1,1+\varepsilon_2)$，$\kappa_1(\beta,\boldsymbol{\sigma}_i)\geqslant\dfrac{\lambda_{\min}(Q)}{2\lambda_{\max}(P)}$ 成立，且有

$$\dot{V}(\beta,\boldsymbol{\sigma}_i)\leqslant-\frac{\lambda_{\min}(Q)}{2\lambda_{\max}(P)}(V(\beta,\boldsymbol{\sigma}_i))^{\frac{\beta+1}{2}} \tag{3-105}$$

当 $t=T_{\mathrm{u}}$ 时，Lyapunov 函数 $V(\beta,\boldsymbol{\sigma}_i)$ 满足：

$$V(T_{\mathrm{u}})\leqslant\left(\frac{\beta-1}{4}\frac{\lambda_{\min}(Q)}{\lambda_{\max}(P)}T_{\mathrm{u}}+V(0)^{\frac{1-\beta}{2}}\right)^{\frac{2}{1-\beta}}<\left(\frac{\beta-1}{4}\frac{\lambda_{\min}(Q)}{\lambda_{\max}(P)}T_{\mathrm{u}}\right)^{\frac{2}{1-\beta}} \tag{3-106}$$

当 $t>T_{\mathrm{u}}$，$\theta=1$ 时，系统（3-101）变为

$$\begin{cases}\dot{\sigma}_{0i}=\sigma_{1i}-k_{0i}\mathrm{sig}^{\alpha_0}(\sigma_{0i})\\ \dot{\sigma}_{ji}=\sigma_{(j+1)i}-k_{ji}\mathrm{sig}^{\alpha_j}(\sigma_{0i})\\ \dot{\sigma}_{ni}=-k_{ni}\mathrm{sig}^{\alpha_n}(\sigma_{0i})\end{cases} \tag{3-107}$$

选择 Lyapunov 函数 $V(\alpha,\boldsymbol{\sigma}_i)=\boldsymbol{\xi}_2^{\mathrm{T}}(\boldsymbol{\sigma}_i)P\boldsymbol{\xi}_2(\boldsymbol{\sigma}_i)$，其中 $\boldsymbol{\xi}_2(\boldsymbol{\sigma}_i)=[\sigma_{0i},\sigma_{1i}^{1/\alpha_0},\ldots,\sigma_{ni}^{1/\alpha_{n-1}}]^{\mathrm{T}}$。同样可以证明系统（3-107）是有限时间收敛的，且 Lyapunov 函数 $V(\alpha,\boldsymbol{\sigma}_i)$ 对时间的导数满足：

$$\dot{V}(\alpha,\boldsymbol{\sigma}_i)\leqslant-\frac{\lambda_{\min}(Q)}{2\lambda_{\max}(P)}(V(\alpha,\boldsymbol{\sigma}_i))^{\frac{\alpha+1}{2}} \tag{3-108}$$

当 $\alpha<1$ 时，含有初始条件 $V(T_{\mathrm{u}})$ 的 Lyapunov 函数（3-108）将在有限的时间内收敛到零。误差系统（3-101）收敛后，观测器（3-97）可以给出精确的扰动估计，且实际扰

动及其导数可以估计为

$$\begin{cases} d_i = z_{1i} + \varDelta_{1i} z_{0i} \\ \dot{d}_i = z_{2i} + \varDelta_{1i} z_{1i} + \varDelta_{2i} z_{0i} \\ \ddot{d}_i = z_{3i} + \varDelta_{1i} z_{2i} + \varDelta_{2i} z_{1i} + \varDelta_{3i} z_{0i} \\ \quad\vdots \\ d_i^{(n-1)} = z_{ni} + \varDelta_{1i} z_{(n-1)i} + \varDelta_{2i} z_{(n-2)i} + \cdots + \varDelta_{ni} z_{0i} \end{cases} \tag{3-109}$$

从式（3-100）～式（3-109）可以得出：v_{ji} 为受扰动的 Brunovsky 系统的状态变量、扰动及其各阶导数。z_{ji} 是 v_{ji} 的中间变量，即 z_{ji} 也是关于状态变量、扰动及其各阶导数的函数，则扰动 d_i 及其各阶导数可通过含有 z_{ji} 的式子表示出来。那么，为了求中间变量 z_{ji}，便采用 FTDOB 去观测 $\dot{\hat{z}}_{ji}$，其包含有外部转矩扰动或模型参数影响的实际对象和标称模型的输出误差。于是，精确观测出 $\dot{\hat{z}}_{ji}$，也就能求出 $\hat{z}_{ji}$，从而扰动 $\hat{d}_i$ 及其导数也就可以被精确估计，即用已知的观测值 $\hat{z}_{ji}$ 表示未知扰动 $\hat{d}_i$。不同于现有的扰动观测器，即使初始估计误差趋于无穷大，所提出的 FTDOB 依然能在不依赖于初始估计误差的条件下在有限时间内得到准确的误差估计。

3.4.3 改进型滑模控制器

滑模控制因具有对 PMSM 参数摄动和外部扰动的较强鲁棒性，成为国内外学者研究的热点领域。滑模控制根据系统的当前状态（如误差及其各阶导数等）构成滑模面，通过控制量的切换，迫使系统沿着设定的状态轨迹作小幅度、高频率的滑动，使系统在受到参数摄动或外部干扰时具有不变性。滑模控制响应速度快，物理实现简单，可有效地应用于 PMSM 的控制。

滑模面的设计保证了系统状态在滑动阶段的优良特性，如快速响应和高精度。为了改善系统状态在离滑模面较远时到达滑模面的过程，中国学者高为炳院士提出了趋近律思想。目前，常见的趋近律有等速趋近律、指数趋近律和幂次趋近律[6]。为了提高到达阶段的性能，有些文献提出了变速趋近律。

抖振问题一直是滑模控制的难点。目前，削弱抖振的方法有准滑模控制、神经滑模、模糊滑模和扰动观测器等。然而，传统的固定参数的饱和函数难以同时满足抖振和精度的要求。同时，在其他方法中也存在参数匹配困难、响应延迟和规则确定困难等问题。

重写方程（3-95）并考虑永磁同步电机调速系统二阶模型：

$$\begin{cases} \dot{x}_1 = x_2 + D_1(t) \\ \dot{x}_2 = ax_2 + b(\omega_\mathrm{d}^* - x_1) - u(t) + D_2(t) \\ y_\mathrm{O} = x_1 \end{cases} \tag{3-110}$$

式中：扰动为 $D_1(t)$ 和 $D_2(t)$，分别代表参数不确定和建模误差。

IPSMC+FTDOB 速度控制器的组合控制策略如下：速度控制器的输入为参考速度 ω_d^* 和来自速度传感器的实际转子速度 ω_r，在电机系统起动阶段，仅采用 IPSMC 部分，当速度偏差 $\Delta\omega = \omega_\mathrm{d}^* - \omega_\mathrm{r}$ 减小到 $|15e_\mathrm{c}|(e_\mathrm{c} > 0)$ 后，本节取 $e_\mathrm{c} = 0.2$，采用 FTDOB 观测由建

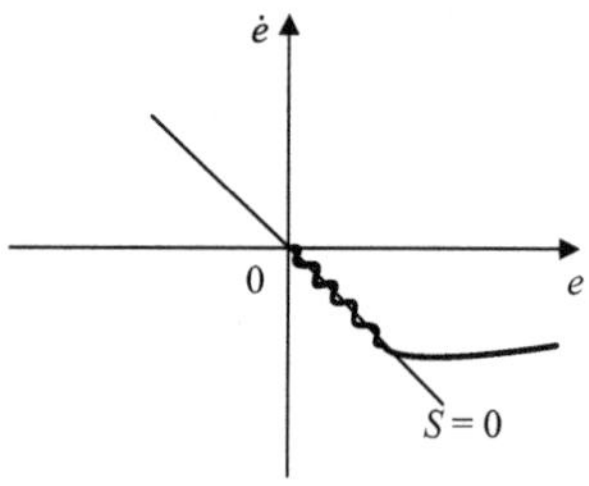

图 3-34　滑模面示意图

模误差、参数摄动、负载扰动等引起的各种不易测量且相对较小的扰动，在控制中引入相应补偿以消除扰动，最后通过滑模面函数和趋近律计算，得到速度控制器的输出。滑模面如图 3-34 所示。

IPSMC 的设计中，控制律通常由等效控制$u_{eq}(t)$和切换控制$u_{sw}(t)$组成。等效控制为系统的确定部分，将系统状态保持在滑模面上。切换控制部分通过高频切换迫使系统状态在滑模面上运动趋于稳定点，实现对不确定性和外加干扰的鲁棒控制。设计滑模面函数：

$$S = cx_1 + x_2 \tag{3-111}$$

式中：c为常数；$x_1 = \omega_d^* - \omega_r = \Delta\omega_r$；$x_2 = \dot{x}_1$。

滑模控制率的目标就是要求系统状态在有限时间内达到并保持在滑动面上。这里采用函数切换控制的变结构控制方案：

$$u(t) = u_{eq}(t) + u_{sw}(t) \tag{3-112}$$

式中：$u_{eq}(t)$为滑模等效控制部分，即当满足$\dot{S}=0$且$D_1(t)$、$D_2(t)$为 0 时所需的控制量，控制模型确定部分；$u_{sw}(t)$为滑模切换控制部分，通过高频切换控制使系统状态趋向滑模线，并使系统状态沿着滑模线逐渐滑至稳定点，从而实现对不确定性和干扰的鲁棒控制，增强鲁棒性。根据滑模等效控制条件：

$$\dot{S} = c\dot{x}_1 + \dot{x}_2 = 0 \tag{3-113}$$

设计滑模等效控制部分：

$$u_{eq}(t) = (a+c)x_2 + b(\omega_d^* - x_1) \tag{3-114}$$

由于滑模控制中的开关函数不连续，在滑模面附近会形成抖振。实际系统存在惯性和滞后环节，抖振不仅影响控制精度，增大损耗，还会产生振荡，导致系统失稳，因此需要抑制抖振。然而，完全消除抖振可能会削弱滑模控制对负载扰动和参数变化的鲁棒性。因此，抖振不能完全消除，只能尽量削弱，以在抑制抖振和保持系统鲁棒性之间找到平衡。

现有研究成果通常采用饱和函数$\text{sat}(S)$代替开关函数$\text{sgn}(S)$。图 3-35 和图 3-36 分别为开关函数和饱和函数。

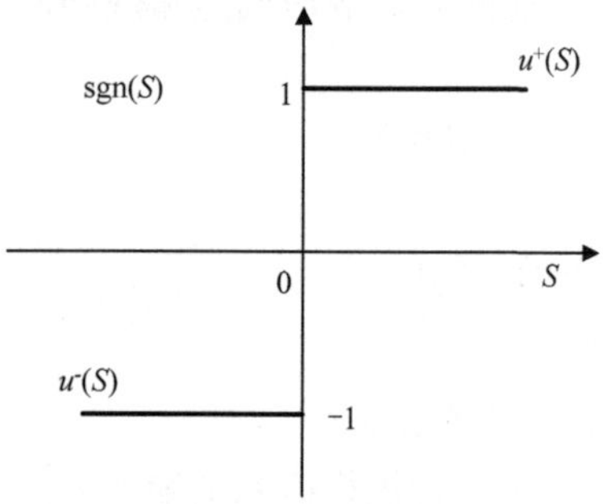

图 3-35　开关函数

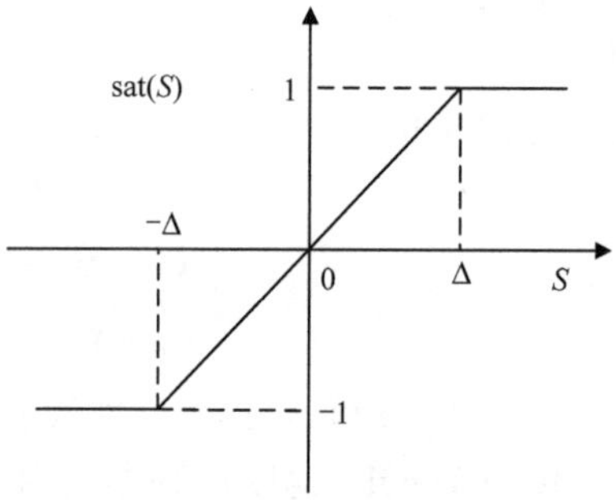

图 3-36　饱和函数

这里取滑模切换控制部分：

$$u_{sw}(t)=K\cdot \text{sat}(S) \tag{3-115}$$

式中：K为切换增益，为正实数；$\text{sat}(S)$为分数次幂级数型饱和函数。

饱和函数在边界层内是连续的线性函数，通过调节边界层δ的大小，可适当地削弱抖振，其形式如下：

$$\text{sat}(S)=\begin{cases}\left(\dfrac{S}{\delta}\right)^{\frac{1}{n}} & |S|\leqslant\delta\\ \text{sgn}(S) & |S|>\delta\end{cases} \tag{3-116}$$

式中：$1/n$为自适应可变分数次幂级数且n为正奇数；$\text{sgn}(\cdot)$为符号函数；δ为边界层厚度，$\delta>0$。饱和函数的值在实数范围内求解。

开关函数$\text{sgn}(\cdot)$是一个不连续的非线性函数，在零点附近切换量较大，其形式如下：

$$\text{sgn}(S)=\begin{cases}1 & S>0\\ 0 & S=0\\ -1 & S<0\end{cases} \tag{3-117}$$

当开关函数的切换增益较大时，控制增益变化大，进而造成严重的抖振。对于式（3-116）中的饱和函数，滑模面S一定时，当δ越小时，在线性区内饱和函数具有大的控制增益，响应速度快，控制精度越高，但抖振增强；当δ越大时，抖振减小，但控制增益变小，响应速度减慢，超调量与稳态误差较大，控制效果差。一般取$0.2\leqslant\delta\leqslant0.5$。

类似地，当n越小时，抖振减小，但控制增益变小，响应速度减慢，超调量与稳态误差较大，控制效果差；当n越大时，在线性区内饱和函数具有大的控制增益，响应速度快，控制精度越高，且由于δ不变，抖振增强不会特别明显。

为克服定边界层饱和函数无法在削弱抖振的同时保证控制精度这一缺点，设计了一种自适应可变分数次幂级数型饱和函数代替滑模控制律中的符号函数，即n开始较小，当误差减小至一定值$e_c(e_c>0)$时，本节取$e_c=0.2$，切换至较大的n，既有效削弱了抖振，也提高了系统控制性能。可变分数次幂级数表达式为

$$n=2\gamma+1 \tag{3-118}$$

式中：$\gamma=0,1,2,3$。它满足：

$$\gamma=\begin{cases}0 & |e|>3e_c\\ 1 & 2e_c<|e|\leqslant3e_c\\ 2 & e_c<|e|\leqslant2e_c\\ 3 & |e|\leqslant e_c\end{cases} \tag{3-119}$$

式中：e_c为误差阈值。

图3-37为自适应可变分数次幂级数型饱和函数。

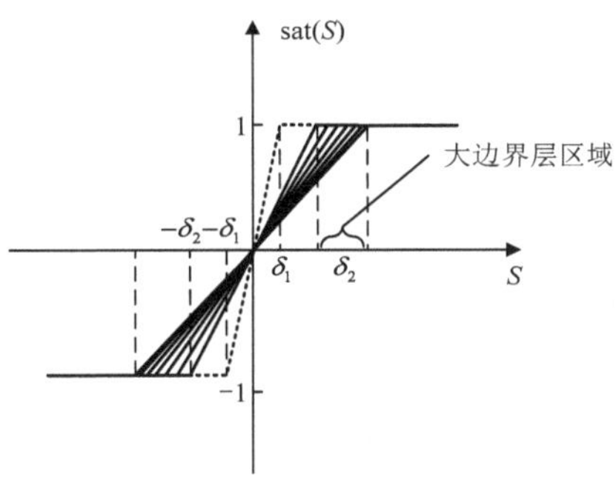

图3-37　自适应可变分数次幂级数型饱和函数

综上，可得IPSMC的控制量为

$$u(t)=u_{eq}(t)+u_{sw}(t)=(a+c)\cdot x_2+b\cdot(\omega_d^*-x_1)+K\cdot\text{sat}(S) \tag{3-120}$$

为保证系统稳定性，选取Lyapunov函数：

$$V=\frac{1}{2}S^2 \tag{3-121}$$

稳定性证明：设$K\geqslant\varepsilon>|D(t)|$，对$V=\frac{1}{2}S^{\mathrm{T}}S$求导，有

$$\begin{aligned}\dot{V}&=S\cdot\dot{S}\\&=S\cdot(c\cdot\dot{x}_1+\dot{x}_2)\\&=S\cdot[-K\cdot\mathrm{sat}(S)+D(t)]\\&\leqslant 0\end{aligned} \tag{3-122}$$

式中：$D(t)=cD_1(t)+D_2(t)$。

证明完毕。由此，保证了 IPSMC 的存在性和稳定性，即$S\neq0$时$S\cdot\dot{S}<0$。根据上面的设计过程，在 IPSMC 的输出量表达式中既有连续量，又有切换控制量。等效控制将系统状态保持在滑模面上，切换控制补偿等效控制的估计误差，迫使系统状态在滑模面上滑动。虽然本节是针对多闭环结构的 PMSM 调速系统，但在设计速度控制器时，电流内环的所有环节（包括电流控制器和 PMSM 等）被看作一个广义被控对象，这个广义对象可以被看成一个二阶模型。由前文定义的 IPSMC+FTDOB 输出$u(t)=\frac{P_{\mathrm{n}}\psi_{\mathrm{f}}}{J}\dot{i}_q^*+\frac{P_{\mathrm{n}}\psi_{\mathrm{f}}k_{\mathrm{i}}}{Jk_{\mathrm{p}}}i_q^*$和速度控制器输出量$i_q^*$的关系，可得采用 IPSMC+FTDOB 的 PMSM 调速系统简化控制结构如图 3-38 所示。

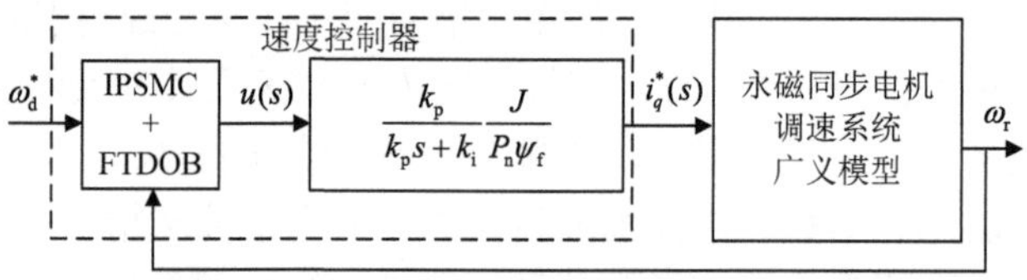

图 3-38　采用 IPSMC+FTDOB 的永磁同步电机调速系统简化控制结构图

由图 3-38 可见，速度控制器的输出，也就是q轴电流的给定输入i_q^*是由 IPSMC 和 FTDOB 的输出控制量经过一个一阶低通滤波器获得的，抖振还可以在一定程度上被该低通滤波器滤掉。

3.4.4　模糊神经网络切换增益控制器

模糊控制无须精确数学模型，但模糊规则的选择依赖经验，无法满足复杂系统的控制要求。神经网络已被证明具有逼近任意连续有界非线性函数的能力。虽然神经网络处理非线性能力强，但其学习速度较慢，不适合快速变化的非线性控制。在工程实际中，设计一个控制系统时，解决其非线性和不确定性一直是难点。神经网络存在响应相对较慢和稳定性分析困难的缺点。滑模变结构控制为解决非线性系统的控制提供了新思路，尤其对模型不确定的复杂系统具有较好的快速性和稳定性。然而，滑模控制在切换面上存在抖振现象，这会影响系统的控制精度和稳定性。

因此，本节利用模糊逻辑的推理能力、神经网络的自学习能力和滑模变结构的快速

性，提出了一种模糊神经网络滑模变结构的智能控制算法，并证明了该算法的稳定性。

1. 切换增益对抖振的影响

限制滑模控制器工业应用的主要问题是抖振。由于不连续项“$K\,\mathrm{sgn}(s)$”的存在，系统存在抖振，可能引起未建模动态，导致机械轴承磨损。抖振程度则直接取决于切换增益 K 的大小。

系统从初始点到最终稳定状态经过两个阶段。第一阶段是从初始点到滑模平面上，这段时间里没有切换，无抖振。当增大切换增益 K 时，趋近速度增加且系统鲁棒性增强，然而 K 的增加将导致后一阶段抖振剧烈。第二阶段是沿滑模平面到达稳定点，这段时间里需进行切换操作。当减小 K 时，趋近速度减小且系统鲁棒性变弱，但 K 的减小会使抖振减弱。因此，系统状态趋近于滑模面的速度与抖振是对立的，难以同时兼顾。实际系统参数易变难测，扰动也难以完全可知。所以，通过对系统鲁棒性和削弱抖振做折中处理，即通常选择较大的控制增益 K，采用保守的控制律以确保系统稳定，但其后果是会造成剧烈的抖振。为了提高系统的动态响应速度，减弱抖振，可以通过调节切换增益的变化来实现：误差大时增益大，误差小时增益小，从而提高系统状态趋近速度，缩短趋近时间，削弱抖振。当系统不存在不确定性时，非常小的切换增益就足以使滑动轨迹保持在滑模面上，抖振也非常小。当存在不确定性时，切换增益需要不断变化以使滑动轨迹保持在滑模面上。为此，利用模糊数学的推理能力、神经网络的自学习能力和滑模变结构的快速性，通过模糊神经网络切换增益控制器，根据 q 轴电流偏差及其变化率来实现切换增益的自适应调整，以减弱抖振。

2. 模糊神经网络滑模控制系统

本控制策略的出发点是根据扰动和不确定参数的变化，实时调整改进滑模控制器的切换增益，在保证稳定性的条件下尽量减小切换增益，削弱抖振。对应的控制系统结构图如图 3-39 所示。激活函数采用多参数可调激活函数。模糊神经网络的输入为 q 轴电流偏差 Δi_q 及其变化率 $\Delta \dot{i}_q$；输出为切换增益 K。

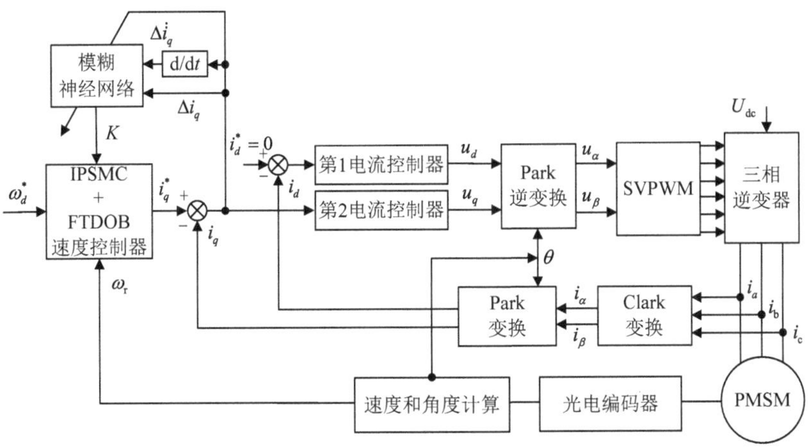

图 3-39　模糊神经网络滑模控制系统结构图

图 3-39 中的 FNNGC 用来决定 IPSMC 的切换增益 K 。设模糊推理部分由一组“规则”组成——（$R_k, k=1,2,\cdots,N_R$）。为减少计算量，采用单点模糊化乘积推理和重心法去模糊化处理得到模糊推理部分的输出。

FNNGC 结构如图 3-40 所示。

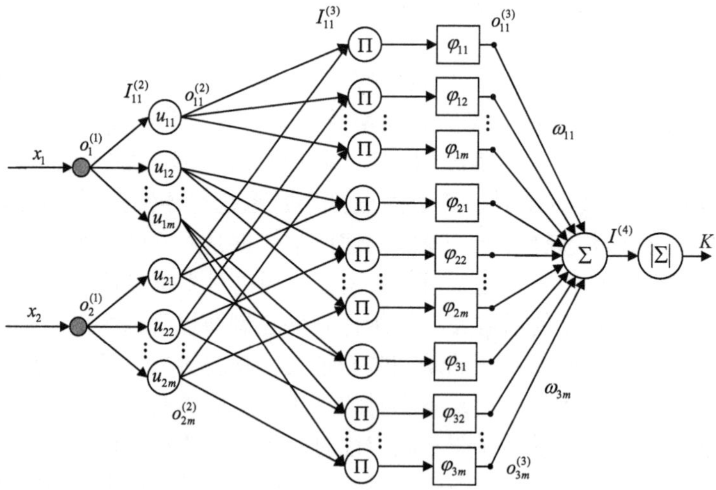

图 3-40　FNNGC 结构图

FNNGC 的输入输出关系如表 3-1 所示。

表 3-1　FNNGC 的输入输出关系

网络层数	节点计算方式	输入节点	输出节点
第一层	直接传递	$x_1=\Delta\dot{i}_q$ $x_2=\Delta i_q$	$o_1^{(1)}=\Delta\dot{i}_q$ $o_2^{(1)}=\Delta i_q$
第二层	隶属度函数取高斯函数 $\exp\left[-\left(\dfrac{x_i-a}{b}\right)^2\right]$	$I_{ik}^{(2)}=\dfrac{x_i-a_{ik}}{b_{ik}}$ $i=1,2;k=1,2,\cdots,m$	$o_{ik}^{(2)}=\exp\left[-\left(I_{ik}^{(2)}\right)^2\right]$ $i=1,2;k=1,2,\cdots,m$
第三层	求积	$I_{kj}^{(3)}=o_{1k}^{(2)}\cdot o_{2j}^{(2)}$ $k,j=1,2,\cdots,m$	$o_{kj}^{(3)}=I_{kj}^{(3)}\cdot\varphi_{kj}$ $k,j=1,2,\cdots,m$
第四层	求和	$I^{(4)}=\sum_{k=1}^{3}\sum_{j=1}^{m}o_{kj}^{(3)}\cdot\omega_{kj}$	$K=\left\|I^{(4)}\right\|$

为了加快学习，可先用先验知识对模糊神经网络进行离线训练，然后再进行在线学习。定义离线训练的性能指标函数为

$$J_1=\frac{1}{2}(u^*-u)^2 \tag{3-123}$$

式中：u^* 为速度控制器理想输出；u 为速度控制器实际输出。

在神经网络的训练中，需要 PMSM 的 Jacobian 矩阵，但由于 PMSM 动态模型的不确定性，一些偏导数难以精确计算。虽然神经网络辨识器可以辨识 Jacobian 矩阵，但会

极大加重计算量。为加快在线学习速度，可利用符号函数来代替 Jacobian 矩阵，即 $\partial y/\partial x=\mathrm{sgn}(\partial y/\partial x)=\pm 1$。高斯隶属度函数的参数 a_{ik} 和 b_{ik}、权值 ω_{kj} 的下降梯度为

$$\begin{cases}\dfrac{\partial J_1}{\partial a_{1k}}=\dfrac{\partial J_1}{\partial u}\cdot\dfrac{\partial u}{\partial K}\cdot\dfrac{\partial K}{\partial a_{1k}}=-(u^*-u)\cdot\mathrm{sgn}(S)\cdot\mathrm{sgn}(I^{(4)})\cdot 2\cdot\dfrac{x_1-a_{1k}}{b_{1k}^2}\cdot\sum_{j=1}^{m}o_{1k}^{(2)}\cdot o_{2j}^{(2)}\cdot\varphi_{kj}\cdot\omega_{kj}\\ \dfrac{\partial J_1}{\partial a_{2k}}=\dfrac{\partial J_1}{\partial u}\cdot\dfrac{\partial u}{\partial K}\cdot\dfrac{\partial K}{\partial a_{2k}}=-(u^*-u)\cdot\mathrm{sgn}(S)\cdot\mathrm{sgn}(I^{(4)})\cdot 2\cdot\dfrac{x_2-a_{2k}}{b_{2k}^2}\cdot\sum_{j=1}^{m}o_{2k}^{(2)}\cdot o_{1j}^{(2)}\cdot\varphi_{jk}\cdot\omega_{jk}\end{cases}\tag{3-124}$$

$$\begin{cases}\dfrac{\partial J_1}{\partial b_{1k}}=\dfrac{\partial J_1}{\partial u}\cdot\dfrac{\partial u}{\partial K}\cdot\dfrac{\partial K}{\partial b_{1k}}=-(u^*-u)\cdot\mathrm{sgn}(S)\cdot\mathrm{sgn}(I^{(4)})\cdot 2\cdot\dfrac{(x_1-a_{1k})^2}{b_{1k}^3}\cdot\sum_{j=1}^{m}o_{1k}^{(2)}\cdot o_{2j}^{(2)}\cdot\varphi_{kj}\cdot\omega_{kj}\\ \dfrac{\partial J_1}{\partial b_{2k}}=\dfrac{\partial J_1}{\partial u}\cdot\dfrac{\partial u}{\partial K}\cdot\dfrac{\partial K}{\partial b_{2k}}=-(u^*-u)\cdot\mathrm{sgn}(S)\cdot\mathrm{sgn}(I^{(4)})\cdot 2\cdot\dfrac{(x_2-a_{2k})^2}{b_{2k}^3}\cdot\sum_{j=1}^{m}o_{2k}^{(2)}\cdot o_{1j}^{(2)}\cdot\varphi_{jk}\cdot\omega_{jk}\end{cases}\tag{3-125}$$

$$\frac{\partial J_1}{\partial \omega_{kj}}=\frac{\partial J_1}{\partial u}\cdot\frac{\partial u}{\partial K}\cdot\frac{\partial K}{\partial \omega_{kj}}=-(u^*-u)\cdot\mathrm{sgn}(S)\cdot\left[o_{kj}^{(3)}\cdot\mathrm{sgn}(I^{(4)})\right]\tag{3-126}$$

定义在线学习性能指标函数：

$$J_2=\frac{1}{2}(y^*-y)^2\tag{3-127}$$

式中：y^* 为速度控制器的给定值；y 为系统的实际输出。

在线学习参数更新算法如式（3-128）～式（3-130）所示。

$$\begin{cases}a_{1k}(t)=a_{1k}(t-1)-\eta_{a1}\dfrac{\partial J_2}{\partial a_{1k}}\\ \qquad =a_{1k}(t-1)+2\eta_{a1}(y^*-y)\cdot\mathrm{sgn}(S)\cdot\mathrm{sgn}(I^{(4)})\cdot\mathrm{sgn}\left(\dfrac{\partial y}{\partial u}\right)\cdot\dfrac{x_1-a_{1k}}{b_{1k}^2}\cdot\sum_{j=1}^{m}o_{1k}^{(2)}\cdot o_{2j}^{(2)}\cdot\varphi_{kj}\cdot\omega_{kj}\\ a_{2k}(t)=a_{2k}(t-1)-\eta_{a2}\dfrac{\partial J_2}{\partial a_{2k}}\\ \qquad =a_{2k}(t-1)+2\eta_{a2}(y^*-y)\cdot\mathrm{sgn}(S)\cdot\mathrm{sgn}(I^{(4)})\cdot\mathrm{sgn}\left(\dfrac{\partial y}{\partial u}\right)\cdot\dfrac{x_2-a_{2k}}{b_{2k}^2}\cdot\sum_{j=1}^{m}o_{2k}^{(2)}\cdot o_{1j}^{(2)}\cdot\varphi_{jk}\cdot\omega_{jk}\end{cases}\tag{3-128}$$

$$\begin{cases}b_{1k}(t)=b_{1k}(t-1)-\eta_{b1}\dfrac{\partial J_2}{\partial b_{1k}}\\ \qquad =b_{1k}(t-1)+2\eta_{b1}(y^*-y)\cdot\mathrm{sgn}(S)\cdot\mathrm{sgn}(I^{(4)})\cdot\mathrm{sgn}\left(\dfrac{\partial y}{\partial u}\right)\cdot\dfrac{(x_1-a_{1k})^2}{b_{1k}^3}\cdot\sum_{j=1}^{m}o_{1k}^{(2)}\cdot o_{2j}^{(2)}\cdot\varphi_{kj}\cdot\omega_{kj}\\ b_{2k}(t)=b_{2k}(t-1)-\eta_{b2}\dfrac{\partial J_2}{\partial b_{2k}}\\ \qquad =b_{2k}(t-1)+2\eta_{b2}(y^*-y)\cdot\mathrm{sgn}(S)\cdot\mathrm{sgn}(I^{(4)})\cdot\mathrm{sgn}\left(\dfrac{\partial y}{\partial u}\right)\cdot\dfrac{(x_2-a_{2k})^2}{b_{2k}^3}\cdot\sum_{j=1}^{m}o_{2k}^{(2)}\cdot o_{1j}^{(2)}\cdot\varphi_{jk}\cdot\omega_{jk}\end{cases}\tag{3-129}$$

$$\omega_{kj}(t)=\omega_{kj}(t-1)-\eta_{\omega}\frac{\partial J_2}{\partial \omega_{kj}}=\omega_{kj}(t-1)+\eta_{\omega}(y^*-y)\cdot \text{sgn}(S)\cdot \text{sgn}(I^{(4)})\cdot \text{sgn}\left(\frac{\partial y}{\partial u}\right)\cdot o_{kj}^{(3)} \tag{3-130}$$

3. 稳定性证明

模糊神经网络稳定性主要取决于学习率和初始权值的选取。本节利用 Lyapunov 稳定性定理证明模糊神经网络的稳定性。选取 Lyapunov 函数：

$$f(k)=\frac{1}{2}\left[y^*-y(k)\right]^2=\frac{1}{2}e^2(k) \tag{3-131}$$

则

$$\Delta f(k)=f(k+1)-f(k)=\frac{1}{2}\left[e^2(k+1)-e^2(k)\right] \tag{3-132}$$

由 Lyapunov 稳定性定理和式（3-132）可得，系统收敛需使 $\Delta f(k)<0$，即 $e^2(k+1)<e^2(k)$ 或 $|e(k+1)|<|e(k)|$ 。已知

$$\begin{aligned}\Delta e(k)=e(k+1)-e(k)&=\left[\frac{\partial e(k)}{\partial \omega}\right]^{\mathrm{T}}\Delta\omega=\left[\frac{\partial e(k)}{\partial \omega}\right]^{\mathrm{T}}\cdot(-\eta)\cdot\frac{\partial J_2}{\partial \omega}\\&=\left[\frac{\partial e(k)}{\partial \omega}\right]^{\mathrm{T}}\cdot(-\eta)\cdot e(k)\cdot\frac{\partial e(k)}{\partial \omega}=-\eta\cdot e(k)\cdot\left[\frac{\partial e(k)}{\partial \omega}\right]^2\end{aligned} \tag{3-133}$$

对式（3-133）进行缩放。

$$\begin{aligned}|e(k+1)|&=\left|e(k)-\eta\cdot e(k)\cdot\left[\frac{\partial e(k)}{\partial \omega}\right]^2\right|=\left|e(k)\cdot\left\{1-\eta\cdot\left[\frac{\partial e(k)}{\partial \omega}\right]^2\right\}\right|\\&\leqslant|e(k)|\cdot\left|1-\eta\cdot\left[\frac{\partial e(k)}{\partial \omega}\right]^2\right|=|e(k)|\cdot\left|1-\eta\cdot\left[-\frac{\partial y(k)}{\partial \omega}\right]^2\right|\end{aligned} \tag{3-134}$$

则

$$\left|1-\eta\cdot\left[\frac{\partial y(k)}{\partial \omega}\right]^2\right|<1\Rightarrow -1<1-\eta\cdot\left[\frac{\partial y(k)}{\partial \omega}\right]^2<1\Rightarrow 0<\eta<2\left[\frac{\partial y(k)}{\partial \omega}\right]^{-2} \tag{3-135}$$

即学习率满足 $0<\eta<2\left[\frac{\partial y(k)}{\partial \omega}\right]^{-2}$，则式（3-130）是收敛的。

具体针对高斯隶属度函数参数 a_{ik}、b_{ik} 和权值参数 ω_{kj} 来说：

$$0<\eta_{\omega}<2\left[\frac{\partial y}{\partial \omega_{kj}}\right]^{-2}=2\left[\text{sgn}\left(\frac{\partial y}{\partial u}\right)\cdot\text{sgn}(S)\cdot\frac{\partial K}{\partial \omega_{kj}}\right]^{-2}\leqslant 2\left[\frac{\partial K}{\partial \omega_{kj}}\right]^{-2}=2\left[o_{kj}^{(3)}\right]^{-2} \tag{3-136}$$

式中：$i=1,2$ 。

引理 1：若 $p(x)=x\cdot\exp(-x^2)$，则 $|p(x)|<1$ 。

引理 2：同理，若 $q(x)=x^2\cdot\exp(-x^2)$，则 $|q(x)|<1$。

$$\begin{aligned}\frac{\partial y}{\partial a_{1k}}&=2\cdot\operatorname{sgn}(S)\cdot\operatorname{sgn}(I^{(4)})\cdot\operatorname{sgn}\left(\frac{\partial y}{\partial u}\right)\cdot\frac{x_1-a_{1k}}{b_{1k}^2}\cdot\sum_{j=1}^{m}o_{1k}^{(2)}\cdot o_{2j}^{(2)}\cdot\varphi_{kj}\cdot\omega_{kj}\\&=2\cdot\operatorname{sgn}(S)\cdot\operatorname{sgn}(I^{(4)})\cdot\operatorname{sgn}\left(\frac{\partial y}{\partial u}\right)\cdot\frac{1}{b_{1k}}\cdot\sum_{j=1}^{m}\varphi_{kj}\cdot\omega_{kj}\cdot o_{2j}^{(2)}\cdot\exp\left[-\left(\frac{x_i-a_{1k}}{b_{1k}}\right)^2\right]\frac{x_1-a_{1k}}{b_{1k}}\\&\leqslant\frac{2}{b_{1k}}\cdot\left|\sum_{j=1}^{m}\varphi_{kj}\cdot\omega_{kj}\cdot o_{2j}^{(2)}\right|\end{aligned}\tag{3-137}$$

则

$$0<\eta_{a1}<2\left[\frac{\partial y}{\partial a_{1k}}\right]^{-2}\Rightarrow 0<\eta_{a1}<\frac{b_{1k}^2}{2\left|\sum_{j=1}^{m}\varphi_{kj}\cdot\omega_{kj}\cdot o_{2j}^{(2)}\right|^2}\tag{3-138}$$

$$0<\eta_{a2}<2\left[\frac{\partial y}{\partial a_{2k}}\right]^{-2}\Rightarrow 0<\eta_{a2}<\frac{b_{2k}^2}{2\left|\sum_{j=1}^{m}\varphi_{jk}\cdot\omega_{jk}\cdot o_{1j}^{(2)}\right|^2}\tag{3-139}$$

又由

$$\begin{aligned}\frac{\partial y}{\partial b_{1k}}&=2\cdot\operatorname{sgn}(S)\cdot\operatorname{sgn}(I^{(4)})\cdot\operatorname{sgn}\left(\frac{\partial y}{\partial u}\right)\cdot\frac{(x_1-a_{1k})^2}{b_{1k}^3}\cdot\sum_{j=1}^{m}o_{1k}^{(2)}\cdot o_{2j}^{(2)}\cdot\varphi_{kj}\cdot\omega_{kj}\\&=2\cdot\operatorname{sgn}(S)\cdot\operatorname{sgn}(I^{(4)})\cdot\operatorname{sgn}\left(\frac{\partial y}{\partial u}\right)\cdot\frac{1}{b_{1k}}\cdot\sum_{j=1}^{m}\varphi_{kj}\cdot\omega_{kj}\cdot o_{2j}^{(2)}\cdot\exp\left[-\left(\frac{x_i-a_{1k}}{b_{1k}}\right)^2\right]\left(\frac{x_1-a_{1k}}{b_{1k}}\right)^2\\&\leqslant\frac{2}{b_{1k}}\cdot\left|\sum_{j=1}^{m}\varphi_{kj}\cdot\omega_{kj}\cdot o_{2j}^{(2)}\right|\end{aligned}\tag{3-140}$$

则

$$0<\eta_{b1}<2\left[\frac{\partial y}{\partial b_{1k}}\right]^{-2}\Rightarrow 0<\eta_{b1}<\frac{b_{1k}^2}{2\left|\sum_{j=1}^{m}\varphi_{kj}\cdot\omega_{kj}\cdot o_{2j}^{(2)}\right|^2}\tag{3-141}$$

$$0<\eta_{b2}<2\left[\frac{\partial y}{\partial b_{2k}}\right]^{-2}\Rightarrow 0<\eta_{b2}<\frac{b_{2k}^2}{2\left|\sum_{j=1}^{m}\varphi_{jk}\cdot\omega_{jk}\cdot o_{1j}^{(2)}\right|^2}\tag{3-142}$$

即若学习率满足式（3-136）、式（3-138）、式（3-139）、式（3-141）和式（3-142），则高斯隶属度函数参数 a_{ik} 、 b_{ik} 和权值参数 ω_{kj} 是收敛的。

3.4.5 仿真研究

建立基于 MATLAB/Simulink 的系统仿真模型，采用 $i_d^*=0$ 的矢量控制策略，实现 PMSM 的解耦控制。速度控制器设计为 FNNGC+IPSMC+FTDOB。选择初始状态变量为 $(x_1(0),\ x_2(0))=(500,0)$ 。PMSM 参数如表 3-2 所示。

表 3-2 永磁同步电机的参数

电机参数	数值	电机参数	数值
额定功率 P_N / W	3000	交、直轴电感 L_q L_d / mH	0.827
额定转矩 T_N /（N·m）	9.5	永磁体磁通 Ψ_f / Wb	0.057
额定电压 U_N / V	200	极对数 P_n	5
额定电流 I_N / A	18	转动惯量 J /（kg·m²）	1.78×10^{-4}
额定转速 n /（r·min⁻¹）	1500	阻尼系数 B /（N·m·s·rad⁻¹）	7.403×10^{-5}
定子电阻 R_s / Ω	0.258	速度控制器输出限幅 $i_{q\ \mathrm{limit}}^{*}$ / A	±18

1. 仿真模型

图 3-41 为采用 FNNGC+IPSMC+FTDOB 的 PMSM 调速系统仿真模块图；图 3-42 为 FNNGC 仿真模块图。

先针对额定空载对 PMSM 进行离线训练，准对角递归神经网络的输入层有 2 个神经元，分别为 Δi_q 及 $\Delta \dot{i}_q$；隐藏层有 8 个神经元，输出层有 1 个神经元，即切换增益 K。

2. 模糊神经网络切换增益控制器仿真

为验证所设计方法的有效性，特别是消除抖振的能力，对以下 4 种情况进行仿真研究：①带开关控制律的传统滑模控制器；②带自适应控制律的传统滑模控制器；③带开关控制律的模糊神经网络滑模控制器；④带自适应控制律的模糊神经网络滑模控制器。设置参考转速为阶跃信号，空载起动。当实际速度趋于参考速度后，在 0.2s 对 PMSM 突加 $T_L = 3\mathrm{N\cdot m}$ 的恒转矩负载扰动。图 3-43 为 PMSM 转速响应曲线；图 3-44 为 PMSM 抖振曲线；图 3-45 为 PMSM 三相定子电流曲线；图 3-46 为 PMSM 的 q 轴电流曲线。

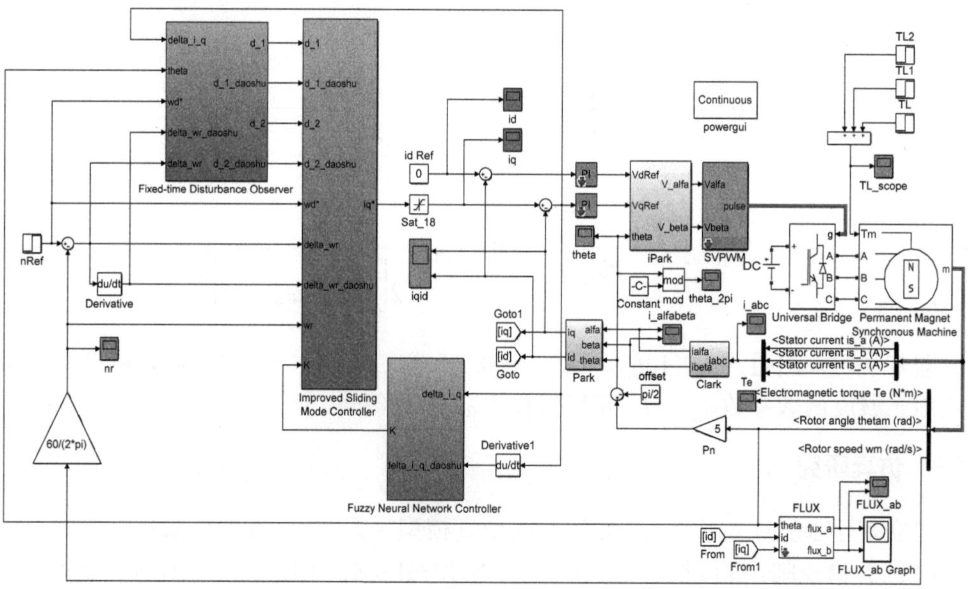

图 3-41 采用 FNNGC+IPSMC+FTDOB 的 PMSM 调速系统仿真模块图

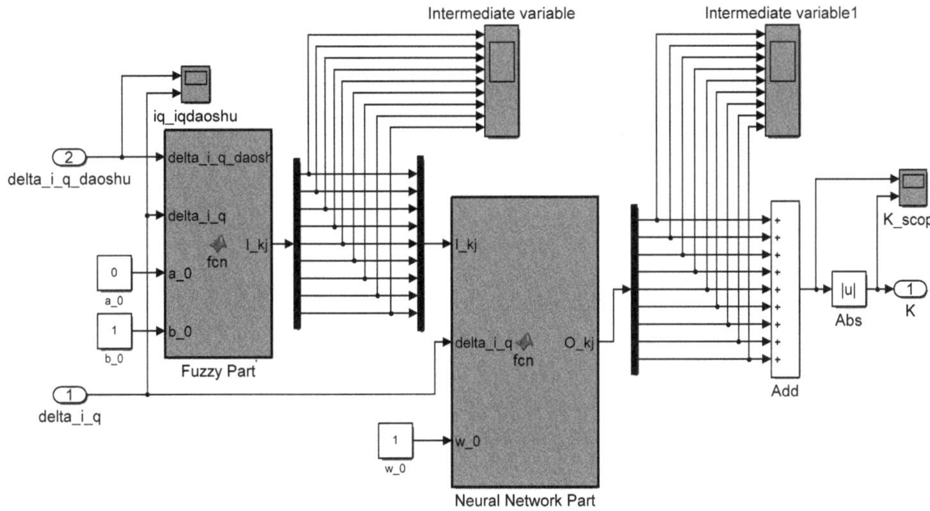

图 3-42　FNNGC 仿真模块图

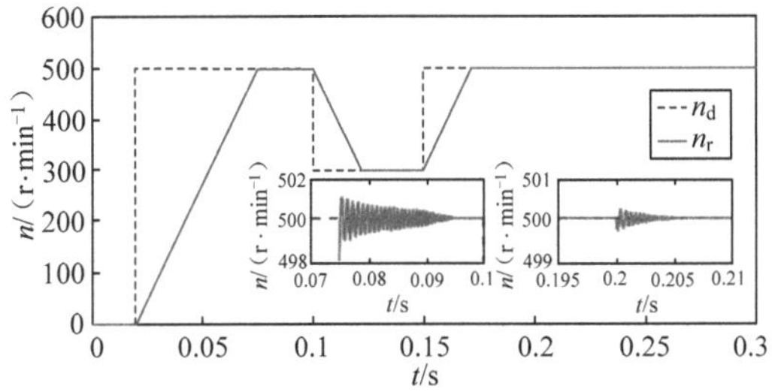

（a）仅带开关控制律的传统滑模控制器

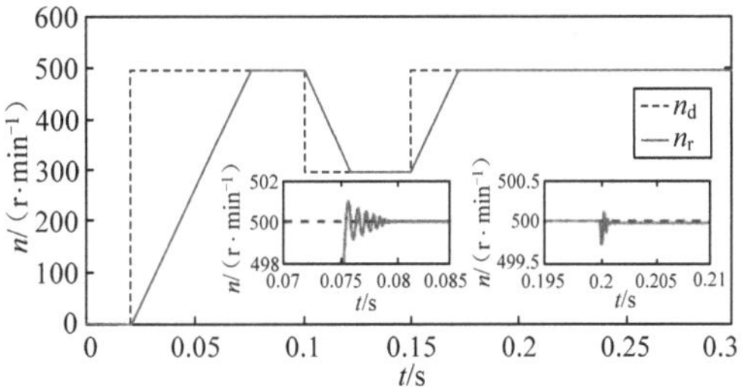

（b）带自适应控制律的传统滑模控制器

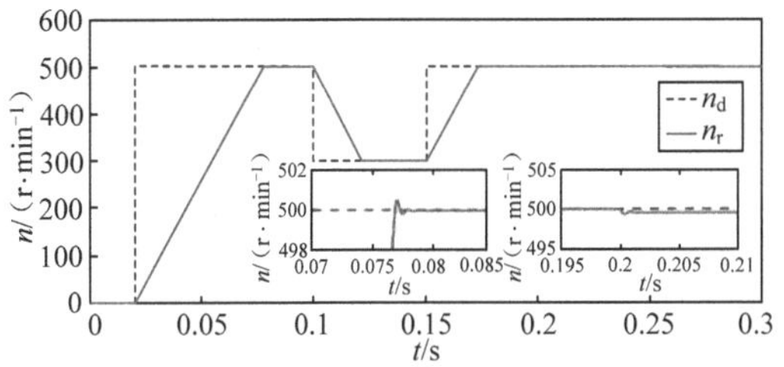

（c）带开关控制律的模糊神经网络滑模控制器

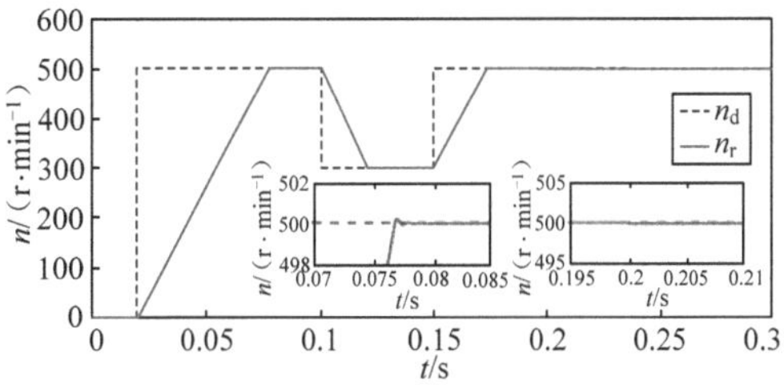

（d）带自适应控制律的模糊神经网络滑模控制器

图 3-43　PMSM 转速响应曲线

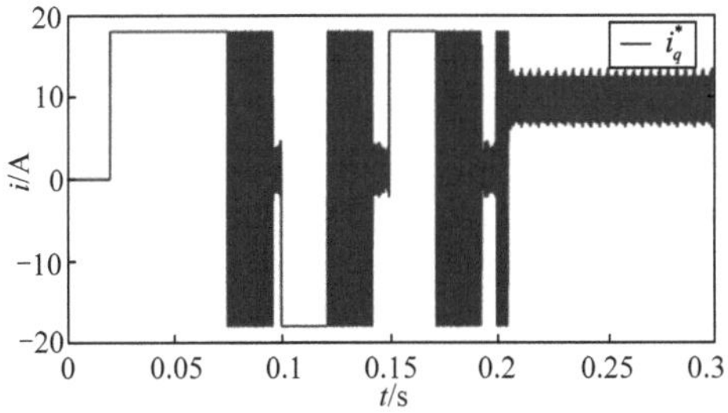

（a）仅带开关控制律的传统滑模控制器

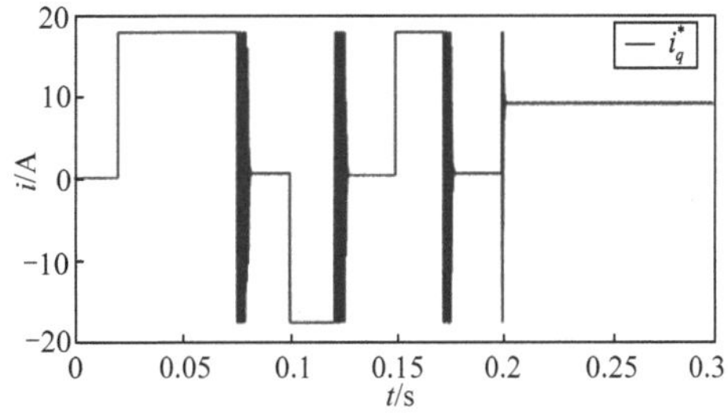

（b）带自适应控制律的传统滑模控制器

图 3-44　PMSM 抖振曲线

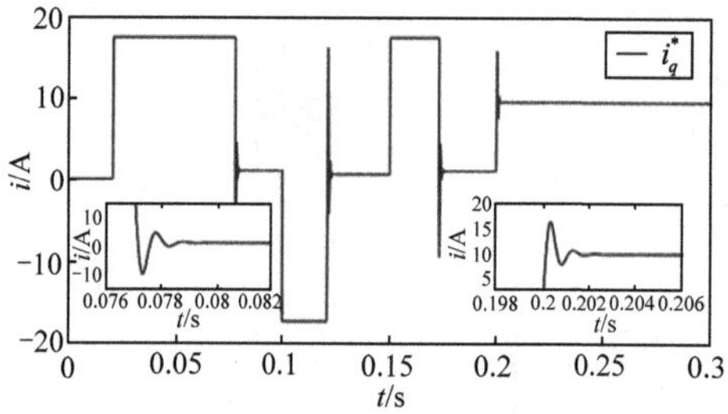

（c）带开关控制律的模糊神经网络滑模控制器

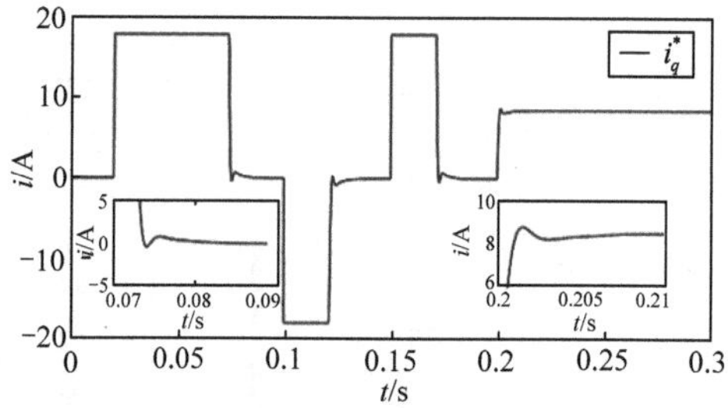

（d）带自适应控制律的模糊神经网络滑模控制器

图 3-44（续）

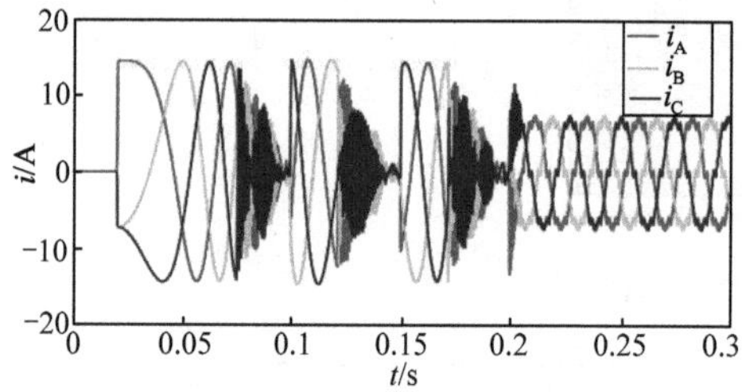

（a）仅带开关控制律的传统滑模控制器

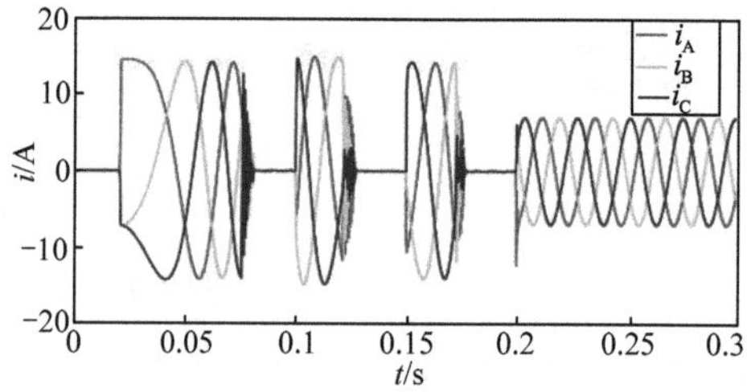

（b）带自适应控制律的传统滑模控制器

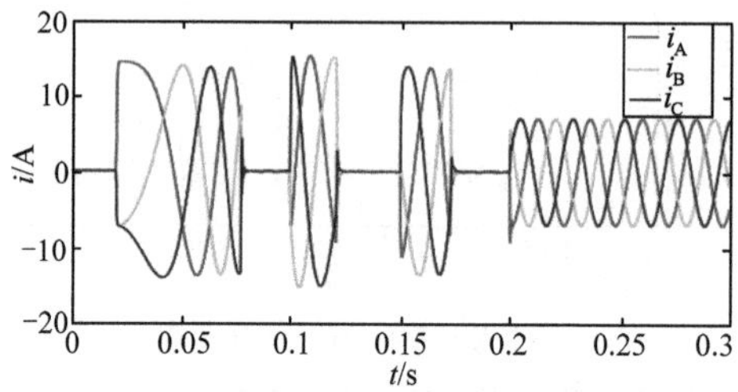

（c）带开关控制律的模糊神经网络滑模控制器

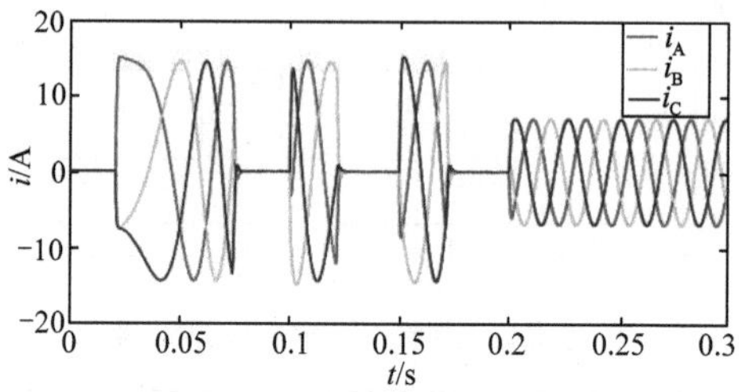

（d）带自适应控制律的模糊神经网络滑模控制器

图 3-45　PMSM 三相定子电流曲线

无论是传统滑模控制器还是模糊神经网络滑模控制器，它们对参数变化和负载扰动的鲁棒性都较强，并且具有良好的动态响应性能。滑模控制器的强鲁棒性能是显著的，但不同方法下电机的抖振有很大差别。仅带符号函数控制律的滑模控制器的抖振较大，而带自适应控制律的滑模控制器能够减弱抖振。模糊神经网络滑模控制器在一定程度上也能减弱抖振，其抖振幅值比一般滑模控制器小，但不能完全消除抖振。仿真结果与理论分析一致。上述滑模控制方法的性能对比如表 3-3 所示。

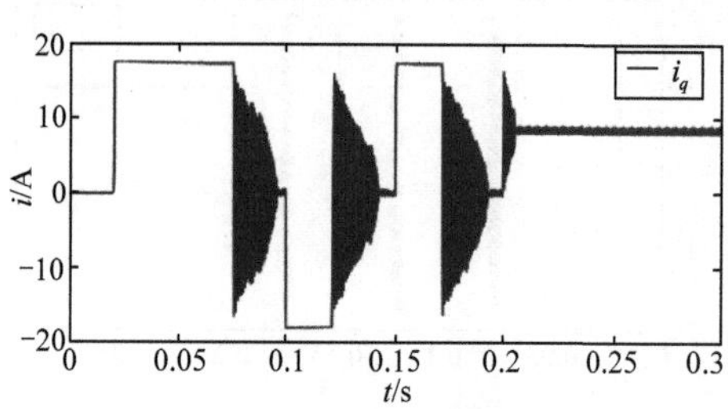

（a）仅带开关控制律的传统滑模控制器

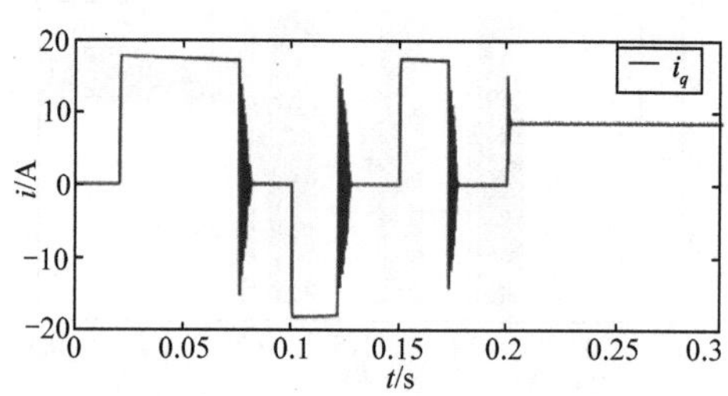

（b）带自适应控制律的传统滑模控制器

图 3-46　PMSM 的 q 轴电流曲线

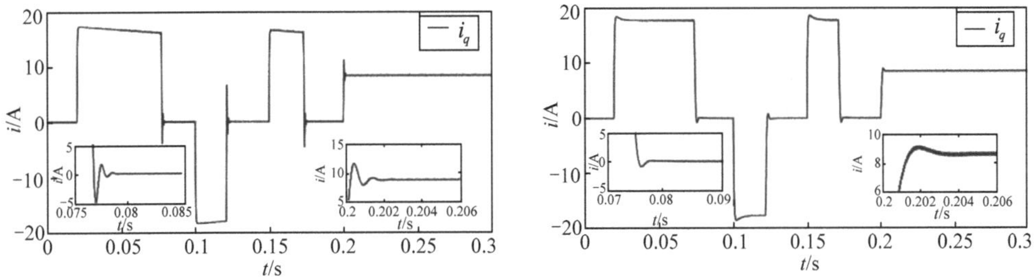

（c）带开关控制律的模糊神经网络滑模控制器　　（d）带自适应控制律的模糊神经网络滑模控制器

图 3-46（续）

表 3-3　滑模控制方法性能对比

控制方法	跟踪响应性能	对参数摄动的鲁棒性	对负载扰动的鲁棒性	抖振程度
带开关控制律的传统滑模控制器	一般	一般	一般	大
带自适应控制律的传统滑模控制器	良好	较强	较强	较大
带开关控制律的模糊神经网络滑模控制器	良好	强	强	较小
带自适应控制律的模糊神经网络滑模控制器	优秀	强	强	小

3. 改进型滑模控制器仿真

设置参考转速为阶跃信号 $\omega_{\mathrm{d}}^{*}=500\mathrm{r/min}$，当实际速度趋于参考速度后，且当 n=7 时，在 0.1s 对 PMSM 突加 $T_{\mathrm{L}}=2\mathrm{N\cdot m}$ 的负载扰动；当 n=1 时，在 0.14s 对 PMSM 突加 $T_{\mathrm{L}}=2\mathrm{N\cdot m}$ 的负载扰动；当分数次幂级数自适应可变时，在 0.1s 对 PMSM 突加 $T_{\mathrm{L}}=2\mathrm{N\cdot m}$ 的负载扰动。图 3-47～图 3-49 为不同分数次幂级数型饱和函数对应的 i_q^* 抖振图。对应的不同类型分数次幂级数型饱和函数下的电机转速响应如图 3-50 所示。

观察图 3-47 可以发现，当饱和函数的幂级数次数较大时，q 轴电流抖振剧烈，i_q^* 得经过较为剧烈的振荡才能稳定下来。由图 3-48 可见，当饱和函数的幂级数次数较小时，抖振较小，波形振荡次数少。由图 3-49 可见，采用可变分数次幂级数型饱和函数能削弱抖振。当 n 较大时，i_q^* 得经过较为剧烈的振动才能稳定下来，当系统受到负载扰动时，实际转速能快速且准确地跟踪给定转速，稳态误差较小；当 n 较小时，i_q^* 抖振小，电机受到负载扰动后转速跟踪误差大，不能稳定至给定值。采用可变分数次幂级数型饱和函数时，既能削弱 i_q^* 抖振，又能实现转速的快速准确跟踪。

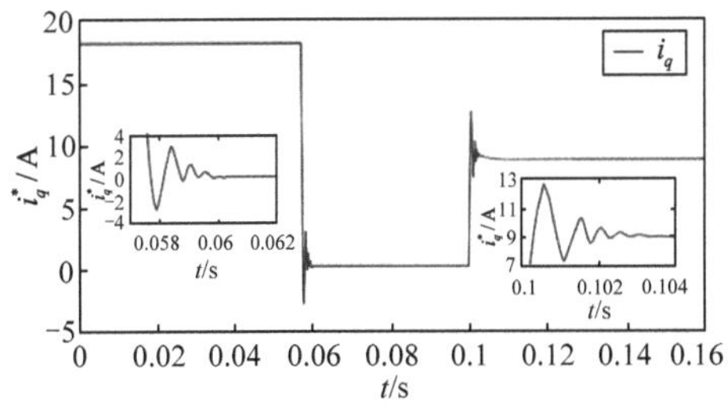

图 3-47　分数次幂级数 n=7 下 i_q^* 抖振

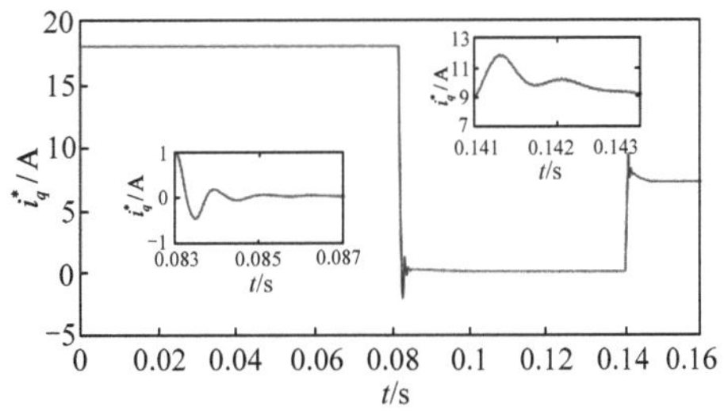

图 3-48　分数次幂级数 n=1 下 i_q^* 抖振

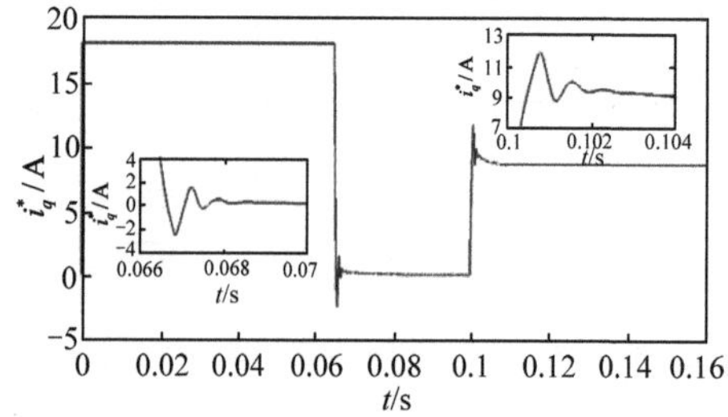

图 3-49　可变分数次幂级数次数下 i_q^*

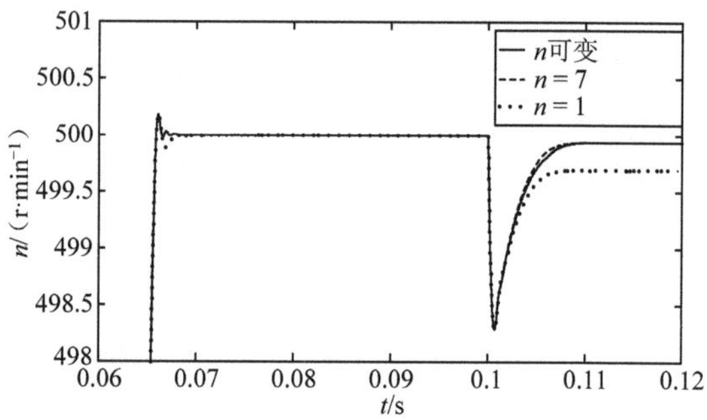

图 3-50　不同类型分数次幂级数型饱和函数下 PMSM 转速

4. 固定时间扰动观测器仿真

通过仔细计算和反复试验，IPSMC+FTDOB 速度控制器的参数选择如下：$c=5$，$\delta=0.5$，$K=3.5$，$e_c=0.2$，$\varepsilon=3$，$n(0)=7$，$k_{01}=k_{02}=100$，$k_{11}=k_{12}=100$，$k_{21}=k_{22}=100$，$\alpha=0.75$，$\beta=1.5$，$T_u=0.1$。FTDOB 用于估计系统（3-110）中的扰动，观测器初始值：$(\hat{z}_{01}(0),\ \hat{z}_{11}(0),\ \hat{z}_{21}(0),\ \hat{z}_{02}(0),\ \hat{z}_{12}(0))=(2,-0.8,-0.8,-2,-0.8)$。结合式（3-110）施加扰动 $D_1(t)=0.5\cos(t)$；$D_2(t)=0.3\sin(t)$。它们代表参数摄动和建模误差。图 3-51～图 3-53 给出了参考扰动及它们的估计值。很明显，FTDOB 可以在 2s 内准确地估计扰动。

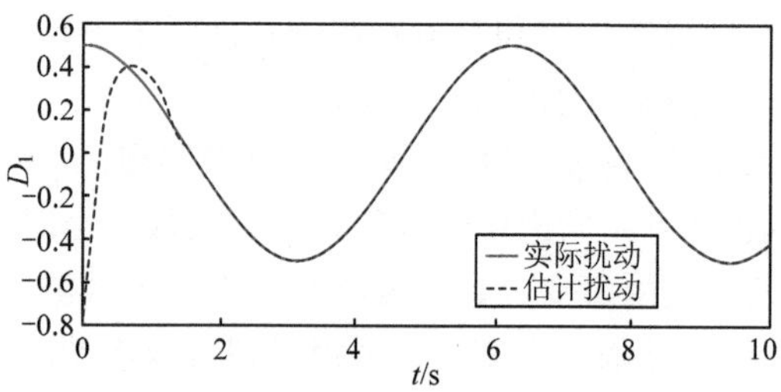

图 3-51　扰动 D_1 和它的估计值

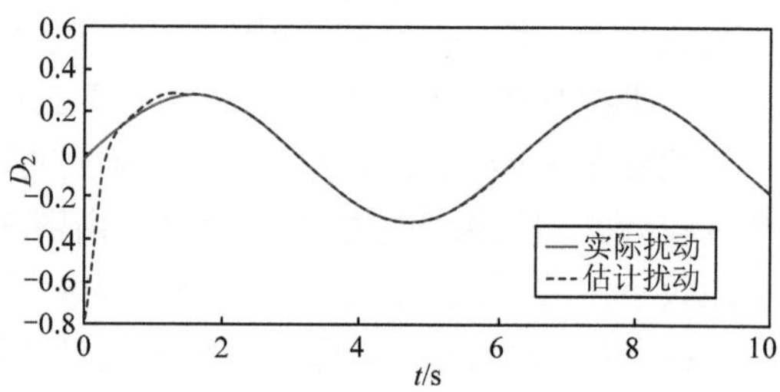

图 3-52　扰动 D_2 和它的估计值

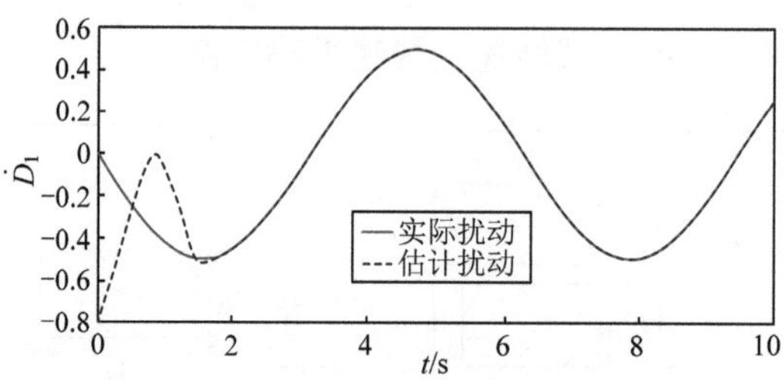

图 3-53　扰动 D_1 的导数 $\dot{D}_1$ 和它的估计值

为了客观地比较和验证所提出的算法性能，IPSMC+FTDOB、IPSMC 和 PID 控制器分别用于调速系统速度控制器。根据以下原则选择控制器的参数。首先，IPSMC +FTDOB

和 IPSMC 相同部分设置相同的参数；其次，这三个速度控制器的输出量限制在同一个数量级内。图 3-54（a）给出了 IPSMC+FTDOB 和 IPSMC 的电机速度响应曲线；图 3-54（b）给出了 IPSMC+FTDOB 和 PID 的电机速度响应曲线，且分别在 0.1s 对 PMSM 突加 $T_L = 2N \cdot m$ 的负载扰动，另结合式（3-110）施加扰动 $D_1(t) = 0.5\cos(t)$；$D_2(t) = 0.3\sin(t)$。

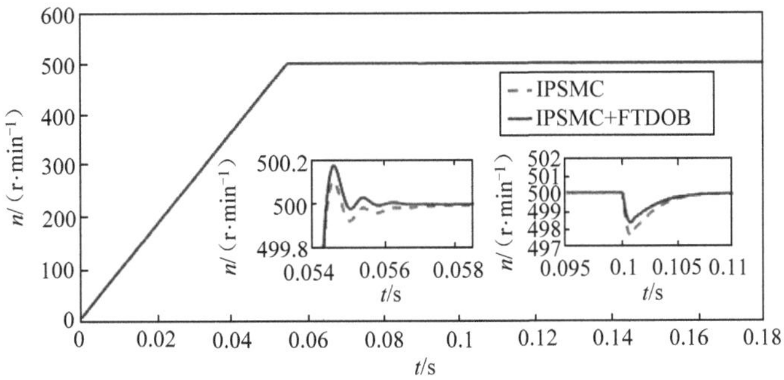

（a）采用 IPSMC+FTDOB 和 IPSMC

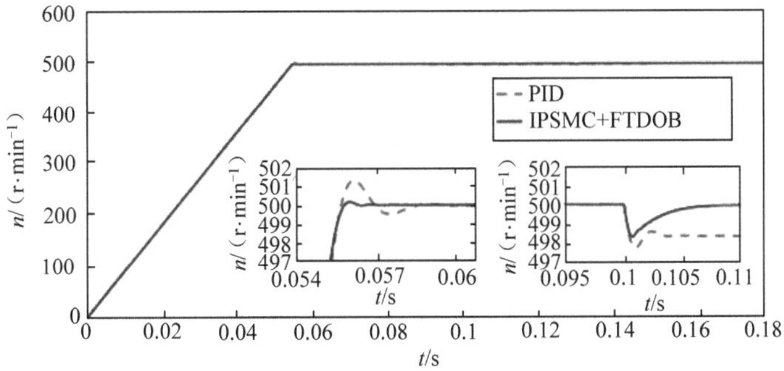

（b）采用 IPSMC+FTDOB 和 PID

图 3-54　永磁同步电机速度响应曲线

从图 3-54（a）可看出，在 IPSMC+FTDOB 控制下，起动阶段电机转速在 0.057s 进入稳态，而在 IPSMC 控制下则花费了近 0.06s；施加负载扰动后，IPSMC+FTDOB 控制下的转速降落为 $\Delta n_1 = 1.8\text{r/min}$，且恢复到参考速度的时间小于 10ms；同时，IPSMC 控制下的转速降落为 $\Delta n_2 = 2.2\text{r/min}$，且恢复到参考速度的时间约为 10ms。IPSMC+ FTDOB 和 IPSMC 具有超调小、转速降落小的特点。它们可以实现暂态过程中的快速动态响应，准确跟踪，几乎没有转速振荡。更重要的是，IPSMC+FTDOB 的性能优于 IPSMC。很明显，FTDOB 可以准确观测来自负载和模型误差导致的扰动。

从图 3-54（b）可看出，PID 控制下电机转速的超调和脉动都较大，且调整时间接近 0.06s；相反，仿真结果证明了 IPSMC+FTDOB 可以使 PMSM 几乎没有转速超调，调整时间短，响应速度快且具有强鲁棒性。施加负载扰动后，PID 控制下转速降落为 $\Delta n_3 = 2.4\text{r/min}$，转速虽然可稳定到一个定值(498.2r/min)，但它受到参数摄动和外部负载的扰动。因此，它的稳态误差大。IPSMC+FTDOB 和 PID 控制器之间的数值仿真结果说明 IPSMC+FTDOB 能实现更小的转速超调和更快速的响应，并且转速稳态误差接近于零。此外，IPSMC+FTDOB 对参数摄动和负载扰动具有较强的鲁棒性，能保证低抖振的前提下实现更高稳态速度精度。

5. 鲁棒性仿真

进一步探讨 IPSMC+FTDOB+FNNGC 的鲁棒性。IPSMC+FTDOB+FNNGC 控制下滑模面曲线和三相定子电流曲线如图 3-55 和图 3-56 所示。

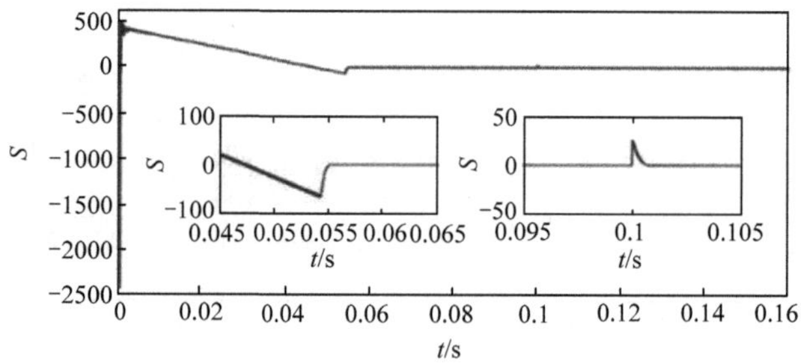

图 3-55（彩图）

图 3-55　采用 IPSMC+FTDOB 的滑模面曲线

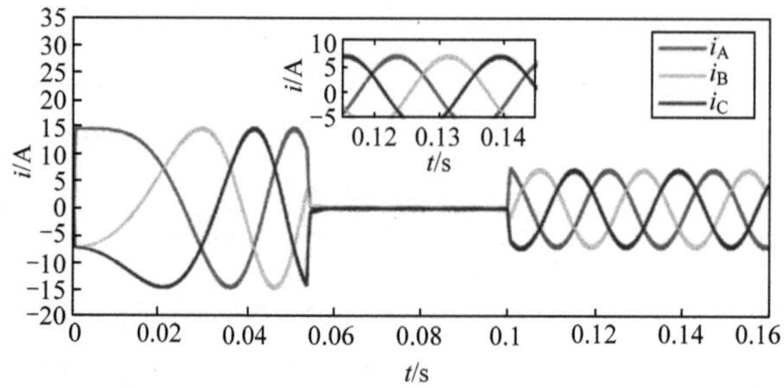

图 3-56（彩图）

图 3-56　采用 IPSMC+FTDOB 的三相定子电流曲线

给定转速 500r/min，在 0.1s 突加 $T_L = 2N \cdot m$ 的负载扰动；在 0.13s 时，负载扰动变为 $T_L = 4N \cdot m$；在 0.16s 时，负载扰动变为 $T_L = 3N \cdot m$。不同时刻突增、突卸负载时 PID 控制与 IPSMC+FTDOB+FNNGC 控制的转速响应曲线如图 3-57 所示。

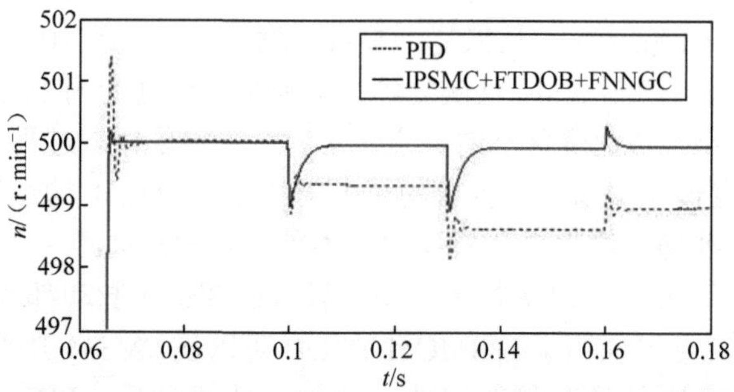

图 3-57　不同时刻突增、突卸负载时 PID 控制与 IPSMC+FTDOB+FNNGC 控制的转速响应曲线

由图 3-57 可见，由 PID 控制的 PMSM 的转速虽然可稳定到一个定值，但受负载扰动影响大，稳态误差大。而 IPSMC+FTDOB+FNNGC 控制不管是突增负载还是突卸负载，皆能实现转速的快速响应、精确跟踪，且几乎无振荡。给定转速为 $500r \cdot min^{-1}$，分

别在 0.1s、0.12s 和 0.14s 对 PMSM 突加 $T_L = 3N \cdot m$ 的负载扰动，转动惯量 J 或磁链 ψ_f 变化时 IPSMC+FTDOB+FNNGC 控制的转速响应曲线如图 3-58 所示。

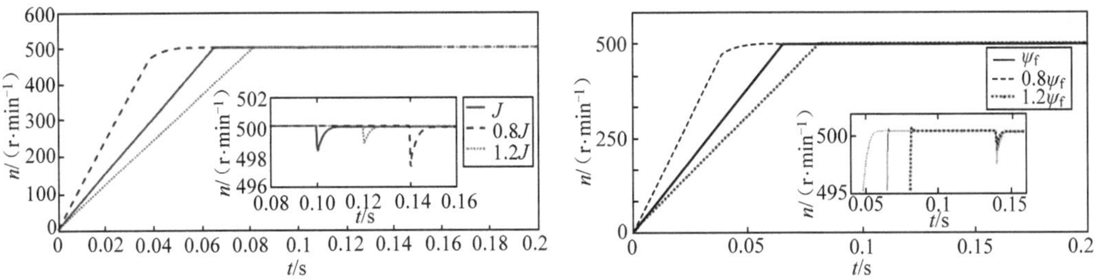

（a）不同转动惯量　　（b）不同转子永磁体磁链

图 3-58　不同条件下 IPSMC+FTDOB+FNNGC 控制的转速响应曲线

由图 3-58 可见，当转动惯量、磁链减小时，系统响应速度加快；当转动惯量、磁链增大时，系统响应速度减慢。但是无论转动惯量、磁链增大还是减小，或存在负载扰动，IPSMC+FTDOB+FNNGC 速度控制器都能够使转速具有高动态响应、高稳态精度、强鲁棒性的优良品质。

3.5 结合滑模与 PID 的双重控制策略

针对传统的永磁同步电机非奇异快速终端滑模控制中滑模面误差变化率系数无法根据电机变化率调整，导致滑模控制性能在电机误差变化率变化时无法保持最优的控制性能，设计了一种可变参数非奇异快速终端滑模控制策略（variable-parameter nonsingular fast terminal sliding mode，VNFTSM）[7-8]。通过引入支持向量机智能预测算法对电机误差变化率系数建模，并通过该模型调整其大小。数值仿真结果表明，VNFTSM 具有更优异的控制性能。进一步研究发现，永磁同步电机自适应模糊 PID 控制策略具有更强的鲁棒性。根据这一特点，设计了一种 VNFTSM 和自适应模糊 PID 相结合的双重控制策略速度控制器，并通过数值仿真验证其性能。

3.5.1 可变参数非奇异快速终端滑模速度控制策略

1. 可变参数非奇异快速终端滑模面设计

传统的非奇异快速终端滑模面可由下式表示：

$$s = x_1 + \alpha x_1^{\gamma} + \beta x_2^{\lambda} \tag{3-143}$$

在永磁同步电机控制系统中一般系统变量 x_1 取转速误差 e，变量 x_2 取转速误差变化率 $\dot{e}$。所以式（3-143）可改写为

$$s = e + \alpha e^{\gamma} + \beta \dot{e}^{\lambda} \tag{3-144}$$

式中：$\alpha > 0$、$\beta > 0$、$\gamma = a/b$、$\lambda = c/d$，a、b、c、d 均为正奇数，且 $1 < c/d$、$a/b > c/d$。

由式（3-144）可得，当电机转速误差 e 的值较大时，转速的收敛速度主要由转速误

差的高次项（即αe^{γ}）起作用；当转速误差很小时，转速误差的高次项作用可以忽略，主要由线性项决定，此时可以近似作为一个非奇异的终端滑模面。因此在滑模控制中，非奇异快速终端滑模控制取$1<c/d$、$a/b>c/d$能实现在全部状态下加快收敛速度，而且由于$1<\lambda<\gamma$，滑模面在求导后不会出现负指数的项，从而避免了奇异问题，但是传统的非奇异快速终端滑模面$\dot{e}$的系数β始终保持不变。数值仿真结果表明，当状态变量$\dot{e}$（即电机转速误差变化率）发生变化时，滑模控制的性能会变差，具体表现为当状态变量$\dot{e}$增大时，系统的快速性降低，电机到达给定转速的时间变长；当状态变量$\dot{e}$减小时，电机控制系统的到达给定转速的超调会增大，影响系统的整体稳定性，所以综合以上情况，本节提出了一种新型的可变参数的非奇异快速终端滑模面，如下式所示。

$$s = e + \alpha|e|^{\gamma}\,\mathrm{sgn}\,e + \beta_{\mathrm{v}}|\dot{e}|^{\lambda}\,\mathrm{sgn}\,\dot{e} \tag{3-145}$$

式中：β_{v}为可变系数；sgn 为符号函数，符号函数的引入扩大了a、b、c、d的取值范围，当a、b、c、d的取值为正偶数时也可避免当e、$\dot{e}$小于零时系统会产生奇异问题，所以 sgn 函数的引入使a、b、c、d的取值扩大为正整数，此时可以根据实际情况，选择a、b、c、d更加合适的取值。而β_{v}的取值根据电机转速误差变化率$\dot{e}$经过支持向量机智能建模得出，支持向量机智能算法的引入提升了永磁同步电机的控制性能。

2. 支持向量机智能建模

支持向量机智能建模首先需要经过多次数值仿真实验得到永磁同步电机不同电机误差变化率下对应的最优β_{v}组成支持向量机建模样本集。结合支持向量机算法特性，本节通过数值仿真得到大概 15 组数据作为建模样本集。在对样本集进行归一化处理后，通过交叉验证得到 SVM 智能建模所需的参数c、g的值，然后建立基于支持向量机的智能参数预测模型，并对该模型进行验证。如果该模型预测值和真实值差值在允许的范围内则建模完成，如果差值较大，则再次交叉验证对建模所需参数c、g重新赋值。支持向量机建模流程图如图 3-59 所示。

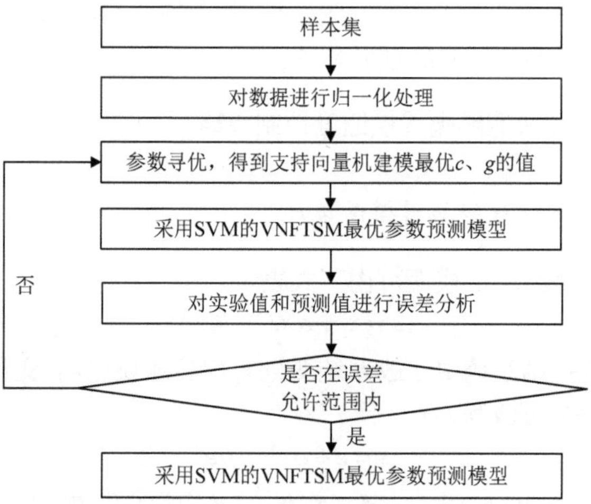

图 3-59　支持向量机建模流程图

3. 采用 SVM 的 VNFSTM 速度控制器设计

永磁同步电机转速ω与q轴电流i_q^*的二阶模型如下：

$$\ddot{\omega}=-\frac{K_{\mathrm{i}}}{K_{\mathrm{p}}}\dot{\omega}+u+D(t) \tag{3-146}$$

式中：$D(t)=-1.5n_{\mathrm{p}}\psi_{\mathrm{f}}\dot{u}_q/(JK_{\mathrm{p}})+\dot{d}(t)+K_{\mathrm{i}}d(t)/K_{\mathrm{p}}$为二阶模型中永磁同步电机系统的不确定和外部干扰项；u为滑模速度控制器的输出，其表达式为

$$u(S)=\frac{1.5n_{\mathrm{p}}\psi_{\mathrm{f}}}{J}\left(S+\frac{K_{\mathrm{i}}}{K_{\mathrm{p}}}\right)i_q^*(S) \tag{3-147}$$

式中：S为复频率。可求得电机q轴参考电流为

$$i_q^*(S)=\frac{J}{1.5n_{\mathrm{p}}\psi_{\mathrm{f}}}\frac{K_{\mathrm{p}}}{K_{\mathrm{p}}S+K_{\mathrm{i}}}u(S) \tag{3-148}$$

电机转速误差和转速误差变化率表达式为

$$\begin{cases}e=\omega^*-\omega\\ \dot{e}=\dot{\omega}\end{cases} \tag{3-149}$$

式中：ω是电机实际转速；ω^*是电机给定转速。

为了使电机系统状态更快地达到设计的滑模面开始滑动阶段，本节采用指数趋近律作为滑模控制的趋近律。指数趋近律方程如下：

$$\dot{s}=-\varepsilon\operatorname{sgn}s-\eta s \tag{3-150}$$

式中：$\varepsilon>0$；$\eta>0$。

本节设计的 VNFTSM 滑模面由于β_{v}是由支持向量机建立的智能预测模型得到的，所以在对滑模面求导时，其可作为一个变量。对滑模面求导可得

$$\dot{s}=\dot{e}+\alpha\gamma|e|^{\gamma-1}\dot{e}+\dot{\beta}_{\mathrm{v}}|\dot{e}|^{\lambda}+\beta_{\mathrm{v}}\lambda|\dot{e}|^{\lambda-1}\ddot{e} \tag{3-151}$$

将式（3-150）代入式（3-151）可得

$$-\varepsilon\operatorname{sgn}s-\eta s=\dot{e}+\alpha\gamma|e|^{\gamma-1}\dot{e}+\dot{\beta}_{\mathrm{v}}|\dot{e}|^{\lambda}+\beta_{\mathrm{v}}\lambda|\dot{e}|^{\lambda-1}\left(\frac{K_{\mathrm{i}}}{K_{\mathrm{p}}}\dot{\omega}-u-D(t)\right) \tag{3-152}$$

令$D(t)=0$，整理可得滑模速度控制器输出为

$$u=\frac{\dot{e}+\alpha\gamma|e|^{\gamma-1}\dot{e}+\dot{\beta}_{\mathrm{v}}|\dot{e}|^{\lambda}}{\beta_{\mathrm{v}}\lambda}|\dot{e}|^{1-\lambda}\operatorname{sgn}\dot{e}+\frac{\varepsilon\operatorname{sgn}s+\eta s}{\beta_{\mathrm{v}}\lambda|\dot{e}|^{\lambda-1}}+\frac{K_{\mathrm{i}}}{K_{\mathrm{p}}}\dot{\omega} \tag{3-153}$$

定义 Lyapunov 函数为

$$V=\frac{1}{2}s^2 \tag{3-154}$$

对式（3-154）求导可得

$$
\begin{aligned}
\dot{V} &= s\dot{s} \\
&= s(\dot{x}_1 + \alpha\gamma|x_1|^{\gamma-1}\dot{x}_1 + \dot{\beta}_{\rm v}|x_2|^{\lambda} + \beta_{\rm v}\lambda|x_2|^{\lambda-1}\dot{x}_2) \\
&= s\left(\dot{x}_1 + \alpha\gamma|x_1|^{\gamma-1}\dot{x}_1 + \dot{\beta}_{\rm v}|x_2|^{\lambda} + \beta_{\rm v}\lambda|x_2|^{\lambda-1}\left(\frac{K_{\rm i}}{K_{\rm p}}\dot{\omega} - u - D(t)\right)\right) \\
&= s\left(\dot{x}_1 + \alpha\gamma|x_1|^{\gamma-1}\dot{x}_1 + \dot{\beta}_{\rm v}|x_2|^{\lambda} + \beta_{\rm v}\lambda|x_2|^{\lambda-1}\left(\frac{K_{\rm i}}{K_{\rm p}}\dot{\omega} - u - D(t)\right)\right) \\
&= s(-\varepsilon{\rm sgn}s - \eta s - \beta_{\rm v}\lambda|x_2|^{\lambda-1}D(t)) \\
&\leqslant -(\varepsilon|s| + \eta s^2 + \beta_{\rm v}\lambda|x_2|^{\lambda-1}|D(t)||s|) \\
&= -(\eta s^2 + (\varepsilon + \beta_{\rm v}\lambda|x_2|^{\lambda-1}|D(t)|)|s|) \\
&< 0
\end{aligned} \tag{3-155}
$$

滑模面稳定性得证，系统可以在有限时间内达到滑模面。

基于 SVM 的永磁同步电机 VNFTSM 控制系统原理图如图 3-60 所示。

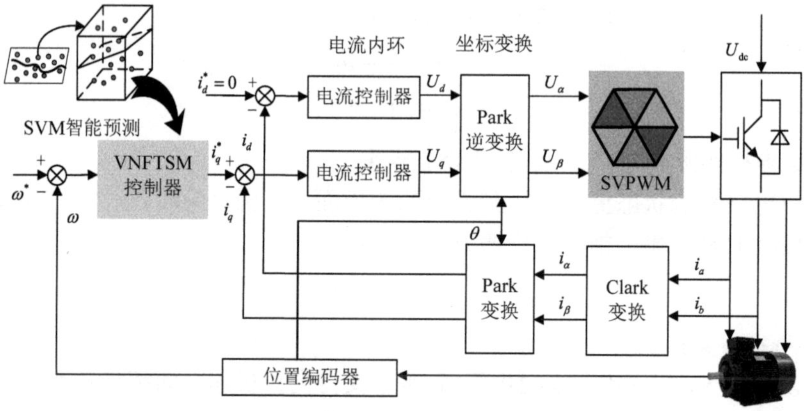

图 3-60 基于 SVM 的永磁同步电机 VNFTSM 控制系统原理图

4. 仿真分析

基于上述理论分析在 MATLAB/Simulink 环境下搭建永磁同步电机矢量控制数值仿真模型，均采用 $i_d=0$ 的矢量控制策略。首先建立传统的非奇异快速终端滑模控制仿真模型，经过多次数值仿真实验，得到 15 组不同电机误差变化率下的最优 $\beta_{\rm v}$ 的值。以这 15 组数据作为样本集建立支持向量机 VNFTSM 参数智能预测模型，表 3-4 为其中 5 组样本集数据。得到支持向量机 VNFTSM 参数智能预测模型后，以此为基础建立永磁同步电机 VNFTSM 控制仿真模型。

表 3-4 不同电机误差变化率下的 $\beta_{\rm v}$ 最优值

x_2/(r·s^{-2})	$\beta_{\rm v}$
100	2.24×10^{-4}
150	1.98×10^{-4}
200	1.78×10^{-4}

续表

$x_2/(r\cdot s^{-2})$	β_v
250	1.68×10^{-4}
300	1.48×10^{-4}

支持向量机建模前需要得到建模所需的惩罚参数c和核函数参数g的值，这两个值需要经过交叉验证得出。对 15 组样本进行交叉验证可得其参数寻优结果如图 3-61 和图 3-62 所示。图 3-61 为 SVR 参数寻优结果 3D 视图，此图x轴、y轴分别为惩罚参数和核函数参数的对数，z轴为均方差。图 3-62 为 SVR 参数寻优结果等高线视图，参数寻优的目的是为了得到最小均方差下对应的c、g数值，经过寻优可以得到此时最优惩罚参数$c=256$，核函数参数$g=0.0625$。

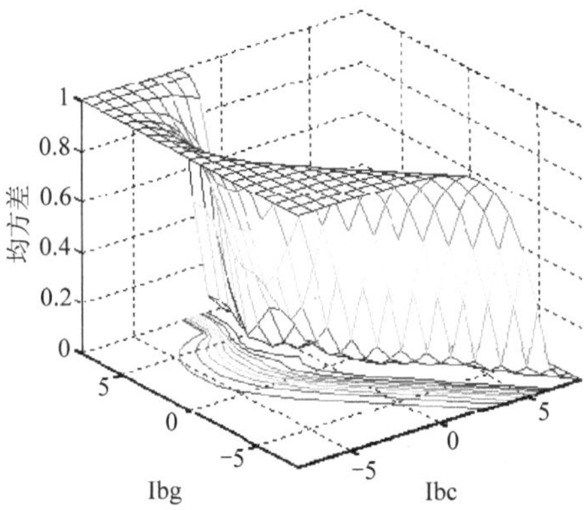

图 3-61　SVR 参数寻优结果 3D 视图

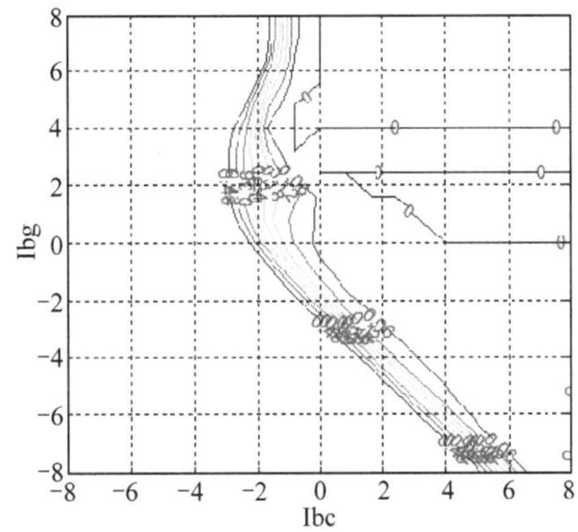

图 3-62　SVR 参数寻优结果等高线视图

经过交叉验证后，得到了支持向量机建模所需要的最优惩罚参数c和核函数参数g的数值，然后将交叉验证得到的c、g最优值代入支持向量机智能预测模型中，建立的最优参数预测模型得到的最优β_v结果与实际数值仿真得到的β_v对比表如表 3-5 所示。

表 3-5　不同$\dot{e}$值下的β_v实际最优值与预测最优值对比表

$x_2/(r\cdot s^{-2})$	实际最优 β_v	预测最优 β_v
100	2.24×10^{-4}	2.23×10^{-4}
150	1.98×10^{-4}	1.99×10^{-4}
200	1.78×10^{-4}	1.78×10^{-4}
250	1.68×10^{-4}	1.61×10^{-4}
300	1.48×10^{-4}	1.48×10^{-4}

通过表 3-5 对比可知，支持向量机智能预测模型预测出的最优β_v的值与实际仿真得到的最优β_v值差别很小，满足了误差的要求，所以建立的支持向量机 VNFTSM 参数智能预测模型有效。

综上，本节所设计的基于 SVM-VNFTSM 的永磁同步电机矢量控制模型原理图如

图 3-63 所示。

本节采用的永磁同步电机额定参数表如表 3-6 所示。

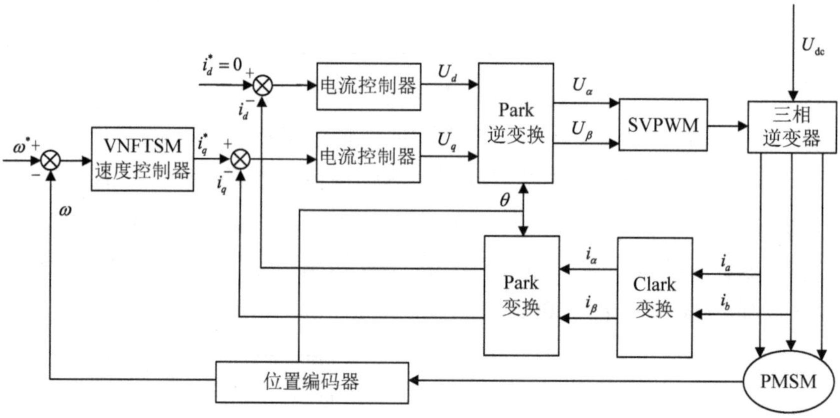

图 3-63　基于 SVM-VNFTSM 的永磁同步电机矢量控制模型原理图

表 3-6　永磁同步电机额定参数

参数名称	值	单位
额定功率	3000	W
额定电压	200	V
额定电流	18	A
额定转速	3000	r/min
定子电阻	0.258	Ω
d 轴电感	0.827	mH
q 轴电感	0.827	mH
极对数	5	

本节所采用的永磁同步电机速度控制器仿真实验中仿真参数如表 3-7 所示。

表 3-7　VNFTSM 控制器仿真参数

仿真参数	值	仿真参数	值
α	1×10^{-4}	γ	1.5
λ	1.4	δ_1	0.5
δ_{20}	3	k	10
e_c	0.2	ε	6×10^6
η	35×10^4		

5. 仿真模型

仿真模型搭建与 3.1.4 节模型搭建基本类似，此处不再详述。永磁同步电机 VNFTSM 控制整体仿真图如图 3-64 所示。

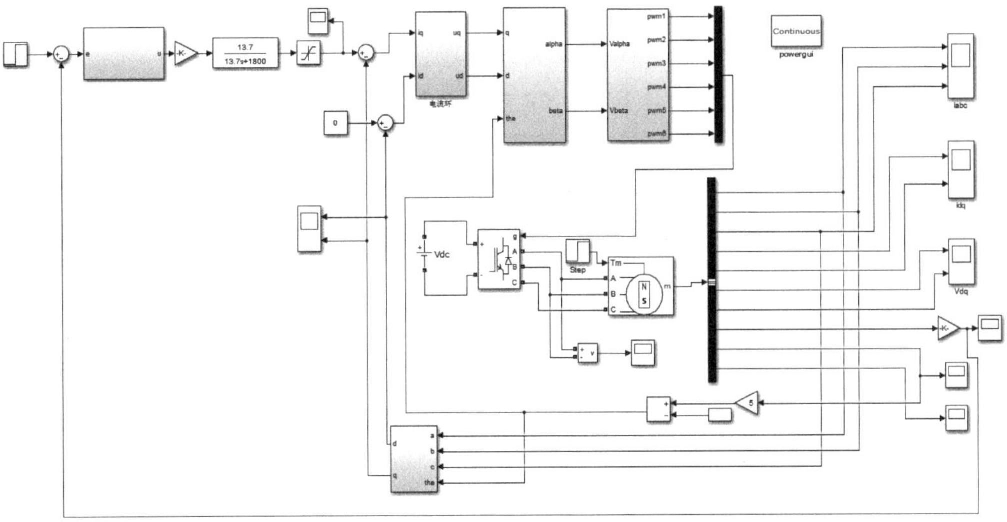

图 3-64　永磁同步电机 VNFTSM 控制 MATLAB/Simulink 整体仿真图

6. 结果分析

(1) 电机参数不变仿真：电机给定转速为 650r/min，分别空载和带载起动，VNFTSM 控制和 NFTSM 控制仿真对比图分别如图 3-65～图 3-68 所示。

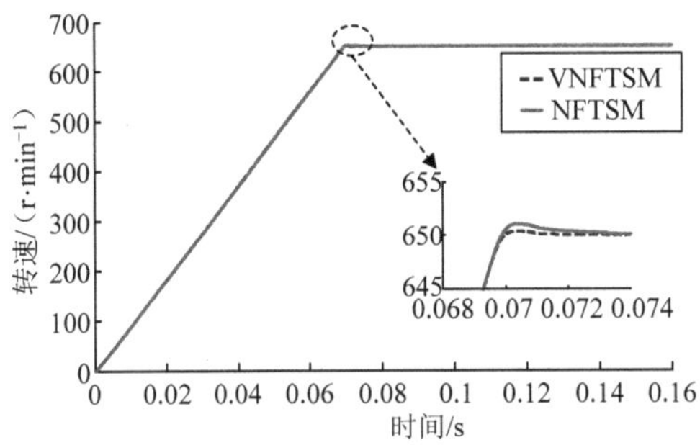

图 3-65　空载转速对比图

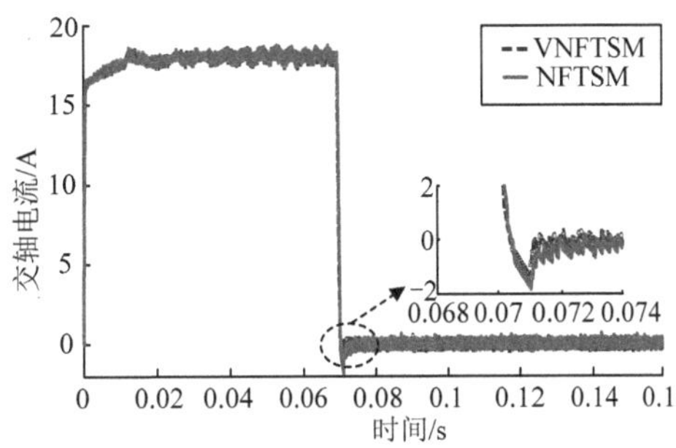

图 3-66　空载交轴电流对比图

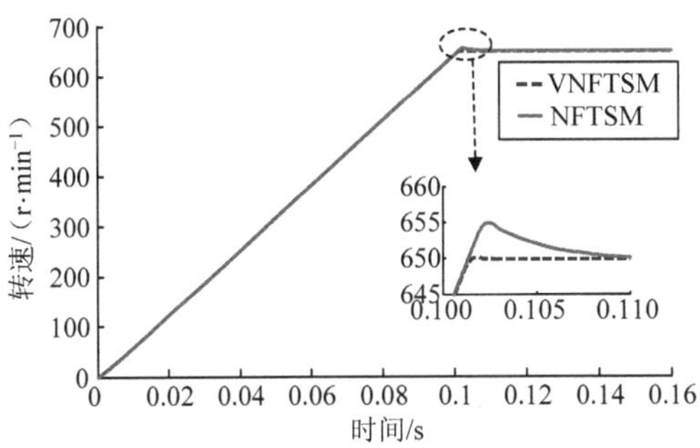

图 3-67　带载转速对比图

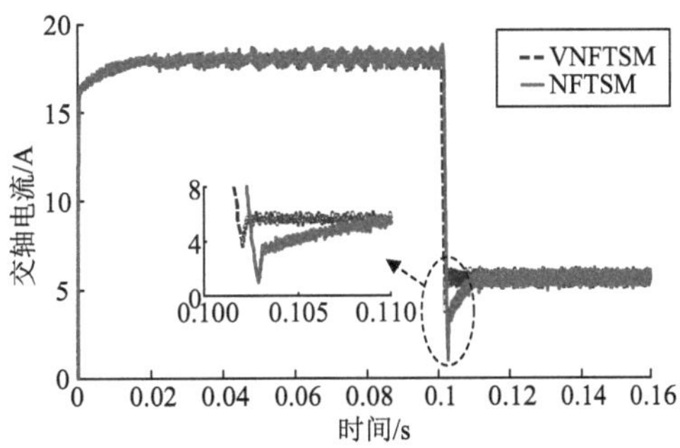

图 3-68　带载交轴电流对比图

由图 3-65 和图 3-66 可知，当永磁同步电机参数不变、空载起动时，VNFTSM 控制和 NFTSM 控制区别不大，证明了滑模控制的优越性。永磁同步电机采用 VNFTSM 控制时，其转速超调更小，达到稳定的状态更快。

由图 3-67 和图 3-68 可知，采用 VNFTSM 控制的永磁同步电机转速在 0.102s 便达到了稳定，系统几乎没有超调。采用 NFTSM 控制的永磁同步电机转速在 0.115s 才达到稳定，比 VNFTSM 控制下的转速响应慢了 0.013s，且最大转速响应最大达到了 655r/min，超调量明显偏大。由带载交轴电流对比图可得，交轴电流 i_q 在 VNFTSM 控制下响应更快且恢复稳定的时间更快，波动更小。所以由仿真图可得，采用 WNFTSM 控制下的永磁同步电机调速系统性能更稳定，转速响应更快，波动更小。

（2）转动惯量变化仿真：电机转动惯量增加 50%和减小 50%时分别对永磁同步电机在 VNFTSM 和 NFTSM 控制下进行仿真，给定转速为 650r/min。转速仿真和交轴电流仿真对比图如图 3-69～图 3-72 所示。

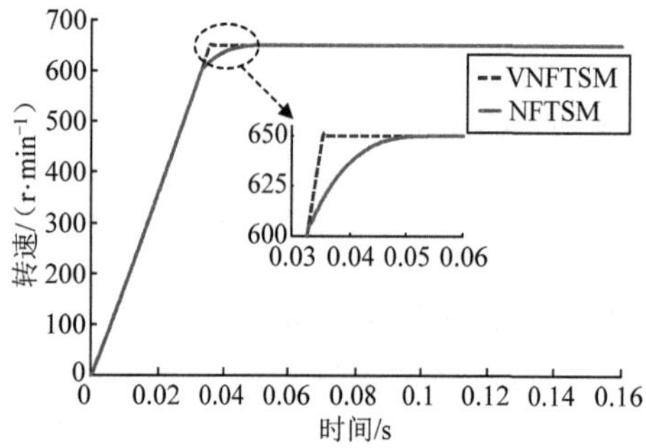

图 3-69　转动惯量减小转速对比图

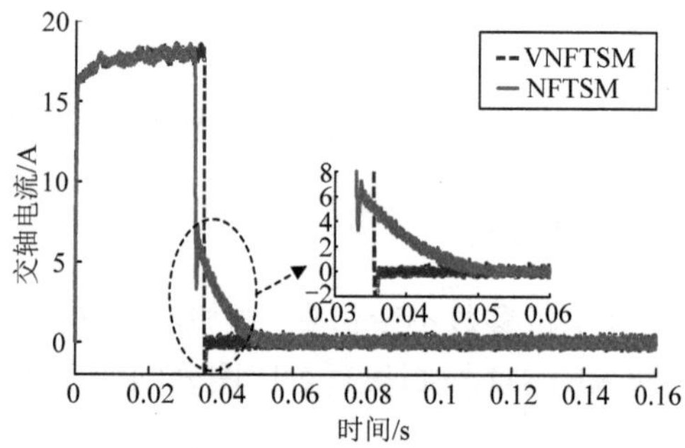

图 3-70　转动惯量减小交轴电流对比图

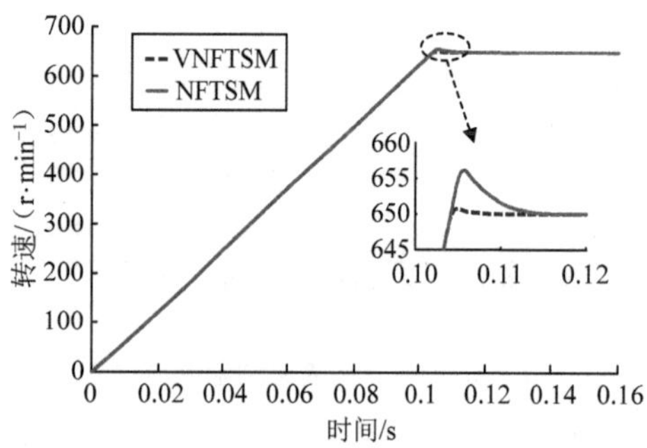

图 3-71　转动惯量增加转速对比图

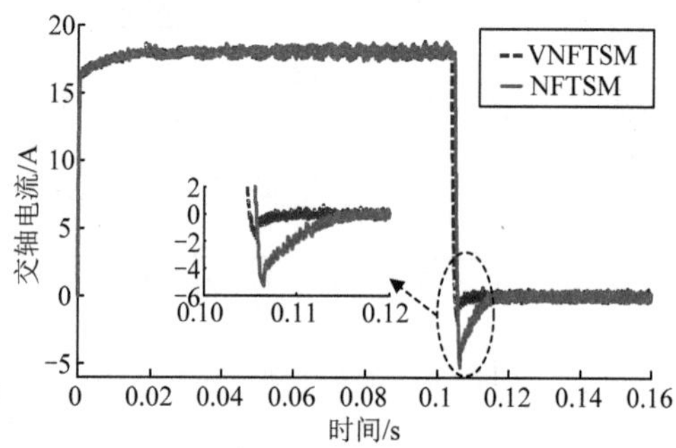

图 3-72　转动惯量增加交轴电流对比图

由图 3-69 可知，当永磁同步电机转动惯量减小 50%时，采用 VNFTSM 控制的转速响应在 0.036s 便达到了稳定，且几乎没有超调，调速性能没有受到永磁同步电机转动惯量变化的影响。采用 NFTSM 控制的永磁同步电机在 0.055s 才达到给定转速稳定状态，比 VNFTSM 控制下的转速响应慢了 0.019s，所以采用 NFTSM 控制的永磁同步电机调速性能在电机转动惯量减小时，快速性明显变差。通过图 3-70 交轴电流 i_q 对比图也可印证这一点，采用 NFTSM 控制的 i_q 在转速还没达到给定转速时便开始减小，且达到 0 附近的时间明显比采用 VNFTSM 控制的时间更长。

由图 3-71 可知，当永磁同步电机的转动惯量增加 50%时，采用 NFTSM 控制的永磁同步电机调速系统超调量明显增大，电机最大转速达到 656r/min，超调量达到 6r/min，而反观采用本节设计的 VNFTSM 控制策略的永磁同步电机调速系统几乎没有超调，电机调速性能不受电机转动惯量增加的影响。在 NFTSM 控制下电机在 0.116s 才达到稳定，而采用 VNFTSM 控制的永磁同步电机在 0.109s 就达到给定转速稳定状态。交轴电流对比图也表明采用 VNFTSM 控制策略的永磁同步电机交轴电流变化更快速地达到了稳定。以上仿真结果表明，采用 VNFTSM 控制策略的永磁同步电机控制性能不受电机转动惯量变化的影响，能一直保持优异的调速性能。

（3）电机磁链变化仿真：电机磁链增加 50%和减小 50%时分别对永磁同步电机在 VNFTSM 和 NFTSM 控制下进行仿真，给定转速为 650r/min。转速仿真和交轴电流仿真对比图如图 3-73～图 3-76 所示。

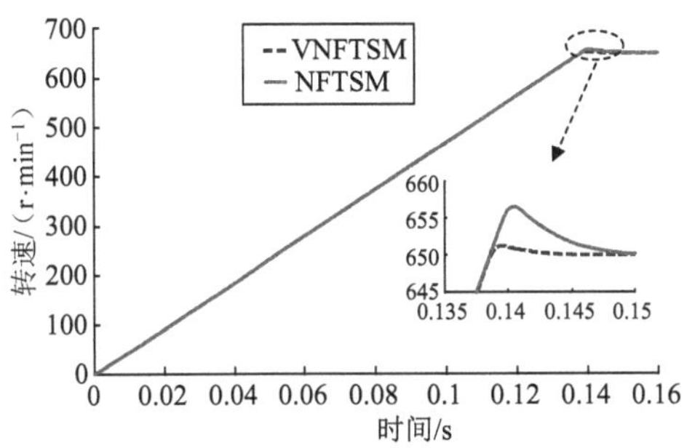

图 3-73　磁链减小转速对比图

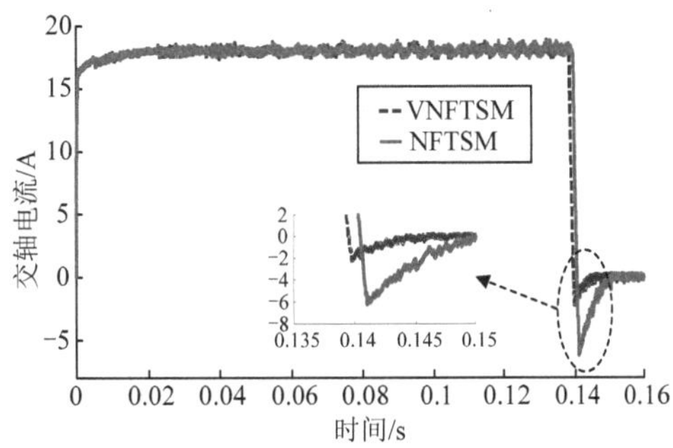

图 3-74　磁链减小交轴电流对比图

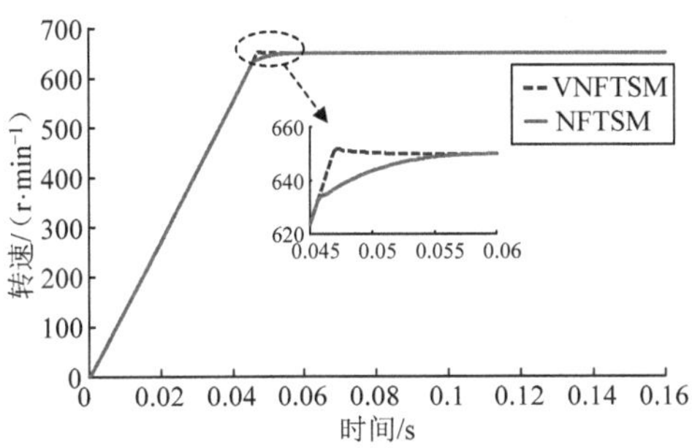

图 3-75　磁链增加转速对比图

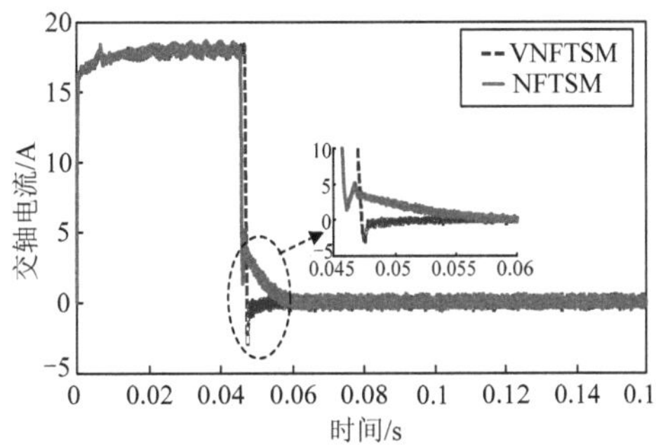

图 3-76　磁链增加交轴电流对比图

由图 3-73 可知，当永磁同步电机磁链减小 50%时采用 VNFTSM 控制策略的 PMSM 控制系统几乎没有超调，而采用传统的 NFTSM 控制策略的控制系统超调量很大，系统稳定性变差。在 VNFTSM 控制策略下，系统转速在 0.145s 便达到了稳定状态，而在 NFTSM 控制策略下的电机转速在 0.15s 才达到稳定，慢了 0.05s。两种控制策略下的交轴电流仿真图也表明采用 VNFTSM 控制策略的永磁同步电机调速系统交轴电流变化更迅速且波动性小，能更快达到稳定状态。

由图 3-75 可知，当永磁同步电机磁链增加 50%时采用 VNFTSM 控制策略的 PMSM 控制系统几乎没有超调，而采用传统的 NFTSM 控制策略的控制系统快速性降低很明显，系统快速性变差。在 VNFTSM 控制策略下，系统转速在 0.055s 便达到了稳定状态，而在 NFTSM 控制策略下的电机转速在 0.065s 才达到稳定，慢了 0.01s。两种控制策略下的交轴电流仿真图也表明采用 VNFTSM 控制策略的永磁同步电机调速系统交轴电流变化更迅速且波动性小，能更快达到稳定状态。

综上，采用 VNFTSM 控制策略的永磁同步电机控制性能可以一直保持优异的快速性和稳定性，系统超调小，波动小，不受永磁同步电机磁链变化的影响。

（4）负载突变仿真：给定转速为 650r/min，空载起动，负载在 0.1s 变为$1\text{N}\cdot\text{m}$，在 0.14s 变为$2\text{N}\cdot\text{m}$，在 0.18s 又变为$1\text{N}\cdot\text{m}$。永磁同步电机在 VNFTSM 和 PI 控制下的转速波形图如图 3-77 所示。

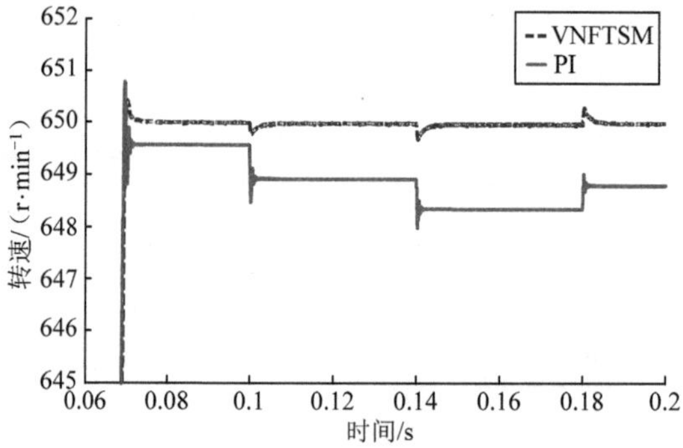

图 3-77　负载突变 VNFTSM 控制和 PI 控制对比图

由图 3-77 可知，采用 VNFTSM 控制策略的永磁同步电机控制系统在转矩突变时，转速波动小且能快速恢复稳定，稳态误差小。采用 PI 控制时，系统在受到负载突变时会有一个比较大的稳态误差，系统的控制精度较低。

3.5.2　自适应模糊 PID 速度控制策略

1. PMSM 模糊 PID 速度控制器设计

模糊控制的输入变量误差和误差变化的范围都被称为变量的基本论域。设基本误差的论域为$[-x_e, x_e]$，基本误差的变化论域为$[-x_c, x_c]$。输出变量的基本论域为被控对象实际要求的控制量的变化范围，可设其为$[-y_u, y_u]$。

可设误差变量的模糊子集的论域为$\{-n, -n+1, \cdots, n-1, n\}$；误差变化量的模糊子集的论域为$\{-m, -m+1, \cdots, m-1, m\}$；控制量的模糊子集的论域为$\{-k, -k+1, \cdots, k-1, k\}$。则相应的量化因子由下式确定：

$$\begin{cases} K_u = y_u / k \\ K_c = x_c / m \\ K_e = x_e / n \end{cases} \tag{3-156}$$

式中：K_u 为控制量比例因子；K_c 为误差变化量比例因子；K_e 为误差量化因子。

模糊 PID 控制器的控制性能受到 K_c、K_e 大小的影响很大，因此 K_c、K_e 的取值对模糊 PID 控制器的控制性能至关重要。一般来讲，K_e 取值越大则系统的超调越大，系统达到稳态的时间会增加，影响系统的稳定性。K_c 取值越大则系统的超调越小，系统的响应速度会相应变慢，影响系统的快速性。此外，K_u 的取值也会影响系统的控制性能，K_u 增大则系统的快速性提高，但稳定性变差；减小则会导致系统快速性降低，稳定性变好。

本节设计的模糊自适应 PID 控制器的参数如下：

$\dot{e}$、e、ΔK_p、ΔK_i 的论域为[−6,6]，$K_{\dot{e}}$ 的取值为 0.06，K_e 的取值为 0.012，$K_{\Delta K_P}$ 的取值为 8.3333，$K_{\Delta K_i}$ 的取值为 0.000167。在 MATLAB/Simulink 环境下搭建的模糊自适应 PID 控制器仿真模型如图 3-78 所示。

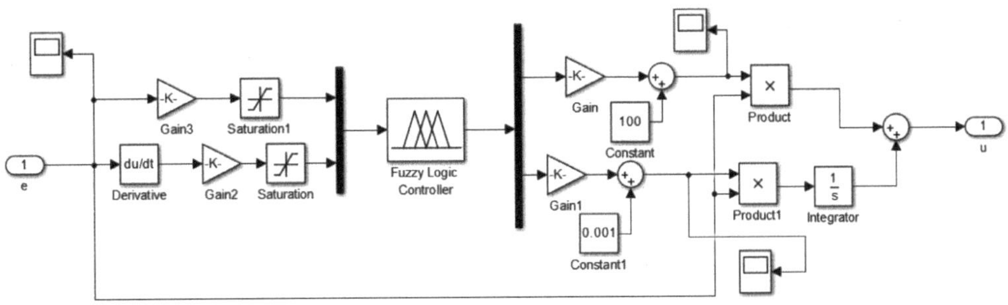

图 3-78 MATLAB/Simulink 环境下搭建的模糊自适应 PID 控制器仿真模型

2. 仿真分析

仿真时间设置为 0.16s，在 0.12s 突加 2N·m 负载，仿真波形如图 3-79～图 3-82 所示。从图中可以看出，采用 VNFTSM 控制策略的永磁同步电机控制系统超调小且能快速达到给定转速稳定状态，在 0.071s 便达到了转速稳定。采用模糊 PID 控制策略的永磁同步电机在达到给定转速时超调量大且达到给定转速时间较长，在 0.075s 才达到转速稳定状态。在交轴电流波形和三相电流波形中，当电机控制系统达到稳定状态时，采用模糊 PID 控制的交轴电流波动更大，且达到稳态需要时间更长。所以在电机调速阶段，采用 VNFTSM 控制策略可使永磁同步电机获得更好的调速性能。但是在 0.12s 突加 2N·m 负载转矩时，采用 VNFTSM 控制策略的永磁电机控制系统转速降落较大，且需要更长的时间恢复至给定转速。由仿真图可得，$t = 0.13$s 时系统才恢复稳定，而采用

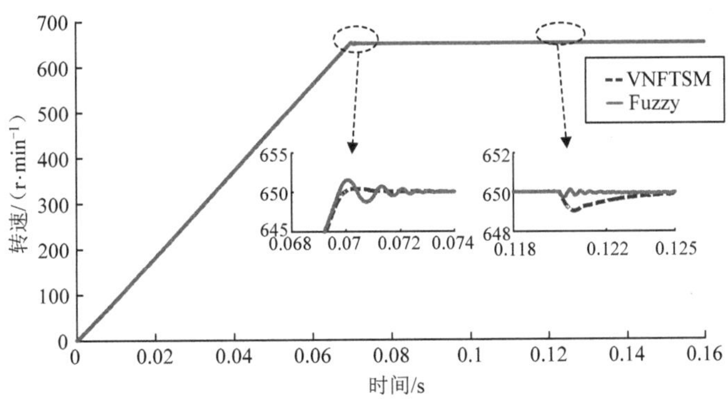

图 3-79 VNFTSM 与模糊 PID 转速波形对比图

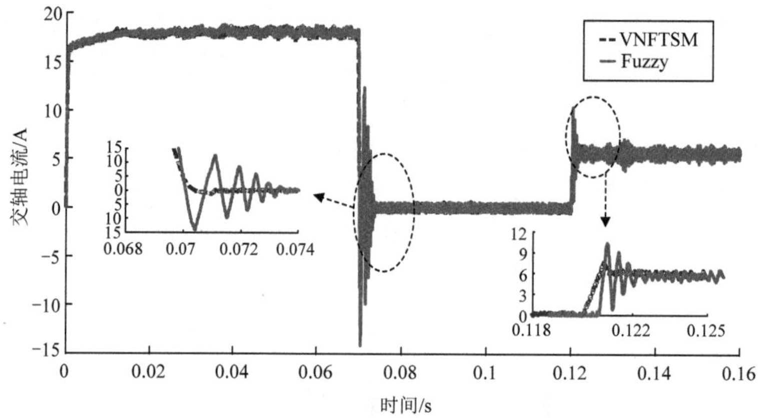

图 3-80 VNFTSM 与模糊 PID 交轴电流对比图

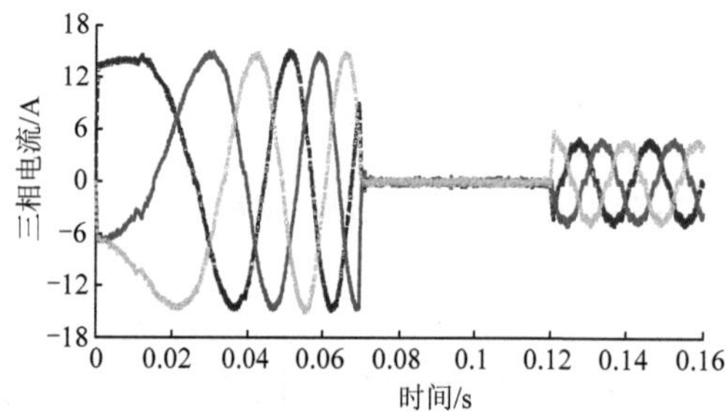

图 3-81 VNFTSM 三相电流波形图

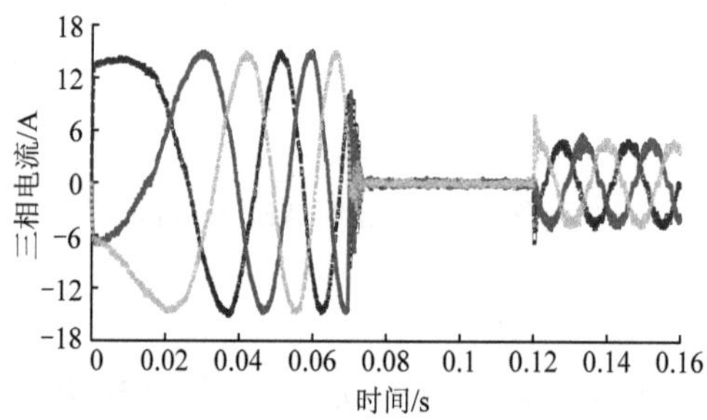

图 3-82 模糊 PID 控制三相电流波形图

模糊 PID 控制策略的系统在 $t = 0.122\text{s}$ 时便恢复到稳定状态。由电流仿真波形图可知，在负载突变的情况下，采用模糊 PID 控制策略，电流响应更快，能更快地恢复稳定状态。所以在负载突变的情况下，采用模糊 PID 控制策略可使电机控制系统获得更好的控制性能。

3.5.3 双重速度控制策略

1. 双重控制策略控制器设计

由前文分析可知，当永磁同步电机处于调速状态时，采用 VNFTSM 控制策略可使永磁同步电机获得更优异的调速性能。但当电负载发生改变时，采用模糊 PID 控制策略的控制系统能更快地恢复稳定。结合上文在 MATLAB/Simulink 数值仿真中得到的 VNFTSM 控制策略和模糊 PID 控制策略的波形结果，可以考虑将两种控制策略的优点有机结合，使永磁同步电机在调速阶段和负载突变时都具有良好的控制性能。因此，本节提出一种永磁同步电机双重控制策略。当电机处于调速状态时，电机控制系统采用 VNFTSM 控制策略，以获得更好的调速性能。而当电机达到稳态时，采用模糊 PID 控制策略，以提高电机的鲁棒性。永磁同步电机双重控制策略 Simulink 仿真模型图如图 3-83 所示。

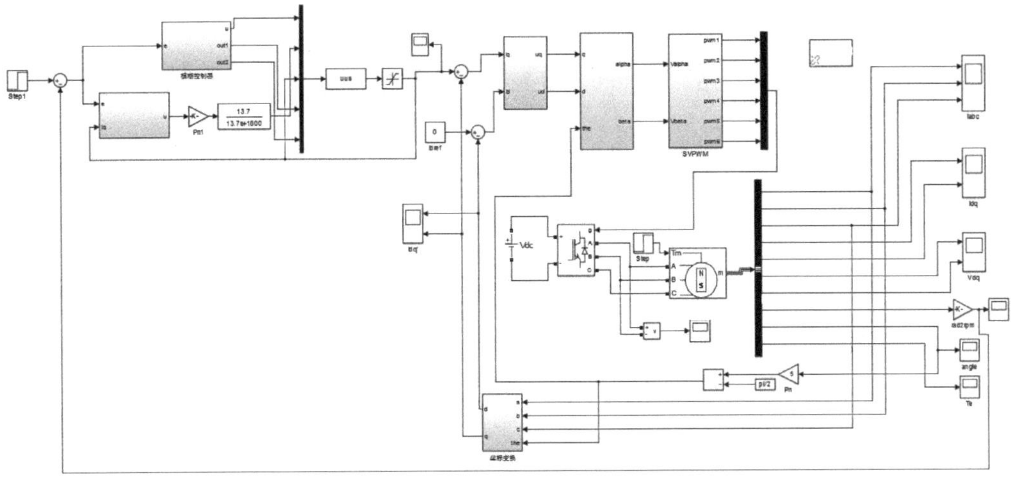

图 3-83　永磁同步电机双重控制策略 Simulink 仿真模型图

2. 仿真分析

仿真时间设置为 0.16s，在 0.12s 突加 2N·m 负载，仿真波形如图 3-84～图 3-86 所示。

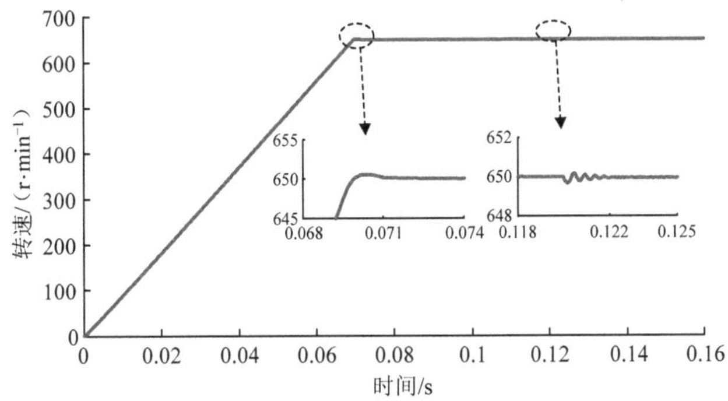

图 3-84　双重控制策略转速波形图

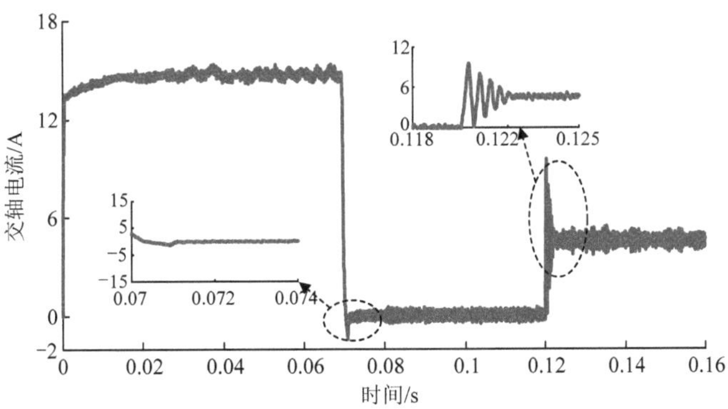

图 3-85　双重控制策略交轴电流波形图

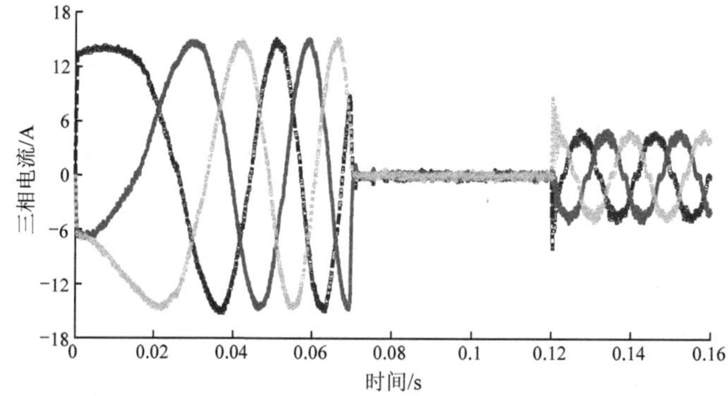

图 3-86 双重控制策略三相电流波形图

由仿真结果表明，双重控制策略结合了 VNFTSM 控制策略和模糊 PID 控制策略的优点。在调速状态下，采用 VNFTSM 控制策略，能快速达到稳定状态，且超调量小。在稳定状态下，采用模糊 PID 控制策略，电机具有更好的鲁棒性，负载突变时能快速恢复稳定状态。因此，本节设计的双重控制策略适用性更广，在不同状态下都具有优异的调速性能。

参 考 文 献

[1] 常雪剑，刘凌，崔荣鑫. 永磁同步电机非奇异快速终端可变边界层滑模控制[J]. 西安交通大学学报，2015，49(6): 53-59.

[2] CHANG X J, LIU L, DING W, et al. Novel nonsingular fast terminal sliding mode control for a PMSM chaotic system with extended state observer and tracking differentiator [J]. Journal of Vibration and Control, 2017, 23(15): 2478-2493.

[3] 王悍枭，刘凌，吴华伟. 改进型滑模观测器的永磁同步电机无传感器控制策略[J]. 西安交通大学学报, 2016, 50(6): 104-109.

[4] 唐任远. 现代永磁电机理论与设计[M]. 北京：机械工业出版社，2016.

[5] MENG D Y, ZUO Z Y. Signed-average consensus for networks of agents: A nonlinear fixed-time convergence protocol[J]. Nonlinear Dynamics, 2016, 85(1): 155-165.

[6] QIAO Z, SHI T, WANG Y, et al. New sliding mode observer for position sensorless control of permanent magnet synchronous motor[J]. IEEE Transactions on Industrial electronics, 2013, 60(2): 710-719.

[7] ZHANG Y, SI J, HU B, et al. Novel non-singular terminal sliding mode observer based on support vector regression parameters optimization for PMSM sensorless control [C]// 2021 Chinese Control And Decision Conference. Kunming: TCCDCPS, 2021: 1348-1353.

[8] 刘凌，司杰文，林起联. 支持向量机预测可变参数的永磁同步电机快速终端滑模控制[J]. 西安交通大学学报，2021，55(6), 53-55.

第 4 章　永磁同步电机的滑模观测器设计

4.1　非奇异快速终端滑模观测器

永磁同步电机的驱动控制通常以转子位置传感器采集的信号为基础。然而，设置位置传感器会增加电机的成本和制造难度，同时也降低了系统运行的可靠性。近年来，无位置传感器的永磁同步电机控制引起了业内的高度重视。这种控制方法在风机、电动车等领域的研究也日渐成熟。例如，TI 公司已经研制出永磁同步电机的无位置控制系统，展示了该技术的实际应用潜力。

为了实现永磁同步电机的无传感器控制，本节基于终端滑模理论和跟踪微分器，提出了一种新型的非奇异快速终端滑模观测器（nonsingular fast terminal sliding mode observer，NFTSMO）[1]。首先，设计了一种新型的非奇异快速终端滑模面[2]，以实现定子电流估计误差在有限时间内快速收敛。然后，结合具有终端吸引子的切换控制设计控制律，通过快速跟踪微分器（tracking differentiator，TD）实现对反电动势的准确快速跟踪。由于跟踪微分器具有积分特性，它能够滤除反电动势中的高频噪声，从而得到光滑的反电动势信号。最后，通过锁相环获得转子位置和速度的估计值。观测器的稳定性由 Lyapunov 函数来保证。

同时提出一种新型的二阶滑模观测器（novel second-order sliding mode observer，NSSMO）[3]，并采用一种新型指数趋近律（novel exponential reaching law，NERL）进行改善，改善后整个系统具有抖振小、精度高和抗负载扰动的鲁棒性强等特点。

4.1.1　传统滑模观测器

表贴式永磁同步电机在 $\alpha-\beta$ 两相静止坐标系下的状态方程为

$$\begin{cases} \dot{i}_\alpha = -\dfrac{R_\mathrm{s}}{L}i_\alpha + \dfrac{u_\alpha}{L} - \dfrac{e_\alpha}{L} \\ \dot{i}_\beta = -\dfrac{R_\mathrm{s}}{L}i_\beta + \dfrac{u_\beta}{L} - \dfrac{e_\beta}{L} \end{cases} \tag{4-1}$$

式中：i_α、i_β、u_α、u_β 分别为 α、β 两相定子电流、电压；R_s 为定子电阻；L 为定子绕组 α、β 轴等效电感；e_α、e_β 为 α、β 两相反电动势，表达式为

$$\begin{cases} e_\alpha = -\psi_\mathrm{f}\omega_\mathrm{e}\sin\theta_\mathrm{e} \\ e_\beta = \psi_\mathrm{f}\omega_\mathrm{e}\cos\theta_\mathrm{e} \end{cases} \tag{4-2}$$

式中：ψ_f 为转子磁链；ω_e 为转子电角速度；θ_e 为转子位置电角度。

由式（4-2）可提取电机转子位置和速度信息。

根据式（4-1）可构建 PMSM 滑模观测器为

$$\begin{cases}\dot{\hat{i}}_\alpha = -\dfrac{R_s}{L}\hat{i}_\alpha + \dfrac{u_\alpha}{L} + \dfrac{v_\alpha}{L}\\ \dot{\hat{i}}_\beta = -\dfrac{R_s}{L}\hat{i}_\beta + \dfrac{u_\beta}{L} + \dfrac{v_\beta}{L}\end{cases} \tag{4-3}$$

式中：$\hat{i}_\alpha$、$\hat{i}_\beta$分别为α、β轴定子电流观测值；v_α、v_β分别为α、β轴滑模观测器控制律。

由式（4-3）减去式（4-1）得到定子电流误差系统：

$$\begin{cases}\dot{\bar{i}}_\alpha = -\dfrac{R_s}{L}\bar{i}_\alpha + \dfrac{v_\alpha}{L} + \dfrac{e_\alpha}{L}\\ \dot{\bar{i}}_\beta = -\dfrac{R_s}{L}\bar{i}_\beta + \dfrac{v_\beta}{L} + \dfrac{e_\beta}{L}\end{cases} \tag{4-4}$$

式中：$\bar{i}_\alpha = \hat{i}_\alpha - i_\alpha$、$\bar{i}_\beta = \hat{i}_\beta - i_\beta$，分别为电流观测值与实际值的误差。

将式（4-4）变换成

$$\dot{\bar{\boldsymbol{i}}} = -\frac{R_s}{L}\bar{\boldsymbol{i}} + \frac{\boldsymbol{v}}{L} + \frac{\boldsymbol{e}}{L} \tag{4-5}$$

式中：$\bar{\boldsymbol{i}} = \begin{bmatrix}\bar{i}_\alpha & \bar{i}_\beta\end{bmatrix}^{\mathrm{T}}$，为电流观测误差向量；$\boldsymbol{v} = \begin{bmatrix}v_\alpha & v_\beta\end{bmatrix}^{\mathrm{T}}$，为滑模观测器控制输入向量；$\boldsymbol{e} = \begin{bmatrix}e_\alpha & e_\beta\end{bmatrix}^{\mathrm{T}}$，为反电动势向量。

将$\bar{\boldsymbol{i}}$定义为状态变量，且选择滑模面为

$$\boldsymbol{s} = \begin{bmatrix}s_\alpha & s_\beta\end{bmatrix}^{\mathrm{T}} = \begin{bmatrix}\bar{i}_\alpha & \bar{i}_\beta\end{bmatrix}^{\mathrm{T}} \tag{4-6}$$

传统滑模观测器（traditional sliding mode observer，TSMO）的控制律为

$$\boldsymbol{v} = \begin{bmatrix}v_\alpha & v_\beta\end{bmatrix}^{\mathrm{T}} = \begin{bmatrix}-k\,\mathrm{sgn}\,s_\alpha & -k\,\mathrm{sgn}\,s_\beta\end{bmatrix}^{\mathrm{T}} \tag{4-7}$$

式中：k为切换增益，且$k > \max(|e_\alpha|,|e_\beta|)$，以满足滑模观测器的稳定性。

当系统状态到达滑模面，且进入滑动模态时，系统状态保持在滑模面上，满足$\boldsymbol{s} = \dot{\boldsymbol{s}} = 0$，即$\bar{\boldsymbol{i}} = \dot{\bar{\boldsymbol{i}}} = 0$，可得

$$\boldsymbol{e} = -\boldsymbol{v} = k\,\mathrm{sgn}\,\boldsymbol{s} \tag{4-8}$$

式中：$\mathrm{sgn}\,\boldsymbol{s} = \begin{bmatrix}\mathrm{sgn}\,s_\alpha & \mathrm{sgn}\,s_\beta\end{bmatrix}^{\mathrm{T}}$。

式（4-8）中含有非线性切换函数，将引起系统的高频抖振。为了减小抖振，传统滑模采用饱和函数替代符号函数。饱和函数为

$$\mathrm{sat}(\boldsymbol{s}) = \begin{cases}\dfrac{\boldsymbol{s}}{\delta} & |\boldsymbol{s}| \leqslant \delta\\ \mathrm{sgn}\boldsymbol{s} & |\boldsymbol{s}| > \delta\end{cases} \tag{4-9}$$

式中：δ为边界层。δ较大，电流观测误差较大；δ较小，控制律抖振较大。一般$0.2 \leqslant \delta \leqslant 0.5$。

饱和函数在边界层内是连续的线性函数，通过调节边界层δ的大小，可适当地削弱抖振。但由于系统仍存在采样噪声、逆变器开关工作频率引起的电流脉动等影响，反电动势抖振现象仍很剧烈。TSMO 将式（4-8）通过一阶低通滤波器，滤除其中的高频信号，获取抖振较小的反电动势估计值，即

$$\begin{cases} \hat{e}_{\alpha} = \dfrac{\omega_{c}}{s+\omega_{c}} e_{\alpha} \\ \hat{e}_{\beta} = \dfrac{\omega_{c}}{s+\omega_{c}} e_{\beta} \end{cases} \tag{4-10}$$

式中：$\hat{e}_{\alpha}$、$\hat{e}_{\beta}$ 为反电动势估计值；s 为复频率；ω_{c} 为低通滤波器的截止频率。

一阶低通滤波器可等效为一个 R-C 串联电路，传递函数表示为

$$G(s) = \frac{1}{1+RCs} \tag{4-11}$$

则

$$G(\mathrm{j}\omega) = \frac{1}{1+RC\mathrm{j}\omega} = \frac{1}{\sqrt{1+(\omega/\omega_{c})^{2}}} e^{-\mathrm{j}\arctan(\omega/\omega_{c})} \tag{4-12}$$

式中：$\omega_{c} = \dfrac{1}{RC}$。

由式（4-12）可见，一阶低通滤波器是一个滞后环节，滞后角度为 $\arctan(\omega/\omega_{c})$。截止频率越大，滞后角度越小；截止频率越小，滞后越严重。但为了获得良好的滤波效果，通常会选取较低的截止频率。截止频率较低的滤波器会导致估算反电动势存在大的相位滞后，需要对转子位置进行相位补偿。补偿后的转子位置与速度的估算值为

$$\begin{cases} \hat{\theta}_{e} = -\arctan(\hat{e}_{\alpha}/\hat{e}_{\beta}) + \Delta\theta_{e} \\ \hat{\omega}_{e} = \dfrac{(\hat{e}_{\alpha}+\hat{e}_{\beta})^{1/2}}{\psi_{f}} \mathrm{sgn}\dot{\hat{\theta}}_{e} \end{cases} \tag{4-13}$$

式中：$\Delta\theta_{e} = \arctan(\hat{\omega}_{e}/\omega_{c})$ 为转子补偿角度。不同速度、不同截止频率，其补偿角度不同。

4.1.2　非奇异快速终端滑模

为了实现系统状态在有限时间内快速收敛，且无奇异问题，采用非奇异快速终端滑模控制，以 $\bar{\boldsymbol{i}}$ 为被控状态变量，则传统的非奇异快速终端滑模面表示为

$$\boldsymbol{s} = \bar{\boldsymbol{i}} + \alpha\bar{\boldsymbol{i}}^{g/h} + \beta\dot{\bar{\boldsymbol{i}}}^{p/q} = 0 \tag{4-14}$$

式中：$\alpha,\beta > 0$；p、q、g、h 为正奇数，且 $1 < p/q < 2$、$g/h > p/q$。

但式（4-14）所表示的非奇异快速终端滑模面需要被控变量的微分状态 $\dot{\bar{\boldsymbol{i}}}$，而实际系统中，理想的微分器较难实现，一般通过差分形式近似表达，这样会使采样噪声放大，导致微分信号失真而不能用。

设计新型非奇异快速终端滑模面为

$$\boldsymbol{s}(t) = \bar{\boldsymbol{i}}(t) + p\int_{0}^{t}\bar{\boldsymbol{i}}(\tau)\mathrm{d}\tau + q\int_{0}^{t}\left|\bar{\boldsymbol{i}}(\tau)\right|^{\lambda}\mathrm{sgn}(\bar{\boldsymbol{i}}(\tau))\mathrm{d}\tau = 0 \tag{4-15}$$

式中：$p,q > 0$，$0 < \lambda < 1$。$\left|\bar{\boldsymbol{i}}(\tau)\right|^{\lambda}\mathrm{sgn}(\bar{\boldsymbol{i}}(\tau))$ 定义为

$$\left|\bar{\boldsymbol{i}}(\tau)\right|^{\lambda}\mathrm{sgn}(\bar{\boldsymbol{i}}(\tau)) = \left[\left|\bar{i}_{\alpha}(\tau)\right|^{\lambda}\mathrm{sgn}(\bar{i}_{\alpha}(\tau)) \quad \left|\bar{i}_{\beta}(\tau)\right|^{\lambda}\mathrm{sgn}(\bar{i}_{\beta}(\tau))\right]^{\mathrm{T}}$$

当系统状态进入滑动模态时，有 $\boldsymbol{s} = \dot{\boldsymbol{s}} = 0$，即

$$\dot{\boldsymbol{s}}(t) = \dot{\bar{\boldsymbol{i}}} + p\bar{\boldsymbol{i}} + q\left|\bar{\boldsymbol{i}}\right|^{\lambda}\mathrm{sgn}\bar{\boldsymbol{i}} = 0 \tag{4-16}$$

定义一个正定的 Lyapunov 函数为

$$v=\frac{1}{2}\bar{\boldsymbol{i}}^2 \tag{4-17}$$

对函数 v 求导，则沿着滑动模态（4-15）的轨迹有

$$\begin{aligned}\dot{v}&=\bar{\boldsymbol{i}}\dot{\bar{\boldsymbol{i}}}=\bar{\boldsymbol{i}}(-p\bar{\boldsymbol{i}}-q|\bar{\boldsymbol{i}}|^{\lambda}\operatorname{sgn}\bar{\boldsymbol{i}})\\&=-p\bar{\boldsymbol{i}}^2-q|\bar{\boldsymbol{i}}|^{\lambda+1}\leqslant 0\end{aligned} \tag{4-18}$$

可见，若系统在滑动阶段，对任意初始状态 $\bar{\boldsymbol{i}}(0)\neq 0$，系统状态将在 t_{s} 内收敛到零，通过解微分方程（4-16），以 $\bar{i}_{\alpha}$ 为例，得到 $\bar{i}_{\alpha}(t_{\mathrm{s}\alpha})=0$ 的收敛时间为

$$t_{\mathrm{s}\alpha}=\frac{1}{p(1-\lambda)}\ln\frac{p|\bar{i}_{\alpha}(0)|^{1-\lambda}+q}{q} \tag{4-19}$$

将式（4-16）变换为

$$\dot{\bar{\boldsymbol{i}}}=-p\bar{\boldsymbol{i}}-q|\bar{\boldsymbol{i}}|^{\lambda}\operatorname{sgn}\bar{\boldsymbol{i}} \tag{4-20}$$

$\dot{\bar{\boldsymbol{i}}}$ 表现了被控变量 $\bar{\boldsymbol{i}}$ 收敛的速率。由式（4-20）可得，当误差状态离平衡点较远时，状态收敛速率由线性项 $p\bar{\boldsymbol{i}}$ 起主要作用；当误差状态离平衡点较近时，状态收敛速率由非线性项 $q|\bar{\boldsymbol{i}}|^{\lambda}\operatorname{sgn}\bar{\boldsymbol{i}}$ 起主要作用。因此，在滑动阶段，新型非奇异快速终端滑模面（4-15）可实现全局快速收敛，收敛速率与传统快速终端滑模面相同。与传统终端滑模面相比，$\dot{\boldsymbol{s}}$ 中不含有指数为负的状态，避免了奇异现象；与传统非奇异终端滑模面相比，不需要微分状态。

4.1.3 高阶滑模面设计

为了解决 TSMO 存在的抖振、相位滞后和估计精度等问题，本节对 TSMO 进行改进，提出一种新型的二阶滑模观测器（NSSMO）。这种观测器基于非奇异快速终端滑模设计，并采用了新型指数趋近律（NERL）。与传统的指数趋近律相比，NERL 具有更快的趋近速率和更小的抖振，从而进一步改进了系统性能。由于高阶滑模的优越性能，估计出的反电动势中高频噪声很少，因此可以不经低通滤波器处理，直接用于提取电机的转速和位置信息。此外，本节还采用了性能优越的锁相环（phase lock loop，PLL）来提取这些信息。因此，NSSMO 的应用使系统性能得到了进一步改善。

1. 基于二阶滑模面的 NSSMO

TSMO 的模型重写如下：

$$\begin{cases}\dfrac{\mathrm{d}\hat{i}_{\alpha}}{\mathrm{d}t}=-\dfrac{R_s}{L}\hat{i}_{\alpha}+\dfrac{u_{\alpha}}{L}+\dfrac{v_{\alpha}}{L}\\[2mm]\dfrac{\mathrm{d}\hat{i}_{\beta}}{\mathrm{d}t}=-\dfrac{R_s}{L}\hat{i}_{\beta}+\dfrac{u_{\beta}}{L}+\dfrac{v_{\beta}}{L}\end{cases} \tag{4-21}$$

TSMO 的误差方程为

$$\begin{cases}\dfrac{\mathrm{d}\bar{i}_\alpha}{\mathrm{d}t}=-\dfrac{R_s}{L}\bar{i}_\alpha+\dfrac{e_\alpha}{L}+\dfrac{v_\alpha}{L}\\ \dfrac{\mathrm{d}\bar{i}_\beta}{\mathrm{d}t}=-\dfrac{R_s}{L}\bar{i}_\beta+\dfrac{e_\beta}{L}+\dfrac{v_\beta}{L}\end{cases} \tag{4-22}$$

TSMO 以电流估计误差作为滑模面，即

$$\boldsymbol{s}=\bar{\boldsymbol{i}}=\begin{bmatrix}s_\alpha & s_\beta\end{bmatrix}^{\mathrm{T}}=\begin{bmatrix}\bar{i}_\alpha & \bar{i}_\beta\end{bmatrix}^{\mathrm{T}} \tag{4-23}$$

将 TSMO 的滑模面作为一阶滑模面，构建二阶滑模面，即 NSSMO 为

$$\boldsymbol{s}=\bar{\boldsymbol{i}}+m\int_0^t\bar{\boldsymbol{i}}^{\rho}\mathrm{d}\tau+n\int_0^t\left|\bar{\boldsymbol{i}}\right|^{\varphi}\mathrm{nsat}(\bar{\boldsymbol{i}})\mathrm{d}\tau \tag{4-24}$$

式中：m、n 为滑模面系数，m 的表达式如下所示，$n>0$；ρ、φ 为幂指数系数，$\rho>1$，$0<\varphi<1$；$\mathrm{nsat}(\bar{\boldsymbol{i}})$ 为新型饱和函数。

$$m=\begin{cases}\kappa & \left|\bar{\boldsymbol{i}}\right|\geqslant 1\\ \kappa\left|\bar{\boldsymbol{i}}\right|^{r} & \left|\bar{\boldsymbol{i}}\right|<1\end{cases} \tag{4-25}$$

式中：κ 为系数，$\kappa>0$；r 为幂指数系数，$r\geqslant 1$。

从式（4-25）可以看出，系数 m 的大小随着 $\left|\bar{\boldsymbol{i}}\right|$ 变化。当 $\left|\bar{\boldsymbol{i}}\right|\geqslant 1$ 时，趋近速率快；当 $\left|\bar{\boldsymbol{i}}\right|<1$ 时，趋近速率随 $\left|\bar{\boldsymbol{i}}\right|$ 的大小减缓。通过变系数 m 的应用，起到了对系统加快趋近速率并减小抖振的效果。

2. NERL 的设计

为了得到估计的反电动势，需要求出 NSSMO 的控制律 $\boldsymbol{v}$。控制律 $\boldsymbol{v}$ 的表达式如下：

$$\boldsymbol{v}=\boldsymbol{v}_{\mathrm{eq}}+\boldsymbol{v}_{\mathrm{sw}} \tag{4-26}$$

式中：$\boldsymbol{v}_{\mathrm{eq}}$ 为等效控制；$\boldsymbol{v}_{\mathrm{sw}}$ 为切换控制。

$\boldsymbol{v}_{\mathrm{eq}}$ 针对系统的确定部分，使系统状态量一直保持于滑模面之上；$\boldsymbol{v}_{\mathrm{sw}}$ 针对系统的不确定性而设计，使系统状态量在滑模面上来回切换，实现对扰动的强鲁棒控制。

等效控制 $\boldsymbol{v}_{\mathrm{eq}}$ 根据 $\dot{\boldsymbol{s}}=0$ 求得，且忽略 e_α、e_β，由式（4-24）和式（4-22）可以求得 $\boldsymbol{v}_{\mathrm{eq}}$ 为

$$\boldsymbol{v}_{\mathrm{eq}}=R_s\bar{\boldsymbol{i}}-L\left(m\bar{\boldsymbol{i}}^{\rho}+n\left|\bar{\boldsymbol{i}}\right|^{\varphi}\mathrm{nsat}(\bar{\boldsymbol{i}})\right) \tag{4-27}$$

对于 $\boldsymbol{v}_{\mathrm{sw}}$，采用了 NERL 作为 NSSMO 的趋近律[4]，其表达式如下：

$$\boldsymbol{v}_{\mathrm{sw}}=-\varsigma\left|\boldsymbol{s}\right|^{\sigma}\mathrm{nsat}(\boldsymbol{s})-\eta\left|\bar{\boldsymbol{i}}\right|^{\upsilon}\boldsymbol{s} \tag{4-28}$$

式中：ς、η 为趋近律系数，$\varsigma,\eta>0$；σ、υ 为幂指数系数，$0<\sigma<1$、$\upsilon\geqslant 1$；$\mathrm{nsat}(\boldsymbol{s})$ 为新型饱和函数。

式(4-28)由两部分组成。第一部分为 $-\varsigma\left|\boldsymbol{s}\right|^{\sigma}\mathrm{nsat}(\boldsymbol{s})$，它在传统的幂次项中引入了 $\left|\boldsymbol{s}\right|^{\sigma}$，称其为变幂次项。第二部分为 $-\eta\left|\bar{\boldsymbol{i}}\right|^{\upsilon}\boldsymbol{s}$，它在传统的指数项中引入了系统状态量 $\left|\bar{\boldsymbol{i}}\right|^{\upsilon}$，称其为变指数项。

当 $\boldsymbol{s}>1$ 时，系统的趋近速率为变幂次项与变指数项的叠加，趋近速率快，解决了远离滑模面时趋近速率慢的问题。同时，变指数项的引入减小了纯指数项带来的抖振。当 $\boldsymbol{s}<1$ 时，可忽略变指数项，变幂次项起主要作用，在 $\boldsymbol{s}$ 趋于滑模面的过程中，变幂次项

不断减小，从而减缓了趋近速率，减小了抖振。

综上，NERL 在远离及趋近滑模面时均具有很快的趋近速率，且引入了 $\boldsymbol{s}$ 和 $\bar{\boldsymbol{i}}$ 的幂次项来改变趋近过程中的速率，起到了减小抖振的作用。其中，ς 和 η 的取值越小，系统抖振越小，即从滑模切换增益方面入手，较好地解决了 TSMO 的抖振问题。

3. PLL 提取方法

上文求出 NSSMO 的控制律 $\boldsymbol{v}$ 为

$$\begin{aligned}\boldsymbol{v} &= \boldsymbol{v}_{\text{eq}} + \boldsymbol{v}_{\text{sw}} \\ &= R_s\bar{\boldsymbol{i}} - L(m\bar{\boldsymbol{i}}^{\rho} + n\left|\bar{\boldsymbol{i}}\right|^{\varphi}\text{nsat}(\bar{\boldsymbol{i}})) - \varsigma\left|\boldsymbol{s}\right|^{\sigma}\text{nsat}(\boldsymbol{s}) - \eta\left|\bar{\boldsymbol{i}}\right|^{\upsilon}\boldsymbol{s}\end{aligned} \tag{4-29}$$

当 $\boldsymbol{s}$ 进入滑模模态时，可得

$$\begin{cases}\boldsymbol{s} = \dot{\boldsymbol{s}} = 0 \\ \bar{\boldsymbol{i}} = \dot{\bar{\boldsymbol{i}}} = 0\end{cases} \tag{4-30}$$

将式（4-30）代入式（4-22），可得

$$\begin{aligned}\boldsymbol{e} &= -\boldsymbol{v} \\ &= -R_s\bar{\boldsymbol{i}} + L\left(m\bar{\boldsymbol{i}}^{\rho} + n\left|\bar{\boldsymbol{i}}\right|^{\varphi}\text{nsat}(\bar{\boldsymbol{i}})\right) + \varsigma\left|\boldsymbol{s}\right|^{\sigma}\text{nsat}(\boldsymbol{s}) + \eta\left|\bar{\boldsymbol{i}}\right|^{\upsilon}\boldsymbol{s}\end{aligned} \tag{4-31}$$

由于本节采用的是高阶 SMO，它不像 TSMO 需要用低通滤波器对反电动势进行滤波，NSSMO 估计出的反电动势波形中高频噪声较少，抖振较小，因此可以直接通过估计出的反电动势信号来计算求得电机的转速及位置信息。因此，NSSMO 的应用解决了相位滞后问题。

TSMO 采用直接计算的方式来求取电机的转速以及位置信息，直接计算的方法会引入计算噪声且精度不高。为了解决以上问题，这里采用 PLL 来提取转速及位置信息，其原理简单，参数可调，性能可靠，通过构建基于电机反电动势与位置信息数学关系的模型，可以提取出 PMSM 的转速和位置信息。PLL 原理框图如图 4-1 所示。

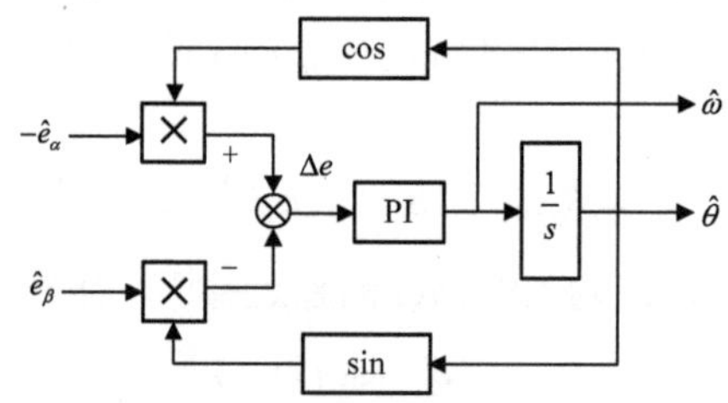

图 4-1　PLL 原理框图

图中，Δe 为

$$\begin{aligned}\Delta e &= -\hat{e}_\alpha\cos\hat{\theta} - \hat{e}_\beta\sin\hat{\theta} \\ &= \omega\psi_{\text{f}}\sin\theta\cos\hat{\theta} - \omega\psi_{\text{f}}\cos\theta\sin\hat{\theta} \\ &= \omega\psi_{\text{f}}\sin(\theta - \hat{\theta})\end{aligned} \tag{4-32}$$

式中：θ 为电角度实际值；$\hat{\theta}$ 为电角度估计值。

当$\left|\theta-\hat{\theta}\right|<\dfrac{\pi}{6}$时，式（4-32）可化简为

$$\begin{aligned}\Delta e&=\omega\psi_{\mathrm{f}}\sin(\theta-\hat{\theta})\\&=\omega\psi_{\mathrm{f}}(\theta-\hat{\theta})\\&=\omega\psi_{\mathrm{f}}\Delta\theta\end{aligned}\tag{4-33}$$

从式（4-33）可知，位置误差$\Delta\theta$经 PI 调节后，可得到电角速度估计值$\hat{\omega}$，而$\hat{\omega}$经过积分环节后可得到电角度估计值。当$\hat{\theta}<\theta$时，Δe增大，经 PI 调节后，$\hat{\omega}$变大，进而调节$\hat{\theta}$增大，直至与θ相等，误差为 0；当$\hat{\theta}>\theta$时，分析情况类似。因此，使用 PLL 能够增加电机转速和位置估计值的精度，且减小计算噪声。

4. NSSMO 的稳定性分析

根据所建立的 NSSMO 相关模型，作出 NSSMO 的结构框图，如图 4-2 所示。

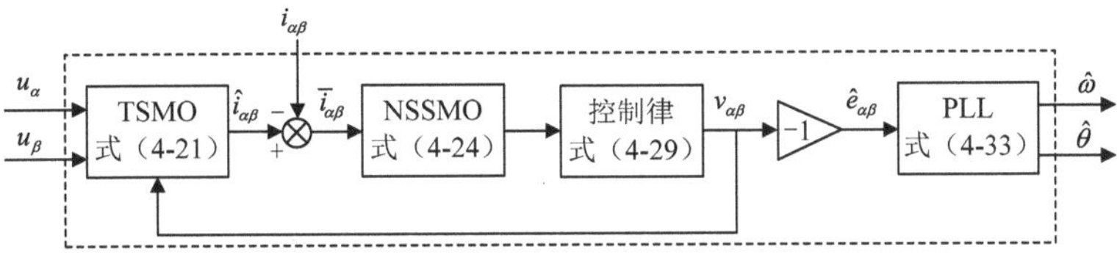

图 4-2　NSSMO 结构框图

图中，根据式（4-21）求得电流估计值$\hat{i}_{\alpha\beta}$，与电流实际值$i_{\alpha\beta}$做差，得到电流误差值$\bar{i}_{\alpha\beta}$，以$\bar{i}_{\alpha\beta}$为一阶滑模面构建二阶滑模面 NSSMO，根据控制律式（4-29）得到$v_{\alpha\beta}$，进而求得反电动势$\hat{e}_{\alpha\beta}$，最后通过 PLL 的式（4-33）提取出电机的转速和位置信息。

为了证明所建立的 NSSMO 的稳定性，根据 Lyapunov 稳定性条件，选择 NSSMO 的 Lyapunov 函数为

$$V=\frac{1}{2}\boldsymbol{s}^{\mathrm{T}}\boldsymbol{s}\tag{4-34}$$

对式（4-34）求导，可得

$$\begin{aligned}\dot{V}&=\boldsymbol{s}^{\mathrm{T}}\dot{\boldsymbol{s}}\\&=\boldsymbol{s}^{\mathrm{T}}\left[(-R_s\bar{\boldsymbol{i}}+\boldsymbol{v}+\boldsymbol{e})/L+m\bar{\boldsymbol{i}}^{\delta}+n\left|\bar{\boldsymbol{i}}\right|^{\upsilon}\mathrm{nsat}(\bar{\boldsymbol{i}})\right]\\&\leqslant 1/L\left(\left|s_\alpha\right|\left|e_\alpha\right|+\left|s_\beta\right|\left|e_\beta\right|-\varsigma\left|s_\alpha\right|^{\sigma+1}-\varsigma\left|s_\beta\right|^{\sigma+1}\right)-1/L\left(\eta\left|\bar{i}\right|^{\upsilon}s_\alpha^2+\eta\left|\bar{i}\right|^{\upsilon}s_\beta^2\right)\end{aligned}\tag{4-35}$$

为了使$\dot{V}<0$，需满足以下条件

$$\begin{cases}\left|s_\alpha\right|>\min\left(\left(\left|e_\alpha\right|/\varsigma\right)^{1/\sigma},\left|e_\alpha\right|/\eta\right)\\\left|s_\beta\right|>\min\left(\left(\left|e_\beta\right|/\varsigma\right)^{1/\sigma},\left|e_\beta\right|/\eta\right)\end{cases}\tag{4-36}$$

现有向量$\boldsymbol{c}=\left[c_\alpha\quad c_\beta\right]^{\mathrm{T}}$，其中

$$\begin{cases}c_\alpha>1/2\left(\min\left(\left(\left|e_\alpha\right|/\varsigma\right)^{1/\sigma},\left|e_\alpha\right|/\eta\right)\right)^2\\c_\beta>1/2\left(\min\left(\left(\left|e_\beta\right|/\varsigma\right)^{1/\sigma},\left|e_\beta\right|/\eta\right)\right)^2\end{cases}\tag{4-37}$$

$|e_\alpha|$、$|e_\beta|$是有界的变量，因此在范围$\{V \leqslant c\}$中的解始终处于该范围中，加上$\dot{V}<0$在该范围的边界上$V=c$上成立，则所有的解均有界，即证明所建立的 NSSMO 是稳定的。ς、η值越大，σ、υ越小，反电动势的估计精度就越高。可以通过选取合适的各参数值，获得较高的反电动势估计精度，同时也能保证系统的稳定。

4.1.4 仿真分析

1. 非奇异快速终端滑模观测器仿真分析

采用$i_d=0$的矢量控制策略，永磁同步电机基于新型滑模观测器的无位置调速系统拓扑图如图 4-3 所示。

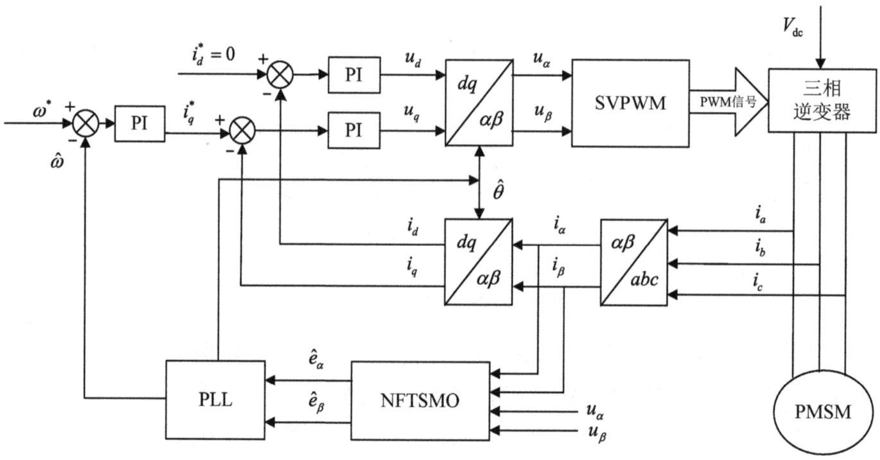

图 4-3 基于新型滑模观测器的无位置调速系统拓扑图

建立基于 MATLAB/Simulink 的系统仿真模型，实现永磁同步电机的无位置传感器控制，反馈信号转子位置与转速由新型滑模观测器的估计值提供。

仿真所采用的电机额定参数为$P_N=3000W$、$U_N=200V$、$n_N=3000r/min$、$n_p=5$、$R_s=0.258\Omega$、$L=0.827mH$、$\psi_f=0.057Wb$、$B=0N\cdot m\cdot s$、$J=0.0065kg\cdot m^2$。

快速终$I_N=18A$、端滑模观测器（FTSMO）的参数为$p=10$、$q=10$、$\lambda=0.6$、$k=50$、$\eta=10$、$\gamma=0.8$。

TD 的参数为$R=2500$、$a=100$、$b=100$、$m=1.3$。

采用i_d=0 的矢量控制策略，转子速度及位置反馈信号由新型滑模观测器获得。基于新型滑模观测器的无位置矢量调速系统仿真模型如图 4-4 所示。

系统初始给定转速为 500r/min，带 3N·m 恒负载转矩运行，在 0.25s 时刻，给定转速突变为 1000r/min 时，采用结合跟踪微分器的新型非奇异快速终端滑模观测器的仿真结果如图 4-5～图 4-9 所示。

在图 4-5 中，原始新型滑模观测器的α轴滑模控制律存在一定程度的高频噪声，经过跟踪微分器后，控制律估计值曲线光滑，且与原始控制律相比，不存在相位滞后和幅值衰减现象。可见跟踪微分器能够快速、准确地跟踪控制律，得到光滑的控制律估计值。

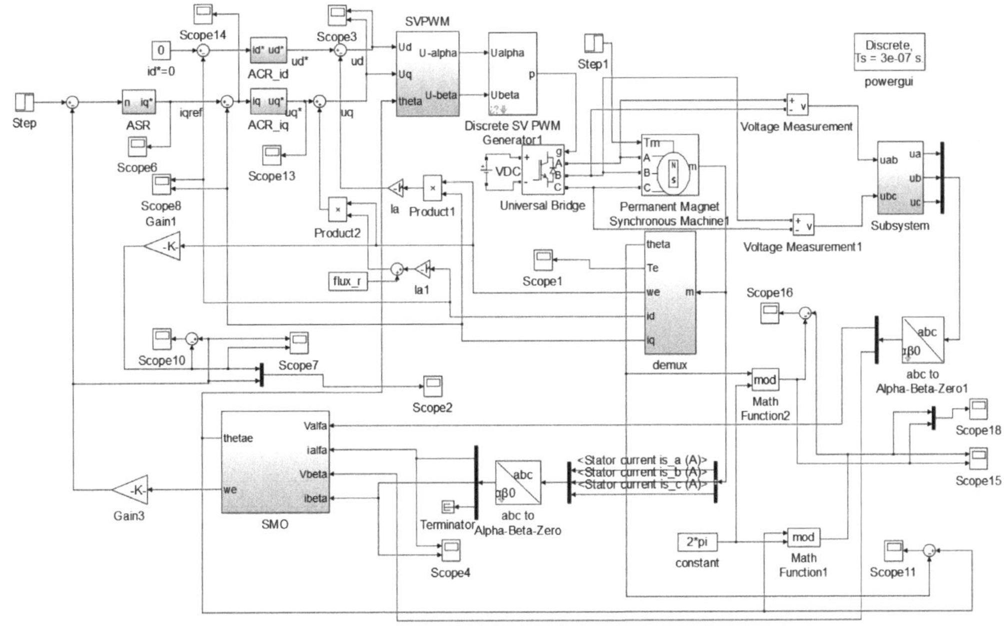

图 4-4　基于新型滑模观测器的无位置矢量调速系统仿真模型

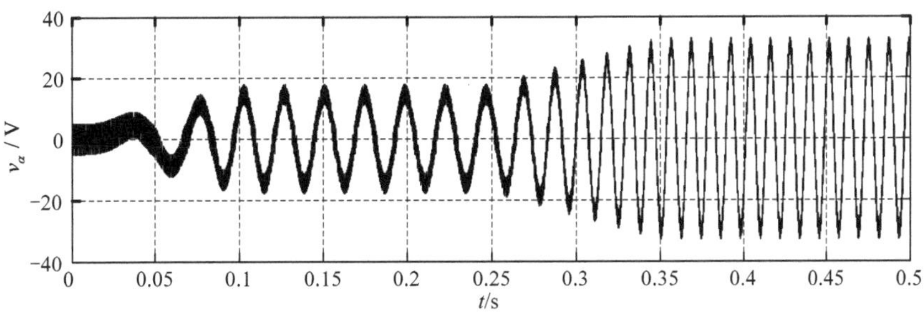

（a）滤波前 α 轴滑模观测器控制律

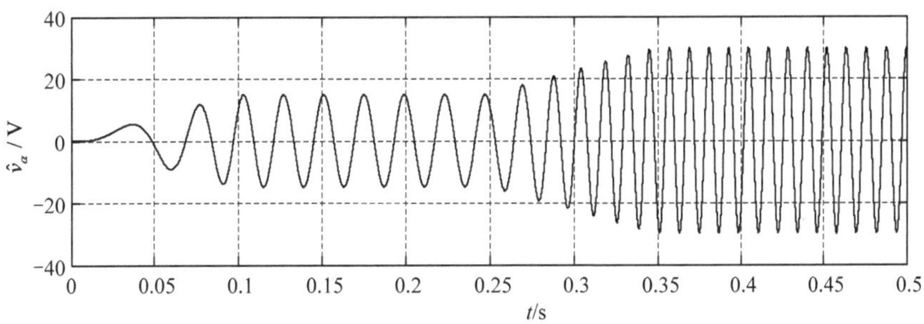

（b）滤波后 α 轴滑模观测器控制律

图 4-5　跟踪微分器滤波效果图

图 4-6 展示了新型滑模观测的反电动势估计值。当其中一轴的反电动势过零点时，另一轴的反电动势到达峰值。转速改变时，反电动势经过短暂的调整稳定下来，且转速较快时，反电动势频率较快。

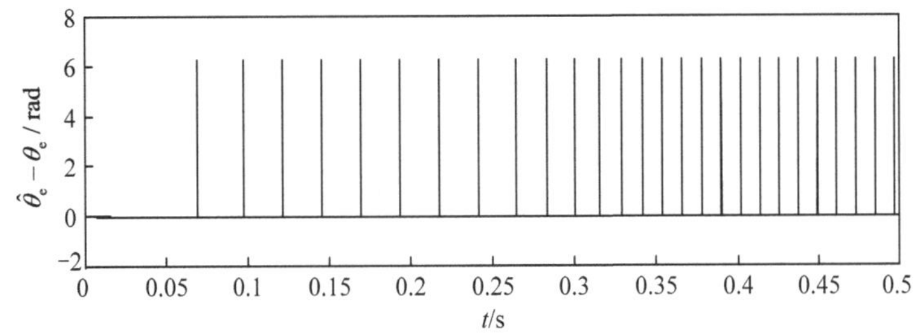

（b）转子位置估计误差

图 4-8（续）

在图 4-8 中，实际转子位置与估计转子位置重合，估计转子位置无相位滞后，估计误差为 0。

系统初始给定转速为 500r/min，带 3N·m 恒负载转矩运行，在 0.25s 时刻，给定转速突变为 1000r/min 时，采用传统滑模观测器，且不加转子位置补偿的仿真结果如图 4-9～图 4-12 所示。

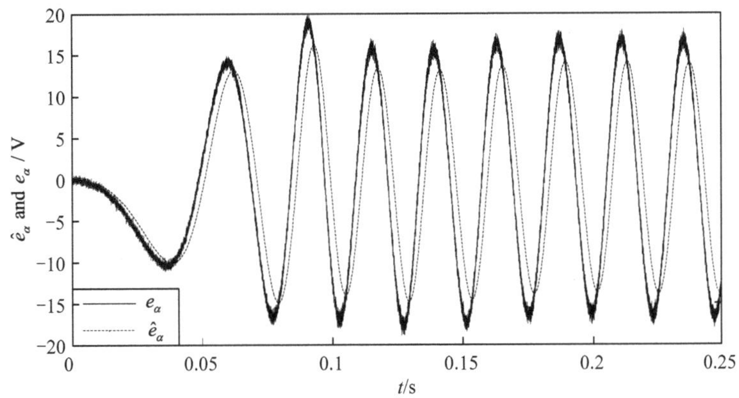

图 4-9　传统滑模观测器的反电动势

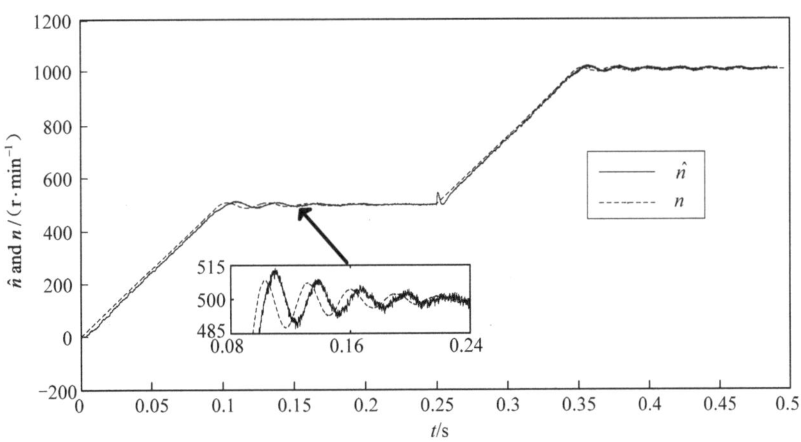

图 4-10　传统滑模观测器的转速响应

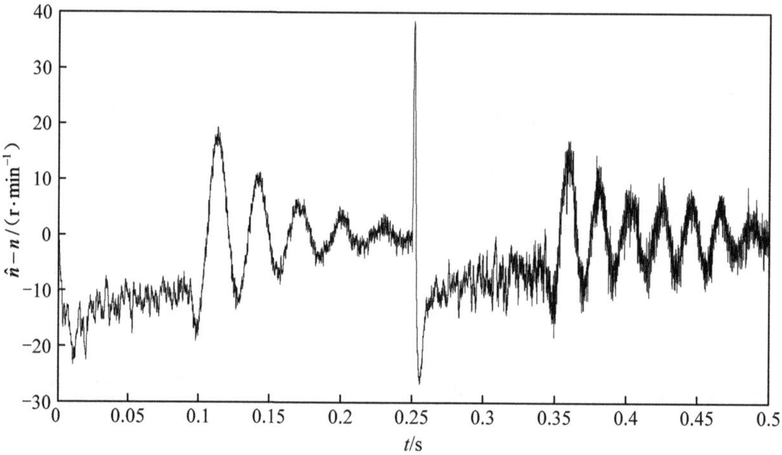

图 4-11　传统滑模观测器的转速估计误差

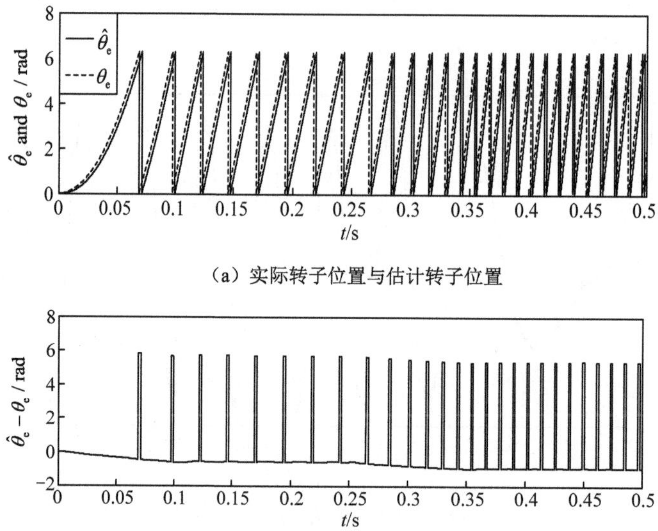

（a）实际转子位置与估计转子位置

（b）转子位置估计误差

图 4-12　传统滑模观测器的转子位置及估计误差

在图 4-9 中，反电动势估计值与实际反电动势相比，虽然经过滤波器后曲线变得光滑，但存在大的相位滞后，幅值有所衰减，且与图 4-7 相比，调节时间过长。

由图 4-10～图 4-12 可见，传统滑模观测器由于采用了低通滤波器，反电动势估计值不准确，导致估计转速不能很好地跟踪实际转速。系统动态响应差，超调量大，调整时间长。在给定转速突变瞬间，转速会发生振荡。此外，估计误差大，转速最大估计误差的绝对值达到 40r/min。估计转子位置相位滞后大，在非跳变时刻的最大估计误差的绝对值也达到 1rad。

给定转速保持在 500r/min，起动转矩为 3N·m，0.2s 时负载变为 7N·m，0.35s 时负载变为 5N·m，采用新型滑模观测器的仿真结果如图 4-13、图 4-14 所示。为了进一步提高鲁棒性，将速度环的 PI 控制器替换为一种基于可变边界层的非奇异快速终端滑模

NFTSM 速度控制器。采用结合 NFTSM 速度控制器的新型滑模观测器的仿真结果如图 4-15 所示。

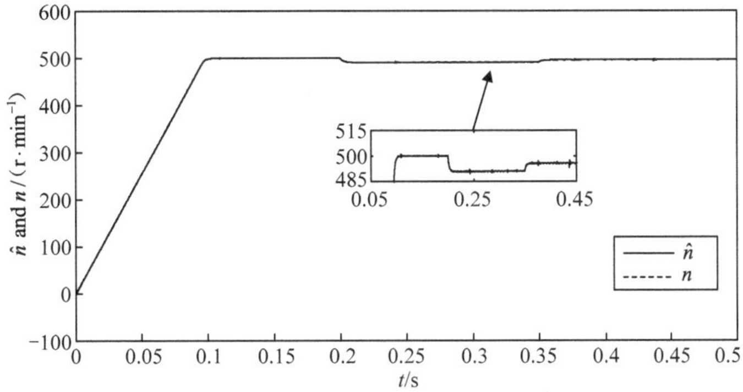

图 4-13　变载时新型滑模观测器的转速响应

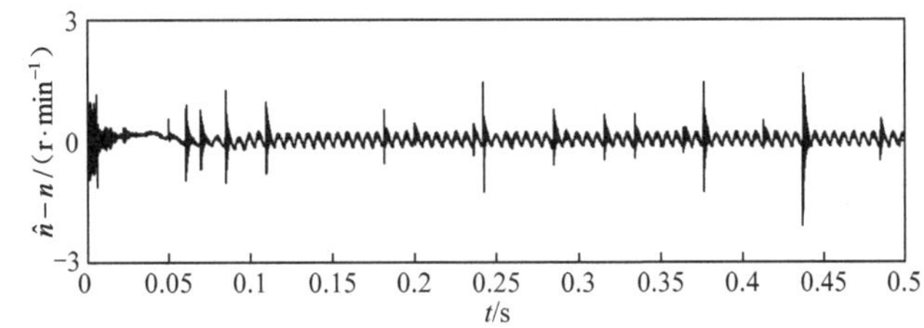

(a) 转速估计误差

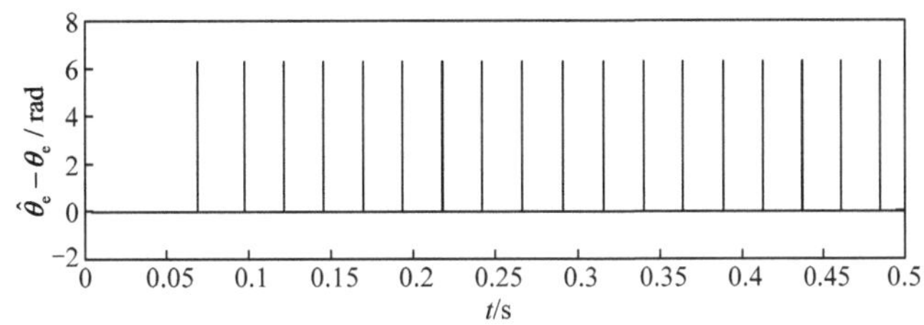

(b) 转子位置估计误差

图 4-14　变载时新型滑模观测器的转速估计误差与转子位置估计误差

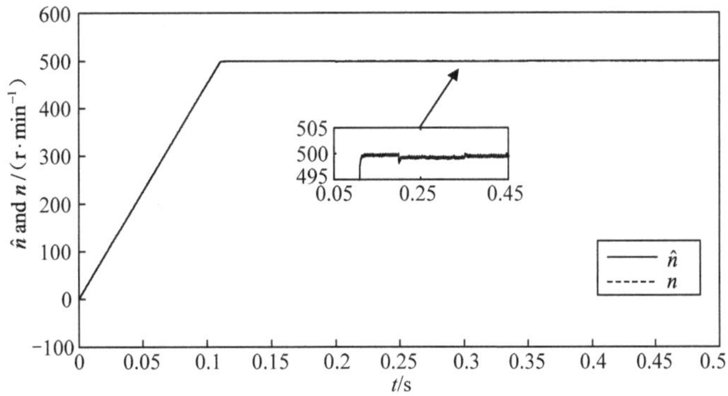

图 4-15　变载时结合 NFTSM 速度控制器新型滑模观测器的转速响应

由图 4-13、图 4-14 可以看出，采用新型滑模观测器估计的转子位置与转速作为反馈信号时，即使负载改变，转速动态响应依然良好，转速估计误差绝对值小于 1r/min，转子位置估计误差为 0，几乎不受负载影响。但采用传统的 PI 控制器，系统抗负载干扰性能差，变载时，实际转速与转速给定值的稳态误差较大。

由图 4-15 可见，结合 NFTSM 速度控制器的新型滑模观测器在受到负载扰动时，与图 4-13 相比，转子跟踪精度提高。

给定转速为 500r/min，带 3N·m 恒负载运行，电机参数改变时，当电阻为 $1.5R_S$、电感为 $1.5L$ 时，采用新型滑模观测器的仿真结果如图 4-16 和图 4-17 所示。

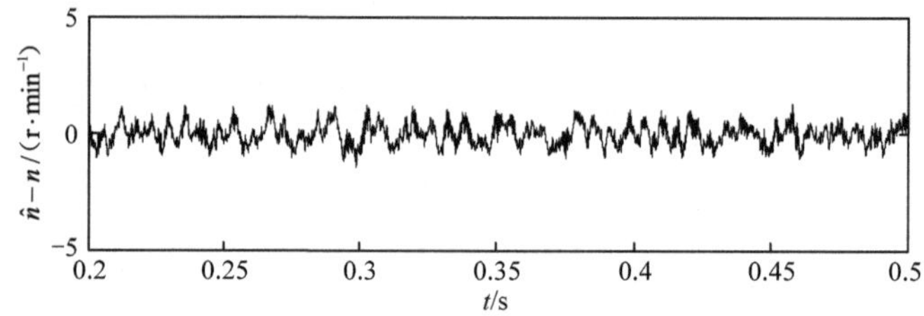

（a）转速估计误差

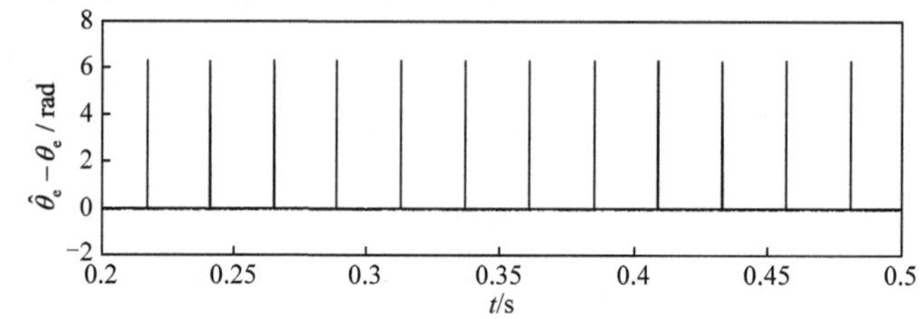

（b）转子位置估计误差

图 4-16　电阻为 $1.5R_s$ 时新型滑模观测器的转速估计误差与转子位置估计误差

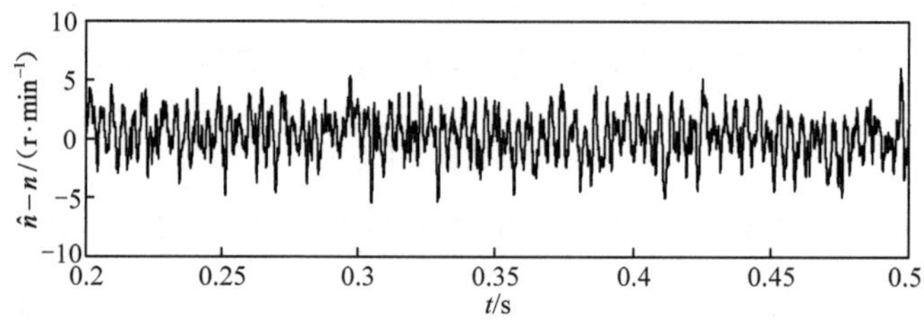

（a）转速估计误差

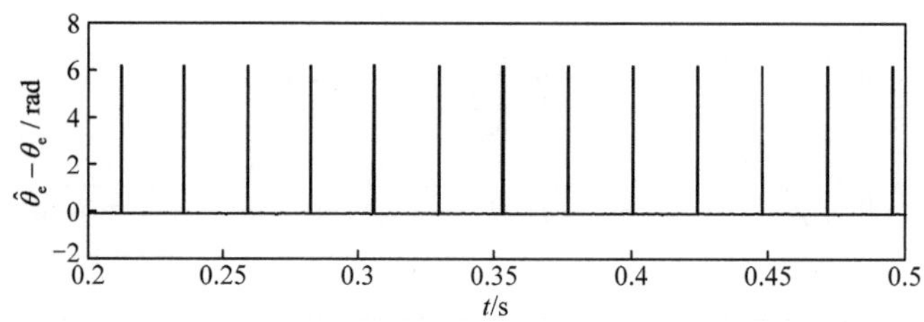

（b）转子位置估计误差

图 4-17　电感为 $1.5L$ 时新型滑模观测器的转速估计误差与转子位置估计误差

由图 4-16、图 4-17 可见，当控制系统存在参数摄动时，所设计的新型非奇异快速终端滑模观测器仍然能够较为准确地估算出电机转子的位置和速度，系统仍然能够良好地运行，具有较好的鲁棒性。

2. NSSMO 的仿真分析

在 MATLAB/Simulink 中对 NSSMO 进行仿真模型的建立。NSSMO 仿真模型的整体系统控制框图如图 4-18 所示。

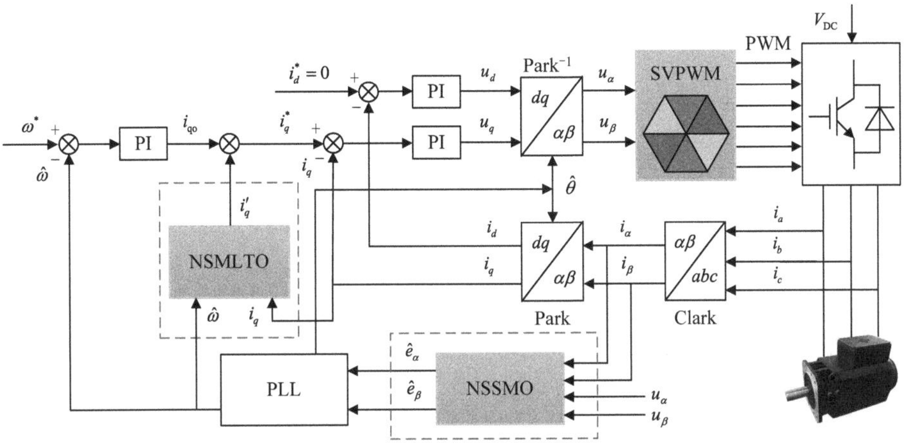

图 4-18　NSSMO 系统控制框图

仿真所用电机仍为 TSMO 仿真所用的电机，电机参数如表 4-1 所示。NSSMO 的相关参数为$\kappa=5$，$r=1.5$，$n=3$，$\rho=1.5$，$\varphi=0.75$，$\mu=3$，$\varsigma=100$，$\eta=100$，$\sigma=0.5$，$\upsilon=1$。

表 4-1　PMSM 参数表

参数名称	值	单位
额定功率（P_N）	3	kW
额定电压（U_N）	200	V
额定电流（I_N）	18	A
额定转速（n_N）	3000	r/min
额定转矩（T_{eN}）	9.55	N·m
定子电阻（R_s）	0.258	Ω
交轴电感（L_q）	0.827	mH
直轴电感（L_d）	0.827	mH
永磁体磁链（ψ_f）	0.057	Wb
极对数（p）	5	—
摩擦系数（B）	0	N·m·s
转动惯量（J）	0.0065	kg·m^2

在 Simulink 中，NSSMO 系统的整体仿真模型如图 4-19 所示，其中标蓝的部分是 NSMLTO 和 NSSMO。

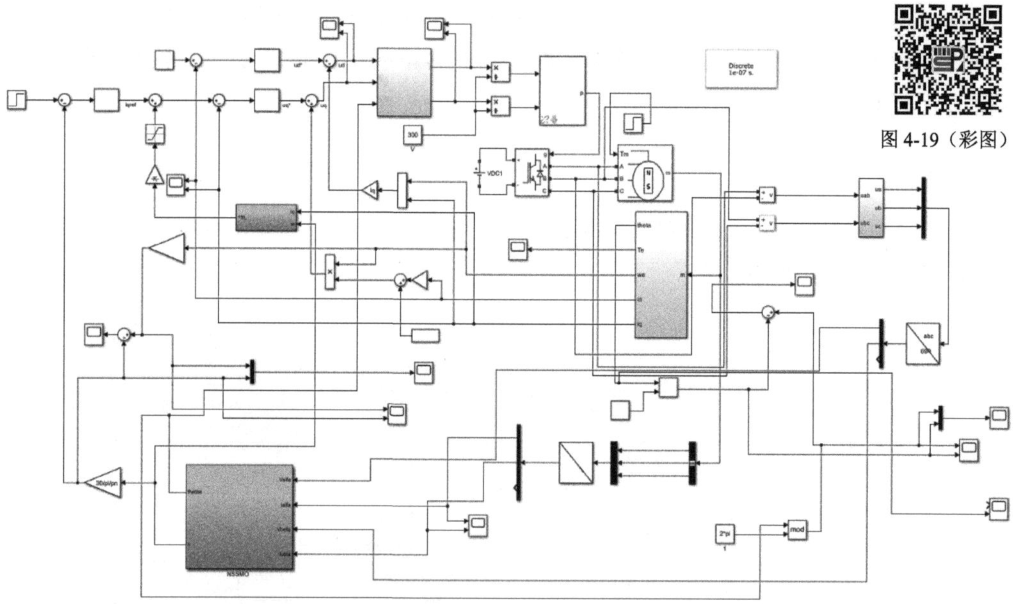

图 4-19（彩图）

图 4-19　NSSMO 整体仿真模型

仿真结果如图 4-20～图 4-25 所示。

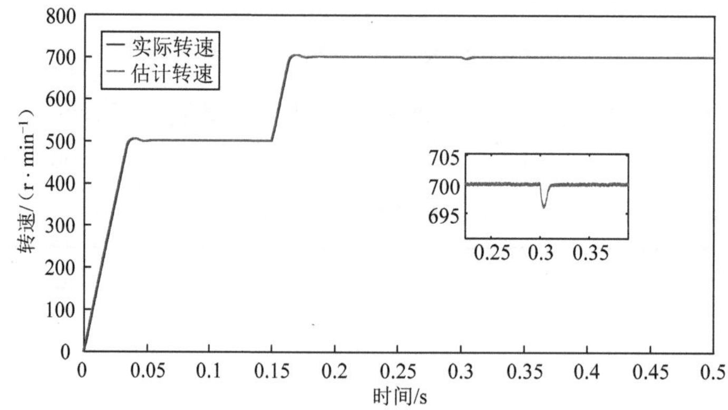

图 4-20（彩图）

图 4-20　系统转速波形

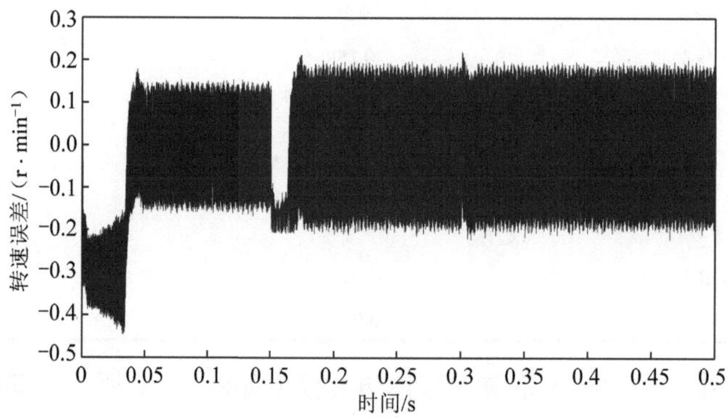

图 4-21　系统转速误差

从图 4-20 的转速波形和图 4-21 的转速误差可知，加入 NSSMO 后，系统估计出的转速能够精确跟踪 PMSM 的实际转速，且误差小，转速误差整体范围为-0.2～0.2r/min，在 0.3s 系统受外部负载扰动时也几乎无波动。从图 4-20 可看出，系统抖振大大减小，抖振大小范围仅为±0.2r/min。在 0.3s 突加负载时，转速跌落很小，仅为 4r/min，且系统转速恢复时间很短，仅为 0.01s，转速波形在受到扰动时几乎不变，因此系统的抗外部扰动能力很强，精度提高且抖振程度也大大减小。

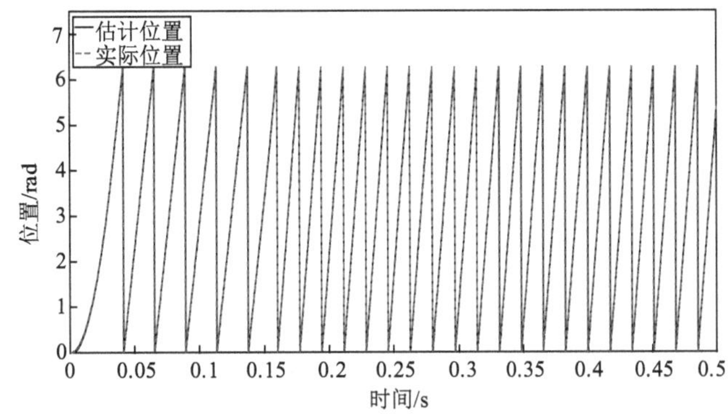

图 4-22　系统位置波形

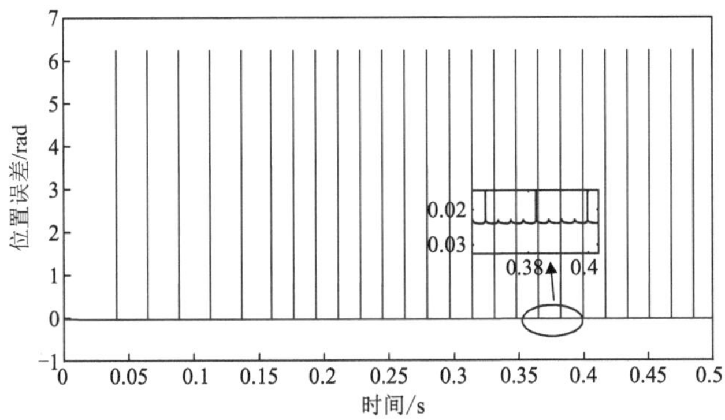

图 4-23　系统位置误差

从图 4-22 位置波形图和图 4-23 的位置误差可知，在加入 NSSMO 后，系统估计出的 PMSM 位置能够精确地跟踪实际位置，且几乎不存在误差，误差约为-0.024rad，且没有滞后问题。从图 4-23 中的放大图也可以看出，系统估计出的 PMSM 位置也几乎没有抖振，TSMO 相关问题均很好地得到解决。

从图 4-24 可知，系统中的 NSMLTO 可实时估计出系统所受负载转矩的大小。可以看到，当在 0.3s 给系统突加给定负载转矩时，系统中的 NSMLTO 能精确快速地估计出当前的负载转矩，估计时间仅为 0.015s，且能对所估计的负载转矩进行前馈补偿。在加入 NSSMO 后，NSMLTO 估计出的负载转矩波形中几乎不含抖振，由此说明 NSSMO 的加入提高了 NSMLTO 的负载估计性能。

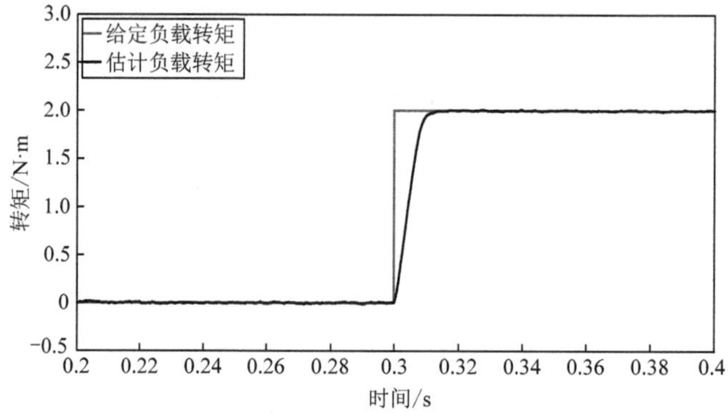

图 4-24　系统负载转矩估计

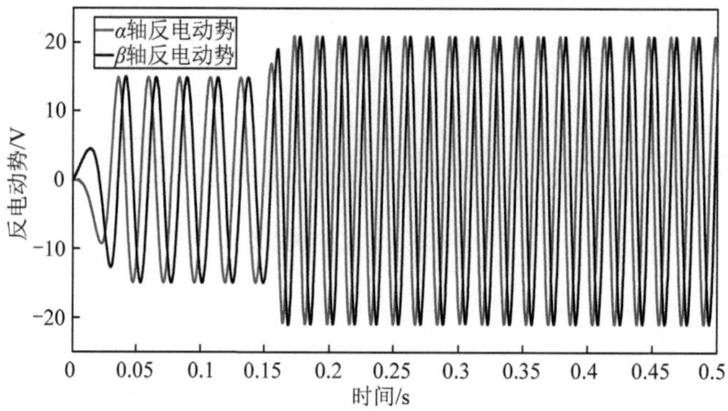

图 4-25　系统反电动势波形

从图 4-25 可知，系统中 NSSMO 估计出的反电动势波形特性较好，几乎没有高频噪声和抖振，因此可直接送入 PLL 进行 PMSM 转速及位置信息的提取。图 4-25 的仿真结果也说明了 NSSMO 作为高阶滑模，具有优良特性，其不需要像 TSMO 那样用低通滤波器处理反电动势，避免了相位滞后问题和低精度问题。

从以上仿真图可知，用 NSSMO 替代 TSMO 后，系统不仅解决了 TSMO 的精度低、估计位置滞后、抖振大等问题，还具有很强的抗负载转矩扰动能力，改进后的系统整体性能较 TSMO 系统大大提高。

4.2　非奇异滑模控制的支持向量机参数寻优

针对采用传统滑模观测器的永磁同步电机无传感器控制系统中存在的稳定性不佳、抖振强烈等问题，本节提出一种含有非线性饱和函数的改进型非奇异快速终端滑模观测器（improved non-singular terminal fast sliding mode observer，INTFSMO）。首先，构建了舍弃微分项的非奇异快速终端滑模面，避免了差分信号带来的噪声和滑动模态过程中可能产生的奇异问题。然后结合 PMSM 数学模型设计了滑模观测器的控制律，并根据锁相环原理从电机反电动势中获取转子位置和速度信息。通过 Lyapunov 函数给出了观测器稳定性证明。最后，利用支持向量机对影响 INTFSMO 性能的最重要参数进行寻优整定，结果表明参数寻优后系统性能进一步提升[5]。

数值仿真结果表明，相比于传统滑模观测器，本节设计的参数寻优下改进型非奇异快速终端滑模观测器可以更准确地估计永磁同步电机的转速信息和转子位置。该观测器具有相位误差小、跟随精度高、抗扰动性能强的特点，提升了永磁同步电机无传感器控制系统的动静态性能。

4.2.1　改进型非奇异快速终端滑模面

传统的非奇异快速终端滑模面如下：

$$\boldsymbol{s}(t)=\boldsymbol{x}(t)+\alpha\boldsymbol{x}^{g/h}(t)+\beta\dot{\boldsymbol{x}}^{p/q}(t)=0 \tag{4-38}$$

式中：$\alpha,\beta>0$，p、q、g、h 为正奇数，且$1<p/q<2$、$g/h>p/q$。

当系统离滑模面较远时，系统的收敛速度主要由高次项$\alpha\boldsymbol{x}^{g/h}(t)$决定；当系统离滑模面较近时，系统的收敛速度主要由微分项$\beta\dot{\boldsymbol{x}}^{p/q}(t)$决定。通过分段加速收敛过程，使系统的快速性得以提升。由于滑模面上不存在状态量幂次低于 1 的项，在滑模面求导之后不会残留状态量幂次低于 0 的项，有效规避了系统奇点的产生，具有非奇异性，能避免系统因奇点产生不稳定状态，从而破坏系统正常运行。

但传统非奇异快速终端滑模也有一些弊端，具体体现在：由于系统中保留了状态量的微分项，在实际系统中微分执行结构常用差分形式进行简化近似，会带来较大的系统噪声；在观测器的实际使用中会产生观测不够精确的问题，且参数数量庞大，整体参数调优较为困难，难以选定一组具有最佳性能的参数。

为了提升估计 PMSM 的转子位置和速度的准确性和精确性，并完成系统整体性能寻优，本节提出一种含有非线性饱和函数的改进型非奇异快速终端滑模面，如下所示：

$$\boldsymbol{s}(t)=\boldsymbol{x}(t)+p\int_0^t\boldsymbol{x}(\tau)\mathrm{d}\tau+\int_0^t\left|\boldsymbol{x}(\tau)\right|^{\lambda}f_q(\boldsymbol{x})\mathrm{d}\tau \tag{4-39}$$

式中：$p,q>0$；$0<\lambda<1$；$f_q(x)\mathrm{d}\tau$ 是一种连续的非线性饱和函数，其表达式为

$$f_q(\boldsymbol{x})=\begin{cases}q\sin(\boldsymbol{x}\pi/2q) & |\boldsymbol{x}|<q\\ q & \boldsymbol{x}\geqslant q\\ -q & \boldsymbol{x}\leqslant -q\end{cases} \tag{4-40}$$

其中，$f_q(\boldsymbol{x})$相较于普通的切换函数提升了系统的连续性，避免了直接切换产生的抖振，改善系统的整体动态性能。当系统距离平衡点较远时，误差收敛速度主要由线性积分项$p\int_0^t\boldsymbol{x}(\tau)\mathrm{d}\tau$决定；当距离平衡点较近时，收敛速度主要由非线性项$\int_0^t\left|\boldsymbol{x}(\tau)\right|^{\lambda}f_q(\boldsymbol{x})\mathrm{d}\tau$决定。且该滑模面不存在分数阶次，有效规避了产生复数解的风险；无微分项，在实质系统中不会产生差分噪声；滑模面$\boldsymbol{s}(t)$及其导数$\dot{\boldsymbol{s}}(t)$均连续可微，使控制律平滑。

4.2.2　改进型非奇异快速终端滑模观测器

根据 PMSM 原始数学模型和坐标变化可得 PMSM（表贴式）在$\alpha-\beta$两相静止坐标系下的数学模型表达式为

$$\begin{bmatrix}\dot{i}_\alpha\\ \dot{i}_\beta\end{bmatrix}=-\frac{R_s}{L}\begin{bmatrix}i_\alpha\\ i_\beta\end{bmatrix}+\frac{1}{L}\begin{bmatrix}u_\alpha\\ u_\beta\end{bmatrix}-\frac{1}{L}\begin{bmatrix}e_\alpha\\ e_\beta\end{bmatrix} \tag{4-41}$$

$$\begin{bmatrix} e_\alpha \\ e_\beta \end{bmatrix} = \psi_f \omega_e \begin{bmatrix} -\sin\theta_e \\ \cos\theta_e \end{bmatrix} \tag{4-42}$$

式中：i_α、i_β、u_α、u_β 分别为定子绕组在 α、β 轴上的等效电流、电压；L 为定子绕组在 α、β 轴上的等效电感；R_s 为定子电阻；e_α、e_β 分别为定子绕组在 α、β 轴上的等效反电动势；ψ_f 为坐标变换后的永磁体磁链；ω_e 为转子永磁体电角速度，θ_e 为转子永磁体位置电角度。

将式（4-42）变形得

$$\begin{cases} \theta_e = -\arctan\dfrac{e_\alpha}{e_\beta} \\ \omega_e = \dfrac{d\theta_e}{dt} \end{cases} \tag{4-43}$$

由式（4-43）可知，通过定子绕组在 α、β 轴上的等效反电动势可以得到电机转子位置和速度信息。

构建定子绕组在 α、β 轴上的等效电流滑模观测器：

$$\begin{bmatrix} \dot{\hat{i}}_\alpha \\ \dot{\hat{i}}_\beta \end{bmatrix} = -\frac{R_s}{L}\begin{bmatrix} \hat{i}_\alpha \\ \hat{i}_\beta \end{bmatrix} + \frac{1}{L}\begin{bmatrix} u_\alpha \\ u_\beta \end{bmatrix} + \frac{1}{L}\begin{bmatrix} v_\alpha \\ v_\beta \end{bmatrix} \tag{4-44}$$

式中：$\hat{i}_\alpha$、$\hat{i}_\beta$ 分别为定子绕组在 α、β 轴上的等效电流观测值；v_α、v_β 为观测器控制输出量。

由式（4-44）减去式（4-41），可得定子电流与观测值的误差为

$$\begin{bmatrix} \dot{\bar{i}}_\alpha \\ \dot{\bar{i}}_\beta \end{bmatrix} = -\frac{R_s}{L}\begin{bmatrix} \bar{i}_\alpha \\ \bar{i}_\beta \end{bmatrix} + \frac{1}{L}\begin{bmatrix} v_\alpha \\ v_\beta \end{bmatrix} + \frac{1}{L}\begin{bmatrix} e_\alpha \\ e_\beta \end{bmatrix} \tag{4-45}$$

式中：$\bar{i}_\alpha = \hat{i}_\alpha - i_\alpha$、$\bar{i}_\beta = \hat{i}_\beta - i_\beta$ 为电流观测误差值。

令 $\bar{\boldsymbol{i}} = [\bar{i}_\alpha \ \ \bar{i}_\beta]^T$，$\boldsymbol{v} = [v_\alpha \ \ v_\beta]^T$，$\boldsymbol{e} = [e_\alpha \ \ e_\beta]^T$，式（4-45）可简化为

$$\dot{\bar{\boldsymbol{i}}} = -\frac{R_s}{L}\bar{\boldsymbol{i}} + \frac{\boldsymbol{v}}{L} + \frac{\boldsymbol{e}}{L} \tag{4-46}$$

选取滑模观测器状态量为 $\bar{\boldsymbol{i}}$，α 轴上状态量为 $\bar{i}_\alpha$，β 轴上状态量为 $\bar{i}_\beta$。即

$$\boldsymbol{x} = [x_\alpha \ \ x_\beta]^T = [\bar{i}_\alpha \ \ \bar{i}_\beta]^T \tag{4-47}$$

代入改进型非奇异快速终端滑模面：

$$\boldsymbol{s} = [s_\alpha \ \ s_\beta]^T = \begin{bmatrix} s_\alpha(t) = \bar{i}_\alpha(t) + p\int_0^t \bar{i}_\alpha(\tau)d\tau + \int_0^t |\bar{i}_\alpha(\tau)|^\lambda f_q(\bar{i}_\alpha)d\tau \\ s_\beta(t) = \bar{i}_\beta(t) + p\int_0^t \bar{i}_\beta(\tau)d\tau + \int_0^t |\bar{i}_\beta(\tau)|^\lambda f_q(\bar{i}_\beta)d\tau \end{bmatrix} \tag{4-48}$$

为了求取反电动势 $\boldsymbol{e} = [e_\alpha \ \ e_\beta]^T$，从而获得转子位置和转速信息，首先需要设定滑模观测器控制输出量，使反电动势成为可求量。

令 $\boldsymbol{s}=\dot{\boldsymbol{s}}=0$，则有

$$\begin{bmatrix} \dot{s}_\alpha(t) \\ \dot{s}_\beta(t) \end{bmatrix} = \begin{bmatrix} \dot{\bar{i}}_\alpha(t) + p\bar{i}_\alpha(t) + |\bar{i}_\alpha(t)|^\lambda f_q(\bar{i}_\alpha) \\ \dot{\bar{i}}_\beta(t) + p\bar{i}_\beta(t) + |\bar{i}_\beta(t)|^\lambda f_q(\bar{i}_\beta) \end{bmatrix} = 0 \tag{4-49}$$

化简为以 $\bar{i}_\alpha(t)$ 、 $\bar{i}_\beta(t)$ 为变量的形式：

$$\begin{bmatrix} \dot{\bar{i}}_\alpha(t) \\ \dot{\bar{i}}_\beta(t) \end{bmatrix} = \begin{bmatrix} -p\bar{i}_\alpha(t) - \left|\bar{i}_\alpha(t)\right|^\lambda f_q(\bar{i}_\alpha) \\ -p\bar{i}_\beta(t) - \left|\bar{i}_\beta(t)\right|^\lambda f_q(\bar{i}_\beta) \end{bmatrix} \tag{4-50}$$

代入式（4-46）求得等效控制为

$$\boldsymbol{v}_{\text{eq}} = R_\text{s}\bar{\boldsymbol{i}} - L\left(p\bar{\boldsymbol{i}} + \left|\bar{\boldsymbol{i}}\right|^\lambda f_q(\bar{\boldsymbol{i}})\right) \tag{4-51}$$

为了使系统状态能够快速到达滑模面，减小观测器误差，本节运用指数趋近律设计系统滑模运动的到达过程，其对应的切换控制为

$$\boldsymbol{v}_{\text{sw}} = -k\,\text{sgn}(\boldsymbol{s}) - \gamma\boldsymbol{s} \tag{4-52}$$

式中： $k, \gamma > 0$ 。

$\boldsymbol{v}_{\text{sw}}$ 中的 $\gamma\boldsymbol{s}$ 项保证了在系统状态远离滑模面时高速向滑模面趋近， $-k\,\text{sgn}(\boldsymbol{s})$ 项保证了在系统状态快到达滑模面时高速向滑模面趋近。

结合趋近律和控制律，可以给出滑模观测器控制输出量 $\boldsymbol{v}$ 的有关表达式为

$$\begin{cases} \boldsymbol{v} = \boldsymbol{v}_{\text{eq}} + \boldsymbol{v}_{\text{sw}} \\ \boldsymbol{v}_{\text{eq}} = R_\text{s}\bar{\boldsymbol{i}} - L\left(p\bar{\boldsymbol{i}} + \left|\bar{\boldsymbol{i}}\right|^\lambda f_q(\bar{\boldsymbol{i}})\right) \\ \boldsymbol{v}_{\text{sw}} = -k\,\text{sgn}(\boldsymbol{s}) - \gamma\boldsymbol{s} \end{cases} \tag{4-53}$$

将式（4-53）代入式（4-46），可以得到反电动势 $\boldsymbol{e}$ 的表达式为

$$\boldsymbol{e} = L\dot{\bar{\boldsymbol{i}}} + R_\text{s}\bar{\boldsymbol{i}} + L\left(p\bar{\boldsymbol{i}} + \left|\bar{\boldsymbol{i}}\right|^\lambda f_q(\bar{\boldsymbol{i}})\right) + k\,\text{sgn}(\boldsymbol{s}) + \gamma\boldsymbol{s} \tag{4-54}$$

结合式（4-43）和式（4-54），可以得出转子位置及转速的观测值。

在系统应用于实际工作环境时，除了滑模观测器本身产生的噪声和抖振以外，系统中还会存在由于采样结构工作导致的噪声、逆变器开关工作产生的脉动噪声等问题。这些噪声会使反电动势出现抖振、夹杂高频噪声等现象，导致观测器测得的转子位置及转速观测值相较于实际值有所偏差。

为了减少外界不确定性噪声对系统正常工作造成的影响，可以运用一阶低通滤波器对观测得到的反电动势进行滤波处理，减小高频信号对系统造成的冲击和对系统观测结果的影响。滤波环节表达式为

$$\begin{bmatrix} \hat{e}_\alpha \\ \hat{e}_\beta \end{bmatrix} = \frac{\omega_\text{c}}{s + \omega_\text{c}} \begin{bmatrix} e_\alpha \\ e_\beta \end{bmatrix} \tag{4-55}$$

由于一阶低通滤波器会在系统中产生滞后效应，为了取得足够好的滤波效果，截止频率设定值一般较小，在系统中会产生时延，影响对于转子位置和转速的观测准确性，为此在滤波环节后加设补偿环节，系统最终的转子位置和速度观测估计值为

$$\begin{cases} \hat{\theta}_\text{e} = -\arctan(\hat{e}_\alpha / \hat{e}_\beta) + \nabla\hat{\theta}_\text{e} \\ \hat{\omega}_\text{e} = \dfrac{(\hat{e}_\alpha + \hat{e}_\beta)^{1/2}}{\psi_\text{f}} \text{sgn}\dot{\hat{\theta}}_\text{e} \end{cases} \tag{4-56}$$

式中： $\nabla\theta_\text{e} = \arctan(\hat{\omega}_\text{e} / \omega_\text{c})$ ，为一阶滤波环节补偿角。

在系统应用于实际工作环境时，直接由式（4-56）求取观测估计值会在系统中产生一个反正切环节，在实际实现中会由于反复查表导致噪声，在影响系统运行效率的同时产生较大的误差，于是运用PLL锁相环运算观测估计值的方式来代替直接计算。PLL锁相环的原理用框图形式给出，如图4-26所示。

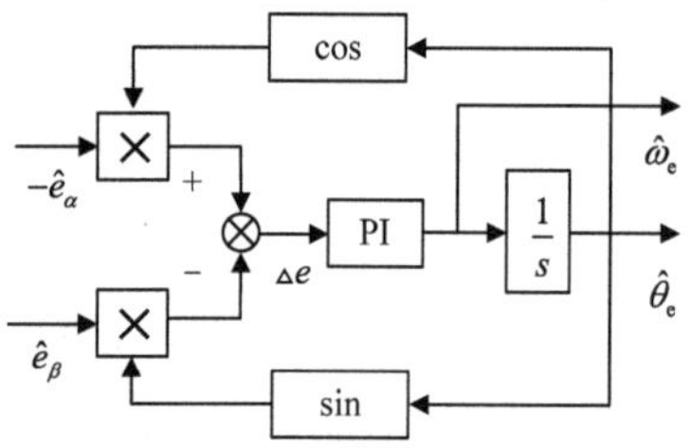

图4-26　PLL锁相环原理框图

为了验证滑模观测器能在任意初始状态到达滑模面并进行滑模运动，并验证系统稳定性，设Lyapunov函数为

$$V=\frac{1}{2}\boldsymbol{s}^{\mathrm{T}}\boldsymbol{s} \tag{4-57}$$

对Lyapunov函数求导可得

$$\begin{aligned}\dot{V}&=\boldsymbol{s}^{\mathrm{T}}\dot{\boldsymbol{s}}=\boldsymbol{s}^{\mathrm{T}}\left(\dot{\bar{\boldsymbol{i}}}+p\bar{\boldsymbol{i}}+\left|\bar{\boldsymbol{i}}\right|^{\lambda}f_q(\bar{\boldsymbol{i}})\right)\\&=1/L\left(s_\alpha e_\alpha+s_\beta e_\beta-k\left|s_\alpha\right|-k\left|s_\beta\right|-\gamma s_\alpha^2-\gamma s_\beta^2\right)\\&\leqslant-1/L\left(\gamma s_\alpha^2+(k-\left|e_\alpha\right|)\left|s_\alpha\right|\right)-1/L\left(\gamma s_\beta^2+(k-\left|e_\beta\right|)\left|s_\beta\right|\right)\end{aligned} \tag{4-58}$$

而反电动势$\left|e_\alpha\right|$、$\left|e_\beta\right|$在实际意义上为有上界的值，且其值不会超过系统电源电压，所以只要取参数$\left\{k\geqslant\left|e_x\right|,x=\alpha,\beta\right\}$，则在系统任意情况下$\left\{\forall\left|s_x\right|,x=\alpha,\beta\right\}$，$\dot{V}$均为负值，即可保证系统的稳定性。

4.2.3　重要参数的支持向量回归机寻优

支持向量机作为机器学习中一个非常重要的分支，其核心思想为结构风险最小化原则。通过非线性核函数映射的方式将原始训练数据投射到高维度空间，从而找到能够将这些数据成功分成不同类别的最优超平面。核函数的引入可以避免在高维度空间进行复杂的运算，解决了在高维度空间处理数据时经常遇到的维数灾难问题。在数据量较少的情况下，支持向量机综合考虑置信区间和经验风险，使风险值达到最小，通过将非线性问题转化为线性问题，支持向量机亦可得到较为理想的结果。因此，本节采用支持向量回归机（support vector regression，SVR）智能算法对前文设计的滑模观测器的重要参数进行寻优整定。

SVR是支持向量机算法应用于回归的情况，旨在利用训练样本，学习输入变量和输出变量之间的相关关系，并对新观测的数据进行预测。若假设支持向量机的训练样本集为$(\boldsymbol{X}_1,\boldsymbol{Y}_1),(\boldsymbol{X}_2,\boldsymbol{Y}_2),\cdots,(\boldsymbol{X}_n,\boldsymbol{Y}_n)$，其中输入向量用$\boldsymbol{X}_i$表示，$\boldsymbol{Y}_i$为其对应的输出向量，样本数量为$n$，$\boldsymbol{Y}_i$的秩为$m$，支持向量机回归预测原问题为以下形式：

$$\begin{aligned}&\min\frac{1}{2}\sum_{j=1}^{m}\|\boldsymbol{W}_j\|^2+\frac{c}{2}\sum_{i=1}^{l}\sum_{j=1}^{m}e_{i,j}^2\\&\text{s.t.}\,y_{i,j}=\boldsymbol{W}_j^{\mathrm{T}}\cdot\varphi(x_i)+b_j+e_{i,j}\end{aligned} \tag{4-59}$$

式中：$\boldsymbol{W}=\left[w^1,w^2,\cdots,w^l\right]^{\mathrm{T}}$为权重向量；$\boldsymbol{b}=\left[b^1,b^2,\cdots,b^l\right]^{\mathrm{T}}$为偏差向量；$\varphi(x)$为非线性映射函数；$c$为样本的惩罚系数；$e_{i,j}$为样本的输出误差。

采用 Lagrange 乘数法对上述寻优问题进行转化，即

$$L(\boldsymbol{W},\boldsymbol{b},\boldsymbol{e},\boldsymbol{\alpha})=\frac{1}{2}\sum_{j=1}^{m}\|\boldsymbol{W}_j\|^2+\frac{c}{2}\sum_{i=1}^{l}\sum_{j=1}^{m}e_{i,j}^2-\sum_{i=1}^{l}\sum_{j=1}^{k}\alpha_{i,j}(\boldsymbol{Y}_{i,j}-\boldsymbol{W}_j^{\mathrm{T}}-b_j-e_{i,j}) \tag{4-60}$$

式中：$\alpha_{i,j}$ 为 Lagrange 乘数法中对应的 Lagrange 乘子。

根据 KKT 条件求解约束寻优问题并消除变量 $\boldsymbol{W}_j^{\mathrm{T}}$、$e_{i,j}$，得到线性方程组：

$$\begin{bmatrix}\mathbf{0} & \mathbf{1}^{\mathrm{T}}\\ \mathbf{1} & \boldsymbol{K}(\boldsymbol{X}_j,\boldsymbol{X}_j)+\boldsymbol{C}^{-1}\boldsymbol{I}\end{bmatrix}\begin{bmatrix}\boldsymbol{b}_j\\ \boldsymbol{\alpha}_j\end{bmatrix}=\begin{bmatrix}\mathbf{0}\\ \boldsymbol{Y}_j\end{bmatrix} \tag{4-61}$$

根据式（4-61）可以得出对应多个输出的 SVR 回归函数：

$$f^{(j)}(\boldsymbol{X})=\sum_{i=1}^{l}\alpha_{i,j}\boldsymbol{K}(\boldsymbol{X},\boldsymbol{X}_i)+b_j \tag{4-62}$$

式中：$j=1,2,\cdots,k$。

很多相关研究结果表明，在验证情景较少，可使用的原初数据量较少的情况下，选择 RBF 核进行支持向量机学习一般可以获得较好的效果，故选用 RBF 核函数作为用于参数寻优的 SVR 核函数，径向基核函数形式如下：

$$\boldsymbol{K}(\boldsymbol{X},\boldsymbol{X}_i)=\exp\left(-g\|\boldsymbol{X}-\boldsymbol{X}_i\|^2\right) \tag{4-63}$$

式中：$g>0$，为核函数系数。

本节所设计的滑模观测器参数与系统动态性能和观测精度密切相关。为了获得最佳的系统动态性能和观测精度，需要对参数进行精细调节。为了避免人工调节方式耗时耗力、效率低下、精度有限等问题，采用支持向量机的方式对滑模观测器重要参数进行寻优整定。支持向量机参数寻优整定流程如图 4-27 所示。由于该方案需要多次反复仿真验证，具体参数寻优整定过程及结果将在下节中建立仿真模型后展开阐述。

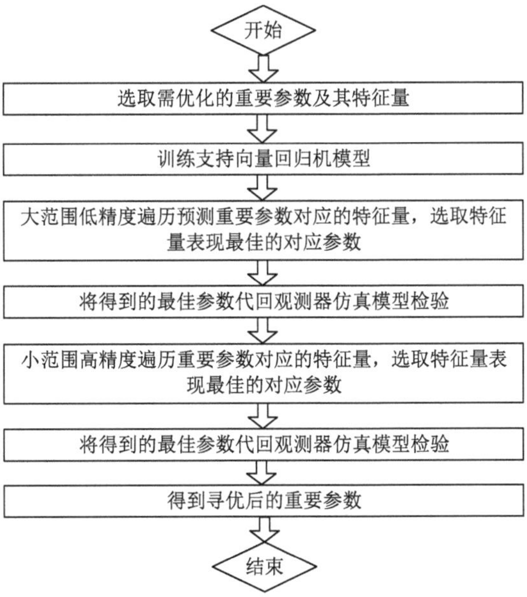

图 4-27　支持向量参数寻优整定流程

4.2.4 数值仿真与分析

系统的数值仿真模型在 MATLAB/Simulink 环境下建立，系统选用矢量控制策略，其中速度环和电流环采用 PI 控制器，反馈模块采用改进型非奇异快速终端滑模观测器来提供转子位置及速度信息。基于改进型观测器的 PMSM 无位置矢量控制系统拓扑图如图 4-28 所示。

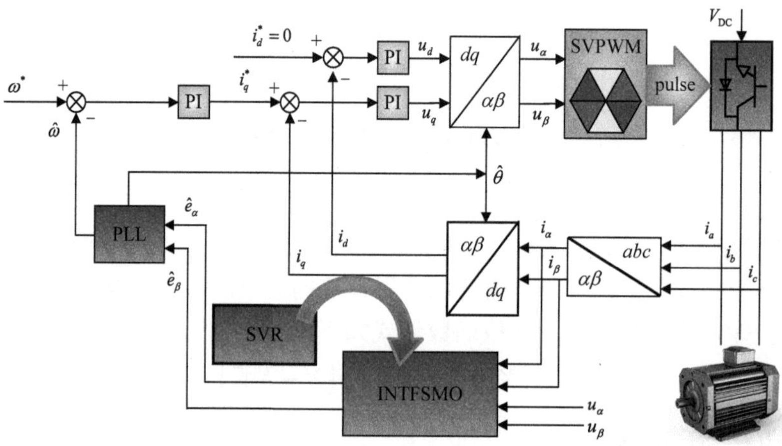

图 4-28 基于改进型观测器的 PMSM 无位置矢量控制系统拓扑图

仿真中所选用的电机模块参数为 $P_N = 3000W$、$U_N = 200V$、$I_N = 18A$、$n_N = 3000r/min$、$n_p = 5$、$R_s = 0.258\Omega$、$L=0.827mH$、$\psi_f = 0.057Wb$、$B = 0N \cdot m \cdot s$、$J = 0.0065kg \cdot m^2$。

分析可知，可以利用支持向量回归机在一定样本的条件下对观测器参数进行寻优整定处理。经多次仿真验证得知，系统参数 p、q 的选择对整体 PMSM 无传感器控制系统的动态性能起决定性作用，系统中另外几个参数选择为 $\lambda = 0.5$、$k = 5$、$\gamma = 3$。为了对支持向量回归机进行初始化，这里采用 80 组人工手动选择的参数及其表征对应动态性能的特征量对支持向量回归机进行训练。接着利用训练完成的支持向量回归机对参数 p、q 进行遍历分析，得出最终的最佳寻优整定参数 p_{opt}、q_{opt}，从而获得更加优越的系统动态性能。

选取滑模面向量 $\left[s_\alpha \ s_\beta\right]^T$ 两项中的最大偏差值 s_{max}、滑模面向量导数 $\left[\dot{s}_\alpha \ \dot{s}_\beta\right]^T$ 的最大偏差值 $\dot{s}_{max}$ 及系统上升至给定转速的超调量 σ、上升时间 t_r 作为衡量系统动态性能的特征量。为了节约篇幅，仅列举五组人工手动寻优选择的参数及其对应特征量，如表 4-2 所示。

表 4-2 五组人工手动寻优选择的参数及其对应特征量

p	q	s_{max}	$\dot{s}_{max}$	σ	t_r
10	11	1.27×10^4	1.22	0.03	0.15
12	13	1.58×10^4	1.57	0.07	0.17
9	10	1.09×10^4	1.25	0	0.14
10	9	1.32×10^4	1.26	0	0.15
8	11	1.25×10^4	1.42	0	0.16

在建立支持向量机回归预测模型时，首先对所有的数据按照相应值的最大值进行归一化，然后对支持向量机的惩罚参数 c 和核函数参数 g 进行确定。c 和 g 在取值过程中以 2 为循环步长，取$[2^{-7},2^{7}]$范围内的值。将原始数据集分为 10 份，其中 9 份作为训练集，另外 1 份作为验证集。用当前的 c 和 g 作为参数代入支持向量机进行循环训练后取 10 次预测结果，算出预测值与实际值的均方误差（mean square error，MSE）作为算法精度指标，选取 MSE 最小且 c 值最小的那组 c 和 g 作为最优参数建立支持向量机回归预测模型。用于观测器滑模面参数寻优整定的支持向量机模型参数选取结果图如图 4-29 所示。X 轴和 Y 轴分别为惩罚参数 c 和核函数参数 g 以 2 为底的对数，Z 轴为预测值与实际值的均方误差（MSE），预测结果越好则其值越小，得到的最优惩罚参数 c=27.8576，核函数参数 g=0.020617，依据此两项参数建立支持向量机回归预测模型。

建立支持向量回归机模型之后，进行两轮参数遍历寻优，找到滑模面参数的最佳参数。第一轮为步长为 1 的参数寻优，遍历 p、q在$\{0\leqslant p\leqslant 30, 0\leqslant q\leqslant 30 | p,q\in N\}$集合内的取值，得到对应特征量平均加权最佳的那组$\left[p_{\text{opt1}},q_{\text{opt1}}\right]$，其值为[9,10]。第二轮为步长为 0.05 的进一步参数寻优，遍历 p、q在$\{170\leqslant 20p\leqslant 190, 190\leqslant 20q\leqslant 210 | 20p,20q\in N\}$集合内的取值，得到对应特征量加权最佳的那组$\left[p_{\text{opt}},q_{\text{opt}}\right]$，其值为[9.45,10.15]，对应特征量为$\left[0.99\times10^{4},1.14,0,0.14\right]$。为了证明支持向量回归机参数寻优的实用性，将预测得出的最佳参数$\left[p_{\text{opt}},q_{\text{opt}}\right]$代入系统模型中，得出特征量的实际值为$\left[1.01\times10^{4},1.12,0,0.15\right]$与预测出的结果相差很小，说明用支持向量回归机模型对滑模参数进行寻优整定可行，且其结果较人工选择参数更加能够挖掘利用所设计的新型滑模观测器的整体性能。基于上述支持向量回归机参数寻优整定，进一步优化了基于改进型非奇异快速终端滑模观测器的永磁电机无传感器控制模型。

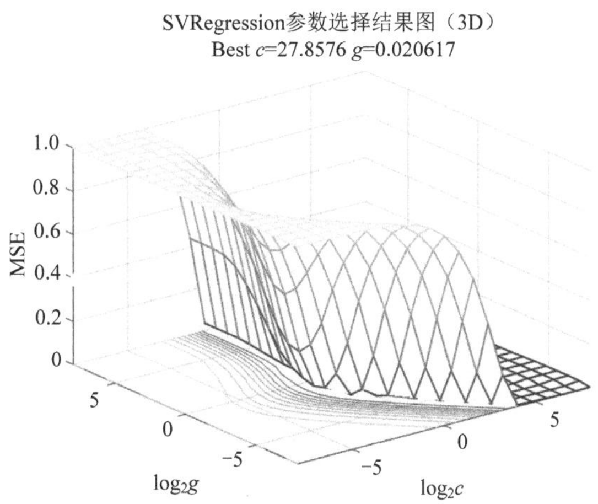

图 4-29　用于观测器滑模面参数寻优整定的支持向量机模型参数 c、g 的选取结果图

为了对比分析传统滑模观测器和 SVR 寻优下改进型非奇异快速终端滑模观测器的性能，分别观察两种滑模观测器的转速响应、转速误差和位置跟踪及其误差。设定系统空载起动，初始给定转速为 1000r/min，在 0.25s 时刻，负载转矩突变为$3\text{N}\cdot\text{m}$。改进型观测器参数选用支持向量寻优整定后的参数，即 $p=9.45$，$q=10.15$，剩余三个参数维持

不变，即 $\lambda = 0.5$、$k = 5$、$\gamma = 3$ 。

采用传统滑模观测器的仿真结果如图 4-30～图 4-33 所示，转子位置信息误差 $\left(\hat{\theta}_e - \theta_e\right)$rad 在电机转速稳定后存在 -1rad 的静差，且有明显的相位滞后。另外，传统滑模观测器的转速误差 $(\hat{n} - n)$r/min 在一开始达到最大的 -45r/min ，总体转速误差 $(\hat{n} - n)$r/min 在 $[-45,5]$ 之间来回激烈抖振，在突加转矩 $0.25\mathrm{N \cdot m}$ 时，转速误差产生了一个正向抖动，幅值为 4r/min ，整体系统动静态性能均表现较差。

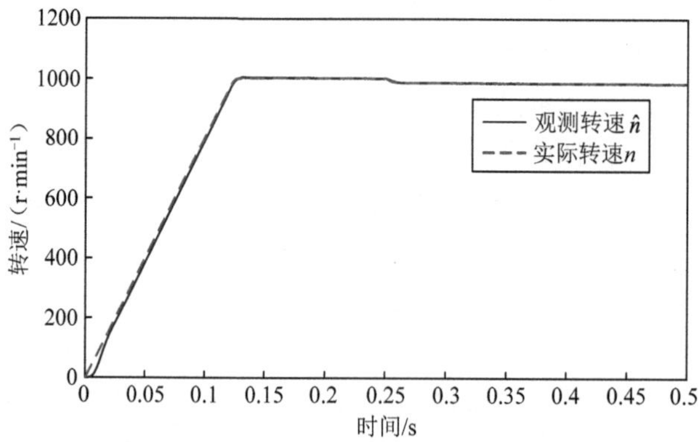

图 4-30　传统滑模观测器转速估计结果

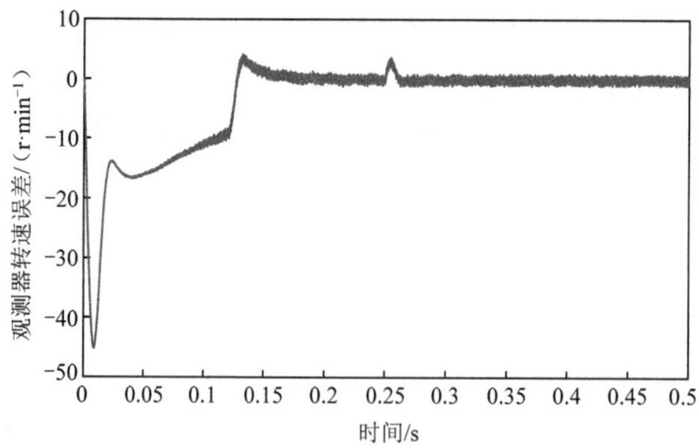

图 4-31　传统滑模观测器转速估计误差

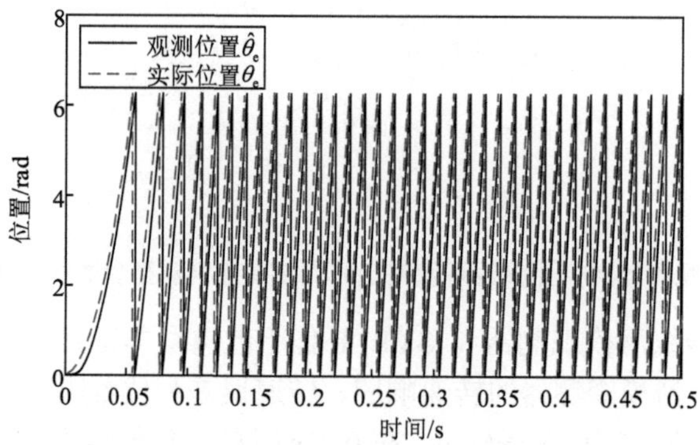

图 4-32　传统滑模观测器位置估计结果

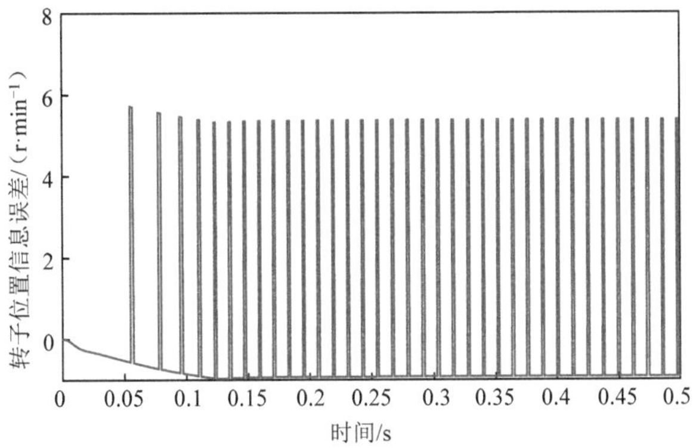

图 4-33　传统滑模观测器位置估计误差

在相同条件下，采用 SVR 参数寻优下的改进型非奇异快速终端滑模观测器的仿真结果如图 4-34～图 4-37 所示。转子位置信息误差 $(\hat{\theta}_e-\theta_e)$rad 无明显静差，只有非常轻微的相位滞后；在转速误差方面，总体转速误差 $(\hat{n}-n)$r/min 表现平稳，最大为 ±2r/min，在突加转矩 0.25N·m 时转速误差并没有明显的突变，整体系统动静态性能均表现良好。

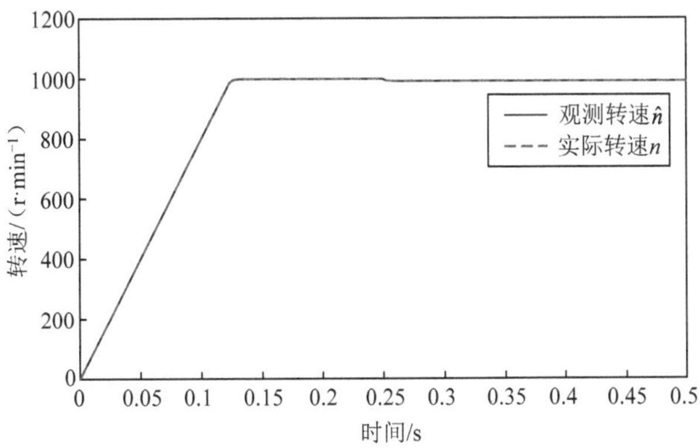

图 4-34　SVR 参数寻优下 INTFSMO 转速估计结果

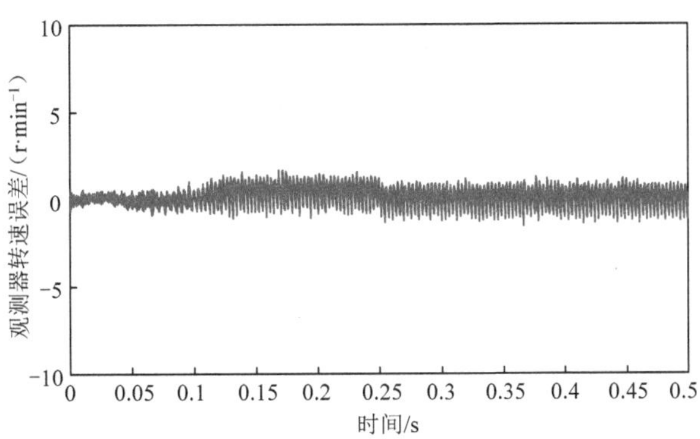

图 4-35　SVR 参数寻优下 INTFSMO 转速估计误差

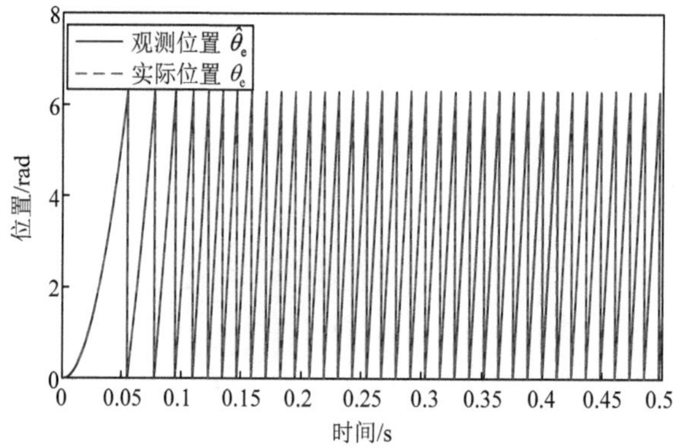

图 4-36　SVR 参数寻优下 INTFSMO 位置估计结果

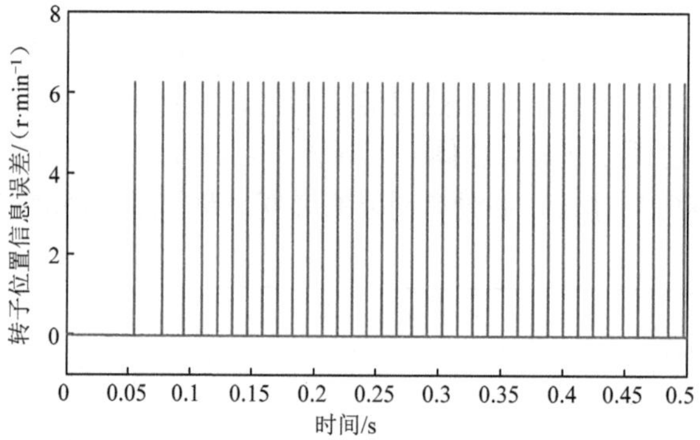

图 4-37　SVR 参数寻优下 INTFSMO 位置估计误差

4.3　全速域无位置传感器控制策略

传统的永磁同步电机控制系统需要位置传感器来获取电机转速和位置信息，但是安装位置传感器会增加永磁同步电机的成本和制造难度，也会降低电机控制系统的可靠性。所以，永磁同步电机的无位置传感器控制是当前永磁同步电机调速系统研究的重点。本节首先提出了一种新型非奇异快速终端滑模面，该滑模面采用连续近似函数代替非线性开关函数，能有效降低系统的抖振，且该滑模面能实现有限时间内的快速收敛。利用锁相环对估计反电动势进行处理，得到电机的转速和位置信息。由于在永磁同步电机低速状态下，滑模观测器估计误差偏大，本节提出了一种 I/F 起动控制策略，该控制策略为转速开环、电流闭环，且鲁棒性好，并提出了一种切换控制策略，实现了电机控制系统 I/F 控制和滑模控制策略的平稳切换。

4.3.1　新型滑模观测器设计

这里设计了一种新型非奇异快速终端滑模面，用连续近似函数 sigm(·) 代替不连续的开关函数 sgn(·)，其形式如下：

$$\begin{cases} s_\alpha(t)=\bar{i}_\alpha(t)+a\int_0^t \bar{i}_\alpha(\tau)\mathrm{d}\tau+b\int_0^t \left|\bar{i}_\alpha(\tau)\right|^\gamma \operatorname{sigm}(\bar{i}_\alpha(\tau))\mathrm{d}\tau \\ s_\beta(t)=\bar{i}_\beta(t)+a\int_0^t \bar{i}_\beta(\tau)\mathrm{d}\tau+b\int_0^t \left|\bar{i}_\beta(\tau)\right|^\gamma \operatorname{sigm}(\bar{i}_\beta(\tau))\mathrm{d}\tau \end{cases} \tag{4-64}$$

当滑模控制到达滑动模态时，有 $\dot{\boldsymbol{s}}=\boldsymbol{s}=0$，对式（4-64）求导可得

$$\begin{cases} \dot{\bar{i}}_\alpha=-a\bar{i}_\alpha-b\left|\bar{i}_\alpha\right|^\gamma \operatorname{sigm}\bar{i}_\alpha \\ \dot{\bar{i}}_\beta=-a\bar{i}_\beta-b\left|\bar{i}_\beta\right|^\gamma \operatorname{sigm}\bar{i}_\beta \end{cases} \tag{4-65}$$

式中：$\dot{\bar{i}}_\alpha,\dot{\bar{i}}_\beta$ 为电流误差收敛速率。

当电流误差较大时，电流误差收敛速度主要由线性项 $-a\bar{i}_\alpha$ 和 $-a\bar{i}_\beta$ 起作用。当电流误差较小时，误差收敛速度则主要由非线性项 $-b\left|\bar{i}_\alpha\right|^\gamma \operatorname{sigm}\bar{i}_\alpha$ 和 $-b\left|\bar{i}_\beta\right|^\gamma \operatorname{sigm}\bar{i}_\beta$ 起作用，所以本节设计的非奇异快速终端滑模面可以实现全局快速收敛。

光滑的连续近似函数的表达式如下：

$$\operatorname{sigm}(x)=\frac{2}{1+x^{-cx}}-1 \tag{4-66}$$

式中：c 为连续近似函数的参数。c 的值越大，该近似函数越陡峭，如图 4-38 所示。

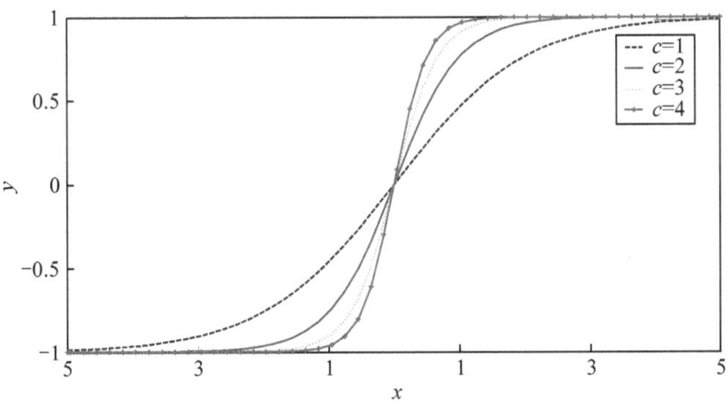

图 4-38　不同 c 值下 sigm(·) 函数曲线

对式（4-64）求导可得

$$\begin{cases} \dot{s}_\alpha(t)=\dot{\bar{i}}_\alpha(t)+a\bar{i}_\alpha(t)+b\left|\bar{i}_\alpha(t)\right|^\gamma \operatorname{sigm}(\bar{i}_\alpha(t)) \\ \dot{s}_\beta(t)=\dot{\bar{i}}_\beta(t)+a\bar{i}_\beta(t)+b\left|\bar{i}_\beta(t)\right|^\gamma \operatorname{sigm}(\bar{i}_\beta(t)) \end{cases} \tag{4-67}$$

当系统到达滑模面时有 $\dot{s}_\alpha=\dot{s}_\beta=0$，不考虑反电动势，此时将式（4-67）代入式（4-3）可得等效控制 v_{eq}。

$$\begin{cases} v_{\alpha\mathrm{eq}}=R_s\bar{i}_\alpha-La\bar{i}_\alpha-Lb\left|\bar{i}_\alpha\right|^\gamma \operatorname{sigm}(\bar{i}_\alpha) \\ v_{\beta\mathrm{eq}}=R_s\bar{i}_\beta-La\bar{i}_\beta-Lb\left|\bar{i}_\beta\right|^\gamma \operatorname{sigm}(\bar{i}_\beta) \end{cases} \tag{4-68}$$

为了更快地到达滑模面且减小抖振，本节切换控制采用指数趋近律，形式如下：

$$\begin{cases} v_{\alpha\mathrm{sw}}=-\varepsilon\operatorname{sigm}(s_\alpha)-ks_\alpha \\ v_{\beta\mathrm{sw}}=-\varepsilon\operatorname{sigm}(s_\beta)-ks_\beta \end{cases} \tag{4-69}$$

构建 Lyapunov 函数，形式如下：

$$V=\frac{1}{2}s(x)^{\mathrm{T}}s(x) \tag{4-70}$$

对式（4-70）求导可得

$$\dot{V}=s(x)^{\mathrm{T}}\dot{s}(x)=s_\alpha\dot{s}_\alpha+s_\beta\dot{s}_\beta \tag{4-71}$$

将式（4-67）代入可得

$$\begin{aligned}\dot{V}&=s_\alpha(\dot{\bar{i}}_\alpha+a\bar{i}_\alpha+b\left|\bar{i}_\alpha\right|^\gamma\operatorname{sigm}(\bar{i}_\alpha))+s_\beta\left(\dot{\bar{i}}_\beta+a\bar{i}_\beta+b\left|\bar{i}_\beta\right|^\gamma\operatorname{sigm}(\bar{i}_\beta)\right)\\&=\frac{1}{L}\left(\left(-ks_\alpha^2-s_\alpha\left(\left|\varepsilon\operatorname{sigm}(s_\alpha)\right|-e_\alpha\right)\right)-ks_\beta^2-s_\beta\left(\left|\varepsilon\operatorname{sigm}(s_\beta)\right|-e_\beta\right)\right)\end{aligned} \tag{4-72}$$

所以当 $\varepsilon>\max(|e_\alpha|,|e_\beta|)$ 时，$\dot{V}<0$，所设计的新型滑模观测器稳定性得证。

4.3.2 基于锁相环的转子位置与速度计算

由式（4-66）可知，永磁同步电机的转子位置和速度计算可以通过反正切函数得出，但是反正切函数需要通过反复查表才能得出结果，计算时会产生很大的噪声且误差较大，因此，为了解决反正切函数查表造成的问题，本节利用锁相环来得到电机的位置与速度。锁相环原理图如图 4-39 所示。滑模观测器观测得到的电机 α 轴反电动势的负值与估算角度的正弦值相乘，再与电机 β 轴反电动势观测值与估算角度余弦值相乘做差，得到 PI 控制器的输入，经过 PI 控制器调节便可得到电机转速，经过积分便得到电机角度。

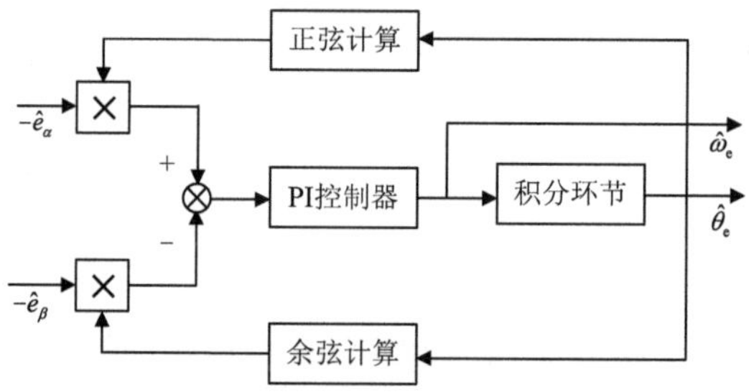

图 4-39 锁相环原理图

4.3.3 永磁同步电机 I/F 电流闭环起动控制策略

由于滑模观测器通过估计电机反电动势来得到电机的位置和角度信号，从而实现永磁同步电机无位置传感器控制，因此在永磁同步电机处于零低速状态时，电机的反电动势很小，此时估计误差很大，因此滑模观测器只适用于在电机中高速的工作状态。本节在永磁同步电机起动时采用 I/F 起动控制[6]，在永磁同步电机起动过程中的零低速状态下采用 I/F 起动控制。当电机转速达到一定转速时，即此时滑模观测器能准确估计电机位置和角度信号时，再切换到滑模观测器控制。本节设计了一种切换函数，能够实现两种控制策略的平滑切换。I/F 控制时，转速为开环控制，电流为闭环控制，所以与 V/F 控制相比，I/F 控制策略具有更强的抗扰性。

I/F 控制策略通过控制电流内环、给定电流幅度与虚拟的给定位置角度来实现电机的无速度传感器控制。由于本节采用 $i_d=0$ 的永磁同步电机矢量控制策略，因此采用 I/F 控制时只需要给定 i_q 一个值即可。为了使永磁同步电机在 I/F 控制时具有更大的负载抗干扰能力，一般取电机额定值。在 I/F 控制策略中，给定的虚拟位置角度与电机实际的位置角度会存在一定的差值。一般把电机实际位置构成的坐标系称为电机实际同步坐标系，而由 I/F 控制给定的虚拟位置角度称为虚拟同步坐标系，如图 4-40 所示。

因此，由电机电磁转矩公式可得，在 d^*-q^* 虚拟同步坐标系下，永磁同步电机电磁转矩可以表示为

$$T_e=\frac{3}{2}p\psi_f i_q^*\cos\theta_l \tag{4-73}$$

式中：θ_l 为虚拟同步坐标系和实际同步坐标系的位置角度差值。

由式（4-73）可知，当电机负载转矩增大时，电机实际同步坐标系转速会有一个减小的趋势，此时两个坐标系的角度差 θ_l 会增大，电磁转矩会相应增大以抵消电机负载转矩增大产生的影响，使永磁同步电机达到新的平衡状态。反之亦然，当电机负载转矩减小时，电机实际同步坐标系转速会有一个增加的趋势，此时两个坐标系的角度差 θ_l 会减小，电磁转矩会相应减小以达到新的平衡状态，这个过程被称为“扭矩-功率角自平衡”原理。当采用 I/F 控制时，电机在速度增加阶段，q^* 轴电流保持恒定。为了让永磁同步电机在 I/F 控制阶段具有较大的负载抗扰能力，i_q^* 通常取电机额定值。因为本节采用的是 $i_d=0$ 的永磁同步电机矢量控制策略，所以在 I/F 控制中 $i_d^*=0$，位置角度由给定速度通过积分得到。虚拟同步坐标系 d^*-q^* 由于受到给定速度命令积分的作用开始旋转，因此角度差 θ_l 开始变小，此时通过图 4-40 可知，i_q^* 在实际同步坐标系下的 q 轴电流分量将会增大。由式（4-73）可知，电机电磁转矩也会相应增加，当电机电磁转矩大于负载转矩时，电机开始加速旋转。

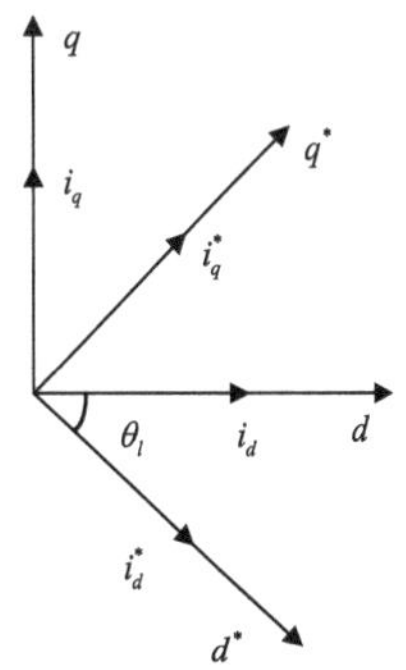

图 4-40　实际同步坐标系与虚拟同步坐标系示意图

在采用 I/F 控制时，在起动前需要对电机角度位置进行预定位，即对电机转子的初始位置进行定位，将电机转子位置定位到一个已知的位置上。本节中电机转子位置预定位采用磁场定位方法，即首先给 U_α 一个足够大的恒定值，U_β 为零，且角度 θ 设置为零。将电机实际转子位置拉到与 α 轴重合，且 α 轴与转子实际同步坐标系的 d 轴重合。I/F 控制预定位示意图如图 4-41 所示。

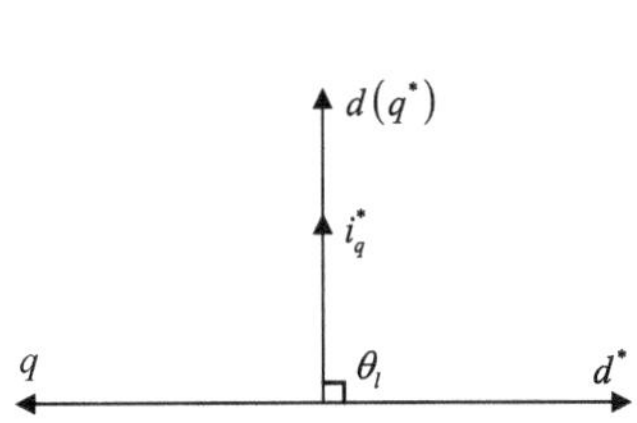

图 4-41　I/F 控制预定位示意图

由图 4-41 可得，当预定位完成后，虚拟同步坐标系落后实际同步坐标系 90°，所以此时 I/F 控制给定的 q^* 轴电流分量 i_q^* 在实际 q 轴的分量为零，电机输出转矩等于零。在电机正常起动时，I/F 控制给定电流 i_q^* 在实际 q 轴的分量会逐渐增大，当电机输出的电磁转矩大于起动转矩的时候，电机开始转动。因此，预定位能保证电机起动时状态平稳，不会产生电流冲击和电机振荡现象。

电机在零低速状态时采用 I/F 控制策略。当电机达到一定转速，滑模观测器能够准确估计电机角度和位置信息时，切换到滑模控制策略。因此，需要设计一种控制策略切换方法，确保电机在切换过程中保持平稳运行，不会产生大的冲击，从而使电机在全速域内都能保持平稳运行。本节设计了如下的切换函数，以保证电机在两种控制策略切换时电机能够保持稳定运行。

$$\zeta=\begin{cases}1 & \omega\leqslant\omega_1\\ \cos\left(\dfrac{\omega-\omega_1}{\omega_2-\omega_1}\cdot\dfrac{\pi}{2}\right) & \omega_1<\omega<\omega_2\\ 0 & \omega\geqslant\omega_2\end{cases} \tag{4-74}$$

式中：ζ 为切换系数；ω_1 为切换开始转速；ω_2 为切换结束转速。

永磁同步电机控制系统中，坐标变换角度 θ 为

$$\theta=\zeta\theta^*+(1-\zeta)\hat{\theta} \tag{4-75}$$

式中：θ^* 为 I/F 控制中给定转子角度；$\hat{\theta}$ 为滑模观测器观测角度。

电机切换一般是在电机转速达到额定转速的10%～15% 时切换。本节采用的永磁同步电机额定转速为 3000r/min，因此切换开始转速设置为 300r/min，切换结束转速设置为 350r/min。

I/F 控制中，全速域采用滑模观测器控制策略的系统原理图如图 4-42 所示。

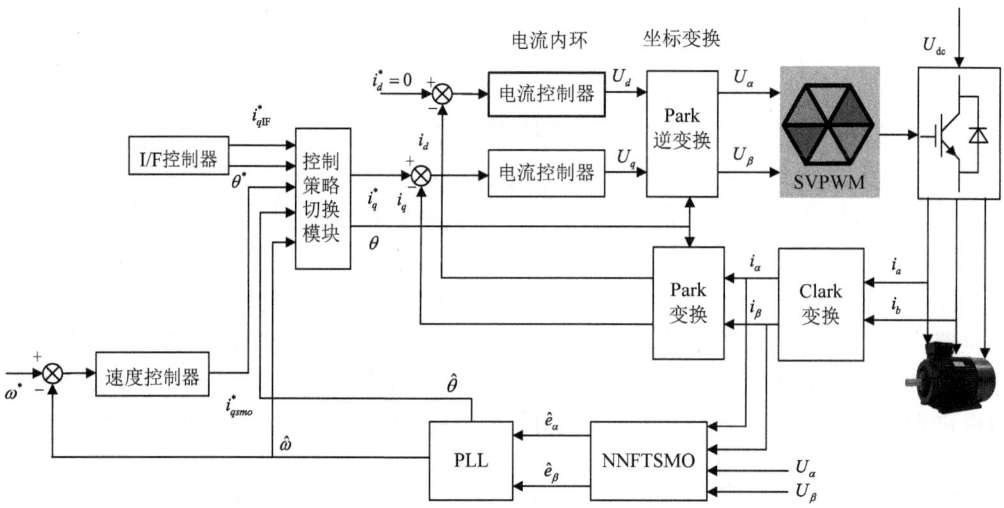

图 4-42　采用滑模观测器控制策略的系统原理图

4.3.4　仿真分析

控制策略切换模块通过 Simulink 里面的 S-Function 模块实现。S-Function 模块部分代码如图 4-43 所示。

```
function [sys,x0,str,ts] = IFSMO(t,x,u,flag)
switch flag,
case 0,
    [sys,x0,str,ts]=mdlInitializeSizes;
case 3,
    sys=mdlOutputs(t,x,u);
case {2,4,9}
    sys=[];
otherwise
    error(['Unhandled flag = ',num2str(flag)]);
end
```

图 4-43　S-Function 模块部分代码

给定转速为 650/min，仿真时间设置为 0.16s，仿真结果如图 4-44～图 4-47 所示。

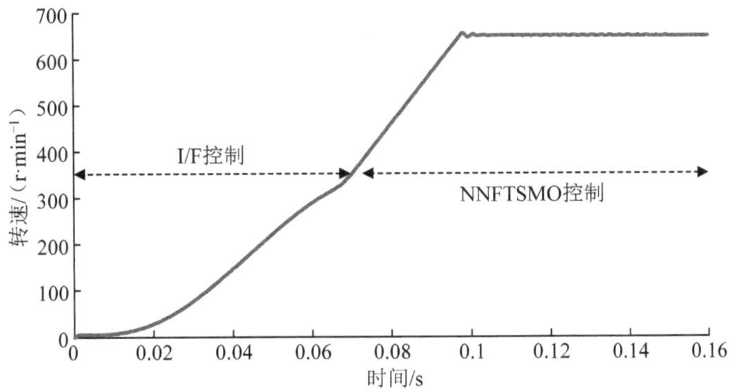

图 4-44　采用 I/F 起动控制策略转速波形仿真结果

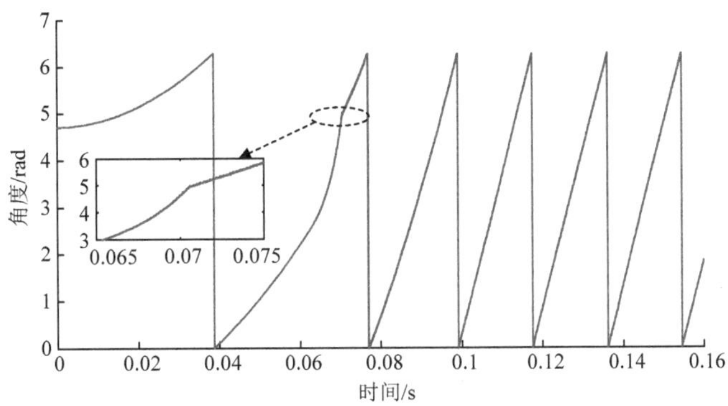

图 4-45　采用 I/F 起动控制策略控制角度波形仿真结果

由图 4-44 可知，当永磁同步电机采用 I/F 起动控制策略时，转速在 0.06s 达到 300r/min，即切换初始转速，开始切换控制策略，在 0.07s 左右，转速达到切换结束转速 350r/min，完成控制策略的切换，永磁同步电机切换为滑模观测器控制策略。从转速仿真图可以看出，在整个切换过程中转速波动较小，切换过程平滑。

由图 4-45 可知，切换过程中角度变化连续，没有产生突变，表明该切换控制策略有效。三相电流仿真波形图显示在整个仿真过程中，三相电流平稳连续，没有产生大的波动。由图 4-47 滑模观测器估计转速与实际转速误差波形图可知，在永磁同步电机低速状态下，滑模观测器产生的误差较大，达到了 6r/min，也说明了在电机零低速状态下采用 I/F 控制策略的必要性。当电机转速达到切换开始转速 300r/min 时，估计转速误差已经很小，为 0.5r/min，这表明电机已经可以切换到滑模控制，证明了本节选取 300r/min 作为切换开始转速的合理性。

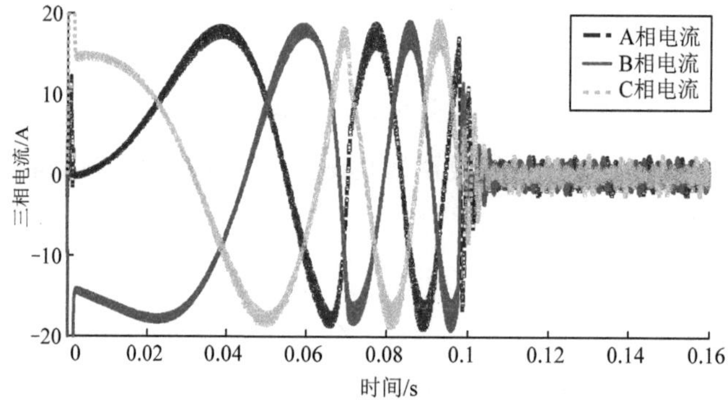

图 4-46（彩图）

图 4-46 采用 I/F 起动控制策略控制电机三相电流波形仿真结果

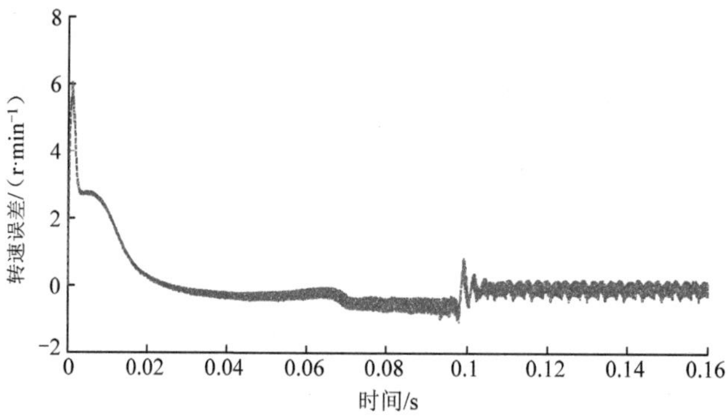

图 4-47 滑模观测器估计转速与实际转速误差波形图

参 考 文 献

[1] 常雪剑，刘凌，崔荣鑫. 永磁同步电机非奇异快速终端可变边界层滑模控制[J]. 西安交通大学学报，2015，49(6):53-59.

[2] 常雪剑，彭博，刘凌，等. 新型非奇异终端滑模观测器的永磁同步电机无传感器控制[J]. 西安交通大学学报，2016，50(1):85-91.

[3] LIN Q, LIU L, LIANG D, et al. A dual-level adaptive law design for super-twisting algorithm in sensorless IPMSM drives [J]. IEEE Transactions on Industry Applications, 2023, 59(5): 5945-5956.

[4] 戴鹏，徐楠，谢后晴，等. 永磁同步电机调速系统的快速幂次趋近律控制[J]. 电机与控制学报，2017，21(11):32-38.

[5] 刘凌，司杰文，林起联. 支持向量机预测可变参数的永磁同步电机快速终端滑模控制[J]. 西安交通大学学报，2021，55(6):53-55.

[6] LIU L, JIN D S, SI J W, et al. A novel nonsingular fast terminal sliding mode observer combining I-F method for wide-speed sensorless control of PMSM drives [J]. IET Power Electronics, 2023, 16(5): 843-855.

第 5 章　复杂工况下永磁同步电机滑模控制

5.1　滑模负载转矩观测器

TSMO 是利用切换函数的大增益来减小外部扰动的影响，若所加的外部负载大小发生变化，则需要通过滑模控制来抵消负载扰动变化所带来的影响。此时，切换增益的数值应大于外部负载扰动大小的上界，但过大的切换增益会增加系统的抖振，进一步影响系统的动态性能。因此，这里在 TSMO 的基础上加入一种基于积分滑模面的新型滑模负载转矩观测器[1]（novel sliding mode load torque observer，NSMLTO），它能实时估计出负载转矩的大小并对其进行补偿，从而减小负载扰动对系统的影响，并进一步增强系统的鲁棒性。

5.1.1　建立基于积分滑模面的 NSMLTO

在实际的 PMSM 应用控制系统中，控制器的频率一般设定较高，在一个控制周期内，负载转矩可认为是恒定不变的，即 $\dot{T}_1 = 0$。因此，建立关于电机转速和负载转矩的状态方程，表示如下：

$$\begin{bmatrix} \dot{\omega} \\ \dot{T}_1 \end{bmatrix} = \begin{bmatrix} -\dfrac{B}{J} & -\dfrac{p}{J} \\ 0 & 0 \end{bmatrix} \begin{bmatrix} \omega \\ T_1 \end{bmatrix} + \begin{bmatrix} \dfrac{p}{J} \\ 0 \end{bmatrix} T_e \tag{5-1}$$

式中：ω为电机电角速度；T_1为负载转矩；B 为摩擦系数；p 为 PMSM 极对数；J为电机转动惯量；T_e为电磁转矩。

将T_1和ω作为观测值，建立 NSMLTO 的方程为

$$\begin{bmatrix} \dot{\hat{\omega}} \\ \dot{\hat{T}}_1 \end{bmatrix} = \begin{bmatrix} -\dfrac{B}{J} & -\dfrac{p}{J} \\ 0 & 0 \end{bmatrix} \begin{bmatrix} \hat{\omega} \\ \hat{T}_1 \end{bmatrix} + \begin{bmatrix} \dfrac{p}{J} \\ 0 \end{bmatrix} T_e + \begin{bmatrix} 1 \\ m \end{bmatrix} \xi(e_1) \tag{5-2}$$

式中：$\hat{\omega}$ 为估计电角速度；$\hat{T}_1$为估计负载转矩；m 为反馈增益；$\xi(e_1)$ 为 NSMLTO 的控制函数，其中 $e_1 = \omega - \hat{\omega}$。

式（5-1）减去式（5-2），可得

$$\begin{cases} \dot{e}_1 = -\dfrac{B}{J} e_1 - \dfrac{p}{J} e_2 - \xi(e_1) \\ \dot{e}_2 = -m \cdot \xi(e_1) \end{cases} \tag{5-3}$$

式中：e_2为负载转矩估计误差，即 $e_2 = T_1 - \hat{T}_1$。

本节选择积分滑模面[2]作为 NSMLTO 的滑模面，其表达式重写如下：

$$s = \alpha e_1 + \beta \int e_1 \mathrm{d}t \tag{5-4}$$

式中：α、β 为滑模面系数，$\alpha, \beta > 0$。

5.1.2 改进型指数趋近律

这里提出的改进型指数趋近律（novel variable coefficient exponential reaching law，NVCERL）是在传统指数趋近律的基础上进行改进的。传统的指数趋近律如下：

$$\dot{s}=-k_1\cdot\operatorname{sgn}(s)-\lambda_1 s \tag{5-5}$$

式中：k_1、λ_1为趋近律系数。

将式（5-5）从 0 到t_1积分，可得趋近时间为

$$t_1=\frac{|s(0)|-\left|\int_0^{t_1}\lambda_1 s\mathrm{d}t\right|}{k_1} \tag{5-6}$$

式中：$s(0)$为初始状态值。

从式（5-5）和式（5-6）可知，当s离滑模面较远时，$k_1\operatorname{sgn}(s)$项和$\lambda_1 s$项共同起作用，趋近速率为两者的总和，此时趋近速率较快；当s离滑模面较近（趋于 0）时，此时只有$k_1\operatorname{sgn}(s)$起作用，趋近速率较慢。趋近时间可根据k_1值的大小来选择，若缩短时间则需增大k_1的值，但大的k_1值会增大抖振，因此很难在趋近时间和抖振之间取舍平衡。

本节提出一种既增大趋近速率又减小抖振的趋近律 NVCERL，其表达式如下：

$$\begin{gathered}\dot{s}=-K\cdot\operatorname{nsat}(s)-\lambda s\\ K=\frac{k_2+|e_1|^{\gamma}}{\varepsilon+\left(1+\dfrac{1}{|e_1|}-\varepsilon\right)e^{-\delta|s|}}\end{gathered} \tag{5-7}$$

式中：K、λ、k_2、γ、ε、δ分别为 NVCERL 的系数，其中$\lambda>0$、$k_2>0$、$0<\gamma<1$、$0<\varepsilon<1$、$\delta>0$。

式（5-7）中，$\operatorname{nsat}(s)$为一种新型饱和函数，其表达式如下：

$$\operatorname{nsat}(s)=\begin{cases}1 & s>\varDelta\\ (s/\varDelta)^{1/\mu} & |s|\leqslant\varDelta\\ -1 & s<\varDelta\end{cases} \tag{5-8}$$

式中：$\varDelta$为边界层；μ为自适应幂次数，μ为正奇数，即$\mu=1,3,5,7,\cdots$。

$\varDelta$值和μ值的大小与系统的抖振程度成反比关系，与趋近速率成正比关系。因此，合理配置$\varDelta$值和μ值，可以起到既提高速率又减小抖振的作用。不同μ值下的$\operatorname{nsat}(s)$的曲线图如图 5-1 所示。本章以后的切换函数均采用$\operatorname{nsat}(s)$，后续将不再赘述。

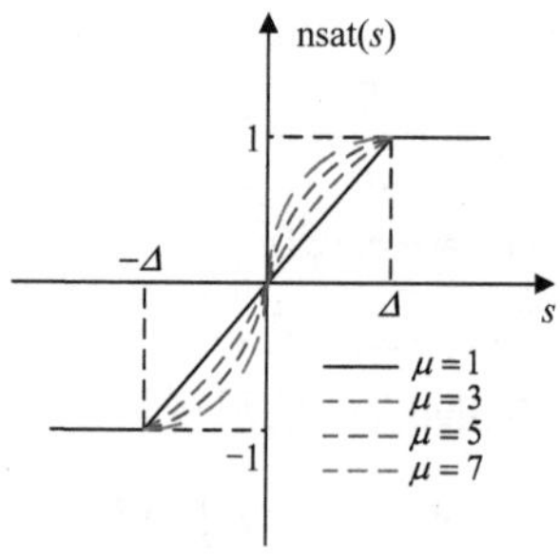

图 5-1 nsat(s) 的曲线图

图 5-1（彩图）

从式（5-7）可以看出，当 s 离滑模面较远时，K 值可化简为

$$K=\frac{k_2+|e_1|^{\gamma}}{\varepsilon} \tag{5-9}$$

若 $k_1=k_2$，则 NVCERL 的趋近速率大于传统的指数趋近律。

当 s 离滑模面较近时，K 值可以化简为

$$K=\frac{k_2+|e_1|^{\gamma}}{1+\dfrac{1}{|e_1|}} \tag{5-10}$$

从式（5-10）可得，随着 $|e_1|$ 趋近于 0，K 值也趋近于 0，即趋近速率逐渐减缓，则减小了系统抖振。

接下来，将通过实际证明进一步分析 NVCERL 相较于传统指数趋近律的优点。将式（5-7）从 0 到 t 积分，则 t 为

$$t=\frac{\left(1+\dfrac{1}{|e_1|}-\varepsilon\right)\left(|A|+\rho B\right)-\varepsilon s(0)+\lambda\varepsilon C}{-k_2-|e_1|^{\gamma}} \tag{5-11}$$

式中：ρ 为系数；A、B、C 为与 s 相关的量，$A=\int_0^t e^{-\delta|s|}\mathrm{d}\tau$，$B=\int_0^t se^{-\delta|s|}\mathrm{d}\tau$，$C=\int_0^t s\mathrm{d}\tau$。

当 $s>0$ 时，$B>0$、$C>0$，则可将式（5-11）化简为

$$t<\frac{\varepsilon|s(0)|-\lambda\varepsilon|C|}{k_2+|e_1|^{\gamma}} \tag{5-12}$$

将式（5-12）进一步放缩为

$$t<\frac{\varepsilon|s(0)|+\lambda\varepsilon|C|}{k_2+|e_1|^{\gamma}} \tag{5-13}$$

当 $s<0$ 时，$B<0$、$C<0$，A 可表示为

$$A=\int_0^t e^{-\delta|s|}\mathrm{d}\tau=\frac{1-e^{-\delta|s(0)|}}{\delta} \tag{5-14}$$

因此，式（5-11）可化简为

$$t=\frac{\left(1+\dfrac{1}{|e_1|}-\varepsilon\right)\left(\dfrac{1-e^{-\delta|s(0)|}}{\delta}-\rho|B|\right)}{-k_2-|e_1|^{\gamma}}+\frac{-\varepsilon|s(0)|+\lambda\varepsilon|C|}{k_2+|e_1|^{\gamma}} \tag{5-15}$$

其中，$1-e^{-\delta|s(0)|}<1$，取 $\delta\gg\left(1+\dfrac{1}{|e_1|}-\varepsilon\right)$，则式（5-15）变为

$$t<\frac{\varepsilon|s(0)|+\lambda\varepsilon|C|}{k_2+|e_1|^{\gamma}} \tag{5-16}$$

从式（5-13）和式（5-16）可以看出，无论 $s>0$ 还是 $s<0$，系统状态的趋近时间范围是一样的。为了比较直观地对比出两种趋近律作用下系统的趋近时间，用式（5-16）减去式（5-6），可得

$$t-t_1<\frac{\varepsilon|s(0)|+\lambda\varepsilon|C|}{k_2+|e_1|^\gamma}-\frac{|s(0)|-\left|\int_0^{t_1}\lambda_1 s\mathrm{d}t\right|}{k_1}$$
$$=\frac{k_1\varepsilon|s(0)|+\lambda\varepsilon k_1|C|-(k_2+|e_1|^\gamma)|s(0)|+\lambda_1(k_2+|e_1|^\gamma)\left|\int_0^{t_1}\lambda_1 s\mathrm{d}t\right|}{k_1(k_2+|e_1|^\gamma)} \tag{5-17}$$

当取$k_1=k_2$，且其余参数的取值在一定范围内时，式（5-17）满足$t-t_1<0$，即说明NVCERL的趋近速率大于传统的指数趋近律。

当取$t=t_1$时，式（5-17）变为

$$\frac{|s(0)|-\lambda_1|C|}{k_1}<\frac{\varepsilon|s(0)|+\lambda\varepsilon|C|}{k_2+|e_1|^\gamma} \tag{5-18}$$

可将上式化简为$k_2<k_1$，则说明在相同的趋近时间下，NVCERL作用下的系统抖振小于传统的指数趋近律。

综上，NVCERL在趋近速率以及减小系统抖振方面都优于传统指数趋近律。

基于式（5-3）、式（5-4）和式（5-7），并将$\frac{pe_2}{J}$看作扰动项，NSMLTO的控制函数$\xi(e_1)$可表示为

$$\xi(e_1)=-\frac{B}{J}e_1+\frac{1}{\alpha}[\beta e_1+K\cdot\mathrm{nsat}(s)+\lambda s] \tag{5-19}$$

当NSMLTO进入其滑动模态时，可得到

$$\begin{cases} s=\dot{s}=0 \\ e_1=\dot{e}_1=0 \end{cases} \tag{5-20}$$

将式（5-20）代入式（5-3），可得到

$$\begin{cases} e_2=-\frac{J}{p}\xi(e_1) \\ \dot{e}_2=-m\cdot\xi(e_1) \end{cases} \tag{5-21}$$

基于式（5-21），可得到e_2的表达式为

$$e_2=ce^{\frac{mp}{J}t} \tag{5-22}$$

式中：c为常数。

为了使e_2在有限时间内能够收敛到0，根据稳定性条件，反馈增益m必须满足以下条件，即

$$m<0 \tag{5-23}$$

根据Lyapunov稳定性条件，选择NSMLTO的Lyapunov的函数为

$$V=\frac{1}{2}s^2 \tag{5-24}$$

对式（5-24）求导，可得

$$\begin{aligned}\dot{V} &= s \cdot \dot{s} \\ &= s\left(-\frac{\alpha B}{J}e_1 - \frac{p\alpha}{J}e_2 - \alpha\xi(e_1) + \beta e_1\right) \\ &= s\left(-\frac{p\alpha}{J}e_2 - K \cdot \text{nsat}(s)\right) - \lambda s^2\end{aligned} \tag{5-25}$$

为了使 $\dot{V} < 0$，NVCERL 的系数 K 必须满足

$$K > \frac{p\alpha}{J}|e_2| \tag{5-26}$$

通过选取合适的 K 值，可以使 $\dot{V} < 0$，即证明所建立的 NSMLTO 是稳定的。

5.1.3　负载转矩前馈补偿

为了前馈补偿负载转矩[3]，估计出的负载转矩需前馈补偿到速度环 PI 控制器，前馈补偿的表达式如下：

$$i_q^* = i_{\text{qo}} + i_q' \tag{5-27}$$

式中：i_q^* 为经补偿后的 q 轴电流参考值；i_{qo} 为速度环 PI 控制器的输出电流；i_q' 为补偿电流。

补偿电流可由下式得到：

$$\begin{cases} i_q' = k_{\text{f}}\hat{T}_1 \\ k_{\text{f}} = \dfrac{2}{3p\psi_{\text{f}}} \end{cases} \tag{5-28}$$

式中：k_{f} 为转换系数。

5.1.4　整体框架及仿真分析

1. 整体框架

根据前面小节建立的 NSMLTO，本小节给出 NSMLTO 的整体框架图，以便更加直观地理解 NSMLTO，其框架图如图 5-2 所示。

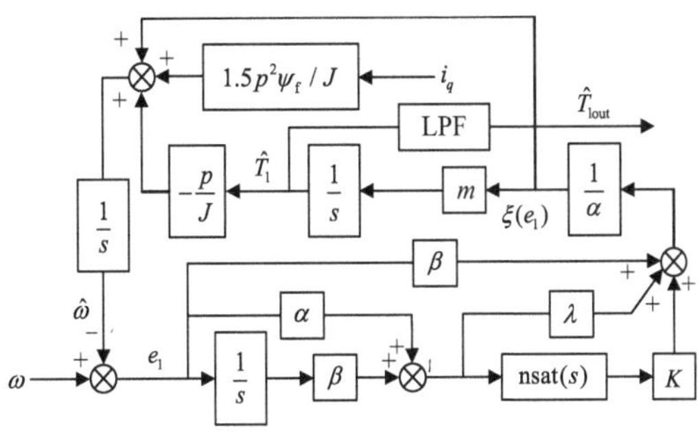

图 5-2　NSMLTO 整体框架图

因为所用 PMSM 的 B 为 0，所以在图中未画出其相关部分。LPF 为低通滤波器，估计出的负载转矩含有高频成分，因此需要使用 LPF 对其进行滤波。滤波后的输出为 $\hat{T}_{\text{lout}}$，其高频成分较少，可以用作前馈补偿，补偿效果较好。

2. 仿真分析

在 MATLAB/Simulink 中对 NSMLTO 进行仿真模型的建立。NSMLTO 仿真模型是在 TSMO 的基础上加入了 NSMLTO。NSMLTO 系统控制框图如图 5-3 所示。

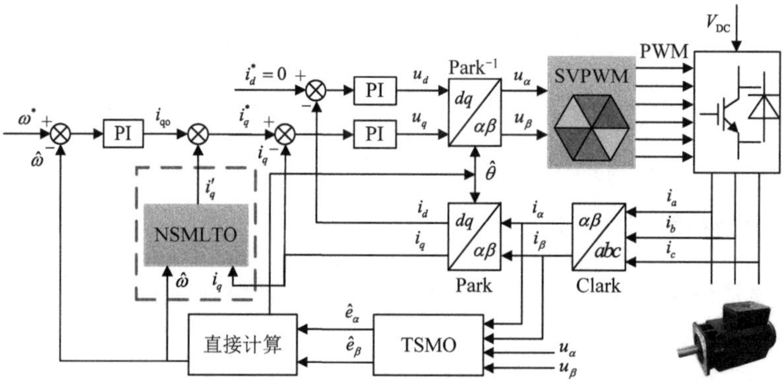

图 5-3（彩图）

图 5-3 NSMLTO 系统控制框图

其中，红线框内为所提出的 NSMLTO，其整体框架图如图 5-2 所示。NSMLTO 以 TSMO 估计出的转速 $\hat{\omega}$ 以及 q 轴电流 i_q 为输入变量，按照前馈补偿原理，得到输出变量 i_q'，并对估计出的 $\hat{T}_1$ 进行补偿。

仿真所用电机仍为第 4 章 TSMO 仿真所用的电机，电机参数如表 4-1 所示，这里不再赘述。对于所提出的 NSMLTO 相关参数，其数值为 $\alpha=\beta=0.5$，$m=-20$，$\lambda=12000$，$k_2=10000$，$\gamma=0.1$，$\varepsilon=0.01$，$\delta=2$，$\Delta=1$，$\mu=3$。对于 TSMO 的相关参数，为了体现出加入 NSMLTO 后系统的性能改善，本章仍然采用第 4 章的参数，不做任何改变。系统整体仿真时间、转速给定、负载给定与第 4 章一致，也不做改变。

在 Simulink 中，在 TSMO 的基础上，加入 NSMLTO 后系统的整体仿真模型如图 5-4 所示，其中标蓝部分表示的是 NSMLTO。

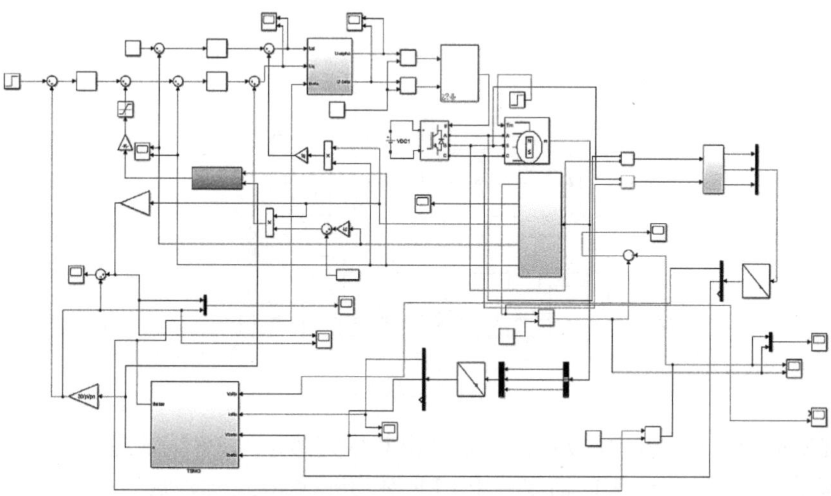

图 5-4（彩图）

图 5-4 加入 NSMLTO 后系统整体仿真模型

其中，NSMLTO 在 Simulink 中的仿真模型如图 5-5 所示。

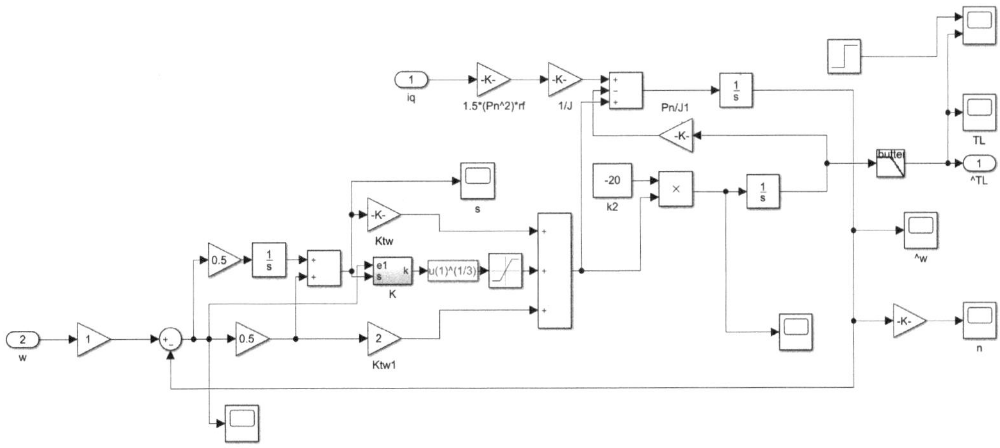

图 5-5　NSMLTO 仿真模型

仿真结果如图 5-6～图 5-11 所示。

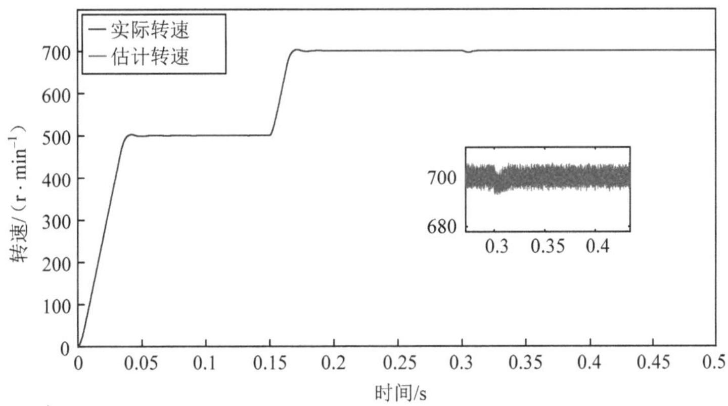

图 5-6　系统转速波形图

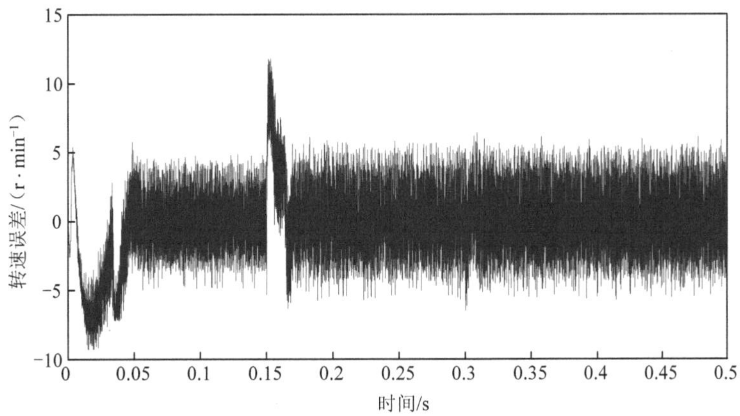

图 5-7　系统转速误差图

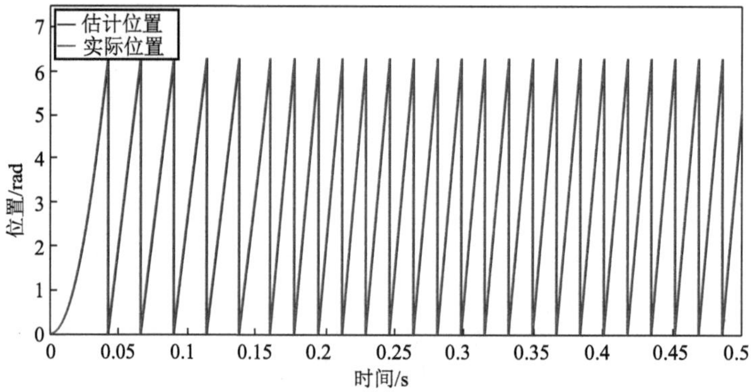

图 5-8（彩图）

图 5-8　系统位置波形图

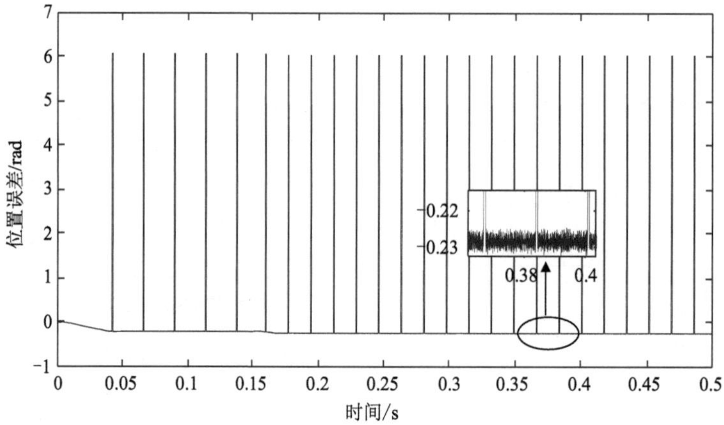

图 5-9　系统位置误差图

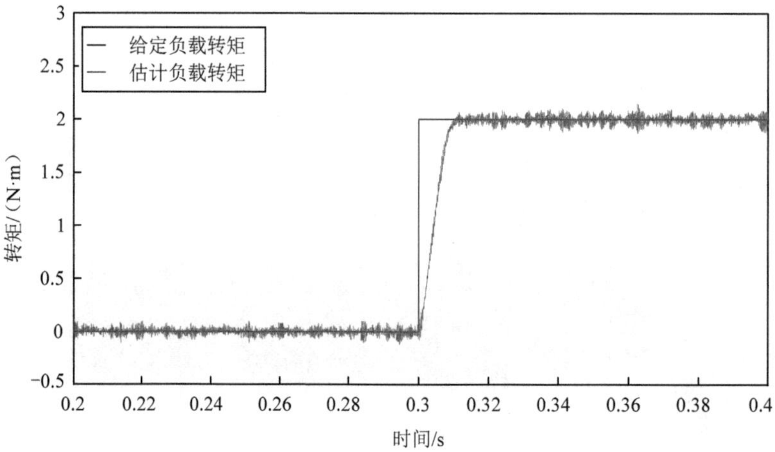

图 5-10（彩图）

图 5-10　系统负载转矩估计图

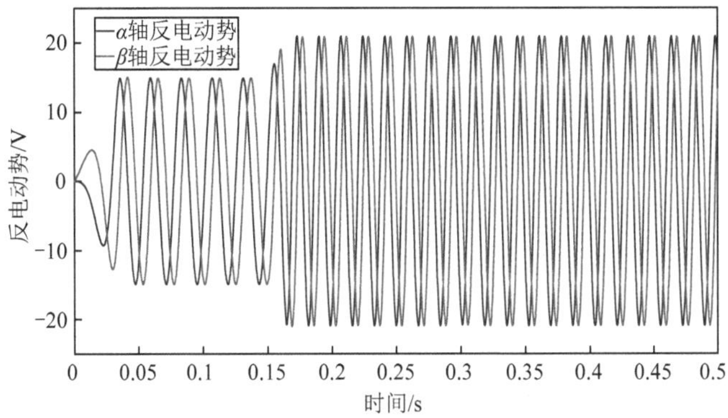

图 5-11（彩图）

图 5-11　系统反电动势波形图

从图 5-6 的转速波形和图 5-7 的转速误差波形可知，系统估计出的转速虽然能够跟踪 PMSM 的实际转速，但是抖振和误差都较大。与 TSMO 系统一样，误差大小整体处于−5～+5r/min 范围，最大可达 12r/min。与 TSMO 系统不同的是，加入 NSMLTO 后，此系统在受到外部负载扰动时，系统转速跌落小，仅为 4r/min，且转速恢复时间很快，在 0.01s 内就可恢复到系统给定转速，因此转速在整体波形上几乎不变，显示出此系统较强的抗外部负载扰动能力。

从图 5-8 的位置波形和图 5-9 的位置误差可知，此系统估计出的位置能较好地跟踪电机实际的位置，但仍存在滞后问题，误差约为−0.23rad，与 TSMO 系统一致。从图 5-9 中的放大图也可以看出，估计出的位置存在抖振。

从图 5-10 可知，在系统加入 NSMLTO 后，NSMLTO 可实时估计出 PMSM 所受负载转矩的大小。可以看到，当系统在 0.3s 突加 2N·m 负载转矩时，NSMLTO 能够及时估计出负载转矩的大小，估计时间仅为 0.015s，并能将估计出的负载转矩进行前馈补偿。结合图 5-6 可知，系统转速波动很小，NSMLTO 前馈补偿减小了负载转矩对转速的影响，提高了系统的抗外部扰动能力。但图中估计的负载转矩波形抖振较大，存在波动，这是由于系统仍然使用 TSMO，因此需要对系统中的 TSMO 进行改进。

从图 5-11 可以看出，此系统的反电动势波形较单一的 TSMO 系统反电动势波形有所改善，但仍存在高频噪声大和抖振问题。为了解决上述问题，系统中的 TSMO 引入低通滤波器，但这会导致相位滞后、精度不高等问题，因此需对 TSMO 进行改进。

从所有加入 NSMLTO 后的系统仿真图可以看出，系统抗负载扰动能力有所提高，抖振有所减小，但与单一的 TSMO 系统一样，仍存在精度不高、相位滞后等问题。应解决上述问题，以提高系统性能。

5.2　永磁同步电机混沌系统滑模控制理论

对于电机控制中的混沌现象，当其边界较小时，常被误认为是噪声；当其边界较大时，又被误认为是一种不稳定运行状态。然而，与电机控制中失步等不稳定行为不同，混沌现象实际上是一种复杂的稳态行为，不会随着时间而终止。可以采取一定的控制方法使混沌振荡系统稳定下来。

由于永磁同步电机是一个典型的时变、非线性受扰系统，为了提高控制系统的动态性能及实现低抖振，本节结合扩张观测器和跟踪微分器，设计了一种新型非奇异快速终端滑模（novel nonsingular fast terminal sliding mode，NNFTSM）控制器[4]。针对任意极对数的永磁同步电机不确定受扰混沌系统[5]，设计新的量纲为 1 的变换公式，并研究了 PMSM 的混沌行为。为使混沌系统状态能够在有限时间内快速收敛且无奇异问题，采用第 4 章设计的积分型非奇异快速终端滑模面。采用扩张观测器（extended state observer，ESO）对不确定性及干扰进行了实时观测并前馈补偿至滑模控制器。结合指数趋近律，设计滑模控制律来进一步降低抖振，且保证了系统状态在趋近阶段及滑动阶段都具有有限时间收敛特性，控制精度高。选择 q 轴定子电压与电流作为控制变量，保证系统可以在任意时间快速稳定到任意给定值。另外，采用微分跟踪器（tracking differentiator，TD）使系统状态能够快速无超调地跟踪给定目标值，且控制量初始冲击小。系统的稳定性由 Lyapunov 稳定性定理保证。

5.2.1 永磁同步电机混沌系统

永磁同步电机在 dq 两相旋转坐标系下的状态方程为

$$\begin{cases}\dfrac{\mathrm{d}i_d}{\mathrm{d}t}=\dfrac{-R_\mathrm{s}i_d+n_\mathrm{p}\omega L_q i_q+u_d}{L_d}\\ \dfrac{\mathrm{d}i_q}{\mathrm{d}t}=\dfrac{-R_\mathrm{s}i_q-n_\mathrm{p}\omega L_d i_d-n_\mathrm{p}\omega\psi_\mathrm{f}+u_q}{L_q}\\ \dfrac{\mathrm{d}\omega}{\mathrm{d}t}=\dfrac{n_\mathrm{p}\psi_\mathrm{f}i_q+n_\mathrm{p}(L_d-L_q)i_d i_q-T_\mathrm{L}-B\omega}{J}\end{cases} \tag{5-29}$$

式中：u_d、u_q、i_d、i_q 分别为 d 轴、q 轴定子电压、电流；R_s 为定子电阻；L_d、L_q 分别为 d 轴、q 轴定子电感；ψ_f 为转子磁链；n_p 为极对数；ω 为转子机械角速度；B 为摩擦系数；J 为转动惯量；T_L 为负载转矩。

为简化分析，通过仿射变换和时间尺度变换：

$$\begin{cases}\left[i_d\ i_q\ \omega\right]^\mathrm{T}=\mathrm{diag}\left[c\xi\ \xi\ 1/(\vartheta n_\mathrm{p})\right]\left[\tilde{i}_d\ \tilde{i}_q\ \tilde{\omega}\right]^\mathrm{T}\\ t=\vartheta\tilde{t}\end{cases}$$

其中，$c=L_q/L_d$、$\xi=B/(n_\mathrm{p}{}^2\vartheta\psi_\mathrm{f})$、$\vartheta=L_q/R_\mathrm{s}$，得到量纲为 1 的 PMSM 数学模型：

$$\begin{cases}\dfrac{\mathrm{d}\tilde{i}_d}{\mathrm{d}\tilde{t}}=-\tilde{i}_d L_q/L_d+\tilde{i}_q\tilde{\omega}+\tilde{u}_d\\ \dfrac{\mathrm{d}\tilde{i}_q}{\mathrm{d}\tilde{t}}=-\tilde{i}_q-\tilde{i}_d\tilde{\omega}+\gamma\tilde{\omega}+\tilde{u}_q\\ \dfrac{\mathrm{d}\tilde{\omega}}{\mathrm{d}\tilde{t}}=\sigma(\tilde{i}_q-\tilde{\omega})+\rho\tilde{i}_d\tilde{i}_q-\tilde{T}_\mathrm{L}\end{cases} \tag{5-30}$$

其中，$\gamma=-\psi_\mathrm{f}/(\xi L_q)$、$\sigma=B\vartheta/J$、$\rho=n_\mathrm{p}{}^2\vartheta^2 c\xi^2(L_d-L_q)/J$、$\tilde{T}_\mathrm{L}=\vartheta^2 n_\mathrm{p}T_\mathrm{L}/J$、$\tilde{u}_d=u_d/(\xi R_\mathrm{s})$、$\tilde{u}_q=u_q/(\xi R_\mathrm{s})$。

本节主要以表贴式永磁同步电机为研究对象，此时 $L_d=L_q$，为了数学分析方便，将

$\begin{bmatrix}\tilde{i}_d & \tilde{i}_q & \tilde{\omega}\end{bmatrix}^{\mathrm{T}}$重新定义为$\begin{bmatrix}x_1 & x_2 & x_3\end{bmatrix}^{\mathrm{T}}$，则系统（5-30）可表示为

$$\begin{cases}\dot{x}_1 = -x_1 + x_2x_3 + \tilde{u}_d \\ \dot{x}_2 = -x_2 - x_1x_3 + \gamma x_3 + \tilde{u}_q \\ \dot{x}_3 = \sigma(x_2 - x_3) - \tilde{T}_{\mathrm{L}}\end{cases} \tag{5-31}$$

实际 PMSM 调速系统中，随着电机运行状态的变化，电机参数也会发生一定的变化，γ、σ是变量，且负载也会随着工况突增突减，因而永磁同步电机是一个不确定受扰系统，表示为

$$\begin{cases}\dot{x}_1 = -x_1 + x_2x_3 + \tilde{u}_d \\ \dot{x}_2 = -x_2 - x_1x_3 + (\gamma + \Delta\gamma)x_3 + \tilde{u}_q \\ \dot{x}_3 = (\sigma + \Delta\sigma)(x_2 - x_3) - (\tilde{T}_{\mathrm{L}} + \Delta\tilde{T}_{\mathrm{L}})\end{cases} \tag{5-32}$$

式中：$\Delta\gamma$、$\Delta\sigma$为有界的参数不确定值；$\Delta\tilde{T}_{\mathrm{L}}$为负载扰动。

当系统参数、工作条件在一定数值时，系统（5-32）会呈现混沌现象，取其中一组参数为$\gamma = 25$、$\sigma = 5.45$、$\tilde{T}_{\mathrm{L}} = 1.2$、$\tilde{u}_d = -0.277$、$\tilde{u}_q = 0.425$，且$|\Delta\gamma| \leqslant 0.2\gamma$、$|\Delta\sigma| \leqslant 0.2\sigma$、$|\Delta\tilde{T}_{\mathrm{L}}| \leqslant 0.2\tilde{T}_{\mathrm{L}}$，每 5s 变化一次。选择初值$x(0) = [20 \ \ 0.01 \ \ -5]^{\mathrm{T}}$，则不确定受扰系统状态将会无规则振荡，存在混沌吸引子，如图 5-12 和图 5-13 所示。

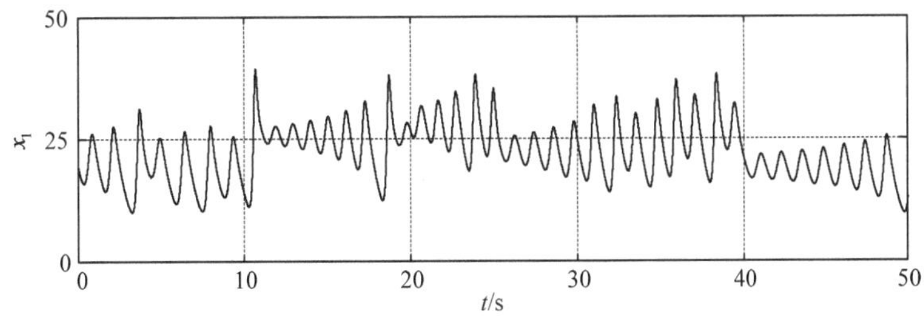

（a）状态x_1

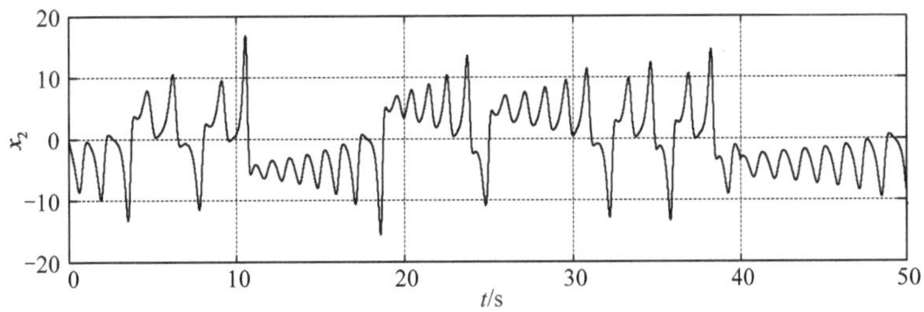

（b）状态x_2

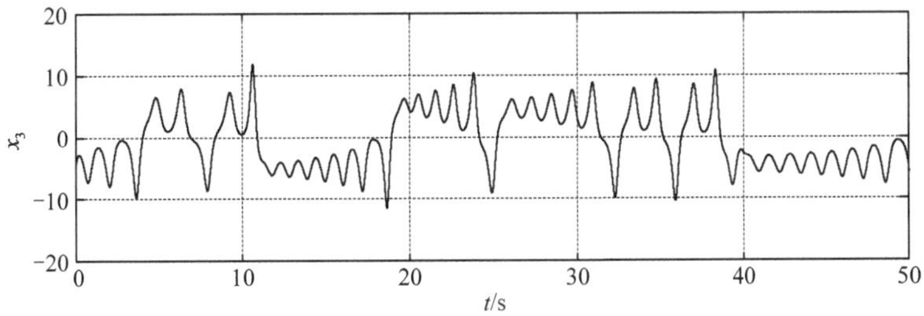

（c）状态x_3

图 5-12 混沌状态

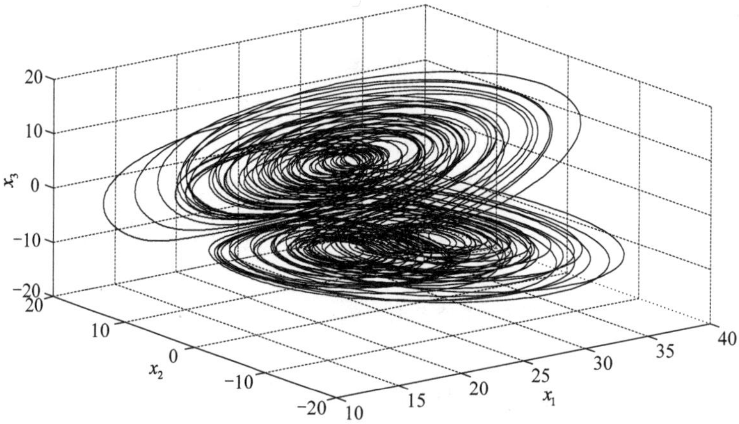

图 5-13　混沌吸引子

由图 5-12 可以看出，永磁同步电机不确定受扰系统在一定的初始条件和参数下，存在非周期性的振荡，且不会随着时间消失，由于 x_3 受 x_2 控制，x_3 的振荡规律与 x_2 的振荡规律相同。图 5-13 呈现双螺旋奇异吸引子，且随着参数变化和负载扰动，吸引子的中心也在变化。q 轴定子电流的振荡导致电磁转矩振荡，再加上转速的无规则振荡，严重破坏了系统的稳定性，甚至可能导致整个系统崩溃。若采取切断电源的方式，在某些工业场合，比如同步发电机切断后再投入运行时，将会造成巨大的经济损失。因此，必须采取一定的控制措施，使整个混沌振荡稳定下来。

5.2.2　新型非奇异快速终端滑模控制器

为了提高永磁同步电机不确定受扰系统的鲁棒性，实现混沌系统的无超调、高精度、低抖振快速稳定。基于扩张观测器（ESO）和跟踪微分器（TD），本节设计了新型非奇异快速终端滑模（novel nonsingular fast terminal sliding mode，NNFTSM）控制策略。

对于永磁同步电机不确定受扰系统（5-32），在 x_2 的微分方程中把 $\tilde{u}_q$ 替换为滑模控制器 u_1。由于 x_3 受 x_2 控制，若 x_2 稳定下来，则 x_3 稳定。观察 x_1 的微分方程可以看到，x_1 受 x_2、x_3 控制，可见，若 x_2、x_3 稳定下来，则 x_1 稳定，即整个混沌系统被控制到给定目标值。在实际 PMSM 调速系统中，控制性能通过 x_3 体现，但是由于 x_3 受 x_2 控制，只有 x_2 稳定后 x_3 才能稳定下来，因此 x_3 响应速度有延时，x_3 精度也会受影响。为了实现 x_3 高精度快速响应，需要施加另一个控制器 u_2 作用在 x_3 上，由 x_3 的微分方程可以看出，可选择的控制量有 x_2 和 $\tilde{T}_L$。考虑到 $\tilde{T}_L$ 由实际工业需求决定而不能任意给定，但又不能从外部施加一个新的控制量，所以将 x_2 替换为控制器 u_2。实际上，u_1、u_2 是永磁同步电机矢量控制系统中的 q 轴定子电流环及速度环的控制器，可见，所施加的控制器是物理可行的。

定义非线性耦合项 $-x_1x_3$、含不确定参数系统状态项及外部负载扰动为系统综合扰动，则受控永磁同步电机不确定受扰混沌系统可表示为

$$\begin{cases}\dot{x}_1 = -x_1 + x_2x_3 + \tilde{u}_d \\ \dot{x}_2 = -x_2 + f_1 + u_1 \\ \dot{x}_3 = \sigma u_2 + f_2\end{cases} \tag{5-33}$$

式中：$f_1=-x_1x_3+(\gamma+\Delta\gamma)x$ 为 x_2 的综合扰动；$f_2=\Delta\sigma x_2-(\sigma+\Delta\sigma)x_3-(\tilde{T}_L+\Delta\tilde{T}_L)$ 为 x_3 的综合扰动。

当系统在跟踪阶跃、方波等跳变信号时，由于被控对象的动态响应有一定的惯性，不能跳变，无法及时跟踪给定信号。当系统初始状态与给定误差较大时，为了实现快速跟踪，需要大的控制增益，产生大的超调，从而造成很大的初始冲击。为了降低初始误差，需要为给定跳变信号安排一个合适的过渡过程。由于跟踪微分器能实现真实信号的提取及求导，采用跟踪微分器实现阶跃信号的过渡过程。

定义被控状态变量为

$$\boldsymbol{e}=\begin{bmatrix}e_1 & e_2\end{bmatrix}^{\mathrm{T}}=\begin{bmatrix}x_{2d}^*-x_2 & x_{3d}^*-x_3\end{bmatrix}^{\mathrm{T}} \tag{5-34}$$

式中：x_{2d}^*、x_{3d}^* 分别为由跟踪微分器得到的参考信号 x_{2d}、x_{3d} 的过渡参考信号。

x_{2d} 的 TD 表示为

$$\begin{cases}\dot{v}_1=v_2\\ \dot{v}_2=-a_1R_1^2\left(v_1-x_{2d}+\dfrac{v_2}{R_1}\right)-b_1R_1^2\left[(v_1-x_{2d})^{m_1}+\left(\dfrac{v_2}{R_1}\right)^{m_1}\right]\end{cases} \tag{5-35}$$

式中：$R_1,a_1,b_1>0$；$m_1\geqslant 3$；v_1 为 x_{2d} 的过渡信号，记为 x_{2d}^*；v_2 为 x_{2d} 的微分，记为 $\dot{x}_{2d}^*$。

x_{3d} 的 TD 表示为

$$\begin{cases}\dot{v}_1=v_2\\ \dot{v}_2=-a_2R_2^2\left(v_1-x_{3d}+\dfrac{v_2}{R_2}\right)-b_2R_2^2\left[(v_1-x_{3d})^{m_2}+\left(\dfrac{v_2}{R_2}\right)^{m_2}\right]\end{cases} \tag{5-36}$$

为了使 PMSM 混沌系统能够在有限的时间内快速稳定，选择 NNFTSM 滑模面 $\boldsymbol{s}=\begin{bmatrix}s_1 & s_2\end{bmatrix}^{\mathrm{T}}$ 为

$$s_i=e_i+\alpha_i\int_0^t e_i(\tau)\mathrm{d}\tau+\beta_i\int_0^t\left|e_i(\tau)\right|^{\lambda_i}\operatorname{sgn}(e_i(\tau))\mathrm{d}\tau=0,\ i=1,2 \tag{5-37}$$

在趋近阶段，采用指数趋近律保证滑模状态即使存在扰动，也能够在有限时间到达滑模面，且能削弱抖振。指数趋近律为

$$\dot{s}_i=-k_i\operatorname{sgn}(s_i)-l_is_i,\quad i=1,2 \tag{5-38}$$

式中：$k_i,l_i>0$。

对式（5-37）求导，结合式（5-38），则有

$$\dot{e}_i+\alpha_ie_i+\beta_i\left|e_i\right|^{\lambda_i}\operatorname{sgn}(e_i)=-k_i\operatorname{sgn}(s_i)-l_is_i,\ i=1,2 \tag{5-39}$$

结合式（5-33）、式（5-34）、式（5-39），不计扰动 f_1 和 f_2，得结合 TD 的 NNFTSM 控制器 $\boldsymbol{u}'$ 为

$$\boldsymbol{u}'=\begin{bmatrix}u_1'\\ u_2'\end{bmatrix}=\begin{bmatrix}\dot{x}_{2d}^*+x_2+\alpha_1e_1+\beta_1\left|e_1\right|^{\lambda_1}\operatorname{sgn}(e_1)+k_1\operatorname{sgn}(s_1)+l_1s_1\\ 1/\sigma[\dot{x}_{3d}^*+\alpha_2e_2+\beta_2\left|e_2\right|^{\lambda_2}\operatorname{sgn}(e_2)+k_2\operatorname{sgn}(s_2)+l_2s_2]\end{bmatrix} \tag{5-40}$$

为了削弱抖振，本节采用扩张观测器实现对扰动 f_1 和 f_2 的实时估计，并前馈补偿至滑模控制律 $\boldsymbol{u}'$。若不采用扩张观测器，k_1、k_2 需要大于扰动 f_1、f_2 的上界，由于切换函数增益过大时，会产生大的抖振。若滑模控制器被扩张观测器补偿，在选取切换增益 k_1、k_2 时，它们的大小只需要大于扩张观测器的观测误差，因而可选取较小的值，抖振

也相应减小。

f_1的 ESO 表示为

$$\begin{cases}\dot{\hat{x}}_2 = -\hat{x}_2 + \hat{f}_1 + u_1 - \varepsilon_{11}\text{fal}(\hat{x}_2 - x_2, \eta_{11}, \delta_1) \\ \dot{\hat{f}}_1 = -\varepsilon_{12}\text{fal}(\hat{x}_2 - x_2, \eta_{12}, \delta_1)\end{cases} \tag{5-41}$$

式中：$\hat{x}_2$ 为 x_2 的估计值；$\hat{f}_1$为 f_1 的估计值；$\varepsilon_{11}, \varepsilon_{12} > 0$ 为非线性函数 $\text{fal}(\cdot)$ 的系数；$\delta_1 > 0$；$0 < \eta_{11}, \eta_{12} < 1$，通常选取 $\eta_{12} = 0.5\eta_{11}$。

函数 $\text{fal}(\hat{x}_2 - x_2, \eta_{11}, \delta_1)$ 表示为

$$\text{fal}(\hat{x}_2 - x_2, \eta_{11}, \delta_1) = \begin{cases}|\hat{x}_2 - x_2|^{\eta_{11}}\text{sign}(\hat{x}_2 - x_2) & |\hat{x}_2 - x_2| > \delta_1 \\ \dfrac{\hat{x}_2 - x_2}{\delta_1^{1-\eta_{11}}} & |\hat{x}_2 - x_2| \leqslant \delta_1\end{cases} \tag{5-42}$$

饱和函数 $\text{fal}(\cdot)$ 如图 5-14 所示。

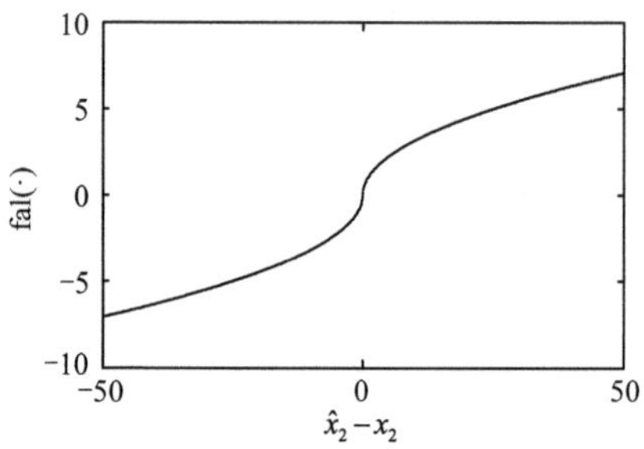

图 5-14　函数 fal(·)

由图 5-14 可见，函数 $\text{fal}(\cdot)$ 是一条光滑连续曲线。饱和函数 $\text{fal}(\cdot)$ 的作用为抑制信号抖振，当误差较大时，通过对其绝对值进行开方使其增益降低，防止超调；当误差较小时，利用其线性值使切换增益增大，加快收敛过程。

由式（5-41）得到 u_1 的补偿项 $-\hat{f}_1$。

f_2 的 ESO 表示为

$$\begin{cases}\dot{\hat{x}}_3 = \sigma u_2 + \hat{f}_2 - \varepsilon_{21}\text{fal}(\hat{x}_3 - x_3, \eta_{21}, \delta_2) \\ \dot{\hat{f}}_2 = -\varepsilon_{22}\text{fal}(\hat{x}_3 - x_3, \eta_{22}, \delta_2)\end{cases} \tag{5-43}$$

式中：$\hat{x}_3$ 为 x_3 的估计值；$\hat{f}_2$ 为 f_2 的估计值。

得到 u_2 的补偿项 $-\hat{f}_2 / \sigma$。

由于扩张观测器只利用控制对象的名义模型信息，而无须描述对象的函数信息，因而具有很好的工程应用价值。通过 ESO 补偿控制器 $\boldsymbol{u}'$，得到结合 ESO 与 TD 的 NNFTSM 控制器 $\boldsymbol{u}$ 为

$$\boldsymbol{u} = \begin{bmatrix}u_1 \\ u_2\end{bmatrix} = \begin{bmatrix}\dot{x}_{2d}^* + x_2 + \alpha_1 e_1 + \beta_1|e_1|^{\lambda_1}\text{sgn}(e_1) + k_1\text{sgn}(s_1) + l_1 s_1 - \hat{f}_1 \\ 1/\sigma\left[\dot{x}_{3d}^* + \alpha_2 e_2 + \beta_2|e_2|^{\lambda_2}\text{sgn}(e_2) + k_2\text{sgn}(s_2) + l_2 s_2 - \hat{f}_2\right]\end{bmatrix} \tag{5-44}$$

以控制器 u_2 为例，基于扩张观测器与跟踪微分器的新型非奇异快速终端滑模控制器的原理框图如图 5-15 所示。

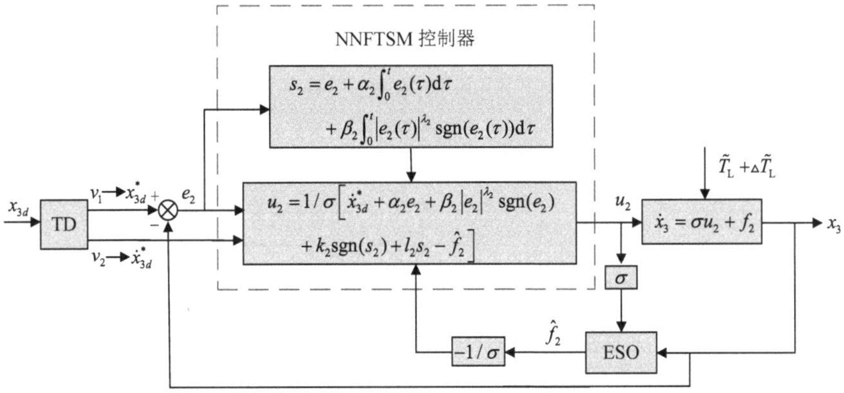

图 5-15　基于扩张观测器与跟踪微分器的 NNFTSM 控制器框图

5.2.3　稳定性分析

定义 Lyapunov 函数：

$$V = \frac{1}{2}\boldsymbol{s}^{\mathrm{T}}\boldsymbol{s} \tag{5-45}$$

对 V 求导得

$$\begin{aligned}\dot{V} &= s_1\dot{s}_1 + s_2\dot{s}_2 \\ &= s_1\left[\dot{e}_1 + \alpha_1 e_1 + \beta_1|e_1|^{\lambda_1}\operatorname{sign}(e_1)\right] + s_2\left[\dot{e}_2 + \alpha_2 e_2 + \beta_2|e_2|^{\lambda_2}\operatorname{sign}(e_2)\right] \\ &= s_1\left[-(f_1 - \hat{f}_1) - k_1\operatorname{sign}(s_1) - l_1 s_1\right] + s_2\left[-(f_2 - \hat{f}_2) - k_2\operatorname{sign}(s_2) - l_2 s_2\right]\end{aligned} \tag{5-46}$$

假设 $\Delta f_i = f_i - \hat{f}_i$ 且 $|\Delta f_i| \leqslant k_i$，则

$$\begin{aligned}\dot{V} &= s_1\left[-\Delta f_1 - k_1\operatorname{sign}(s_1) - l_1 s_1\right] + s_2\left[-\Delta f_2 - k_2\operatorname{sign}(s_2) - l_2 s_2\right] \\ &\leqslant |s_1||\Delta f_1| - k_1|s_1| - l_1 s_1^2 + |s_2||\Delta f_2| - k_2|s_2| - l_2 s_2^2 \leqslant 0\end{aligned} \tag{5-47}$$

由此证明，被控系统是稳定的，且系统被控状态变量会在有限的时间到达滑模面，并沿着滑模面在有限的 d 时间内收敛到零。

5.2.4　仿真分析

建立基于 MATLAB/Simulink 的系统仿真模型。在调节参数时，可参考下列原则：

首先调节扩张观测器的参数，因为其参数不受 $\boldsymbol{u}$ 影响；然后调节 NNFTSM 控制器参数；最后调节跟踪微分器参数。仿真所选择的参数为

NNFTSM: $\alpha_1 = \alpha_2 = 10, \beta_1 = \beta_2 = 2, \lambda_1 = \lambda_2 = 0.56, k_1 = k_2 = 1, l_1 = l_2 = 40$

ESO: $\begin{aligned}&\varepsilon_{11} = 250, \varepsilon_{12} = 50000, \delta_1 = 0.1, \eta_{11} = 0.5, \eta_{12} = 0.25 \\ &\varepsilon_{21} = 250, \varepsilon_{22} = 50000, \delta_2 = 0.2, \eta_{21} = 0.5, \eta_{22} = 0.25\end{aligned}$

TD: $R_1 = R_2 = 9, a_1 = a_2 = 5, b_1 = b_2 = 5, m_1 = m_2 = 3$。

永磁同步电机不确定受扰混沌系统在 NNFTSM 控制器作用下的仿真模型如图 5-16 所示。

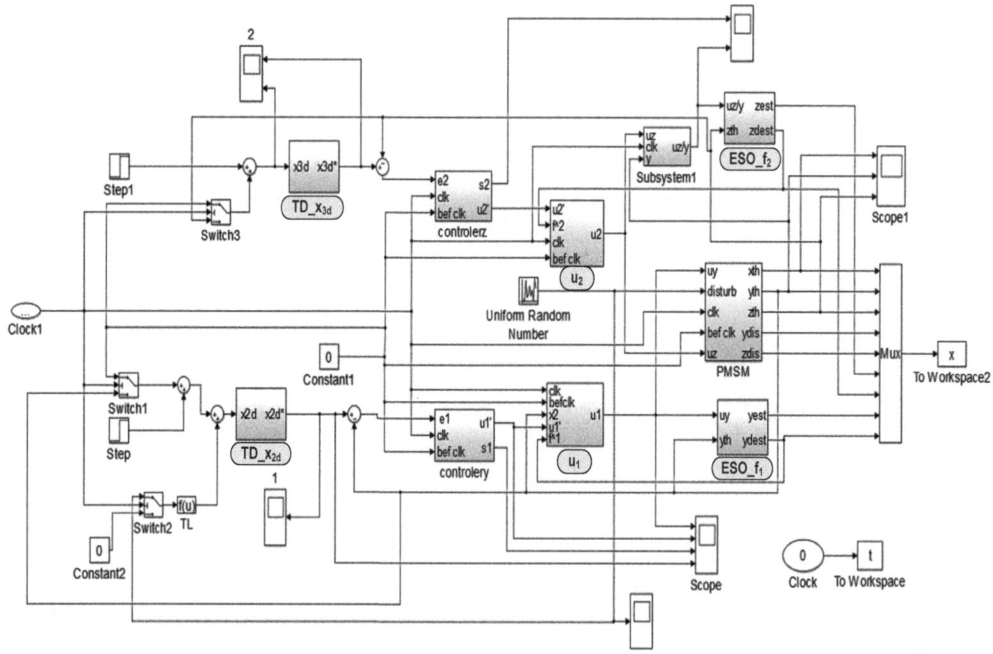

图 5-16　永磁同步电机不确定受扰混沌系统在 NNFTSM 控制器作用下的仿真模型

图 5-16 中的扩张观测器、跟踪微分器、滑模控制器由 S 函数获得。

仿真结果如图 5-17～图 5-25 所示。

控制目标设定为 $x_{3d}=5$。因为 x_2 是随负载转矩变化的，通过式 $\dot{x}_3=(\sigma+\Delta\sigma)(x_2-x_3)-(\tilde{T}_\mathrm{L}+\Delta\tilde{T}_\mathrm{L})$ 可以算出 $x_{2d}=x_{3d}+\tilde{T}_\mathrm{L}+\Delta\tilde{T}_\mathrm{L}/\sigma$。在实际系统中，通常设 x_{2d}、x_{3d} 为常数，则 $\dot{x}^*_{2d}=\dot{x}^*_{3d}=0$。微分跟踪器中 x^*_{2d}、x^*_{3d} 的初始值是 x_2、x_3 的实时采样值，可以得到小的初始误差。永磁同步电机不确定受扰混沌系统参数及初始条件与图 5-1 和图 5-2 所选择的参数相同。状态 x_2、x_3 及它们的控制器 u_1、u_2 为主要研究对象。为了排除初始条件的影响，且更好地体现本节所提出的控制器的性能，选择在 t=15s 时施加控制器，结合 ESO 和 TD 的 NNFTSM 控制器仿真结果如图 5-17 和图 5-18 所示。

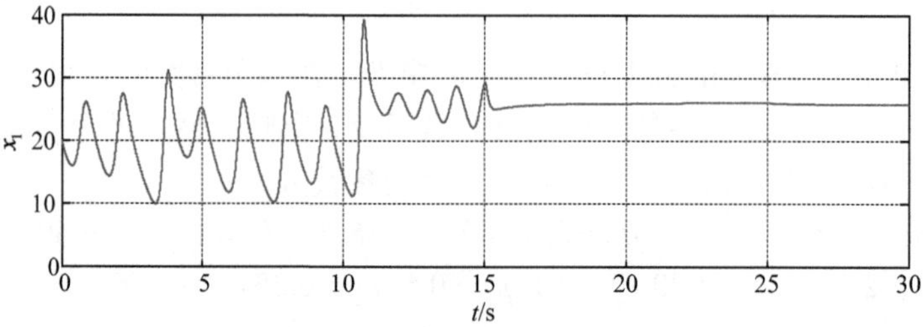

（a）状态 x_1

图 5-17　结合 ESO 和 TD 的 NNFTSM 控制器的状态响应（$k_1=k_2=1$）

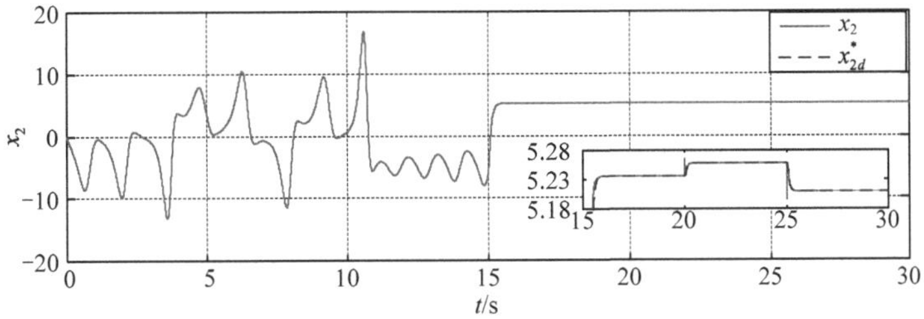

（b）状态 x_2

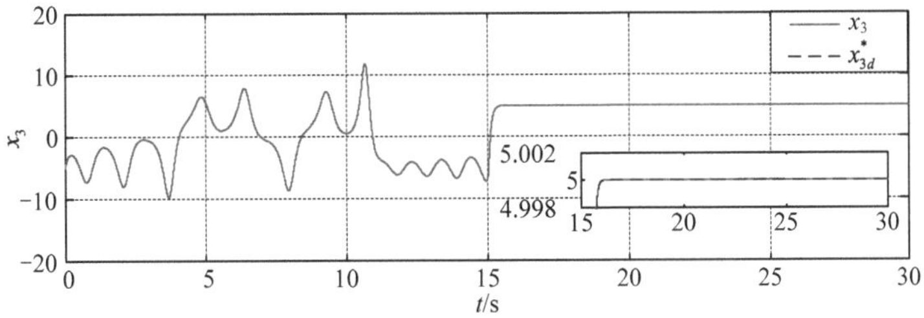

（c）状态 x_3

图 5-17（续）

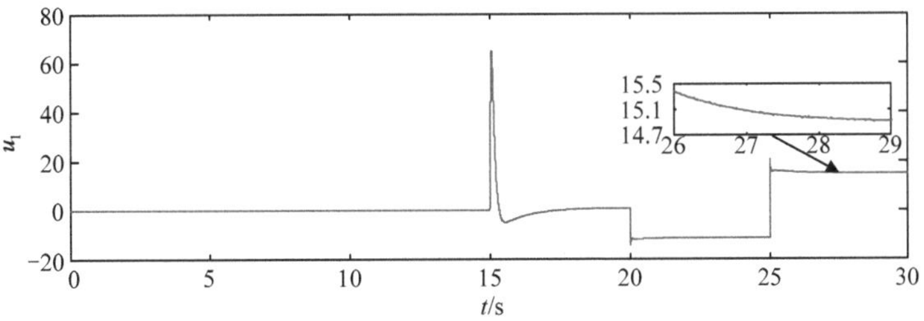

（a） x_2 的控制量 u_1

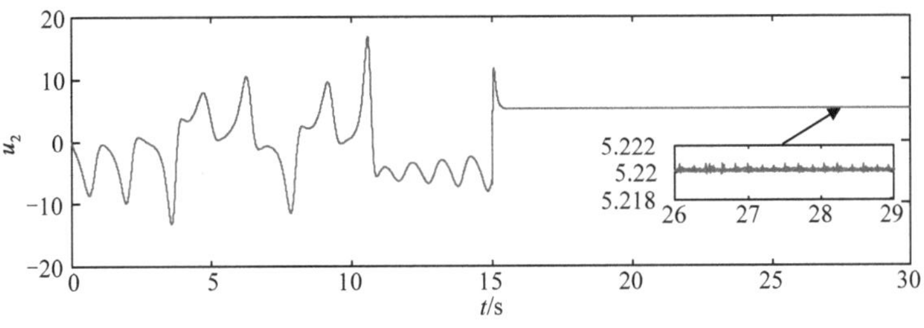

（b） x_3 的控制量 u_2

图 5-18　结合 ESO 和 TD 的 NNFTSM 控制器 $\boldsymbol{u}(k_1 = k_2 = 1)$

从图 5-17 可以看出，永磁同步电机不确定受扰混沌系统在本节所提出的控制器作用下很好地稳定下来、状态 x_2 、 x_3 可以快速跟踪参考信号 x_{2d}^* 、 x_{3d}^* ，且在 t =15s 时的初始响应无超调。当电机参数、负载变化时，所设计的控制器使系统状态仍能够精确跟踪给定值， x_2 和 x_3 的稳态误差为 0。

在图 5-18 中，控制律 u_1 、 u_2 的抖振较小，且在控制初期， u_1 的初始冲击量为 60， u_2 的初始冲击量为 17，不存在过电压、过电流。还可以发现 u_2 曲线与状态 x_2 曲线相似，

除了 t=15s 附近用以实现 x_3 快速响应的控制量。另外由于没有对 x_1 施加控制器，x_1 的动态响应较慢，但这不影响系统性能。

扩张观测器的观测结果如图 5-19 所示。

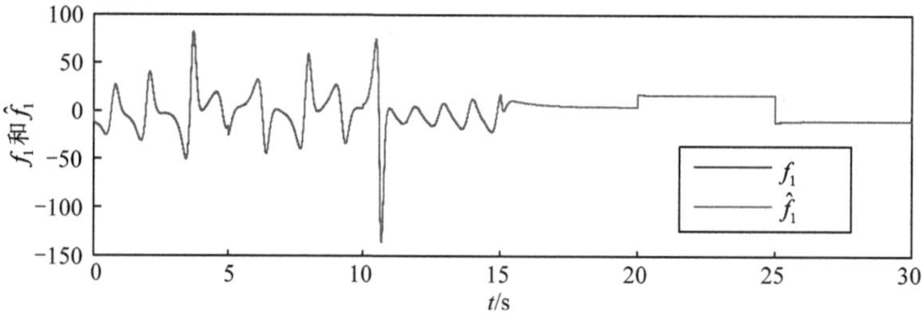

（a）f_1和$\hat{f}_1$

图 5-19（彩图）

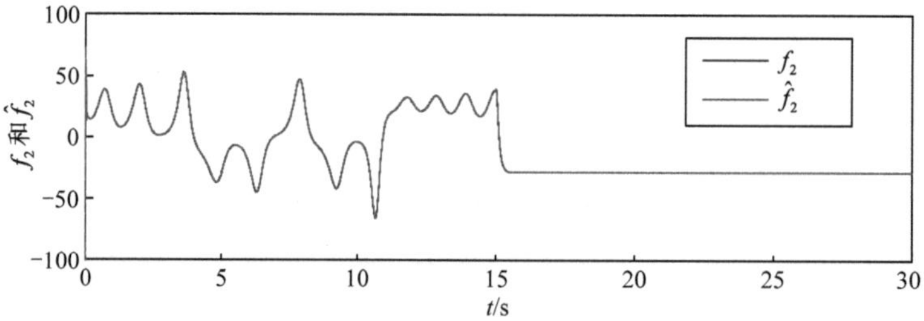

（b）f_2和$\hat{f}_2$

图 5-19　ESO 观测效果

图 5-19 中扩张观测器所估计的 $\hat{f}_1$、$\hat{f}_2$ 曲线几乎和系统实际扰动 f_1、f_2 曲线同步，可见本节所采用的观测器可以很好地实时估计系统不确定性及扰动，估计误差小，响应及时，进而可以选择更小的切换增益。

为了更好地体现本节所设计控制器较强的鲁棒性、低抖振、高精度、优质动态响应性能，采用无 ESO 和 TD 的 NNFTSM 控制器作为比较。采用小切换增益的状态响应及控制律响应结果如图 5-20 和图 5-21 所示。参数 α_i、β_i、λ_i、k_i、l_i 的选择与图 5-18 和图 5-19 所采用的参数相同。

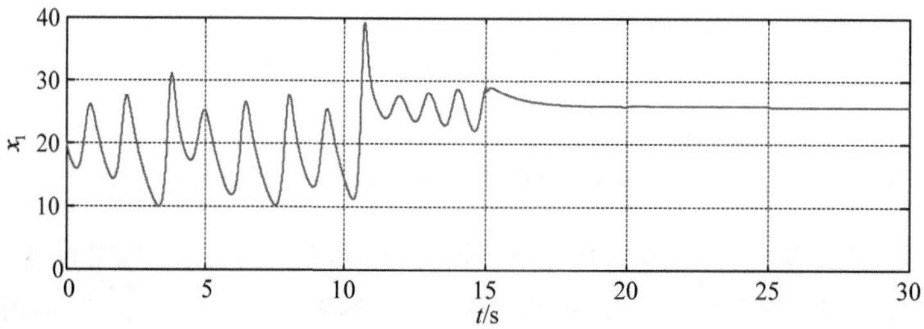

（a）状态 x_1

图 5-20　无 ESO 和 TD 的 NNFTSM 控制器的状态响应（$k_1=k_2=1$）

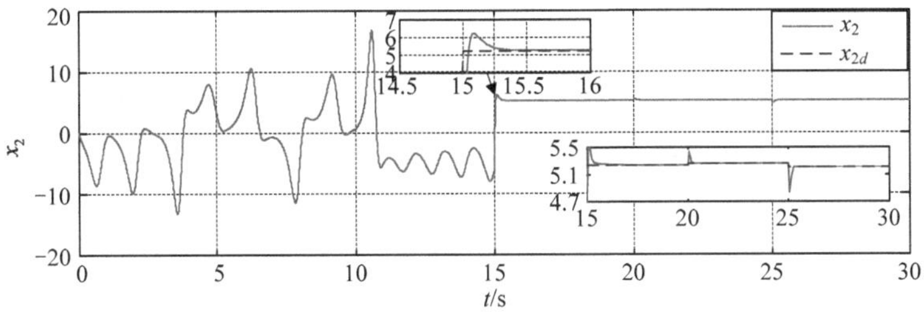

（b）状态 x_2

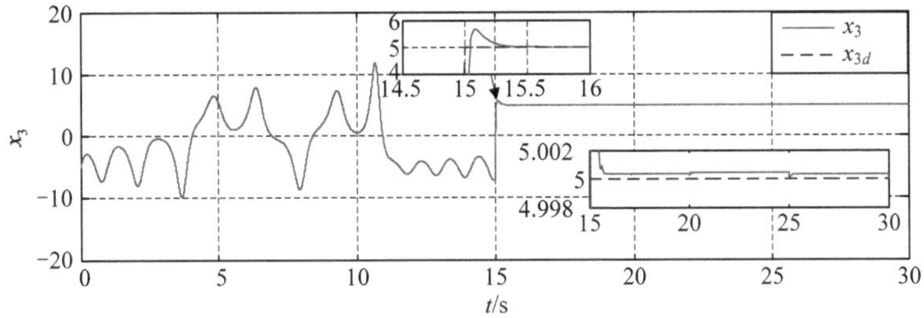

（c）状态 x_3

图 5-20（续）

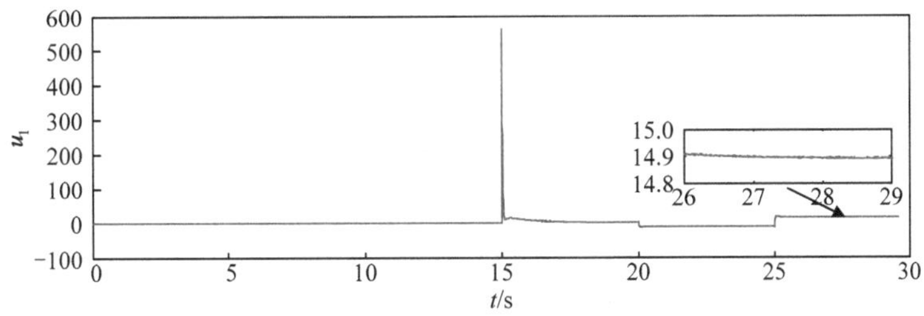

（a） x_2 的控制量 u_1

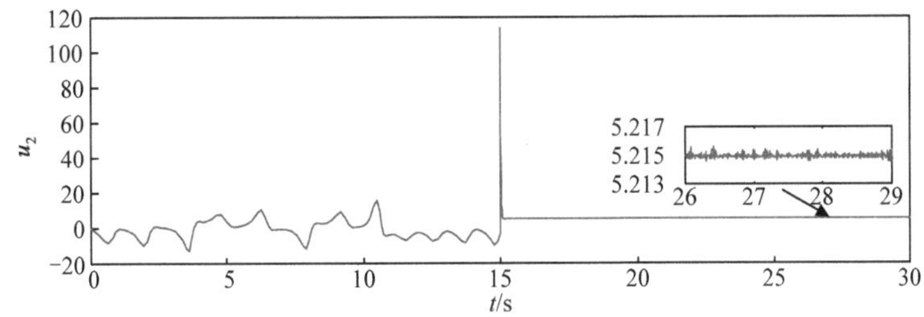

（b） x_3 的控制量 u_2

图 5-21　无 ESO 和 TD 的 NNFTSM 控制器 $\boldsymbol{u}$（$k_1=k_2=1$）

由图 5-20 可以看出，永磁同步电机不确定受扰混沌系统在无 ESO 和 TD 的 NNFTSM 控制器作用下，依然可以稳定下来。当参数摄动、负载突变时，由于切换增益较小，且没有扩张观测器的补偿，系统的鲁棒性差，x_2、x_3 与它们的参考信号 x_{2d}、x_{3d} 存在稳态误差，且与图 5-17 相比，扰动变化初期，状态误差大，误差最大达到 0.4。由于无跟踪微分器安排参考信号的过渡过程，状态响应初期超调量大。

图 5-21 中，虽然控制量的抖振较小，但初始冲击较大，u_1 的初始冲击接近 600，u_2

的初始冲击量接近 120，远大于图 5-18 中控制量的初始冲击。

在无扩张观测器的滑模控制中，为了提高系统的鲁棒性，切换函数 $\mathrm{sign}(s_i)$ 的控制系数 k_i 需要尽可能大，这就造成了较大的抖振，通常采用饱和函数降低抖振，但却影响了系统控制精度。选择较大的切换增益 $k_1=100$、$k_2=10$，无 ESO 和 TD 的 NNFTSM 控制器的仿真结果如图 5-22 和图 5-23 所示。为了体现饱和函数造成的精度降低的影响，将 u_1 中的切换函数 $\mathrm{sign}(s_1)$ 用饱和函数 $\mathrm{sat}(s_1)$ 代替，取边界层厚度 μ_1 为 0.25，参数 α_i、β_i、λ_i 和 l_i 保持不变。

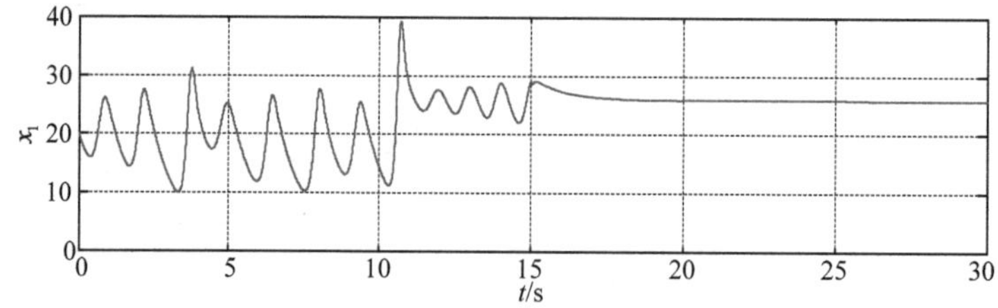

（a）状态 x_1

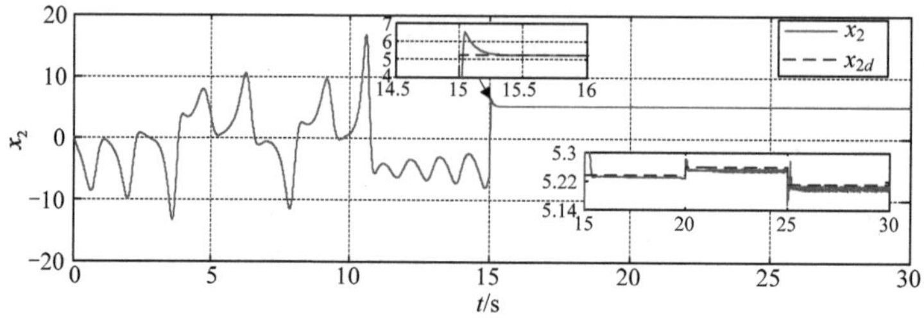

（b）状态 x_2

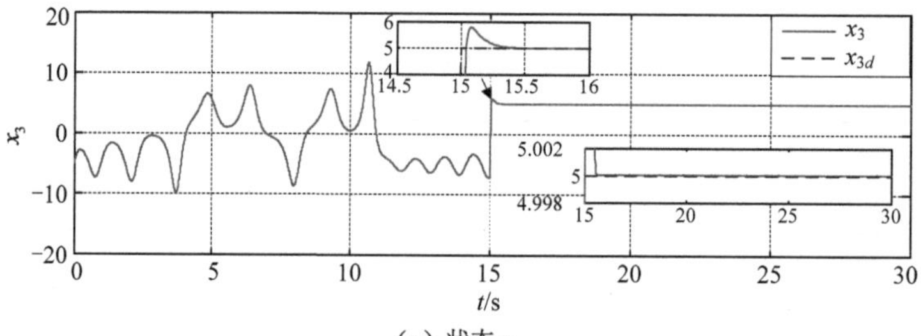

（c）状态 x_3

图 5-22 无 ESO 和 TD 的 NNFTSM 控制器的状态响应（$k_1=100$、$k_2=10$、$\mu_1=0.25$）

图 5-22（彩图）

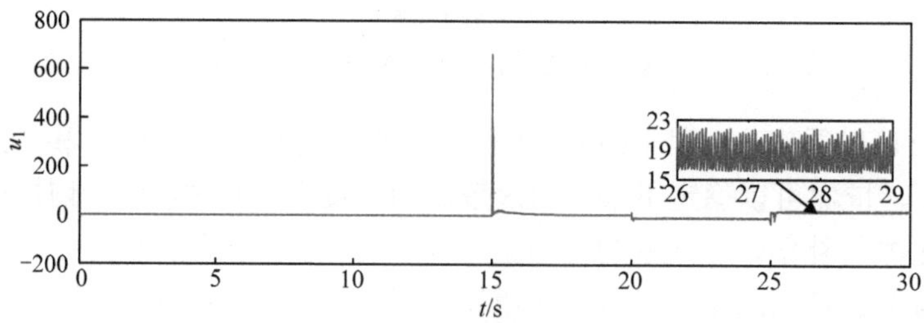

（a）x_2 的控制量 u_1

图 5-23（彩图）

图 5-23 无 ESO 和 TD 的 NNFTSM 控制器 $\boldsymbol{u}$（$k_1=100$、$k_2=10$、$\mu_1=0.25$）

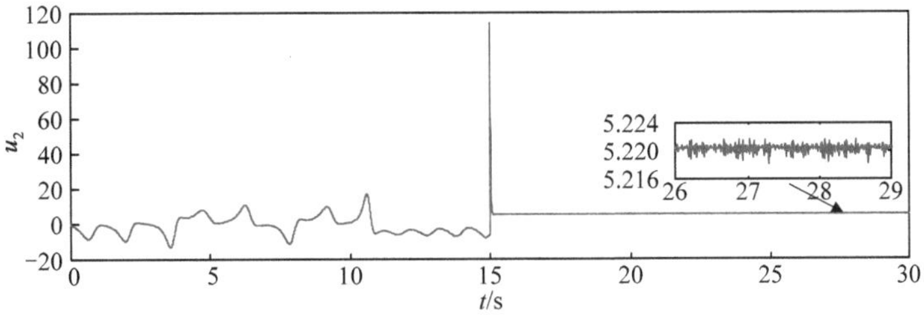

（b）x_3 的控制量 u_2

图 5-23（续）

由图 5-22 可见，当系统受到参数、负载变化的影响，由于切换增益较大，状态 x_2、x_3 可以及时地跟踪参考信号，与图 5-17 和图 5-20 相比，在扰动变化初期，状态误差较小，可见抗干扰性能提高。但是由于饱和函数的作用，状态 x_2 存在稳态误差。由于没有跟踪微分器的作用，状态超调量大。图 5-23 中的控制量与图 5-18 和图 5-21 的控制量相比，抖振严重，影响到系统状态也存在噪声，且控制量初始冲击更大。

本节所提结合 ESO 和 TD 的 NNFTSM 控制器还可以在任何时间将永磁同步电机不确定受扰混沌系统稳定到任意给定值，在 t=10.6s 施加控制器的仿真结果如图 5-24 所示，x_3 的给定值 $x_{3d}=10$ 时的仿真结果如图 5-25 所示。仿真参数选择与图 5-18 和图 5-19 相同。

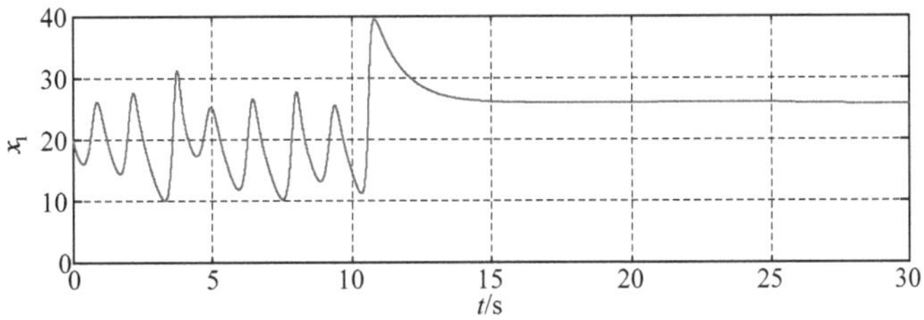

（a）状态 x_1

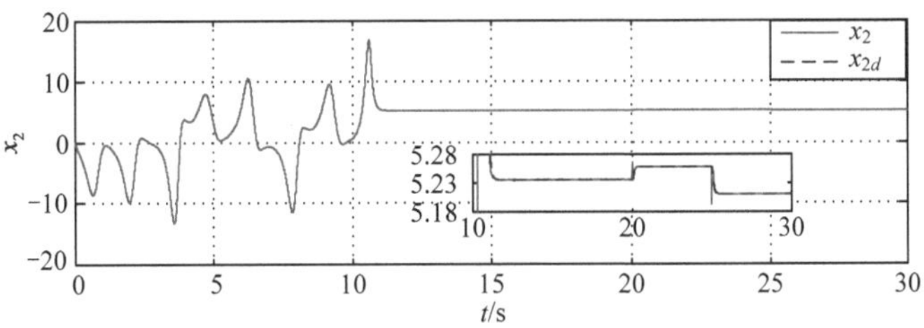

（b）状态 x_2

图 5-24（彩图）

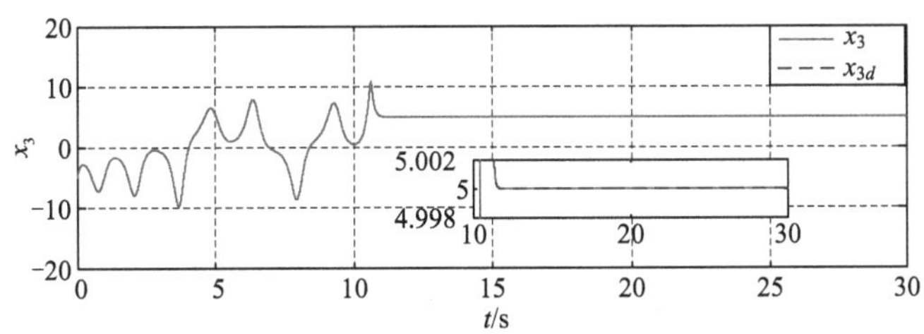

（c）状态 x_3

图 5-24　结合 ESO 和 TD 的 NNFTSM 控制器的状态响应（t=10.6s 时受控）

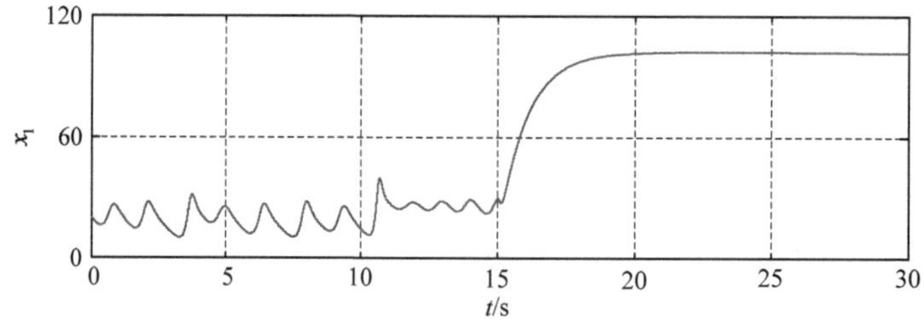

（a）状态 x_1

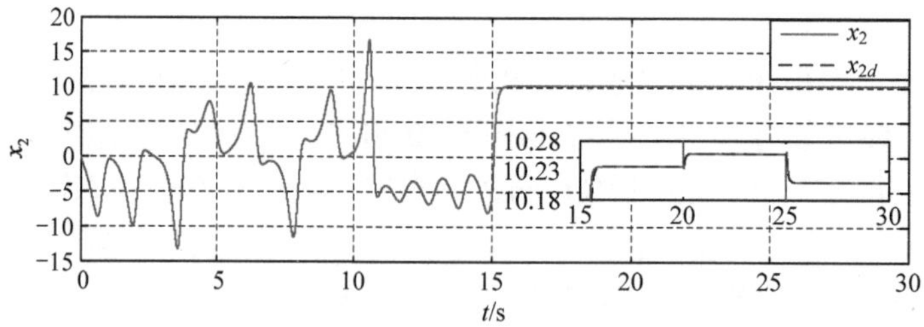

（b）状态 x_2

图 5-25（彩图）

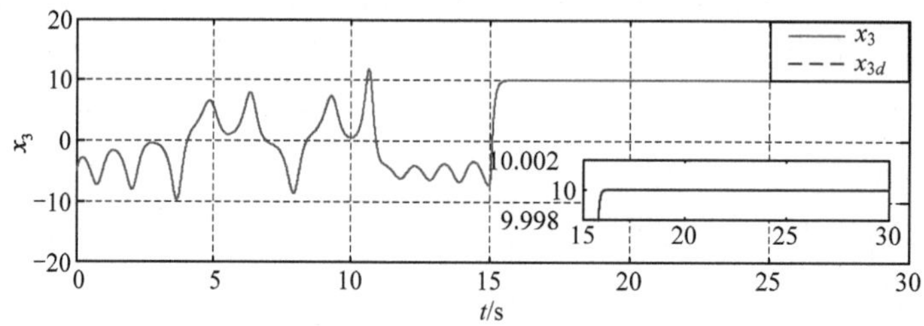

（c）状态 x_3

图 5-25　结合 ESO 和 TD 的 NNFTSM 控制器的状态响应（ $x_{3d}=10$ ）

图 5-24 和图 5-25 表现了所设计的控制器可以在任意时间将 PMSM 混沌系统稳定到任意状态，且依然具有强鲁棒性、高控制精度、无超调快速响应、低抖振特性。

5.3　分数阶模型的滑模控制算法

5.3.1　分数阶超螺旋滑模控制

一般分数阶微分和积分最常用的定义是 Grunwald-Letnikov（GL）定义、Riemann-Liouville（RL）定义和 Caputo 定义。

GL 定义如下：

$$
{}_{t_0}D_t^{\alpha} f(t)=\lim_{h\to 0} h^{-\alpha}\sum_{j=0}^{[(t-t_0)/h]}(-1)^j\binom{\alpha}{j} f(t-jh) \tag{5-48}
$$

式中：[·]表示取整数部分。

RL 定义如下：

$$ {}_{t_0}D_t^{\alpha} f(t) = \frac{1}{\Gamma(n-\alpha)} \frac{\mathrm{d}^n}{\mathrm{d}t^n} \int_{t_0}^{t} \frac{f(\tau)}{(t-\tau)^{\alpha-n+1}} \mathrm{d}\tau \tag{5-49} $$

式中：$n-1<\alpha<n$，$\Gamma(\cdot)$是 Gamma 函数。

Caputo 定义如下：

$$ {}_{t_0}D_t^{\alpha} f(t) = \frac{1}{\Gamma(m-\alpha)} \int_{t_0}^{t} \frac{y^{(m)}(\tau)}{(t-\tau)^{1+\alpha-m}} \mathrm{d}\tau \tag{5-50} $$

由于 Laplace 域的分数阶微积分算子是复变量的无理函数，其在系统仿真及实验过程中不能直接实现，相关学者研究有理化近似方法时，使用整数阶传递函数来近似逼近分数阶传递函数。将分数阶微积分算子从频域转化到离散时间域的有理化过程称为算法的离散化，分为直接离散法和间接离散法两种。本节后续的研究是在连续时间域内研究系统的各项性能，故采用间接离散法。下面主要介绍 Oustaloup 近似法和 Chareff 近似法。

1. Oustaloup 近似法

该近似算法用来近似形如$G(s)=s^{\alpha}$（$-1<\alpha<1$）的分数阶传递函数，其近似的整数阶传递函数表达式为

$$ G(s) \approx \tilde{G}(s) = C \prod_{k=-N}^{N} \frac{s+\omega_k'}{s+\omega_k} \tag{5-51} $$

2. Chareff 近似法

该近似算法用来近似如下的分数阶传递函数：

$$ G(s) = \frac{1}{\left(1+\dfrac{s}{pT}\right)^{\alpha}} \tag{5-52} $$

其近似的整数阶传递函数表达式为

$$ \tilde{G}(s) = \frac{\prod\limits_{k=0}^{n-1}\left(1+\dfrac{s}{z_i}\right)}{\prod\limits_{k=0}^{n-1}\left(1+\dfrac{s}{p_i}\right)} \tag{5-53} $$

分数阶滑模控制器[6]相比整数阶控制器在参数整定上更具有灵活性，在保持传统滑模控制理论特性的基础上，增强了控制器的抗扰动性，减弱了抖振现象。对函数进行分数阶微积分运算是以加权的形式对函数的全局信息进行处理，从而实现对函数历史信息的记忆。含有分数阶微积分的控制器对系统具有一定的鲁棒性。

下面以简单线性分数阶滑模面说明其能减小抖振现象。分数阶线性滑模面表达式为

$$ s = cx + {}_0D_t^{\lambda} x \tag{5-54} $$

式中：$0<\lambda<1$，λ为分数阶导数阶数。系统进入滑动模态后，做 Laplace 变换得

$$ X(s) = \frac{x(t)s^{\lambda-1}}{s^{\lambda}+c} \tag{5-55} $$

求反 Laplace 变换可得

$$x(t)=x(t)_{/t=0}E_{\lambda}(-ct^{\lambda}) \tag{5-56}$$

对于整数阶控制（$\lambda=1$），可计算得

$$x(t)_{/\lambda=1}=x(t)_{/t=0}e^{-ct} \tag{5-57}$$

对于分数阶滑模控制，可得

$$x(t)_{/0<\lambda<1}=x(t)_{/t=0}E_{\lambda}(-ct^{-\lambda})=(t)_{/t=0}\sum_{k=0}^{\infty}\frac{(-c)^{k}t^{\lambda k}}{\Gamma(\lambda k+1)}\approx x(t)_{/t=0}t^{-\lambda}\frac{1}{c\Gamma(1-\lambda)} \tag{5-58}$$

当$\lambda=1$时，整数阶系统状态量以e^{-t}函数收敛；当$0<\lambda<1$时，分数阶系统状态量以$t^{-\lambda}$函数收敛。图 5-26 说明了分数阶滑模抖振程度小的原理，图中 1→2→3 和$1'\to2'\to3'$为一个抖振周期，d和d'为抖振幅值。由于$e^{t}>t^{\lambda}$，因此在相同的抖振周期内分数阶滑模会沿 1→2→3 运动。由上述收敛速度分析可知分数阶滑模能降低抖振幅值。

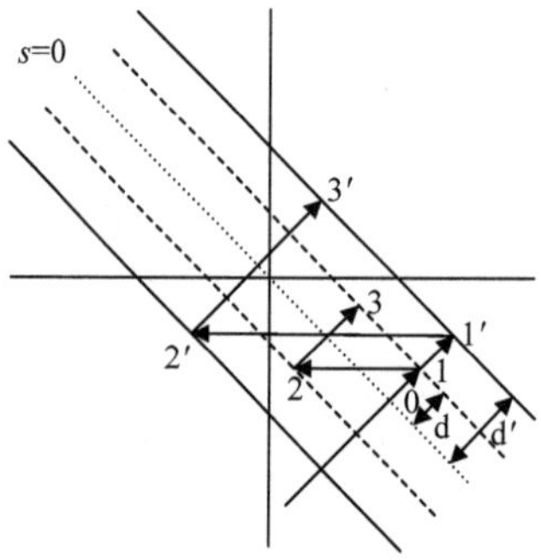

图 5-26　分数阶和整数阶滑模的抖振分析

研究永磁同步电机数学模型的状态方程形式假设：

(1) 转子上没有阻尼绕阻。

(2) 忽略定、转子铁心磁阻，不计涡流损耗和磁滞损耗。

(3) 永磁材料电导率为零，永磁体内部磁导率与空气相同。

(4) 稳态运行时，三相绕组中感应电动势波形为正弦波。

(5) 永磁体产生的励磁磁场与三相绕组产生的电枢反应磁场在气隙中皆呈正弦分布。

dq 坐标系下定子电压、定子磁链、定子电流方程如下：

$$\begin{cases}u_d=R_s i_d+\dfrac{d\psi_d}{dt}-\psi_d\omega\\ u_q=R_s i_q+\dfrac{d\psi_q}{dt}-\psi_q\omega\end{cases} \tag{5-59}$$

$$\begin{cases}\psi_d=L_d i_d+\psi_f\\ \psi_q=L_q i_q\end{cases} \tag{5-60}$$

$$\begin{pmatrix}\dfrac{di_d}{dt}\\ \dfrac{di_q}{dt}\end{pmatrix}=\begin{pmatrix}-\dfrac{R_s}{L_d} & \dfrac{L_q}{L_d}\omega\\ -\dfrac{L_d}{L_q}\omega & -\dfrac{R_s}{L_q}\end{pmatrix}\begin{pmatrix}i_d\\ i_q\end{pmatrix}+\begin{pmatrix}\dfrac{u_d}{L_d}\\ \dfrac{u_q}{L_q}-\dfrac{\omega}{L_q}\psi_f\end{pmatrix} \tag{5-61}$$

将电流方程整理成标准的状态方程形式：

$$\begin{pmatrix}\dfrac{\mathrm{d}i_d'}{\mathrm{d}t}\\ \dfrac{\mathrm{d}i_q'}{\mathrm{d}t}\end{pmatrix}=\begin{pmatrix}-\dfrac{R_{\mathrm{s}}}{L_d} & \dfrac{L_q}{L_d}\omega_{\mathrm{r}}\\ -\dfrac{L_d}{L_q}\omega_{\mathrm{r}} & -\dfrac{R_{\mathrm{s}}}{L_q}\end{pmatrix}\begin{pmatrix}i_d'\\ i_q'\end{pmatrix}+\begin{pmatrix}\dfrac{1}{L_d} & 0\\ 0 & \dfrac{1}{L_q}\end{pmatrix}\begin{pmatrix}u_d'\\ u_q'\end{pmatrix} \tag{5-62}$$

式中：$i_d'=i_d+\psi_{\mathrm{f}}/L_d$、$i_q'=i_q$、$u_d'=u_d+R_{\mathrm{s}}\psi_{\mathrm{f}}/L_d$、$u_q'=u_q$。

可将状态方程记为

$$\boldsymbol{x}'(t)=A\boldsymbol{x}(t)+B\boldsymbol{u}(t) \tag{5-63}$$

式中：$\boldsymbol{x}(t)=[i_d'\quad i_q']^{\mathrm{T}}$。

将模型整理成分数阶形式：

$$\begin{pmatrix}\dfrac{\mathrm{d}i_d'^{\alpha}}{\mathrm{d}t^{\alpha}}\\ \dfrac{\mathrm{d}i_q'^{\alpha}}{\mathrm{d}t^{\alpha}}\end{pmatrix}=-A\begin{pmatrix}i_d'\\ i_q'\end{pmatrix}+B\begin{pmatrix}u_d'\\ u_q'\end{pmatrix},\quad B=\begin{bmatrix}\dfrac{1}{L_d} & 0\\ 0 & \dfrac{1}{L_q}\end{bmatrix},\quad A=\begin{bmatrix}\dfrac{R_{\mathrm{s}}}{L_d} & -\dfrac{L_q}{L_d}\omega_{\mathrm{r}}\\ \dfrac{L_d}{L_q}\omega_{\mathrm{r}} & \dfrac{R_{\mathrm{s}}}{L_q}\end{bmatrix} \tag{5-64}$$

表贴式永磁同步电机在 $\alpha-\beta$ 两相静止坐标系下的状态方程为

$$\begin{cases}\dot{i}_{\alpha}=-\dfrac{R_{\mathrm{s}}}{L}i_{\alpha}+\dfrac{u_{\alpha}}{L}-\dfrac{e_{\alpha}}{L}\\ \dot{i}_{\beta}=-\dfrac{R_{\mathrm{s}}}{L}i_{\beta}+\dfrac{u_{\beta}}{L}-\dfrac{e_{\beta}}{L}\end{cases} \tag{5-65}$$

$$\begin{cases}e_{\alpha}=-\psi_{\mathrm{f}}\omega_{\mathrm{e}}\sin\theta_{\mathrm{e}}\\ e_{\beta}=\psi_{\mathrm{f}}\omega_{\mathrm{e}}\cos\theta_{\mathrm{e}}\end{cases}$$

设计基于分数阶超螺旋算法滑模观测器[7]模型：

$$\begin{cases}\dot{\hat{i}}_{\alpha}=-\dfrac{R_{\mathrm{s}}}{L}\hat{i}_{\alpha}+\dfrac{u_{\alpha}}{L}+\dfrac{v_{\alpha}}{L}\\ \dot{\hat{i}}_{\beta}=-\dfrac{R_{\mathrm{s}}}{L}\hat{i}_{\beta}+\dfrac{u_{\beta}}{L}+\dfrac{v_{\beta}}{L}\end{cases} \tag{5-66}$$

将以上两式相减，可获得定子电流的误差方程：

$$\begin{cases}\dot{\bar{i}}_{\alpha}=-\dfrac{R_{\mathrm{s}}}{L}\bar{i}_{\alpha}+\dfrac{v_{\alpha}}{L}+\dfrac{e_{\alpha}}{L}\\ \dot{\bar{i}}_{\beta}=-\dfrac{R_{\mathrm{s}}}{L}\bar{i}_{\beta}+\dfrac{v_{\beta}}{L}+\dfrac{e_{\beta}}{L}\end{cases} \tag{5-67}$$

选择电流误差滑模面，分数阶滑模面具体形式如下：

$$\boldsymbol{s}(t)=\bar{\boldsymbol{i}}(t)+p_0D_t^{-\sigma}\bar{\boldsymbol{i}}(\tau)\mathrm{d}\tau+q_0D_t^{-\sigma}\left|\bar{\boldsymbol{i}}(\tau)\right|^{\lambda}\mathrm{sgn}(\bar{\boldsymbol{i}}(\tau))\mathrm{d}\tau=0 \tag{5-68}$$

当系统进入滑动模态后，$\boldsymbol{s}(t)=0$，则有

$$\boldsymbol{v}_{\mathrm{eq}}=R_{\mathrm{s}}\bar{\boldsymbol{i}}-L(p\bar{\boldsymbol{i}}+q\left|\bar{\boldsymbol{i}}\right|^{\lambda}\mathrm{sgn}\bar{\boldsymbol{i}}) \tag{5-69}$$

选择分数阶超螺旋算法作为滑模到达阶段的趋近率，具体方程如下：

$$\boldsymbol{v}_{\mathrm{sw}}=k_1\left|\boldsymbol{s}(t)\right|^{\frac{1}{2}}\mathrm{sign}\left(\boldsymbol{s}(t)\right)+k_{2\ 0}D_t^{-\sigma}\mathrm{sign}\left(\boldsymbol{s}(t)\right)\mathrm{d}t \tag{5-70}$$

$$\boldsymbol{v}=\boldsymbol{v}_{\text{eq}}+\boldsymbol{v}_{\text{sw}}$$

为了进一步减小高频噪声，通过转速自适应滑模观测器实现对反电动势的精确跟踪，同时也实现了滤波功能。转子角速度的变化率远比定子电流的变化率小，在一个控制周期内转速，可以认为是一个常数。

$$\begin{bmatrix}\dot{e}_\alpha\\ \dot{e}_\beta\end{bmatrix}=\begin{bmatrix}-\omega e_\beta\\ \omega e_\alpha\end{bmatrix} \tag{5-71}$$

$$\begin{bmatrix}\dot{v}_\alpha\\ \dot{v}_\beta\end{bmatrix}=\begin{bmatrix}-\hat{\omega}v_\beta\\ \hat{\omega}v_\alpha\end{bmatrix} \tag{5-72}$$

设计反电动势观测器如下：

$$\frac{\mathrm{d}\hat{v}_\alpha}{\mathrm{d}t}=-\hat{\omega}\hat{v}_\beta-m\overline{v}_\alpha$$

$$\frac{\mathrm{d}\hat{v}_\beta}{\mathrm{d}t}=-\hat{\omega}\hat{v}_\alpha-m\overline{v}_\beta$$

为了分析所提出的观测器的稳定性，Lyapunov 函数设计如下：

$$V=\frac{1}{2}\left(\overline{v}_\alpha^2+\overline{v}_\beta^2+\overline{\omega}^2\right) \tag{5-73}$$

$$\begin{aligned}\dot{V}&=\overline{v}_\alpha\cdot\dot{\overline{v}}_\alpha+\overline{v}_\beta\cdot\dot{\overline{v}}_\beta+\overline{\omega}\dot{\overline{\omega}}\\&=\overline{v}_\alpha\left(-\overline{\omega}\hat{v}_\beta-\omega\overline{v}_\beta-m\overline{v}_\alpha\right)+\overline{v}_\beta\left(\overline{\omega}\hat{v}_\alpha+\omega\overline{v}_\alpha-m\overline{v}_\beta\right)\\&=-m\left(\overline{v}_\alpha^2+\overline{v}_\beta^2\right)-\left(\overline{v}_\alpha\hat{v}_\beta-\overline{v}_\beta\hat{v}_\alpha\right)+\overline{\omega}\dot{\overline{\omega}}\end{aligned} \tag{5-74}$$

由于 $-m\left(\overline{v}_\alpha^2+\overline{v}_\beta^2\right)<0$，令 $\left(\overline{v}_\alpha\hat{v}_\beta-\overline{v}_\beta\hat{v}_\alpha\right)+\overline{\omega}\dot{\overline{\omega}}=0$，求得 $\dfrac{\mathrm{d}\hat{\omega}}{\mathrm{d}t}=\overline{v}_\alpha\hat{v}_\beta-\overline{v}_\beta\hat{v}_\alpha$。

由此证明可以通过分数阶锁相环提取永磁同步电机的位置信息。

5.3.2 分数阶非奇异快速终端滑模控制

表贴式永磁同步电机在 dq 两相坐标系下的状态方程为

$$\begin{cases}u_d=R_s i_d-wL_d i_q+L_d\dot{i}_d\\ u_q=R_s i_q+wL_q i_d+L_q\dot{i}_q+w\psi\\ T_e=\dfrac{3}{2}n_p\left[\psi_f i_q+(L_d-L_q)i_d i_q\right]\\ T_e-T_l=Bw+J\dot{w}\end{cases} \tag{5-75}$$

$$\begin{cases}\dot{w}=\dfrac{1}{J}\left(\dfrac{3}{2}n_p\psi_f i_q-Bw-T_l\right)\\ u=k_f\left({}_0D_t^\lambda i_q^*+i_q^*\dfrac{k_i}{k_p}\right)/J\end{cases} \tag{5-76}$$

选择转速误差滑模面，分数阶滑模面具体形式如下：

$$\begin{cases} e = w^* - w \\ {}_0D_t^{\lambda+1}e = {}_0D_t^{\lambda+1}w^* + \dfrac{k_i}{k_p}\dot{w} - u - d(t) \end{cases} \tag{5-77}$$

$$s = e + \alpha|e|^{\gamma}\operatorname{sgn}e + \beta|\dot{e}|^{\lambda}\operatorname{sgn}\dot{e} \tag{5-78}$$

$${}_0D_t^{\lambda+1}w = -\frac{k_i}{k_p}\dot{w} + u + d(t) \tag{5-79}$$

由于分数阶微积分通常具有记忆性、线性、可叠加等性质，本节设计了一种基于分数阶符号函数的微分型滑模变结构控制器。

传统符号函数：

$$\operatorname{sgn}s = \begin{cases} 1 & s > 0 \\ 0 & s = 0 \\ -1 & s < 0 \end{cases} \tag{5-80}$$

本节所设计的分数阶微分型符号函数：

$${}_0D_t^{\lambda}\operatorname{sgn}s = \begin{cases} >0 & s > 0 \\ <0 & s < 0 \end{cases} \tag{5-81}$$

符号函数的分数阶微分 ${}_0D_t^{\lambda}\operatorname{sgn}s$ 在一定条件下可以提取出函数 s 的符号。

由分数阶微分型的符号函数的表达式易知，分数阶微分型符号函数值 ${}_0D_t^{\lambda}\operatorname{sgn}s \gg 1$，且随着阶次的不同，函数值也不同。图 5-27 为 0.6 阶的微分型符号函数与普通符号函数的对比仿真。输入为一个符号周期变化的函数，输出为该函数的符号函数。

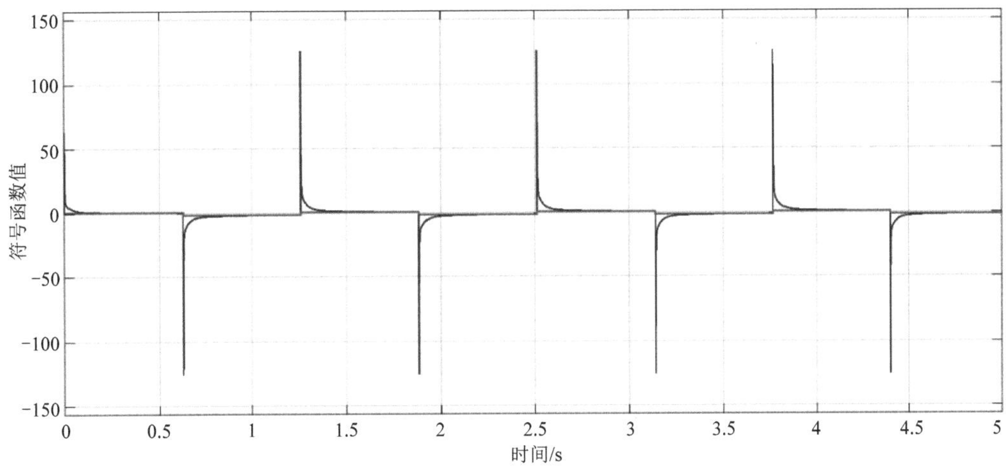

图 5-27　两种符号函数值的对比仿真

可以看出，分数阶微分型符号函数值在初始时刻是远大于 1 的，且函数值会随时间增长而衰减到一个小于 1 的数。这是分数阶微分型符号函数的又一特殊性质，利用分数阶符号函数的这种类似于“小偏差小增益、大偏差大增益”的特性对滑模控制律进行改造，可以在有效提高趋近速度的同时抑制抖振。

设计分数阶切换控制如下：

$$u_{\mathrm{sw}} = \varepsilon_0 D_t^{\lambda} \mathrm{sgn} s + \eta s \tag{5-82}$$

等效控制为

$$\begin{aligned} u &= u_{\mathrm{eq}} + u_{\mathrm{sw}} \\ &= \ddot{\omega}^* + \frac{k_{\mathrm{i}}}{k_{\mathrm{p}}}\dot{\omega} + \frac{1+\alpha\gamma|e|^{\gamma-1}}{\beta\lambda}|\dot{e}|^{2-\lambda}\mathrm{sgn}\dot{e} + \varepsilon_0 D_t^{\lambda}\mathrm{sgn} s + \eta s \end{aligned} \tag{5-83}$$

为了分析所提出的控制器的稳定性，Lyapunov 函数设计如下：

$$V = \frac{1}{2}s^2 \tag{5-84}$$

$$\begin{aligned} \dot{V} &= s\dot{s} = s\left(\dot{e} + \alpha\gamma|e|^{\gamma-1}\dot{e} + \beta\lambda|\dot{e}|^{\lambda-1}\ddot{e}\right) \\ &= s\beta\lambda|\dot{e}|^{\lambda-1}\left[-\varepsilon_0 D_t^{\lambda}\mathrm{sgn} s - \eta s - D(t)\right] \\ &\leqslant \beta\lambda|\dot{e}|^{\lambda-1}\left[-(\varepsilon - |D(t)|)|s|\right] \leqslant 0 \end{aligned} \tag{5-85}$$

式中：假设 $D(t)$ 有上界，且有 $|D(t)| \leqslant \varepsilon$。

5.3.3 数值仿真分析

1. 分数阶超螺旋滑模控制仿真分析

基于分数阶超螺旋算法的转速自适应 PMSM 无位置矢量控制系统仿真模型如图 5-28 所示。

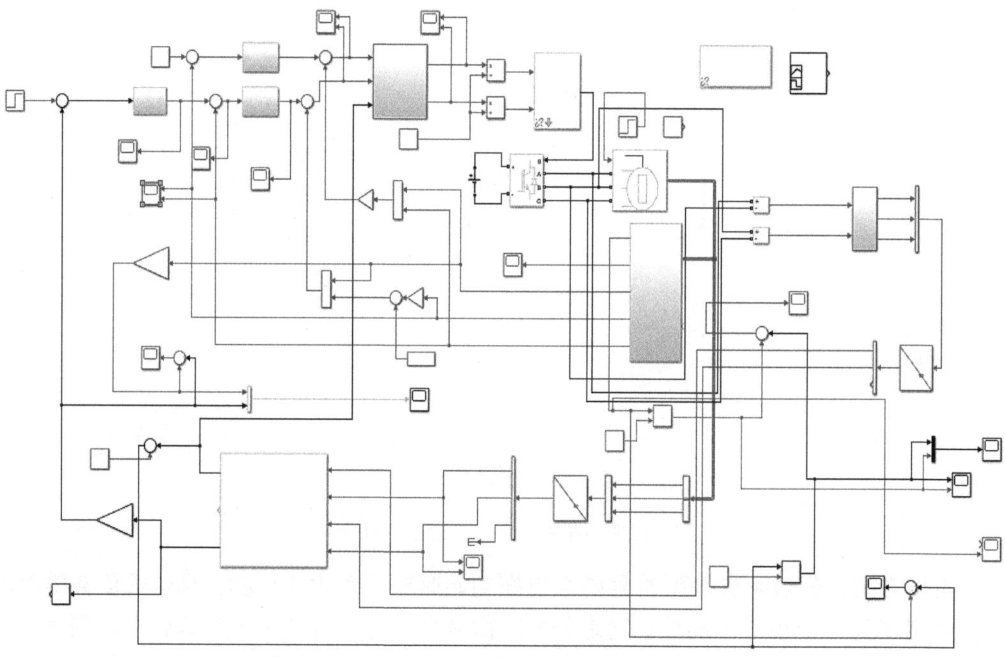

图 5-28 基于分数阶超螺旋算法的转速自适应 PMSM 无位置矢量控制系统仿真模型

基于分数阶超螺旋算法的转速自适应滑模观测器的仿真模型如图 5-29 所示。

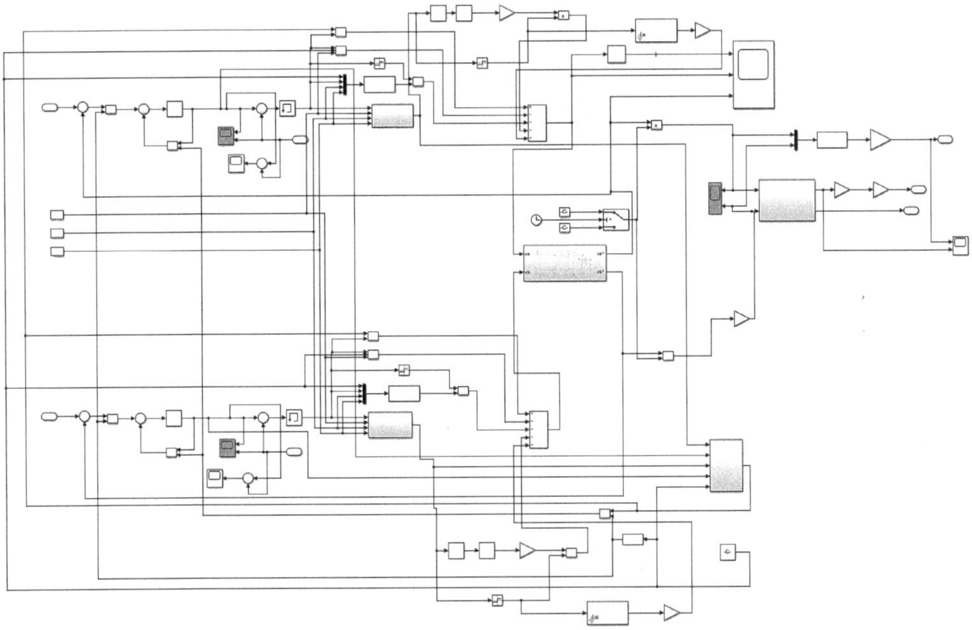

图 5-29　分数阶超螺旋算法的转速自适应滑模观测器的仿真模型

根据所搭建的仿真模型及理论分析，得出仿真数据及仿真结果，如图 5-30 所示。

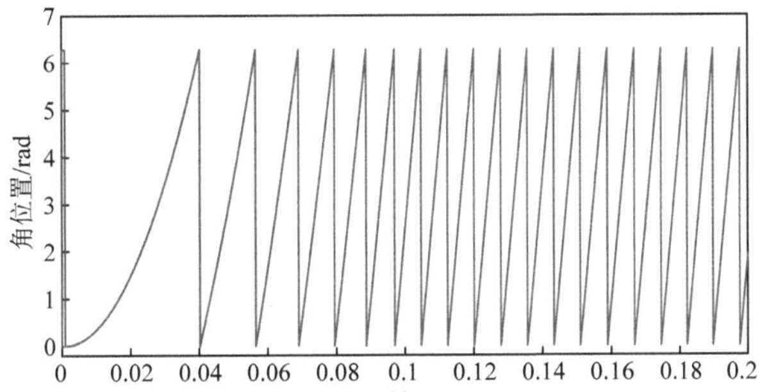

（a）实际转子位置与估计转子位置

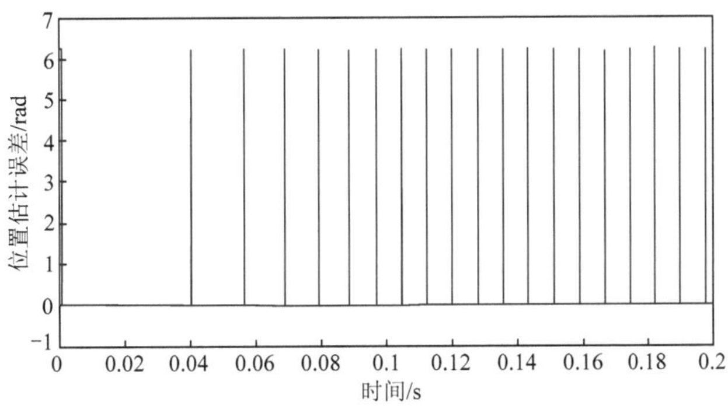

（b）转子位置估计误差

图 5-30　分数阶超螺旋算法转速自适应滑模观测器的实际转子位置与估计转子位置及估计误差

2. 分数阶非奇异快速终端滑模控制仿真分析

基于分数阶改进快速终端滑模控制器的永磁同步电机仿真模型如图 5-31 所示。

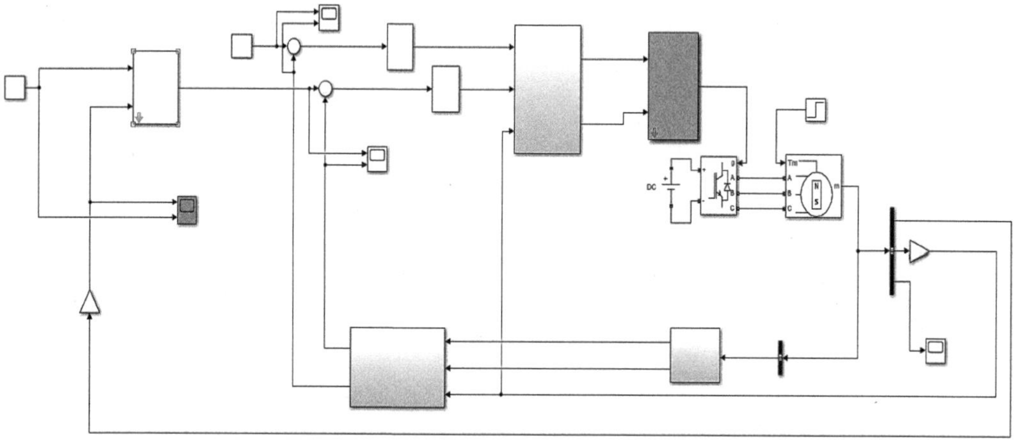

图 5-31　基于分数阶改进快速终端滑模控制器的永磁同步电机仿真模型

基于分数阶改进快速终端滑模速度控制器的仿真模型如图 5-32 所示。

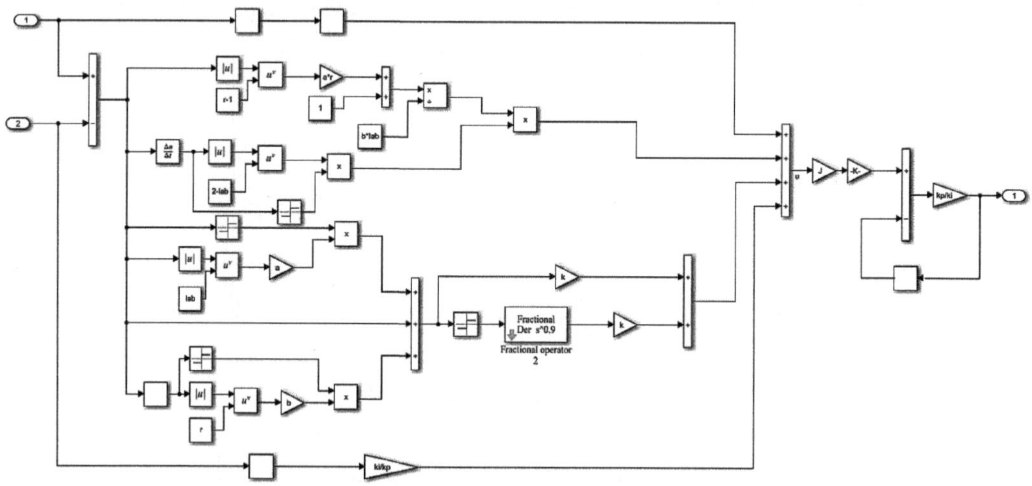

图 5-32　基于分数阶改进快速终端滑模速度控制器的仿真模型

根据所搭建的仿真模型及理论分析，得出仿真数据及仿真结果：

给定初始转速为 800r/min，在 0.15s 时转速变为 1200r/min，0.3s 时加负载为 3N·m，转速及负载突变时基于分数阶改进快速终端滑模速度控制器的转速响应如图 5-33 所示。

基于分数阶非奇异快速终端滑模速度控制器的三相电流响应示意图如图 5-34 所示。

基于分数阶非奇异快速终端滑模速度控制器的 i_q^* 抖振图如图 5-35 所示。

基于分数阶非奇异快速终端滑模速度控制器的 i_d^* 抖振图如图 5-36 所示。

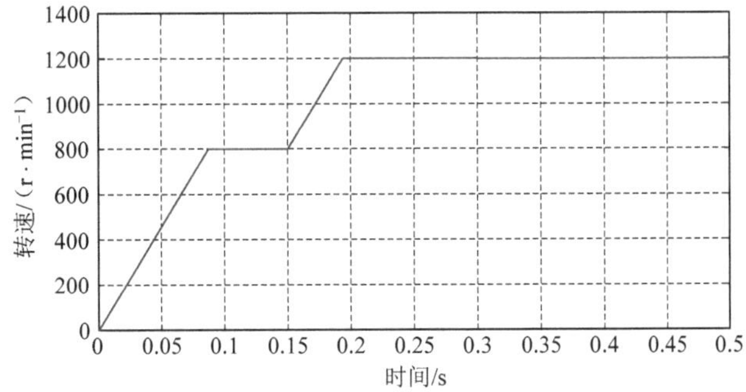

图 5-33　基于分数阶改进快速终端滑模速度控制器的转速响应

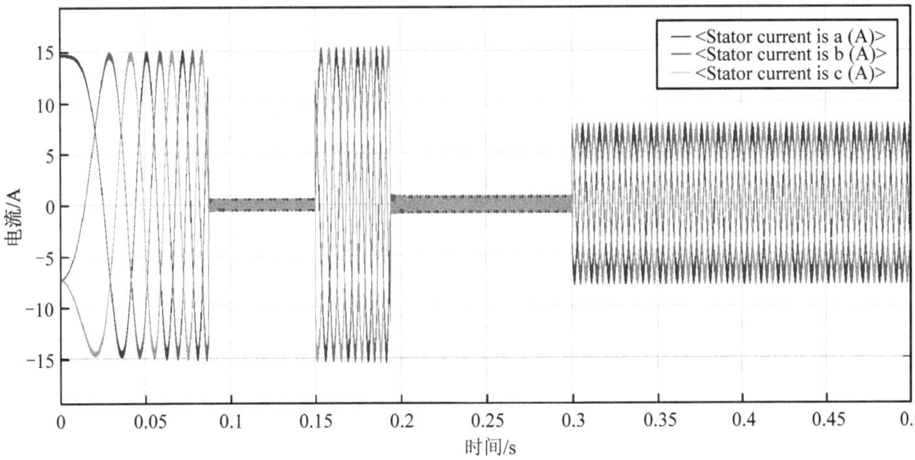

图 5-34　基于分数阶非奇异快速终端滑模速度控制器的三相电流响应示意图

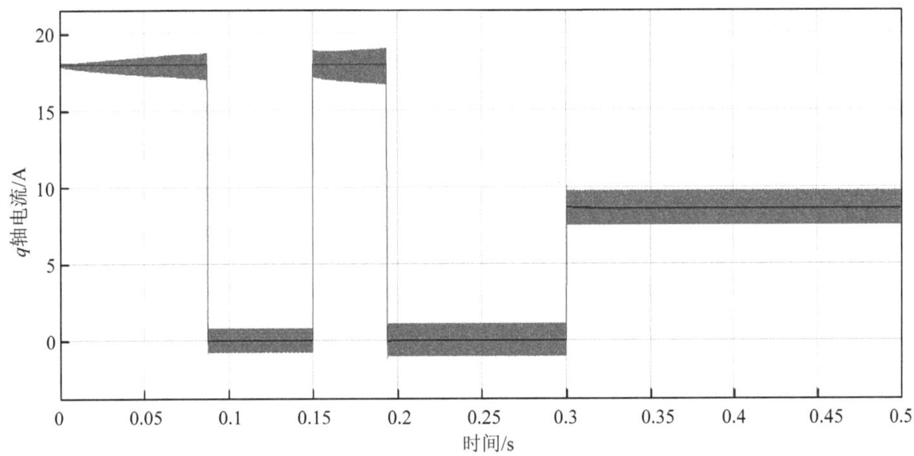

图 5-35　基于分数阶非奇异快速终端滑模速度控制器的 i_q^* 抖振图

基于分数阶非奇异快速终端滑模速度控制器的电磁转矩示意图如图 5-37 所示。

可以发现采用本节所设计的分数阶微分符号函数，既能削弱抖振，且不管是在正常运行时还是受到负载干扰时，都能准确地实现转速的稳定、快速跟踪。

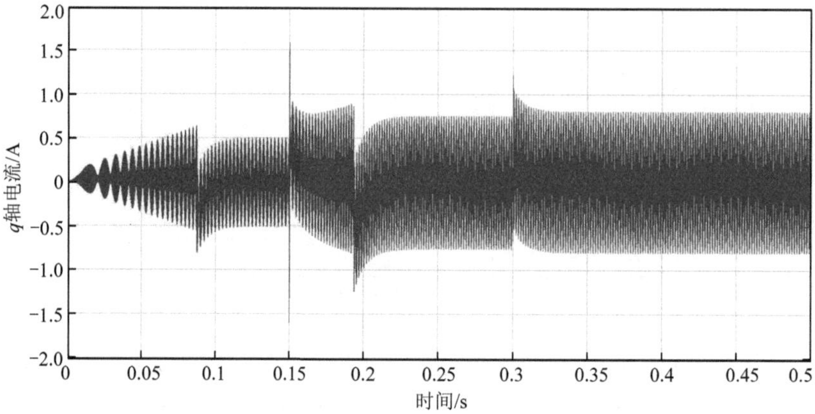

图 5-36 基于分数阶非奇异快速终端滑模速度控制器的 i_d^* 抖振图

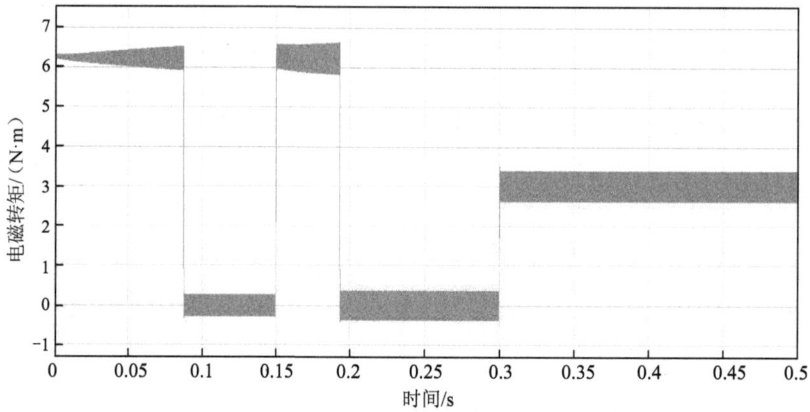

图 5-37 基于分数阶非奇异快速终端滑模速度控制器的电磁转矩示意图

参 考 文 献

[1] LING L, HAN S, DELIANG L. High performance sensorless control of PMSM with sliding mode load torque observer [C]// 2020 4th International Conference on HVDC, Xi'an:IEEE, 2020: 1060-1065.

[2] 廖凯举，徐伟，葛健，等. 基于积分滑模观测器的直线振荡电机谐振频率跟踪控制[J]. 电工技术学报，2024，39(14):4366-4376.

[3] 刘思源，刘凌，靳东松. 永磁同步电机新型有效磁链固定时滑模扰动辨识策略[J]. 西安交通大学学报，2023，57(9):144-151.

[4] CHANG X J, LIU L, DING W, et al. Novel nonsingular fast terminal sliding mode control for a PMSM chaotic system with extended state observer and tracking differentiator [J]. Journal of Vibration and Control, 2017, 23(15): 2478-2493.

[5] 孙黎霞，鲁胜，温正赓，等. 永磁同步电机混沌运动机理分析[J]. 电机与控制学报，2019，23(3):97-104.

[6] 郑美茹，王圣，王丰，等. 基于分数阶次符号函数的永磁同步电机滑模控制技术[J]. 电工技术学报，2017，32(9):56-62.

[7] LIN Q, LIU L, LIANG D, et al. A Dual-level adaptive law design for super-twisting algorithm in sensorless IPMSM drives [J]. IEEE Transactions on Industry Applications, 2023, 59(5): 5945-5956.

第 6 章　复杂工况下永磁同步电机自适应智能控制

6.1　无差拍电流预测控制算法

无差拍电流预测控制（deadbeat predictive current control，DPCC）算法是基于电机模型的算法，对电机数学模型精确性的要求非常高。该算法原理简单，易实现，动态性能好，但是参数敏感性高，参数的变化对算法性能有很大影响。本节介绍该算法的基本原理，并对传统算法的性能进行仿真分析，提出改进的增量式电机模型无差拍电流预测控制（incremental DPCC，IDPCC）算法。IDPCC 预测方程中没有磁链参数，有效提高了算法的鲁棒性，降低了对参数的依赖程度。

6.1.1　基本原理

PMSM 控制最核心的部分是电流环。经典 FOC 控制中的电流环是两个 PI 控制器，但 PI 控制器有自己的局限性，动态响应较慢。无差拍控制算法采用预测模型代替 PI 控制器。结合当前时刻的 dq 轴电流、dq 轴参考电流和当前时刻的转速，根据电机模型预测下一时刻期望的 dq 轴电压 u_d、u_q，然后通过空间矢量脉宽调制技术产生脉冲信号驱动逆变器，最终驱动电机运行[1]。传统的无差拍电流预测控制算法原理框图如图 6-1 所示。

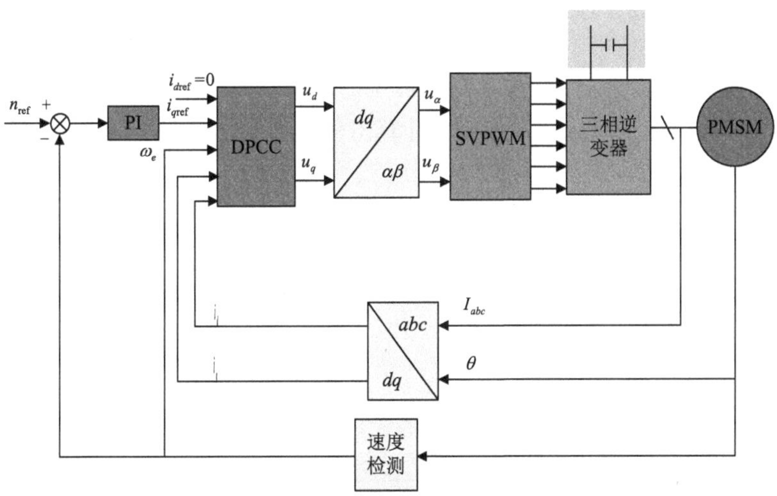

图 6-1　传统的无差拍电流预测控制算法原理框图

对 dq 坐标系下 PMSM 数学模型中的定子电压方程进行变形，将微分移到等式的左边，得到式（6-1）。

$$\begin{bmatrix}\dfrac{\mathrm{d}i_d}{\mathrm{d}t}\\ \dfrac{\mathrm{d}i_q}{\mathrm{d}t}\end{bmatrix}=\begin{bmatrix}-\dfrac{R}{L_d} & \dfrac{L_q\omega_\mathrm{e}}{L_d}\\ -\dfrac{L_d\omega_\mathrm{e}}{L_q} & -\dfrac{R}{L_q}\end{bmatrix}\begin{bmatrix}i_d\\ i_q\end{bmatrix}+\begin{bmatrix}\dfrac{1}{L_d} & 0\\ 0 & \dfrac{1}{L_q}\end{bmatrix}\begin{bmatrix}u_d\\ u_q\end{bmatrix}+\frac{1}{L_q}\begin{bmatrix}0\\ -\omega_\mathrm{e}\psi_\mathrm{f}\end{bmatrix} \tag{6-1}$$

式中：i_d 和 i_q 分别为 d、q 轴的定子电流；R 是定子相电阻；L_d 和 L_q 分别为直轴电感和交轴电感，在 SPMSM 中，$L_d = L_q = L$；u_d 和 u_q 分别为 d、q 轴的定子电压；ω_e 为转子电角速度。

在实际的电机控制中，采用的是电机离散模型。通过一阶泰勒展开式得到 PMSM 的离散模型为

$$\boldsymbol{i}_{dq}(k+1)=\boldsymbol{F}(k)\boldsymbol{i}_{dq}(k)+\boldsymbol{G}(k)\boldsymbol{u}_{dq}(k)+\boldsymbol{H}(k) \tag{6-2}$$

式中：$\boldsymbol{i}_{dq}(k)=\begin{bmatrix}i_d(k) & i_q(k)\end{bmatrix}^\mathrm{T}$；$\boldsymbol{u}_{dq}(k)=\begin{bmatrix}u_d(k) & u_q(k)\end{bmatrix}^\mathrm{T}$；$\boldsymbol{F}(k)=\begin{bmatrix}\dfrac{1-T_\mathrm{s}R}{L} & T_\mathrm{s}\omega_\mathrm{e}(k)\\ -T_\mathrm{s}\omega_\mathrm{e}(k) & \dfrac{1-T_\mathrm{s}R}{L}\end{bmatrix}$；

$\boldsymbol{G}(k)=\begin{bmatrix}\dfrac{T_\mathrm{s}}{L} & 0\\ 0 & \dfrac{T_\mathrm{s}}{L}\end{bmatrix}$；$\boldsymbol{H}(k)=\begin{bmatrix}0\\ \dfrac{-T_\mathrm{s}\psi_\mathrm{f}\omega_\mathrm{e}(k)}{L}\end{bmatrix}$。

无差拍电流预测控制算法的控制目标在下一周期开始，实际电流精确跟踪参考电流，进行无差控制。根据 d、q 轴的参考电流产生下一周期的期望电压，该电压信号可由离散电机模型计算如下：

$$\boldsymbol{u}_{dq}(k)=\boldsymbol{G}^{-1}\left[\boldsymbol{i}_{dq}^{*}(k+1)-\boldsymbol{F}(k)\boldsymbol{i}_{dq}(k)-\boldsymbol{H}(k)\right] \tag{6-3}$$

式中：$\boldsymbol{i}_{dq}^{*}(k+1)=\left[i_d^{*}(k+1) \quad i_q^{*}(k+1)\right]^\mathrm{T}$，代表 k+1 时刻 dq 轴的参考电流。

传统的 DPCC 控制在同一时刻进行电流采样、期望电压值计算、PWM 占空比更新以及将电压施加到电机上。但是在实际的数字信号控制系统中，电流在 k 时刻进行采样，在 k 时刻和 k+1 时刻之间计算期望电压，计算出的期望电压在 k+1 时刻应用到逆变器上。逆变器大约还需要一个周期的时间将电压施加到电机上，因此，在实际的控制中，整个系统有接近两个周期的延迟。图 6-2 是 PMSM 控制系统时序图。

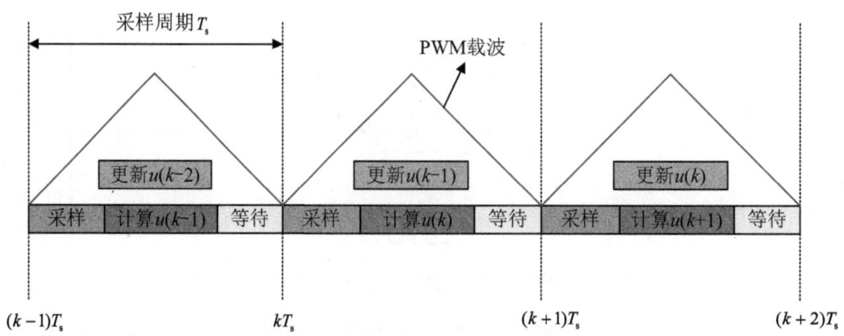

图 6-2 PMSM 控制系统时序图

为解决延迟对系统产生的不利影响，采用经典的超前一步预测法，在 k 时刻，根据式（6-2）对 k+1 时刻的电流进行预测，预测表达式用式（6-4）表示。

$$\hat{\boldsymbol{i}}_{dq}(k+1)=\boldsymbol{F}(k)\boldsymbol{i}_{dq}(k)+\boldsymbol{G}(k)\boldsymbol{u}_{dq}(k)+\boldsymbol{H}(k) \tag{6-4}$$

式中：$\hat{\boldsymbol{i}}_{dq}(k+1)$ 为预测的 k+1 时刻的电流。

通常速度环的周期是电流环周期的 5～10 倍，在此期间电流参考值保持不变，采用超前一步预测的延迟补偿法表达式如下：

$$\boldsymbol{u}_{dq}^{*}(k)=\boldsymbol{G}^{-1}\left[\boldsymbol{i}_{dq}^{\ *}(k+2)-\boldsymbol{F}(k)\hat{\boldsymbol{i}}_{dq}(k+1)-\boldsymbol{H}(k)\right] \tag{6-5}$$

式（6-4）和式（6-5）是延迟补偿法的传统 DPCC 控制方程。图 6-3 是延迟补偿法的传统 DPCC 结构图。

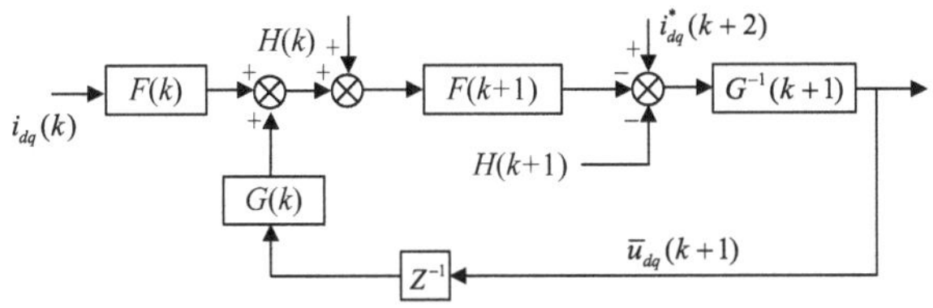

图 6-3　延迟补偿法的传统 DPCC 结构图

6.1.2　算法性能分析

传统的无差拍电流预测控制算法是基于模型的算法，对电机的参数准确性要求较高。然而电机的电阻、电感和磁链参数在运行时是时变的，与离线时测得的参数差值会影响无差拍算法的性能。本节将分析参数不匹配时对传统无差拍电流预测算法的动态性能、稳定性和电流静态误差的影响。

1. 稳定性分析

这里模型参数记为 R、L、ψ_{f}，模型参数是电压预测公式中使用离线测得的参数，电机实际的参数记为 R_0、L_0、ψ_{f0}。在实际电流的计算中，采用的是真实参数。

根据式（6-2）可以计算出 $k+1$ 时刻的实际电流 $\boldsymbol{i}_{dq}(k+1)$，式（6-2）中的参数采用电机的真实参数 R_0、L_0、ψ_{f0}。

$$\boldsymbol{i}_{dq}(k+1)=\boldsymbol{F}(k)\boldsymbol{i}_{dq}(k)+\boldsymbol{G}(k)\boldsymbol{u}_{dq}(k)+\boldsymbol{H}(k) \tag{6-6}$$

式中：$\boldsymbol{i}_{dq}(k)=\left[i_d(k)\quad i_q(k)\right]^{\mathrm{T}}$；$\boldsymbol{u}_{dq}(k)=\left[u_d^{*}(k)\quad u_q^{*}(k)\right]^{\mathrm{T}}$；$\boldsymbol{F}(k)=\begin{bmatrix}\dfrac{1-T_{\mathrm{s}}R_0}{L_0} & T_{\mathrm{s}}\omega_{\mathrm{e}}(k)\\ -T_{\mathrm{s}}\omega_{\mathrm{e}}(k) & \dfrac{1-T_{\mathrm{s}}R_0}{L_0}\end{bmatrix}$；

$\boldsymbol{G}(k)=\begin{bmatrix}\dfrac{T_{\mathrm{s}}}{L_0} & 0\\ 0 & \dfrac{T_{\mathrm{s}}}{L_0}\end{bmatrix}$；$\boldsymbol{H}(k)=\begin{bmatrix}0\\ \dfrac{-T_{\mathrm{s}}\psi_{f0}\omega_{\mathrm{e}}(k)}{L_0}\end{bmatrix}$。

将式（6-5）代入式（6-6）可得 $k+1$ 时刻的实际电流与参考电流之间的关系式：

$$\begin{cases} L_0 i_d(k+1) - L i_d^*(k) = [T_s \Delta R - \Delta L] i_d(k) - \Delta L T_s \omega_e i_q(k) \\ L_0 i_q(k+1) - L i_q^*(k) = [T_s \Delta R - \Delta L] i_q(k) + \Delta L T_s \omega_e i_d(k) + \Delta \psi_f T_s \omega_e \end{cases} \tag{6-7}$$

式中：$\Delta R = R - R_0$；$\Delta L = L - L_0$；$\Delta\psi = \psi_f - \psi_{f0}$。

由于采样周期 T_s 足够小，因此 $T_s \Delta R$ 也足够小，可以忽略不计，若将磁链偏差导致的反电动势作为扰动项，式（6-7）可以简化为

$$\begin{cases} L_0 i_d(k+1) - L i_d^*(k) = -\Delta L i_d(k) - \Delta L T_s \omega_e i_q(k) \\ L_0 i_q(k+1) - L i_q^*(k) = -\Delta L i_q(k) + \Delta L T_s \omega_e i_d(k) \end{cases} \tag{6-8}$$

对式（6-8）进行 Z 变换，得到实际电流与参考电流的闭环离散传递函数为

$$\frac{i_{dq}(z)}{i_{dq}^*(z)} = \frac{(L/L_0)z}{z - 1 + (L/L_0)} \tag{6-9}$$

从式（6-9）可以看出，闭环离散传递函数存在的闭环极点是 $z = 1 - (L/L_0)$，由控制理论可知闭环极点位于 z 平面的单位圆内时，系统处于稳定状态，由此可以计算出系统的稳定区间为

$$0 < L < 2L_0 \tag{6-10}$$

从以上分析可知，当模型电感的值大于 2 倍的真实电感值时，传统 DPCC 将不再收敛，系统处于不稳定状态。为了使系统能在稳定状态下运行，模型电感的值不能超过真实电感值的 2 倍。

2. 动态性能分析

本节分析当电机的电感参数发生变化时，对无差拍电流预测控制算法动态性能的影响。对式（6-9）处理得到电流闭环离散传递函数的幅频特性函数如下：

$$G(\omega) = \frac{Kz}{e^{(j\omega T_s)} - 1 + K} \tag{6-11}$$

式中：$K = L/L_0$，表示模型电感参数与实际电感参数的比值。

传统 DPCC 在不同电感值下传递函数的幅频特性曲线如图 6-4 所示。

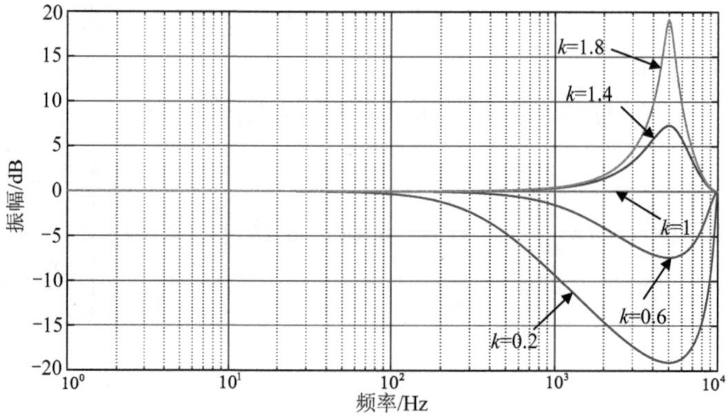

图 6-4　传统 DPCC 在不同电感值下传递函数的幅频特性曲线

图 6-4 中有 5 条曲线，分别代表 5 种电感参数下传递函数的幅频特性曲线，在参数匹配的情况下，实际电流 $\boldsymbol{i}_{dq}(k)$ 可以很好地跟随参考电流 $\boldsymbol{i}_{dq}^{*}(k)$，随着参考电流 $\boldsymbol{i}_{dq}^{*}(k)$ 的变化而变化，电流的静态误差基本消除。

3. 电流静态误差分析

无差拍电流预测控制算法理想的控制目标是在下一个周期使电机的实际电流可以跟踪参考电流。在实际的情况中，由于电机参数受外界因素影响，如温度上升和铁心饱和，参数的实际数值将发生一些变化。因此，电压预测的结果可能出现偏差，导致实际电流与参考电流不一致，从而影响系统的控制性能和控制精度。

对式（6-7）进行变形和化简，可以得到 $k+1$ 时刻电流实际值与电流参考值之差，这个差值用式（6-12）表示。

$$\begin{cases} e_d(k+1)=T_{\mathrm{s}}\dfrac{\Delta R}{L_0}i_d(k)-\dfrac{\Delta L}{L_0}i_d(k)-\dfrac{\Delta L}{L_0}T_{\mathrm{s}}\omega_{\mathrm{e}}i_q(k) \\ e_q(k+1)=T_{\mathrm{s}}\dfrac{\Delta R}{L_0}i_q(k)-\dfrac{\Delta L}{L_0}i_q(k)+\dfrac{\Delta L}{L_0}T_{\mathrm{s}}\omega_{\mathrm{e}}i_d(k)+\dfrac{\Delta\psi_{\mathrm{f}}}{L_0}T_{\mathrm{s}}\omega_{\mathrm{e}} \end{cases} \tag{6-12}$$

从式（6-12）可以看出，影响电流静态误差的因素包括电机的电阻、电感和磁链模型参数与实际参数之间的差值，以及电机的转速和轴电流。在这些因素中，电机参数的不匹配无法得知，对电流静态误差的影响也是未知的。因此，本节主要讨论电机参数不匹配对电流静态误差的影响。

（1）电阻参数不匹配的影响：假设只有电阻参数发生变化，对于 d 轴电流来说，电阻参数和电感参数的不匹配会造成影响，由于在实际实验中，采样周期 T_{s} 比较短，因此 $T_{\mathrm{s}}\Delta R$ 也足够小，可以忽略不计。在稳态时，电阻参数不匹配不会对 d 轴电流的静态误差产生影响；对于 q 轴电流来说，情况与 d 轴相似，由于采样周期 T_{s} 较短，电阻参数不匹配对于 q 轴电流静态误差的影响很小。

（2）电感参数变化的影响：假设只有电感参数发生变化，对于 d 轴电流来说，从式（6-12）可以看出，其中有两项会造成 d 轴电流静态误差，第二项 $T_{\mathrm{s}}\omega_{\mathrm{e}}/L_0$ 的数量级较大，无法忽略，因此电感参数的不匹配会对 d 轴电流静态误差造成一定的影响；对于 q 轴电流来说，由于采取的是 $i_d=0$ 的控制策略，故电感参数的不匹配对 q 轴电流静态误差造成的影响不大。然而，电感参数的不匹配可能引起电流的振荡现象，当不匹配情况严重时，算法的稳定性也会受到影响。

（3）磁链参数变化的影响：假设只有磁链参数发生变化，对于 d 轴电流来说，误差表达式中并没有与磁链参数相关的表达项，因此，磁链参数的不匹配对 d 轴电流静态误差造成的影响微乎其微；对于 q 轴电流来说，误差表达式中与磁链参数不匹配有关的项是 $\Delta\psi_{\mathrm{f}}T_{\mathrm{s}}\omega_{\mathrm{e}}/L_0$，由于电机的电角速度 ω_{e} 并不小，$T_{\mathrm{s}}\omega_{\mathrm{e}}/L_0$ 的数量级较大。因此，磁链参数的不匹配会对 q 轴电流静态误差造成一定的影响。

6.1.3　无差拍电流预测控制算法

无差拍电流预测控制算法是基于模型的算法，依赖于电机精确的数学模型。然而，电机的实际参数是随着电机运行的工况时变的，很难测得精确的电机参数。如果通过对电机的数学模型进行改进，消除部分参数对计算结果的影响，则可以提高无差拍电流预测控制算法的鲁棒性[2]。

1. IDPCC 算法的基本原理

IDPCC 模型主要通过 k 时刻和 k+1 时刻电流与电压的差值来预测下一时刻的期望电压，通过相邻时刻的电机数学模型进行做差运算，可以消去磁链参数，从而减少磁链参数对于传统 DPCC 算法性能的影响。与传统 DPCC 算法相比，基于增量式电机模型具有更高的参数鲁棒性。

根据式（6-3）可得 k 时刻期望电压具体的表达式为

$$\boldsymbol{u}_{dq}(k)=\boldsymbol{A}(k)\boldsymbol{i}_{dq}(k)+\boldsymbol{B}(k)\boldsymbol{i}_{dq}^{*}(k)+\boldsymbol{C}(k) \tag{6-13}$$

式中：$\boldsymbol{i}_{dq}(k)=\begin{bmatrix}i_d(k) & i_q(k)\end{bmatrix}^{\mathrm{T}}$；$\boldsymbol{i}_{dq}^{*}(k)=\begin{bmatrix}i_d^{*}(k) & i_q^{*}(k)\end{bmatrix}^{\mathrm{T}}$；$\boldsymbol{A}(k)=\begin{bmatrix}R-L_d/T_{\mathrm{s}} & \omega_{\mathrm{e}}(k)L_q\\ \omega_{\mathrm{e}}(k)L_d & R-L_q/T_{\mathrm{s}}\end{bmatrix}$；$\boldsymbol{B}(k)=\begin{bmatrix}L_d/T_{\mathrm{s}} & 0\\ 0 & L_q/T_s\end{bmatrix}$；$\boldsymbol{C}(k)=\begin{bmatrix}0\\ \omega_{\mathrm{e}}(k)\psi_{\mathrm{f}}\end{bmatrix}$。

根据式（6-13），可得在 k−1 时刻期望电压的具体表达式为

$$\boldsymbol{u}_{dq}(k-1)=\boldsymbol{A}(k-1)\boldsymbol{i}_{dq}(k-1)+\boldsymbol{B}(k)\boldsymbol{i}_{dq}^{*}(k-1)+\boldsymbol{C}(k-1) \tag{6-14}$$

式中：$\boldsymbol{i}_{dq}(k-1)=\begin{bmatrix}i_d(k-1) & i_q(k-1)\end{bmatrix}^{\mathrm{T}}$；$\boldsymbol{i}_{dq}^{*}(k-1)=\begin{bmatrix}i_d^{*}(k-1) & i_q^{*}(k-1)\end{bmatrix}^{\mathrm{T}}$；$\boldsymbol{A}(k-1)=\begin{bmatrix}R-L_d/T_s & \omega_{\mathrm{e}}(k-1)L_q\\ \omega_{\mathrm{e}}(k-1)L_d & R-L_q/T_s\end{bmatrix}$，$\boldsymbol{B}(k)=\begin{bmatrix}L_d/T_{\mathrm{s}} & 0\\ 0 & L_q/T_{\mathrm{s}}\end{bmatrix}$，$\boldsymbol{C}(k-1)=\begin{bmatrix}0\\ \omega_{\mathrm{e}}(k-1)\psi_{\mathrm{f}}\end{bmatrix}$。

ψ_{f} 是永磁体磁链，在式（6-13）和式（6-14）中，只存在于 $\boldsymbol{C}(k)$ 和 $\boldsymbol{C}(k-1)$ 中，为了消除 ψ_{f} 在状态方程中的影响，将状态方程转变为增量式方程。

$$\Delta\boldsymbol{u}_{dq}(k)=\Delta\boldsymbol{A}(k)\Delta\boldsymbol{i}_{dq}(k)+\Delta\boldsymbol{B}(k)\Delta\boldsymbol{i}_{dq}^{*}(k)+\Delta\boldsymbol{C}(k) \tag{6-15}$$

式中：$\Delta\boldsymbol{u}_{dq}(k)=\boldsymbol{u}_{dq}(k)-\boldsymbol{u}_{dq}(k-1)$；$\Delta\boldsymbol{i}_{dq}(k)=\boldsymbol{i}_{dq}(k)-\boldsymbol{i}_{dq}(k-1)$；$\Delta\boldsymbol{i}_{dq}^{*}(k)=\boldsymbol{i}_{dq}^{*}(k)-\boldsymbol{i}_{dq}^{*}(k-1)$；$\Delta\boldsymbol{A}(k)=\begin{bmatrix}R-L_d/T_s & \omega_{\mathrm{e}}(k)L_q\\ \omega_{\mathrm{e}}(k)L_d & R-L_q/T_s\end{bmatrix}$；$\Delta\boldsymbol{B}(k)=\boldsymbol{B}(k)$。

ψ_{f} 是永磁体磁链，只存在于 $\boldsymbol{C}(k)$ 和 $\boldsymbol{C}(k-1)$ 中，如果可以忽略 $\Delta\boldsymbol{C}(k)$，那么 ψ_{f} 对传统 DPCC 的影响也可以忽略，在速度稳态过程中，$\Delta\boldsymbol{C}(k)$ 可以表示为

$$\Delta\boldsymbol{C}(k)=\begin{bmatrix}0\\ \psi_{\mathrm{f}}\times(\omega_{\mathrm{e}}(k)-\omega_{\mathrm{e}}(k-1))\end{bmatrix}\approx\begin{bmatrix}0\\ 0\end{bmatrix} \tag{6-16}$$

在转速瞬态过程中，电角速度会迅速地增加或降低。但由于机械时间常数小于电气时间常数，因此 ω_{e} 在连续的采样周期，可以看作是不变的。因此 $\Delta\boldsymbol{C}(k)$ 可以约等于 0，此时，期望电压预测方程只剩下了电阻参数和电感参数。

在电机增量式模型的基础上，引入电压补偿量，以减少期望电压预测的误差，改进后的 IDPCC 中的预测电压增量为

$$\begin{cases}\Delta u_d^*(k)=\Delta u_d(k)+e_d^*(k)\\ \Delta u_q^*(k)=\Delta u_q(k)+e_q^*(k)\end{cases} \tag{6-17}$$

式中：$\Delta u_d^*(k)$ 和 $\Delta u_q^*(k)$ 是经过补偿后的电压增量；$e_d^*(k)$ 和 $e_q^*(k)$ 是实际电流与参考电流的差值，表达式如下：

$$\begin{bmatrix} e_d^*(k)\\ e_d^*(k)\end{bmatrix}=\begin{bmatrix} C_{dd} & C_{dq}\\ C_{qd} & C_{qq}\end{bmatrix}\begin{bmatrix} e_d(k)\\ e_q(k)\end{bmatrix} \tag{6-18}$$

式中：$e_{dq}(k)=i_{dq}^*(k)-i_{dq}(k)$；$\begin{bmatrix} C_{dd} & C_{dq}\\ C_{qd} & C_{qq}\end{bmatrix}$是误差补偿矩阵。

本节电流控制方式采用 i_d=0 控制，q 轴实际电流与参考电流之间的差值比较小，因此误差补偿矩阵中的 C_{dd} 和 C_{qd} 的取值应大于 C_{dq} 和 C_{qq} 的取值，经过仿真验证，C_{dd} 和 C_{qd} 的取值范围是[−1,1]。

最终，IDPCC 的预测方程为

$$u_{dq}^*(k)=u_{dq}(k-1)+\Delta u_{dq}^*(k) \tag{6-19}$$

式中：$u_{dq}^*(k)$ 是经过补偿的期望电压，作为 IDPCC 的输出。

2. IDPCC 算法的仿真分析

本节对磁链参数不匹配时传统 DPCC 算法和提出的 IDPCC 算法进行了对比，分别在模型磁链参数为实际磁链参数的 0.5 倍、2 倍的情况下进行了数值仿真。

当模型磁链参数为实际磁链参数的 0.5 倍时，DPCC 与 IDPCC 算法的 q 轴电流波形图如图 6-5 所示。

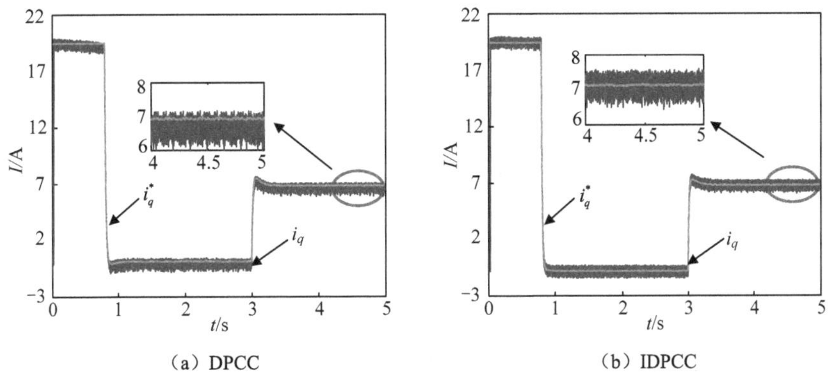

（a）DPCC　　（b）IDPCC

图 6-5　$\psi_f=0.5\psi_{f0}$ 时 DPCC 和 IDPCC 算法的 q 轴电流波形图

从图 6-5（a）可以看出，当模型磁链小于实际磁链时，q 轴电流的实际值会小于电流给定值，存在明显的电流静差。图 6-5（b）是 IDPCC 算法的 q 轴电流波形图，可以看出，实际电流跟随给定电流的效果较好，不存在明显的电流静差。

当模型磁链参数为实际磁链参数的 2 倍时，DPCC 与 IDPCC 算法的 q 轴电流波形图如图 6-6 所示。

从图 6-6（a）可以看出，当模型磁链大于实际磁链时，q 轴电流的实际值会大于电流

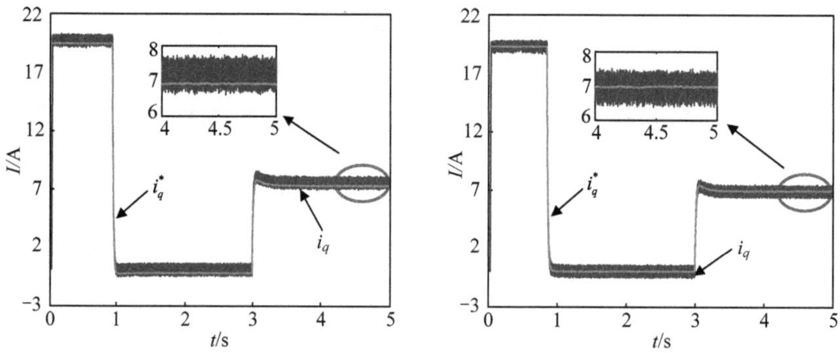

（a）DPCC　　（b）IDPCC

图 6-6　$\psi_f = 2\psi_{f0}$ 时 DPCC 和 IDPCC 算法的 q 轴电流波形图

给定值，存在明显的电流静差。图 6-6（b）是 IDPCC 算法的 q 轴电流波形图，可以看出，模型磁链的增大并不会影响实际电流跟随给定电流的效果，不存在明显的电流静差。

表 6-1 是两种算法在磁链参数失配情况下 q 轴电流静差对比。

表 6-1　DPCC 与 IDPCC 在磁链参数失配情况下 q 轴电流静差对比

参数失配情况	电流静差/A		静差减少比例/%
	DPCC	IDPCC	
$\psi_f = 0.5\psi_{f0}$	0.3117	0.1485	52.36
$\psi_f = 0.25\psi_{f0}$	0.4762	0.2521	47.06
$\psi_f = 2\psi_{f0}$	0.3627	0.1649	54.54
$\psi_f = 4\psi_{f0}$	0.5646	0.2632	53.38

从仿真结果来看，IDPCC 算法的数学模型由于没有磁链参数，在磁链参数失配的情况下，对 q 轴电流静差的影响小于 DPCC 算法，电流静差减少的比例在 50%左右，q 轴实际电流跟踪给定电流的效果更好，不存在明显的电流静差。

6.1.4　龙伯格电感扰动观测器

通过构建龙伯格观测器（Luenberger observer，LBO）来估计系统受到电感参数不匹配产生的扰动，并对电流控制器输出的期望电压进行补偿。

1. 龙伯格观测器原理

龙伯格观测器是典型的状态估计器之一，被许多学者认为是量化新估计方法的基准，经常被用于参数估计的场合。在研究 LBO 时，通常假设被研究系统为线性、时变或时不变的。这使得估计成为求解一组具有已知状态空间矩阵的线性方程的简单问题。

通过一个简单的例子来具体说明龙伯格观测器的原理。假设一个系统的状态空间方程如下：

$$\begin{cases} \dot{x} = \boldsymbol{A}x + \boldsymbol{B}u \\ y = \boldsymbol{C}x \end{cases} \tag{6-20}$$

式中：x是状态变量；u是系统的输入；y是系统的输出；$\boldsymbol{A}$、$\boldsymbol{B}$、$\boldsymbol{C}$ 分别为状态矩阵、

输入矩阵和输出矩阵。

加入观测器估计值与系统被估计量的误差，构造出龙伯格观测器为

$$\begin{cases}\dot{\hat{x}} = A\hat{x} + Bu + F(y-\hat{y}) \\ \hat{y} = Cx\end{cases} \tag{6-21}$$

式中：F 是反馈矩阵。

假设系统的状态变量与观测器估计状态之间的误差为

$$e = x - \hat{x} \tag{6-22}$$

对于式（6-22）进行求导可得

$$\begin{aligned}\dot{e} &= \dot{x} - \dot{\hat{x}} \\ &= Ax + Bu - A\hat{x} - Bu - F(y-\hat{y}) \\ &= (A - FC)e\end{aligned} \tag{6-23}$$

从式（6-23）可知，系统状态的估计误差能否衰减为 0，主要取决于反馈矩阵 F，因为状态矩阵 A 和输出矩阵 C 与具体的系统结构有关。下面通过 Lyapunov 函数来判断系统的稳定性。构造 Lyapunov 函数为

$$V = \frac{1}{2}e^2 \tag{6-24}$$

对式（6-24）进行求导可得

$$\begin{aligned}\dot{V} &= e\dot{e} \\ &= (A - FC)e^2\end{aligned} \tag{6-25}$$

从式（6-25）可以看出，若矩阵 $(A - FC)$ 的特征值保持为负，则系统处于稳定状态，估计误差可以收敛到 0。

2. 龙伯格电感扰动观测器设计

设计龙伯格电感扰动观测器（Luenberger inductance disturbance observer，LBIDO），并将观测到的扰动对控制器的输出期望电压进行补偿。

将 dq 轴电流和观测的系统扰动作为系统变量，写出系统的状态方程为

$$\begin{cases}\dot{\boldsymbol{x}} = \boldsymbol{A}\boldsymbol{x} + \boldsymbol{B}\boldsymbol{u} \\ \boldsymbol{y} = \boldsymbol{C}\boldsymbol{x}\end{cases} \tag{6-26}$$

式中：状态变量 $\boldsymbol{x} = \begin{bmatrix} i_d & i_q & f_d & f_q \end{bmatrix}^{\mathrm{T}}$；输入变量 $\boldsymbol{u} = \begin{bmatrix} u_d & u_q - \omega_{\mathrm{e}}\psi_{\mathrm{f}} & 0 & 0 \end{bmatrix}^{\mathrm{T}}$；输出变量 $\boldsymbol{y} = \begin{bmatrix} i_d & i_q & i_d & i_q \end{bmatrix}^{\mathrm{T}}$；状态矩阵 $\boldsymbol{A} = \begin{bmatrix} -\frac{R}{L} & \omega_{\mathrm{e}} & -\frac{1}{L} & 0 \\ -\omega_{\mathrm{e}} & -\frac{R}{L} & 0 & -\frac{1}{L} \\ 0 & 0 & 0 & 0 \\ 0 & 0 & 0 & 0 \end{bmatrix}$；输入矩阵 $\boldsymbol{B} = \begin{bmatrix} -\frac{1}{L} & 0 & 0 & 0 \\ 0 & -\frac{1}{L} & 0 & 0 \\ 0 & 0 & 0 & 0 \\ 0 & 0 & 0 & 0 \end{bmatrix}$；

输出矩阵 $\boldsymbol{C}=\begin{bmatrix}1&0&0&0\\0&1&0&0\\1&0&0&0\\0&1&0&0\end{bmatrix}$。

龙伯格扰动观测器设计为

$$\begin{cases}\dot{\hat{\boldsymbol{x}}}=\boldsymbol{A}\hat{\boldsymbol{x}}+\boldsymbol{B}\boldsymbol{u}+\boldsymbol{F}(\boldsymbol{y}-\hat{\boldsymbol{y}})\\ \hat{\boldsymbol{y}}=\boldsymbol{C}\boldsymbol{x}\end{cases}\tag{6-27}$$

式中：状态变量 $\hat{\boldsymbol{x}}=\begin{bmatrix}\hat{i}_d & \hat{i}_q & \hat{f}_d & \hat{f}_q\end{bmatrix}^{\mathrm{T}}$；输出变量 $\hat{\boldsymbol{y}}=\begin{bmatrix}\hat{i}_d & \hat{i}_q & \hat{i}_d & \hat{i}_q\end{bmatrix}^{\mathrm{T}}$；反馈矩阵 $\boldsymbol{F}=\begin{bmatrix}g_1&0&0&0\\0&g_1&0&0\\0&0&g_2&0\\0&0&0&g_2\end{bmatrix}$，其中 g_1 和 g_2 为增益。

对式（6-27）通过一阶泰勒展开式，得到龙贝格扰动观测器的离散形式。表达式如下：

$$\begin{bmatrix}\hat{i}_d(k+1)\\ \hat{i}_q(k+1)\\ \hat{f}_d(k+1)\\ \hat{f}_q(k+1)\end{bmatrix}=\boldsymbol{D}\begin{bmatrix}\hat{i}_d(k)\\ \hat{i}_q(k)\\ \hat{f}_d(k)\\ \hat{f}_q(k)\end{bmatrix}+T_{\mathrm{s}}\begin{bmatrix}\dfrac{u_d(k)}{L}\\ \dfrac{(u_q(k)-\omega_{\mathrm{e}}(k)\psi_{\mathrm{f}})}{L}\\ 0\\ 0\end{bmatrix}+\boldsymbol{F}\begin{bmatrix}e_d(k)\\ e_q(k)\\ e_d(k)\\ e_q(k)\end{bmatrix}\tag{6-28}$$

式中：$\boldsymbol{D}=\begin{bmatrix}1-\dfrac{T_{\mathrm{s}}R}{L} & T_{\mathrm{s}}\omega_{\mathrm{e}} & -\dfrac{T_{\mathrm{s}}}{L} & 0\\ -T_{\mathrm{s}}\omega_{\mathrm{e}} & 1-\dfrac{T_{\mathrm{s}}R}{L} & 0 & -\dfrac{T_{\mathrm{s}}}{L}\\ 0&0&1&0\\0&0&0&1\end{bmatrix}$；$e_d(k)=i_d(k)-\hat{i}_d(k)$；$e_q(k)=i_q(k)-\hat{i}_q(k)$。

根据上文的分析，矩阵 $\boldsymbol{D}-\boldsymbol{FC}$ 的特征值全部为负时，龙伯格观测器是稳定的。矩阵 $\boldsymbol{D}-\boldsymbol{FC}$ 如下：

$$\boldsymbol{D}-\boldsymbol{FC}=\begin{bmatrix}1-\dfrac{T_{\mathrm{s}}R}{L}-g_1 & T_{\mathrm{s}}\omega_{\mathrm{e}} & -\dfrac{T_{\mathrm{s}}}{L} & 0\\ -T_{\mathrm{s}}\omega_{\mathrm{e}} & 1-\dfrac{T_{\mathrm{s}}R}{L}-g_1 & 0 & -\dfrac{T_{\mathrm{s}}}{L}\\ -g_2 & 0 & 1 & 0\\ 0 & -g_2 & 0 & 1\end{bmatrix}\tag{6-29}$$

经过计算，增益 g_1 和 g_2 的取值范围如下：

$$\begin{cases}-\dfrac{T_s g_2}{L}<g_1<2-\dfrac{T_s g_2}{2L}\\ g_2<0\end{cases}\tag{6-30}$$

增益 g_1 和 g_2 合理取值，LBIDO 将处于稳定状态。

最终可以设计 IDPCC+LBIDO 的方法如下：

$$\begin{cases} u_d^*(k+1) = u_d(k) + \hat{d}_d(k+1) \\ u_q^*(k+1) = u_q(k) + \hat{d}_q(k+1) \end{cases} \tag{6-31}$$

式中：$\hat{d}_d(k+1)$ 和 $\hat{d}_q(k+1)$ 是 LBIDO 估计的扰动。

基于龙伯格扰动观测器的原理控制框图如图 6-7 所示。

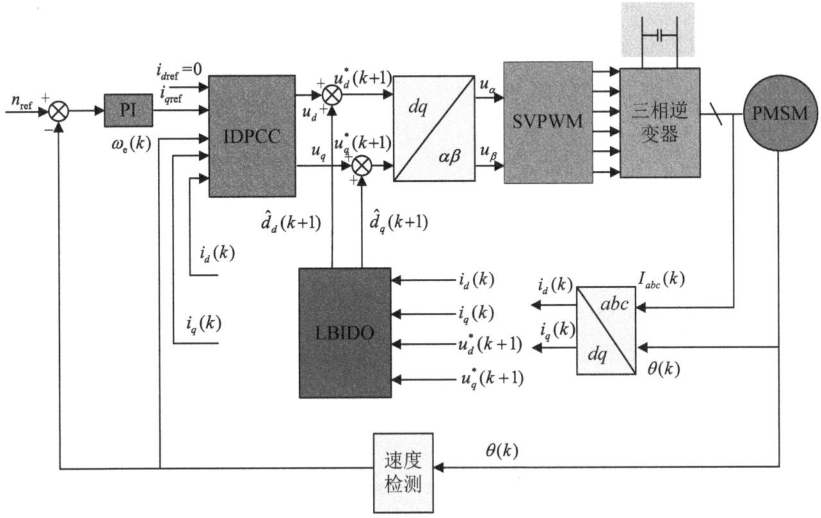

图 6-7　基于龙伯格扰动观测器的原理控制框图

3. 仿真结果与分析

在电阻参数和电感不匹配情况下，对 IDPCC 与 IDPCC+LBIDO 进行仿真和对比。分别在模型电阻参数为真实电阻参数的 0.5 倍、2 倍，模型电感参数为真实电感参数的 0.5 倍、2 倍时进行仿真。

图 6-8 是当模型电阻参数为实际电阻参数的 0.5 倍时，IDPCC 与 IDPCC+LBIDO 算法的 d 轴、q 轴电流波形图。

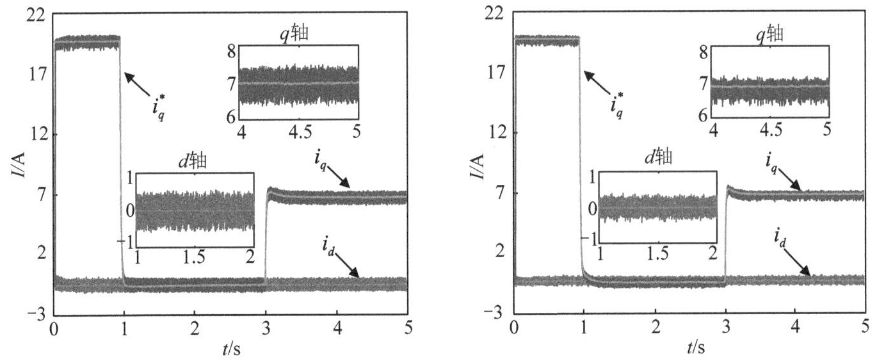

（a）IDPCC　（b）IDPCC+LBIDO

图 6-8　$R=0.5R_0$ 时 IDPCC 与 IDPCC+LBIDO 算法的 d 轴、q 轴电流波形图

图 6-9 是当模型电阻参数为实际电阻参数的 2 倍时，IDPCC 与 IDPCC+LBIDO 算法的 d 轴、q 轴电流波形图。

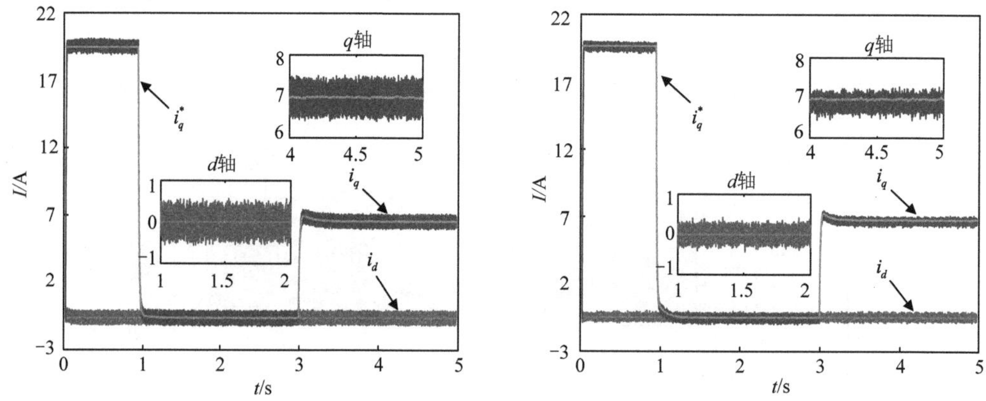

（a）IDPCC （b）IDPCC+LBIDO

图 6-9 $R=2R_0$ 时 IDPCC 与 IDPCC+LBIDO 算法的 d 轴、q 轴电流波形图

从图 6-8 和 6-9 可以看出，当模型电阻参数和实际电阻参数不匹配时，d 轴、q 轴电流并没有太大的振荡，说明电阻参数不匹配对算法性能的影响并不明显。

图 6-10 是当模型电感参数为实际电感参数的 0.5 倍时，IDPCC 与 IDPCC+LBIDO 算法的 d 轴、q 轴电流波形图。

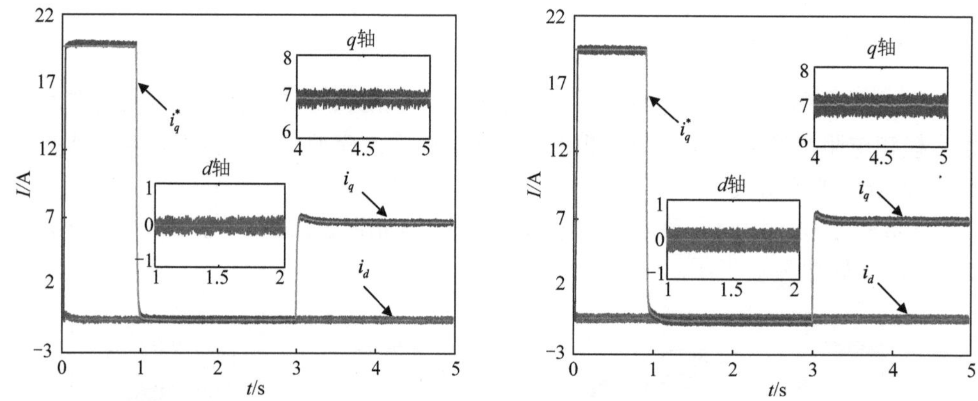

（a）IDPCC （b）IDPCC+LBIDO

图 6-10 $L=0.5L_0$ 时 IDPCC 与 IDPCC+LBIDO 算法的 d 轴、q 轴电流波形图

从图 6-10 可以看出，在 $L=0.5L_0$ 时，d 轴电流和 q 轴电流几乎没有受到太大的影响，当模型电感参数小于实际电感参数时，算法的稳定性并没有受到影响。

图 6-11 是当模型电感参数为实际电感参数的 2 倍时，IDPCC 与 IDPCC+LBIDO 算法的 d 轴、q 轴电流波形图。

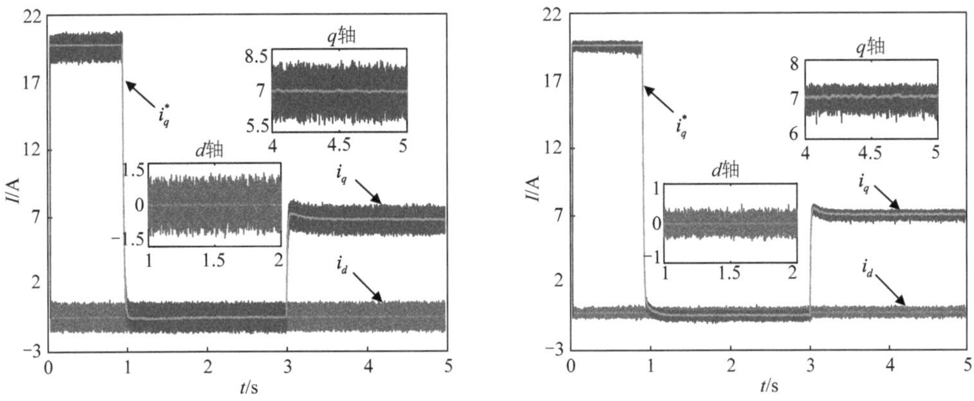

（a）IDPCC　　　　（b）IDPCC+LBIDO

图 6-11　$L=2L_0$ 时 IDPCC 与 IDPCC+LBIDO 算法的 d 轴、q 轴电流波形图

从图 6-11 可以看出，当电感参数发生变化时，IDPCC 算法的 d 轴、q 轴电流的振荡程度加剧，d 轴电流和 q 轴电流的振荡幅度达到了 1.5A，说明在模型电感参数达到实际电感参数的 2 倍时，IDPCC 算法开始变得不稳定。IDPCC+LBIDO 算法加入扰动观测后，在模型电感参数达到实际电感参数的 2 倍时，d 轴、q 轴电流的振荡程度依然较小，算法依然处于稳定状态。

6.1.5　滑模电感扰动观测器

下面通过构建滑模观测器来估计系统受到电感参数不匹配产生的扰动，并对电流控制器输出的期望电压进行补偿。

1. 滑模电感扰动观测器设计

滑模电感扰动观测器（sliding mode inductance disturbance observer，SMIDO）可对下一时刻的电流进行预测，用预测电流代替采样电流，并将观测到的扰动对控制器的输出期望电压进行补偿。

在考虑电感参数不匹配的情况下，控制器的输出电压公式可以描述为

$$
\begin{cases}
u_d = Ri_d + L_d \dfrac{\mathrm{d}i_d}{\mathrm{d}t} - \omega_{\mathrm{e}} L_q i_q + d_d \\
\dfrac{\mathrm{d}d_d}{\mathrm{d}t} = D_d \\
u_q = Ri_q + L_q \dfrac{\mathrm{d}i_q}{\mathrm{d}t} + \omega_{\mathrm{e}} (L_d i_d + \psi_{\mathrm{f}}) + d_q \\
\dfrac{\mathrm{d}d_q}{\mathrm{d}t} = D_q
\end{cases}
\tag{6-32}
$$

式中：d_d 和 d_q 分别表示 d 轴和 q 轴在电感参数不匹配时引起的扰动；D_d 和 D_q 分别表示观测到 d 轴和 q 轴扰动的变化率。d_d 和 d_q 具体可由下式表示：

$$\begin{cases} d_d = \Delta L_d \dfrac{\mathrm{d}i_d}{\mathrm{d}t} - \omega_\mathrm{e} \Delta L_q i_q \\ d_q = \Delta L_q \dfrac{\mathrm{d}i_q}{\mathrm{d}t} + \omega_\mathrm{e} \Delta L_d i_d \end{cases} \tag{6-33}$$

滑模电感扰动观测器可以设计如下：

$$\begin{cases} u_d = R\hat{i}_d + L_d \dfrac{\mathrm{d}\hat{i}_d}{\mathrm{d}t} - \omega_\mathrm{e} L_q i_q + \hat{d}_d + m_d \\ \dfrac{\mathrm{d}\hat{d}_d}{\mathrm{d}t} = K_d m_d \\ u_q = R\hat{i}_q + L_q \dfrac{\mathrm{d}\hat{i}_q}{\mathrm{d}t} + \omega_\mathrm{e}(L_d i_d + \psi_\mathrm{f}) + \hat{d}_q + m_q \\ \dfrac{\mathrm{d}\hat{d}_q}{\mathrm{d}t} = K_q m_q \end{cases} \tag{6-34}$$

式中：$\hat{i}_d$ 和 $\hat{d}_d$ 分别表示 d 轴电流和扰动的估计值；$\hat{i}_q$ 和 $\hat{d}_q$ 分别表示 q 轴电流和扰动的估计值；K_d 和 K_q 分别表示滑模控制的增益系数；m_d 和 m_q 分别表示滑模控制函数。

定义电流估计和扰动估计的误差为

$$\begin{cases} e_{cd} = \hat{i}_d - i_d \\ e_{dd} = \hat{d}_d - d_d \\ e_{cq} = \hat{i}_q - i_q \\ e_{dq} = \hat{d}_q - d_q \end{cases} \tag{6-35}$$

式（6-32）和式（6-35）相减可得

$$\begin{cases} L_d \dfrac{\mathrm{d}e_{cd}}{\mathrm{d}t} = -Re_{cd} - e_{dd} - m_d \\ \dfrac{\mathrm{d}e_{dd}}{\mathrm{d}t} = K_d m_d - D_d \\ L_q \dfrac{\mathrm{d}e_{cq}}{\mathrm{d}t} = -Re_{cq} - e_{dq} - m_q \\ \dfrac{\mathrm{d}e_{dq}}{\mathrm{d}t} = K_q m_q - D_q \end{cases} \tag{6-36}$$

滑模控制函数 m_d 和 m_q 的合理设计，可以使电流估计和扰动估计的误差收敛于 0。根据滑模变结构控制的理论，滑模电感扰动观测器的设计主要分为两步：第一步是设计合理的滑模面函数，第二步是选取合理的趋近律，保证系统状态可以快速趋近滑模面，且抖振较小。

当选取的滑模面为线性滑模面时，$s_d = e_{cd} = \hat{i}_d - i_d$ 和 $s_q = e_{cq} = \hat{i}_q - i_q$，即把 dq 轴电流的估计误差作为滑模面。滑模趋近律采用指数趋近律，指数趋近律表示如下：

$$\frac{\mathrm{d}s}{\mathrm{d}t} = -k_1 \mathrm{sign}(s) - k_2 s \tag{6-37}$$

式中：k_1 和 k_2 是增益系数；x 是系统的状态；s 代表滑模面。$\mathrm{sign}(s)$ 为开关函数，具体表达式如下：

$$\operatorname{sign}(s)=\begin{cases}1 & s>0\\ 0 & s=0\\ -1 & s<0\end{cases} \tag{6-38}$$

将式（6-37）代入式（6-38）中可得

$$\begin{cases}k_1\operatorname{sign}(s_d)+k_2 s_d=\dfrac{1}{L_d}(Re_{cd}+e_{dd}+m_d)\\[2ex] k_1\operatorname{sign}(s_q)+k_2 s_d=\dfrac{1}{L_q}(Re_{cq}+e_{dq}+m_q)\end{cases} \tag{6-39}$$

将 e_{dd} 和 e_{dq} 作为扰动，滑模控制函数可表示为

$$\begin{cases}m_d=L_d(k_1\operatorname{sign}(s_d)+k_2 s_d)-R\mathrm{e}_{cd}\\ m_q=L_q(k_1\operatorname{sign}(s_q)+k_2 s_q)-R\mathrm{e}_{cq}\end{cases} \tag{6-40}$$

对式（6-34）采用一阶泰勒展开得到 PMSM 的离散模型，最终可以得到 SMIDO 的公式：

$$\begin{cases}\hat{i}_d(k+1)=\left(1-\dfrac{T_{\mathrm{s}}R}{L_d}\right)\hat{i}_d(k)+\dfrac{T_{\mathrm{s}}}{L_d}u_d(k)+T_{\mathrm{s}}\omega_{\mathrm{e}}(k)i_q(k)-\dfrac{T_{\mathrm{s}}}{L_d}\hat{d}_d(k)-\dfrac{T_{\mathrm{s}}}{L_d}m_d\\[2ex] \hat{d}_d(k+1)=\hat{d}_d(k)+T_{\mathrm{s}}K_d m_d\\[1ex] \hat{i}_q(k+1)=\left(1-\dfrac{T_{\mathrm{s}}R}{L_q}\right)\hat{i}_q(k)+\dfrac{T_{\mathrm{s}}}{L_q}u_q(k)-T_{\mathrm{s}}\omega_{\mathrm{e}}(k)i_d(k)-\dfrac{T_{\mathrm{s}}}{L_q}\hat{d}_q(k)-\dfrac{T_{\mathrm{s}}}{L_q}m_q-\dfrac{T_{\mathrm{s}}}{L_q}\omega_{\mathrm{e}}(k)\psi_{\mathrm{f}}\\[2ex] \hat{d}_q(k+1)=\hat{d}_q(k)+T_{\mathrm{s}}K_q m_q\end{cases} \tag{6-41}$$

SMIDO 的原理控制框图如图 6-12 所示。

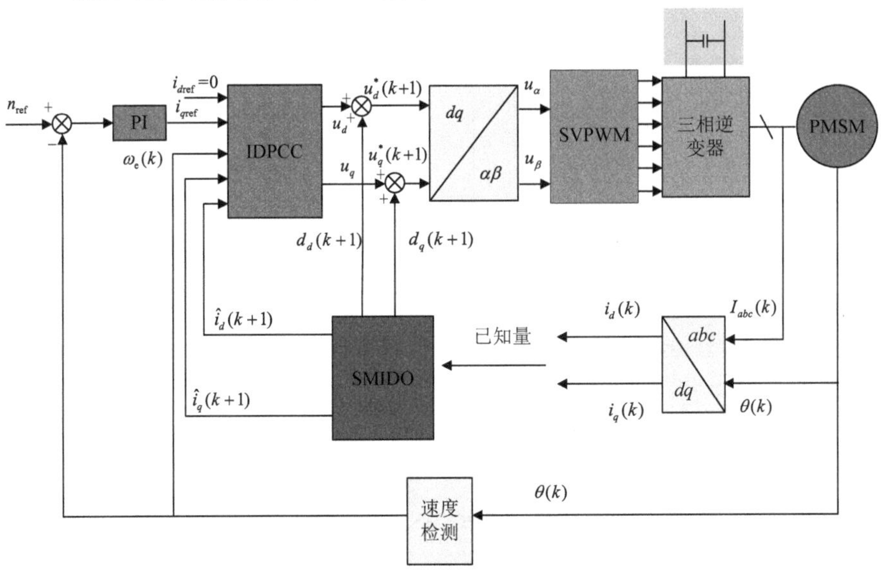

图 6-12　SMIDO 的原理控制框图

以 d 轴电流为例，选取 Lyapunov 函数如下：

$$V_d = \frac{1}{2}s_d^2 \tag{6-42}$$

推导得出

$$\dot{V}_d = s_d\dot{s}_d = -\frac{s_d}{L_d}(Rs_d + e_{dd} + m_d) \tag{6-43}$$

为了保证 $\dot{V}_d < 0$，d 轴的趋近律系数 u 应满足以下条件：

$$u > \frac{|e_{dd}|}{L_d} \tag{6-44}$$

同样地，可以得出整个 dq 轴 SMIDO 的稳定性条件为

$$k_1 > \max\left\{\frac{|e_{dd}|}{L_d}, \quad \frac{|e_{dq}|}{L_q}\right\} \tag{6-45}$$

在仿真中，滑模观测器的参数分别设置为 $k_1 = 2000$、$K_d = 500$、$K_q = 500$，最终可以设计 IDPCC+SMIDO 的方法如下：

$$\begin{cases} u_d^*(k+1) = u_d(k) + \hat{d}_d(k+1) \\ u_q^*(k+1) = u_q(k) + \hat{d}_q(k+1) \end{cases} \tag{6-46}$$

式中：$\hat{d}_d(k+1)$ 和 $\hat{d}_q(k+1)$ 是 SMIDO 估计的扰动。

2. 仿真结果与分析

对 SMIDO 算法进行仿真，分别在模型电阻参数为真实电阻参数的 0.5 倍、2 倍，模型电感参数为真实电感参数的 0.5 倍、2 倍时进行仿真。

图 6-13 是当模型电阻参数为实际电阻参数的 0.5 倍和 2 倍时 IDPCC+SMIDO 算法的 d 轴、q 轴电流波形图。

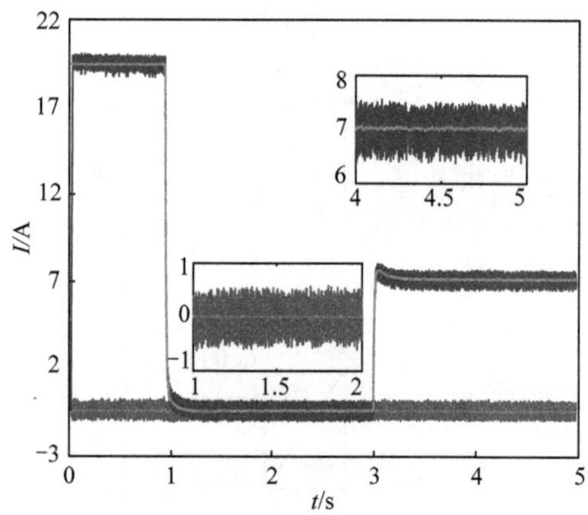

（a） $R = 0.5R_0$

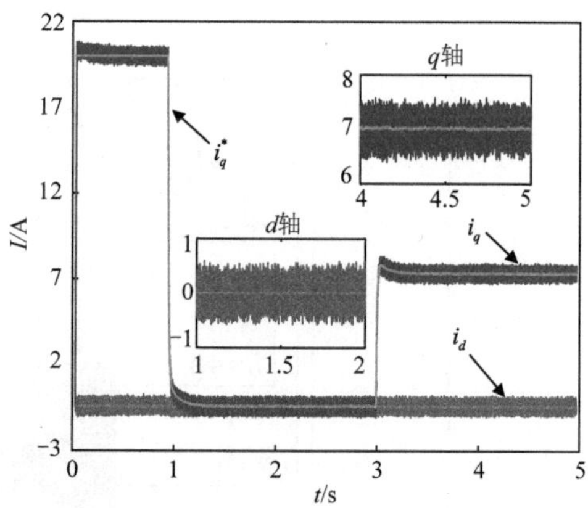

（b） $R = 2R_0$

图 6-13 电阻参数不匹配情况下 IDPCC+SMIDO 算法的 d 轴、q 轴电流波形图

从图 6-13 可以看出，当电阻参数发生变化时，SMIDO 观测器观测到电阻参数失配

引起的扰动对无差拍电流控制器的输出期望电网进行补偿，d 轴、q 轴电流基本不存在电流静差。

图 6-14 是当模型电感参数为实际电感参数的 0.5 倍和 2 倍时 IDPCC+SMIDO 算法的 d 轴、q 轴电流波形图。

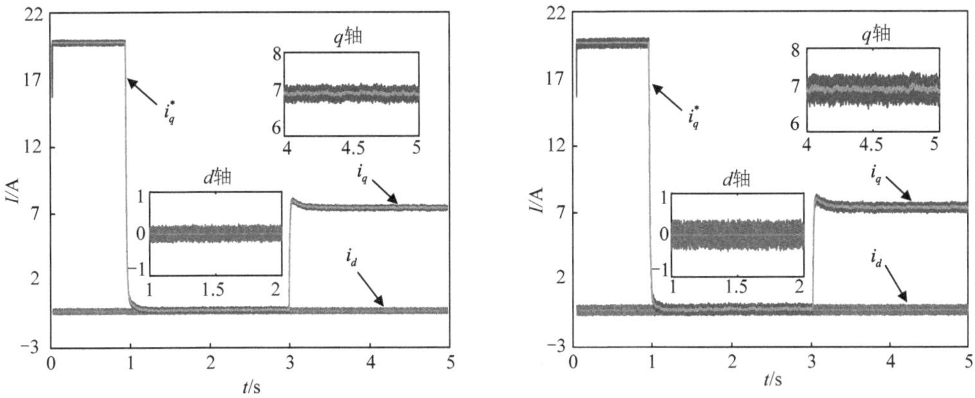

（a）$L=0.5L_0$　　（b）$L=2L_0$

图 6-14　电感参数不匹配情况下 IDPCC+SMIDO 算法的 d 轴、q 轴电流

从图 6-14 可以看出，当 $L=2L_0$ 和 $L=3L_0$ 时，IDPCC+SMIDO 算法的 d 轴、q 轴电流的振荡程度与参数一致时基本一样，IDPCC+SMIDO 算法加入了扰动观测，在模型电感参数达到实际电感参数的 2 倍时，算法依然处于稳定状态。

表 6-2 是模型电阻参数为真实电阻参数的 2 倍、0.5 倍，模型电感参数为真实电感参数的 2 倍、0.5 倍时 IDPCC、IDPCC+LBIDO 和 IDPCC+SMIDO 的 d 轴、q 轴电流的跟踪误差的方差。

表 6-2　参数失配时 IDPCC、IDPCC+LBIDO 和 IDPCC+SMIDO 的 d 轴、q 轴电流的跟踪误差的方差

参数失配情况	电流方差/ A^2					
	d 轴			q 轴		
	IDPCC	IDPCC+LBIDO	IDPCC+SMIDO	IDPCC	IDPCC+LBIDO	IDPCC+SMIDO
$R=0.5R_0$	0.0155	0.0072	0.0064	0.0160	0.0164	0.0097
$R=2R_0$	0.0153	0.0073	0.0060	0.0161	0.0171	0.0088
$L=0.5L_0$	0.0066	0.0078	0.0054	0.0048	0.0054	0.0023
$L=2L_0$	0.0651	0.0074	0.0052	0.0771	0.0103	0.0075

从表 6-2 可以看出，当模型电阻参数发生变化时，IDPCC、IDPCC+LBIDO 和 IDPCC+SMIDO 的 d 轴、q 轴电流的跟踪误差的方差相差不大，说明电阻参数与算法的稳定性没有关系；当 $L=0.5L_0$ 时，IDPCC、IDPCC+LBIDO 和 IDPCC+SMIDO 的 d 轴、q 轴电流的跟踪误差的方差相差同样不是很大，当模型电感参数小于实际电感参数时，影响算法的动态性能，与算法的稳定性没有关系；当 $L=2L_0$ 时，IDPCC 算法处于不稳定状态，d 轴、q 轴电流的跟踪误差的方差急剧增大，而添加观测器的算法在模型电感增大时，电流的跟踪误差的方差依然非常小，表明此时算法处于稳定状态。IDPCC+

LBIDO 的方差稍大于 IDPCC+SMIDO 的方差，表明滑模扰动观测器的性能比龙伯格扰动观测器的性能更好。

表 6-3 是模型电阻参数为真实电阻参数的 2 倍、0.5 倍，模型电感参数为真实电感参数的 2 倍、0.5 倍时，IDPCC、IDPCC+LBIDO 和 IDPCC+SMIDO 的 d 轴、q 轴电流的静差。

表 6-3 参数失配时 IDPCC、IDPCC+LBIDO 和 IDPCC+LBIDO 的 d 轴、q 轴电流的静差

参数失配情况	电流静差/A					
	d 轴			q 轴		
	IDPCC	IDPCC+LBIDO	IDPCC+SMIDO	IDPCC	IDPCC+LBIDO	IDPCC+SMIDO
$R=0.5R_0$	0.0462	0.0497	0.0159	0.2881	0.2800	0.2536
$R=2R_0$	0.0471	0.0521	0.0181	0.2583	0.2544	0.2221
$L=0.5L_0$	0.0511	0.0167	0.0074	0.1314	0.1113	0.0245
$L=2L_0$	0.2121	0.0243	0.0222	0.3246	0.1893	0.1001

从表 6-3 可以看出，当 $R=0.5R_0$ 和 $R=2R_0$ 时，d 轴、q 轴电流静差相差不大；当 $L=0.5L_0$ 时，d 轴、q 轴电流静差同样相差不大，因为当模型电感参数小于实际电感参数时，影响算法的动态性能；当 $L=2L_0$ 时，d 轴、q 轴电流静差在 IDPCC 算法下均大幅增加，说明滑模扰动观测器的性能比龙伯格扰动观测器的性能更好，有利于减小 d 轴、q 轴电流静差。

6.2 分数阶模型的模型参考自适应算法设计

在电机的转矩模型中，电磁转矩是比较容易获得的量，但是转动惯量、摩擦系数、负载转矩则很难辨识。所以，转矩方程的添加对提高电机的动态性能贡献有限，并且增加辨识自由度会牺牲辨识的准确性。利用分数阶微积分算子描述的电机驱动模型比整数阶描述更加精确，而模型参考自适应系统（model reference adaptive system，MRAS）依赖于模型的精确性，因此在这里引入分数阶算子，以对永磁同步电机驱动系统进行分数阶建模。

6.2.1 分数阶永磁同步电机建模

对永磁同步电机定子三相绕组电压方程、永磁体磁通表达式，应用 Caputo 分数阶导数公式，得到理想状态下的分数阶永磁同步电机时域模型：

$$
\begin{cases}
{}_{t_0}^{\mathrm{C}}\mathcal{D}i_d = -\dfrac{R_{\mathrm{s}}}{L_d}i_d + \dfrac{L_q}{L_d}\omega_{\mathrm{r}}i_q + \dfrac{1}{L_d}u_d \\
{}_{t_0}^{\mathrm{C}}\mathcal{D}i_q = -\dfrac{R_{\mathrm{s}}}{L_q}i_q + \dfrac{L_d}{L_q}\omega_{\mathrm{r}}i_d + \dfrac{1}{L_q}u_q - \dfrac{\omega_{\mathrm{r}}\psi_{\mathrm{r}}}{L_q} \\
{}_{t_0}^{\mathrm{C}}\mathcal{D}\omega_{\mathrm{r}} = -\dfrac{B_{\mathrm{f}}}{J_{\mathrm{m}}}\omega_{\mathrm{r}} + \dfrac{T_{\mathrm{e}}}{J_{\mathrm{m}}} - \dfrac{T_{\mathrm{L}}}{J_{\mathrm{m}}}
\end{cases}
\tag{6-47}
$$

由于交直轴定子电流是由相同定子电流分解而来的，因此二者分数阶阶数相同，都用 $\alpha(0<\alpha<1)$ 表示。

6.2.2 永磁同步电机分数阶动力学可观性

1. 可观性判定矩阵

非线性系统可观性证明方法如定理 6-1 所示，该方法同样可应用于非线性分数阶状态空间模型。

定理 6-1 如果判定矩阵

$$T_{\mathrm{C}}=\begin{bmatrix} C^{\mathrm{T}} \\ AC^{\mathrm{T}} \\ A^2C^{\mathrm{T}} \\ \vdots \\ A^{n-1}C^{\mathrm{T}} \end{bmatrix} \tag{6-48}$$

满足 $\operatorname{rank}(T_{\mathrm{C}})=n$，那么系统是完全可观的[3]。

状态方程为

$$\begin{cases} \dfrac{\mathrm{d}}{\mathrm{d}t}i_{\mathrm{s}}(t)=Ai_{\mathrm{s}}(t)+Bu(t) \\ y(t)=Ci_{\mathrm{s}}(t) \end{cases} \tag{6-49}$$

对于由式（6-49）构建的永磁同步电机而言，在没有外加输入的情况下，最多能同时观测两个参数。对于无传感器控制而言，希望能够辨识的参数一般是电机的转速或转子位置。

2. 无位置传感器控制提取转速的参数辨识

针对非线性系统的可观子空间证明定理如下。

定理 6-2 对于一个非线性动态系统：

$$\begin{cases} \Sigma:\dfrac{\mathrm{d}x}{\mathrm{d}t}=f(x,u) \\ y=h(x) \end{cases} \tag{6-50}$$

式中：$x\in\Omega\subset\mathbb{R}^n$，为状态变量；$u\in U\subset\mathbb{R}^m$，为输入值；$y\subset\mathbb{R}^r$ 为输出值。函数 f 和 h 是非线性的，且满足：

$$\begin{cases} f:\Omega\times U\rightarrow\mathbb{R}^n \\ h:\Omega\rightarrow\mathbb{R}^r \end{cases} \tag{6-51}$$

若想证明该系统在其状态空间中的某一点 $x_0\in\mathbb{R}^n$ 处的可观测性，需构建如下判别矩阵：

$$O=\left.\frac{\partial L}{\partial x}\right|_{x=x_0} \tag{6-52}$$

式中：L 为函数矩阵，$L=\begin{bmatrix} \mathcal{L}_f^0 h \\ \mathcal{L}_f^1 h \\ \vdots \\ \mathcal{L}_f^{n-1} h \end{bmatrix}$。$\mathcal{L}_f^k$ 为函数 h 对函数 f 的 k 阶李导数（Lie derivative），

李导数的定义为$\mathcal{L}_f h=(\nabla h)f=\dfrac{\partial h}{\partial x}f=\sum_{i=1}^{i=n}\dfrac{\partial h}{\partial x_i}f_i$，$\mathcal{L}_f^0 h=h$，$\mathcal{L}_f^k h=\mathcal{L}_f\mathcal{L}_f^{k-1}h$，如果矩阵 $\boldsymbol{O}$ 满足$\mathrm{rank}(\boldsymbol{O})=n$，那么就可以说该系统在任意状态点处均为局部可观的。这里需要证明分数阶电机转速的可观性。

由于 dq 旋转坐标系下建立的模型没有转子位置信息，因此不能用来作为可观性判定模型，需用 $\alpha\beta$ 坐标系下建立的模型。并增加一条参数动态 $\mathrm{d}\theta_\mathrm{r}/\mathrm{d}t=\omega_\mathrm{r}$，这样可以提高系统的参数辨识自由度。假设电机在稳态运行中，定子电阻处于微小偏移或不偏移的状态，即 $\mathrm{d}R_\mathrm{s}/\mathrm{d}t\approx 0$，其状态量 $\boldsymbol{x}=[i_\alpha\ \ i_\beta\ \ \theta_\mathrm{r}\ \ \omega_\mathrm{r}\ \ R_\mathrm{s}]^\mathrm{T}$，由于定子电流可以直接测量得到，可观性矩阵可以只保留后三列：

$$\boldsymbol{O}=\begin{bmatrix} 0 & 0 & 0 \\ 0 & 0 & 0 \\ L_0^{-1}\omega_\mathrm{r}\psi_\mathrm{r}\cos(\theta_\mathrm{r}) & L_0^{-1}\omega_\mathrm{r}\psi_\mathrm{r}\sin(\theta_\mathrm{r}) & -L_0^{-1}i_\alpha \\ L_0^{-1}\omega_\mathrm{r}\psi_\mathrm{r}\sin(\theta_\mathrm{r}) & -L_0^{-1}\omega_\mathrm{r}\psi_\mathrm{r}\cos(\theta_\mathrm{r}) & -L_0^{-1}i_\beta \\ \boldsymbol{O}_4 & \boldsymbol{O}_5 & \boldsymbol{O}_6 \end{bmatrix} \tag{6-53}$$

式中：

$$\boldsymbol{O}_4=\begin{bmatrix} L_0^{-2}\omega_\mathrm{r}\psi_\mathrm{r}\left[-2L_0\sin\theta_\mathrm{r}\dfrac{\mathrm{d}i_\alpha}{\mathrm{d}t}+\cos\theta_\mathrm{r}\left(-R_\mathrm{s}-i_\alpha+2\omega_\mathrm{r}\psi_\mathrm{r}\cos\theta_\mathrm{r}\right)\right] \\ L_0^{-2}\omega_\mathrm{r}\psi_\mathrm{r}\left[2L_0\cos\theta_\mathrm{r}\dfrac{\mathrm{d}i_\beta}{\mathrm{d}t}+\sin\theta_\mathrm{r}\left(-R_\mathrm{s}-i_\beta+2\omega_\mathrm{r}\psi_\mathrm{r}\sin\theta_\mathrm{r}\right)\right] \end{bmatrix}$$

$$\boldsymbol{O}_5=\begin{bmatrix} L_0^{-2}\omega_\mathrm{r}\psi_\mathrm{r}\left[-2L_0\sin\theta_\mathrm{r}\dfrac{\mathrm{d}i_\alpha}{\mathrm{d}t}+\cos\theta_\mathrm{r}\left(-R_\mathrm{s}-i_\alpha+2\omega_\mathrm{r}\psi_\mathrm{r}\cos\theta_\mathrm{r}\right)\right] \\ L_0^{-2}\omega_\mathrm{r}\psi_\mathrm{r}\left[2L_0\cos\theta_\mathrm{r}\dfrac{\mathrm{d}i_\beta}{\mathrm{d}t}+\sin\theta_\mathrm{r}\left(-R_\mathrm{s}-i_\beta+2\omega_\mathrm{r}\psi_\mathrm{r}\sin\theta_\mathrm{r}\right)\right] \end{bmatrix}$$

$$\boldsymbol{O}_6=\begin{bmatrix} L_0^{-2}\left[-L_0\dfrac{\mathrm{d}i_\alpha}{\mathrm{d}t}-i_\alpha\left(-R_\mathrm{s}-i_\alpha+2\omega_\mathrm{r}\psi_\mathrm{r}\cos\theta_\mathrm{r}\right)\right] \\ L_0^{-2}\left[-L_0\dfrac{\mathrm{d}i_\beta}{\mathrm{d}t}-i_\beta\left(-R_\mathrm{s}-i_\beta+2\omega_\mathrm{r}\psi_\mathrm{r}\sin\theta_\mathrm{r}\right)\right] \end{bmatrix}$$

对式（6-53）进行分析，取该矩阵的第三、四、五行组成方阵，并求解其行列式，记为$\det\boldsymbol{O}_1$，取矩阵的第三、四、六行组成另一方阵，记其行列式为$\det\boldsymbol{O}_2$。为了便于表示，记$T=-R_\mathrm{s}-i_\alpha+2\omega_\mathrm{r}\psi_\mathrm{r}\cos\theta_\mathrm{r}$，最终求得

$$\det\boldsymbol{O}_1=\frac{\omega_\mathrm{r}^2\psi_\mathrm{r}^2}{L_0^4}\left\{\begin{matrix} \dfrac{\mathrm{d}i_\beta}{\mathrm{d}t}+i_\beta T \\ +\left(2\cos\theta_\mathrm{r}\dfrac{\mathrm{d}i_\beta}{\mathrm{d}t}+T\cos\theta_\mathrm{r}\right)\left[\cos\theta_\mathrm{r}\left(i_\alpha-i_\beta\right)-\sin\theta_\mathrm{r}\left(i_\alpha+i_\beta\right)\right] \end{matrix}\right\} \tag{6-54}$$

$$\det\boldsymbol{O}_2=\frac{\omega_\mathrm{r}^2\psi_\mathrm{r}^2}{L_0^4}\left\{\begin{matrix} \dfrac{\mathrm{d}i_\alpha}{\mathrm{d}t}+i_\alpha T \\ +\left(-2\sin\theta_\mathrm{r}\dfrac{\mathrm{d}i_\alpha}{\mathrm{d}t}+T\cos\theta_\mathrm{r}\right)\left[\cos\theta_\mathrm{r}\left(i_\beta-i_\alpha\right)-\sin\theta_\mathrm{r}\left(i_\beta+i_\alpha\right)\right] \end{matrix}\right\} \tag{6-55}$$

观察式（6-54）和式（6-55）可知，如果电机磁场和转速发生变化，且i_α和i_β不同时为零，即在电机正常运行的情况下，分数阶永磁同步电机的转速和定子电阻满足可观性条件，这样就证明了分数阶电机在运行时的转速是可观的。

6.2.3 分数阶理论的拓展定理

在研究设计分数阶模型参考自适应控制器之前，介绍现有的分数阶理论及其拓展定理，以便在后文中对控制器进行设计：

定理 6-3 当$\alpha,\beta>0$，且函数$f(x)$具有r阶连续导数，其中$r=\max(\lceil\alpha\rceil,\lceil\beta\rceil)$时，序贯分数阶微积分可以如下计算[3]：

$$ {}_{x_0}^{\mathrm{RL}}\mathcal{D}\left[{}_{x_0}^{\mathrm{RL}}\mathcal{D}f(x)\right]={}_{x_0}^{\mathrm{RL}}\mathcal{D}f(x)-\sum_{k=0}^{n-1}\frac{(x-x_0)^{k-\alpha-n}}{\Gamma(1-\alpha+k-n)}{}_{x_0}^{\mathrm{RL}}\mathcal{D}f(x)\Big|_{x_0} \tag{6-56}$$

推论 6-1 如果函数$f(x)$在$x=x_0$点初时刻处于静止状态，即$f(x)$初值以及它的分数阶导数在$x=x_0$为 0 时，则该函数的贯分数阶微积分满足交换律[3]：

$$ {}_{x_0}^{\mathrm{RL}}\mathcal{D}\left[{}_{x_0}^{\mathrm{RL}}\mathcal{D}f(x)\right]={}_{x_0}^{\mathrm{RL}}\mathcal{D}\left[{}_{x_0}^{\mathrm{RL}}\mathcal{D}f(x)\right]={}_{x_0}^{\mathrm{RL}}\mathcal{D}f(x) \tag{6-57}$$

推论 6-2 当$0<\alpha<1$，函数$f(x)\in\mathbb{R}^{n\times n}$，对于任意$x>x_0$，Caputo 分数阶微积分总能满足交换律[3]：

$$ {}_{x_0}^{\mathrm{C}}\mathcal{D}\left[{}_{x_0}^{\mathrm{C}}\mathcal{D}f(x)\right]={}_{x_0}^{\mathrm{C}}\mathcal{D}\left[{}_{x_0}^{\mathrm{C}}\mathcal{D}f(x)\right]={}_{x_0}^{\mathrm{C}}\mathcal{D}f(x) \tag{6-58}$$

定理 6-4 对于可导函数$t\geqslant t_0$，当时间$t\geqslant t_0$时，总有

$$\frac{1}{2}{}_{t_0}^{\mathrm{C}}\mathcal{D}\left[\boldsymbol{x}^{\mathrm{T}}(t)x(t)\right]\leqslant\boldsymbol{x}^{\mathrm{T}}(t){}_{t_0}^{\mathrm{C}}\mathcal{D}x(t),\ \forall\alpha\in(0,1) \tag{6-59}$$

推论 6-3 分数阶扩展 Lyapunov 直接稳定性定理假设$\gamma_i(i=1,2,3)$是一个分数阶非自治系统的平衡点，存在一个连续的 Lyapunov 函数$\gamma_i(i=1,2,3)$和标量K簇常数$\gamma_i(i=1,2,3)$，并满足：

$$\gamma_1(x)\leqslant V(x(t),t)\leqslant\gamma_2(x){}_{t_0}^{\mathrm{C}}\mathcal{D}V(x(t),t)\leqslant-\gamma_3(x),\forall\alpha\in(0,1) \tag{6-60}$$

那么该系统是渐近稳定的。

定理 6-5 假设矩阵$\boldsymbol{A}\in\mathbb{R}^{m\times n}$为时变可导矩阵，当时间$t\geqslant t_0$时，总有

$$ {}_{t_0}^{\mathrm{C}}\mathcal{D}\left[\mathrm{tr}\left\{\boldsymbol{A}^{\mathrm{T}}(t)A(t)\right\}\right]\leqslant 2\mathrm{tr}\left\{\boldsymbol{A}^{\mathrm{T}}(t){}_{t_0}^{\mathrm{C}}\mathcal{D}A(t)\right\},\ \forall\alpha\in(0,1],\ \forall t\geqslant t_0 \tag{6-61}$$

6.2.4 分数阶模型参考自适应控制器

本节介绍一种新型的分数阶模型参考自适应控制系统。参考模型的精确性是制约模型参考自适应法精确性的重要影响因素，大多数研究都将重点放在针对控制器的改造上来减小跟踪误差[4]，而对电机本体模型的精确化却少有研究。分数阶模型参考自适应控制器是为分数阶模型在实际中的应用提供的捷径，因为对于分数阶系统，使用分数阶控制器才能达到理想的效果。

将电机模型写成分数阶形式：

$$ {}_{t_0}^{\mathrm{C}}\mathcal{D}\begin{pmatrix} i_d' \\ i_q' \end{pmatrix} = \begin{bmatrix} -\dfrac{R_{\mathrm{s}}}{L_d} & \dfrac{L_q}{L_d}\hat{\omega}_{\mathrm{r}} \\ -\dfrac{L_d}{L_q}\hat{\omega}_{\mathrm{r}} & -\dfrac{R_{\mathrm{s}}}{L_q} \end{bmatrix} \begin{bmatrix} i_d' \\ i_q' \end{bmatrix} + \begin{bmatrix} \dfrac{1}{L_d} & 0 \\ 0 & \dfrac{1}{L_q} \end{bmatrix} \begin{bmatrix} u_d' \\ u_q' \end{bmatrix} \tag{6-62} $$

该模型为模型参考自适应的可调模型，将式（6-62）简化为状态方程形式：

$$ {}_{t_0}^{\mathrm{C}}\mathcal{D}\boldsymbol{i}_{\mathrm{p}}(t) = \boldsymbol{A}_{\mathrm{p}}\boldsymbol{i}_{\mathrm{p}}(t) + \boldsymbol{B}_{\mathrm{p}}\boldsymbol{u}(t) \tag{6-63} $$

分数阶可调模型状态方程的表达式相关矩阵为

$$ \boldsymbol{i}_{\mathrm{p}}(t) = \begin{bmatrix} \hat{i}_d' \\ \hat{i}_q' \end{bmatrix} = \begin{bmatrix} \hat{i}_d + \dfrac{\psi_{\mathrm{r}}}{L_d} \\ \hat{i}_q \end{bmatrix};\quad \boldsymbol{A}_{\mathrm{p}} = \begin{bmatrix} -\dfrac{R_{\mathrm{s}}}{L_d} & \dfrac{L_q}{L_d}\hat{\omega}_{\mathrm{r}} \\ -\dfrac{L_d}{L_q}\hat{\omega}_{\mathrm{r}} & -\dfrac{R_{\mathrm{s}}}{L_q} \end{bmatrix};\quad \boldsymbol{B}_{\mathrm{p}} = \begin{bmatrix} \dfrac{1}{L_d} & 0 \\ 0 & \dfrac{1}{L_q} \end{bmatrix} $$

同理，参考模型方程为

$$ {}_{t_0}^{\mathrm{C}}\mathcal{D}\boldsymbol{i}_{\mathrm{m}}(t) = \boldsymbol{A}_{\mathrm{m}}\boldsymbol{i}_{\mathrm{m}}(t) + \boldsymbol{B}_{\mathrm{m}}\boldsymbol{r}(t) \tag{6-64} $$

分数阶参考模型状态方程的表达式相关矩阵为

$$ \boldsymbol{i}_{\mathrm{m}}(t) = \begin{bmatrix} i_d' \\ i_q' \end{bmatrix} = \begin{bmatrix} i_d + \dfrac{\psi_{\mathrm{r}}}{L_d} \\ i_q \end{bmatrix};\quad \boldsymbol{A}_{\mathrm{m}} = \begin{bmatrix} -\dfrac{R_{\mathrm{s}}}{L_d} & \dfrac{L_q}{L_d}\omega_{\mathrm{r}} \\ -\dfrac{L_d}{L_q}\omega_r & -\dfrac{R_{\mathrm{s}}}{L_q} \end{bmatrix};\quad \boldsymbol{B}_{\mathrm{m}} = \boldsymbol{B}_{\mathrm{p}};\quad \boldsymbol{r}(t) = \begin{bmatrix} u_d + \dfrac{R_{\mathrm{s}}\psi_{\mathrm{r}}}{L_d} \\ u_q \end{bmatrix} $$

$\boldsymbol{r}(t) \in \mathbb{R}^{2\times1}$ 为一致有界的分段连续参考输入信号。为了使可调模型能够跟踪上参考模型，需满足：

$$ \lim_{t\to\infty}\boldsymbol{i}_{\mathrm{p}}(t) - \boldsymbol{i}_{\mathrm{m}}(t) = 0 \tag{6-65} $$

很明显，在一般的永磁电机中，参考模型矩阵 $\boldsymbol{A}_m$、$\boldsymbol{B}_m$ 一直是非奇异的，将式（6-63）和式（6-64）代入式（6-65），可得

$$ \boldsymbol{u}(t) = \hat{\boldsymbol{\theta}}(t)\boldsymbol{i}_{\mathrm{p}}(t) + \boldsymbol{B}_{\mathrm{r}}\boldsymbol{r}(t) \tag{6-66} $$

式中：$\boldsymbol{B}_{\mathrm{r}}$ 为输入信号相关矩阵，$\boldsymbol{B}_{\mathrm{r}} = \boldsymbol{B}_{\mathrm{m}} / \boldsymbol{B}_{\mathrm{p}}$，如果不考虑永磁同步电机参数变化的影响，那么 $\boldsymbol{B}_{\mathrm{r}} = \boldsymbol{I}$；$\hat{\boldsymbol{\theta}}(t)$ 为连续可调矩阵，$\hat{\boldsymbol{\theta}}(t) \in \mathbb{R}^{2\times2}$。在参数跟踪得到过程中，$\hat{\boldsymbol{\theta}}(t)$ 内的参数一直是在变化的，设 $\boldsymbol{\theta}$ 为可调模型输出信号跟踪上参考模型后 $\hat{\boldsymbol{\theta}}(t)$ 的最终状态，那么 $\boldsymbol{\theta}$ 可表示为

$$ \boldsymbol{\theta} = \frac{\boldsymbol{A}_{\mathrm{m}} - \boldsymbol{A}_{\mathrm{p}}}{\boldsymbol{B}_{\mathrm{p}}} \tag{6-67} $$

因此，控制的方法就是调节输入信号 $\boldsymbol{u}(t)$，使可调模型输出的信号跟踪上参考模型，定义参数估计误差矩阵

$$ \boldsymbol{\Theta}(t) = \boldsymbol{\theta} - \hat{\boldsymbol{\theta}}(t) \in \mathbb{R}^{2\times2} \tag{6-68} $$

控制的目的是使跟踪误差收敛到零，定义跟踪误差：

$$ \boldsymbol{e}(t) = \boldsymbol{i}_{\mathrm{p}}(t) - \boldsymbol{i}_{\mathrm{m}}(t) \in \mathbb{R}^{2\times1} \tag{6-69} $$

根据式（6-69），得分数阶跟踪误差：

$$\begin{aligned}{}_{t_0}^{\mathrm{C}}\mathcal{D}\boldsymbol{e}(t)&={}_{t_0}^{\mathrm{C}}\mathcal{D}\boldsymbol{i}_{\mathrm{p}}(t)-{}_{t_0}^{\mathrm{C}}\mathcal{D}\boldsymbol{i}_{\mathrm{m}}(t)\\&=\boldsymbol{A}_{\mathrm{m}}\boldsymbol{e}(t)+\boldsymbol{B}_{\mathrm{p}}\Theta(t)\boldsymbol{i}_{\mathrm{p}}(t)\end{aligned}\tag{6-70}$$

接下来的目标是在保证控制系统的全局稳定性条件下，设计合适的参数误差估计矩阵，即自适应更新率$\boldsymbol{\Theta}(t)$，使闭环控制系统的所有信号全局一致有界，并且使跟踪误差趋近于 0。

6.2.5　稳定性的证明

首先定义 Lyapunov 函数$V(x(t),t)$，针对跟踪误差和自适应更新率，以及在定理 6-5 中 Lyapunov 函数正定的条件，设计$V(t)$：

$$V(t)=\boldsymbol{e}^{\mathrm{T}}(t)\boldsymbol{P}\boldsymbol{e}(t)+\operatorname{trace}\left\{\boldsymbol{\Theta}^{\mathrm{T}}(t)\boldsymbol{\Theta}(t)\right\}\tag{6-71}$$

式中：$\boldsymbol{P}\in\mathbb{R}^{2\times2}$为任意实对称正定矩阵。

为了在保证系统的全局稳定性条件下求得自适应率，利用定理 6-5 和分数阶线性定理 6-3，得到

$${}_{t_0}^{\mathrm{C}}\mathcal{D}V(t)={}_{t_0}^{\mathrm{C}}\mathcal{D}[\boldsymbol{e}^{\mathrm{T}}(t)\boldsymbol{P}\boldsymbol{e}(t)]+{}_{t_0}^{\mathrm{C}}\mathcal{D}\left[\operatorname{trace}\left\{\boldsymbol{\Theta}^{\mathrm{T}}(t)\boldsymbol{\Theta}(t)\right\}\right]\tag{6-72}$$

使用定理 6-4、推论 6-3 和定理 6-5，将式（6-72）整理为

$${}_{t_0}^{\mathrm{C}}\mathcal{D}V(t)\leqslant2\boldsymbol{e}^{\mathrm{T}}(t)\boldsymbol{P}\,{}_{t_0}^{\mathrm{C}}\mathcal{D}\boldsymbol{e}(t)+2\operatorname{trace}\left\{\boldsymbol{\Theta}^{\mathrm{T}}(t)\,{}_{t_0}^{\mathrm{C}}\mathcal{D}\boldsymbol{\Theta}(t)\right\}\tag{6-73}$$

将式（6-70）代入式（6-73），得

$$\begin{aligned}{}_{t_0}^{\mathrm{C}}\mathcal{D}V(t)&\leqslant2\boldsymbol{e}^{\mathrm{T}}(t)\boldsymbol{P}\,{}_{t_0}^{\mathrm{C}}\mathcal{D}\boldsymbol{e}(t)+2\operatorname{trace}\left\{\boldsymbol{\Theta}^{\mathrm{T}}(t)\,{}_{t_0}^{\mathrm{C}}\mathcal{D}\boldsymbol{\Theta}(t)\right\}\\&=2\boldsymbol{e}^{\mathrm{T}}(t)\boldsymbol{P}\boldsymbol{A}_{\mathrm{m}}\boldsymbol{e}(t)+2\boldsymbol{e}^{\mathrm{T}}(t)\boldsymbol{P}\boldsymbol{B}_{\mathrm{p}}\boldsymbol{\Theta}(t)\boldsymbol{i}_{\mathrm{p}}(t)\\&\quad+2\operatorname{trace}\left\{\boldsymbol{\Theta}^{\mathrm{T}}(t)\,{}_{t_0}^{\mathrm{C}}\mathcal{D}\boldsymbol{\Theta}(t)\right\}\end{aligned}\tag{6-74}$$

观察等式的前半部分$2\boldsymbol{e}^{\mathrm{T}}(t)\boldsymbol{P}\boldsymbol{A}_{\mathrm{m}}e(t)$，很明显矩阵$\boldsymbol{A}_{\mathrm{m}}$是 Hurwitz 的（$\boldsymbol{A}_{\mathrm{m}}$由状态方程得到），那么存在一个对称的正定矩阵$\boldsymbol{M}$，使$\boldsymbol{A}_{\mathrm{m}}^{\mathrm{T}}\boldsymbol{P}+\boldsymbol{P}\boldsymbol{A}_{\mathrm{m}}=\boldsymbol{M}$。因此有

$$2\boldsymbol{e}^{\mathrm{T}}(t)\boldsymbol{P}\boldsymbol{A}_{\mathrm{m}}\boldsymbol{e}(t)=\boldsymbol{e}^{\mathrm{T}}(t)\left(\boldsymbol{A}_{\mathrm{m}}^{\mathrm{T}}\boldsymbol{P}+\boldsymbol{P}\boldsymbol{A}_{\mathrm{m}}\right)\boldsymbol{e}(t)=-\boldsymbol{e}^{\mathrm{T}}(t)\boldsymbol{M}\boldsymbol{e}(t)\tag{6-75}$$

接下来设计合适的自适应率，使等式后半部分是 0 或者负定的。定义自适应率：

$${}_{t_0}^{\mathrm{C}}\mathcal{D}\boldsymbol{\Theta}(t)=-{}_{t_0}^{\mathrm{C}}\mathcal{D}\hat{\boldsymbol{\theta}}(t)=-\boldsymbol{B}_{\mathrm{p}}^{\mathrm{T}}\boldsymbol{P}\boldsymbol{e}(t)\boldsymbol{i}_{\mathrm{p}}^{\mathrm{T}}(t)\tag{6-76}$$

将自适应率式（6-76）代入式（6-74），可得

$$\begin{aligned}&2\boldsymbol{e}^{\mathrm{T}}(t)\boldsymbol{P}\boldsymbol{B}_{\mathrm{p}}\boldsymbol{\Theta}(t)\boldsymbol{i}_{\mathrm{p}}(t)+2\operatorname{trace}\left\{\boldsymbol{\Theta}^{\mathrm{T}}(t)\,{}_{t_0}^{\mathrm{C}}\mathcal{D}\boldsymbol{\Theta}(t)\right\}\\&=2\boldsymbol{e}^{\mathrm{T}}(t)\boldsymbol{P}\boldsymbol{B}_{\mathrm{p}}\boldsymbol{\Theta}(t)\boldsymbol{i}_{\mathrm{p}}(t)-2\operatorname{trace}\left\{\boldsymbol{\Theta}^{\mathrm{T}}(t)\boldsymbol{B}_{\mathrm{p}}^{\mathrm{T}}\boldsymbol{P}\boldsymbol{e}(t)\boldsymbol{i}_{\mathrm{p}}^{\mathrm{T}}(t)\right\}\\&=2\boldsymbol{i}_{\mathrm{p}}^{\mathrm{T}}(t)\boldsymbol{\Theta}^{\mathrm{T}}(t)\boldsymbol{B}_{\mathrm{p}}^{\mathrm{T}}\boldsymbol{P}\boldsymbol{e}(t)-2\operatorname{trace}\left\{\boldsymbol{\Theta}^{\mathrm{T}}(t)\boldsymbol{B}_{\mathrm{p}}^{\mathrm{T}}\boldsymbol{P}\boldsymbol{e}(t)\boldsymbol{i}_{\mathrm{p}}^{\mathrm{T}}(t)\right\}\end{aligned}\tag{6-77}$$

下面引入矩阵的迹定理。

定理 6-6　矩阵$\boldsymbol{A},\boldsymbol{B}\in\mathbb{R}^{n}$，则有$\operatorname{trace}\{\boldsymbol{B}\boldsymbol{A}^{\mathrm{T}}\}=\boldsymbol{A}^{\mathrm{T}}\boldsymbol{B}$。

则式（6-77）可化简为

$$\begin{aligned}&2\boldsymbol{i}_{\mathrm{p}}^{\mathrm{T}}(t)\boldsymbol{\Theta}^{\mathrm{T}}(t)\boldsymbol{B}_{\mathrm{p}}^{\mathrm{T}}\boldsymbol{P}\boldsymbol{e}(t)-2\operatorname{trace}\left\{\boldsymbol{\Theta}^{\mathrm{T}}(t)\boldsymbol{B}_{\mathrm{p}}^{\mathrm{T}}\boldsymbol{P}\boldsymbol{e}(t)\boldsymbol{i}_{\mathrm{p}}^{\mathrm{T}}(t)\right\}\\&=2\boldsymbol{i}_{\mathrm{p}}^{\mathrm{T}}(t)\boldsymbol{\Theta}^{\mathrm{T}}(t)\boldsymbol{B}_{\mathrm{p}}^{\mathrm{T}}\boldsymbol{P}\boldsymbol{e}(t)-2\boldsymbol{i}_{\mathrm{p}}^{\mathrm{T}}(t)\boldsymbol{\Theta}^{\mathrm{T}}(t)\boldsymbol{B}_{\mathrm{p}}^{\mathrm{T}}\boldsymbol{P}\boldsymbol{e}(t)\\&=0\end{aligned}\tag{6-78}$$

因此，在自适应率按照式（6-76）设计时，Lyapunov 函数可表示为

$$ {}_{t_0}^{\mathrm{C}}\mathcal{D}V(t)=-\boldsymbol{e}^{\mathrm{T}}(t)\boldsymbol{M}\boldsymbol{e}(t) \tag{6-79}$$

根据定理 6-4，分数阶 Lyapunov 函数是负定的，即系统能够保持渐近稳定状态。值得注意的是，该控制器的输入信号为交直轴的定子电压，输出分数阶控制信号，该信号需要经过一次分数阶积分，才能得到真正的控制信号 $u(t)$。在这里需要强调的是，以上所有定理及其证明都是在分数阶阶数 $0<\alpha<1$ 的条件下进行的，如果电机或控制器的阶数超过 1，那么证明将不成立。

前文提到，自适应率中包含有对误差的积分，在控制过程中，自适应率参数的选择会对控制器造成很大的影响。因此。参数矩阵 $\boldsymbol{P}$ 的选择既要严格按照矩阵正实定理，又要保持系统响应的快速性和准确性。

6.3 神经网络控制器设计

电机矢量控制系统中的角度控制器、转速控制器和电流控制器都面临着复杂工况所带来的整定难题。将神经网络这类智能算法与控制器相结合，能极大简化控制器的整定过程，且提高其性能。

6.3.1 模糊推理器设计

1. 模糊控制原理

以控制器输入变量数目进行划分，可将模糊控制器分成以下三类，如图 6-15 所示。

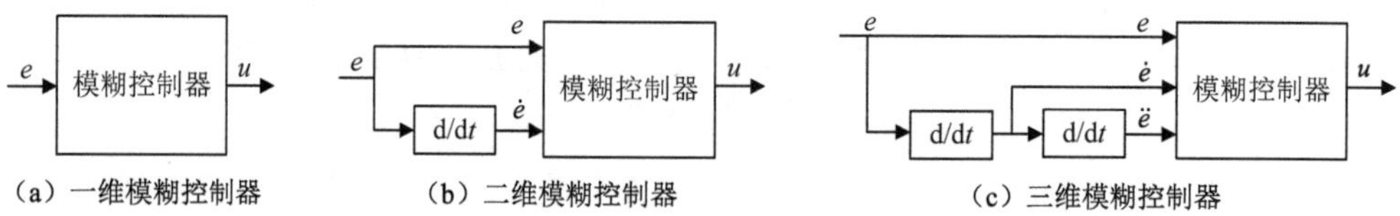

图 6-15　各维度模糊控制器

维度越高则控制精度越高，但设计越复杂。因此控制器维度一般选取三维及以下，其中二维模糊控制器更易于微机实现。模糊控制系统原理图如图 6-16 所示。

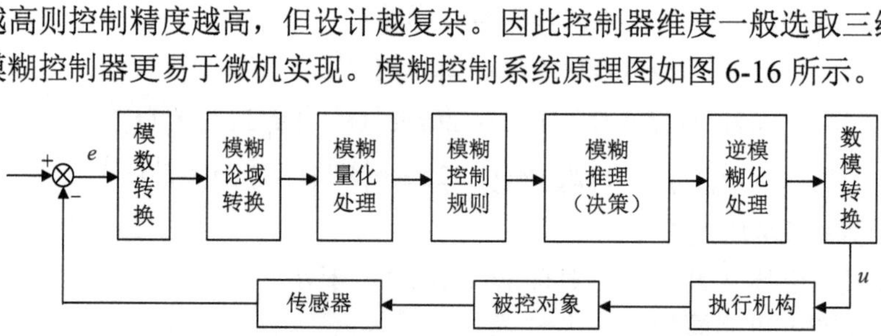

图 6-16　模糊控制系统原理图

2. 模糊推理器设计

模糊控制器的输入量是确定量，需要经过模糊化后才能用于模糊推理。模糊控制器接口将输入量的大小用模糊语言来表示，将基本论域转化为模糊论域。

1）量化因子及比例因子

过程通道内采样后经过模数转换的数字量需要经过归一化处理后才能作为模糊控制器接受的输入变量，即从基本论域转换至模糊论域需要乘以对应的量化因子，从逆模糊化处理转换至实际输出量需乘以对应的比例因子。较大的比例因子可增加系统的动态响应速度，提高稳态精度，但比例因子过大将导致系统被控量产生大的超调及较长的过渡时间；反之，比例因子过小会增大系统的稳态误差，减慢响应速度。

2）隶属度函数

控制器的核心在于隶属度函数的设计和模糊控制规则的制定。隶属度函数用于描述模糊关系。常用的隶属度函数有三角形、梯形、π 形和高斯形等。曲线陡峭且尖锐的隶属度函数对输入量变化反应灵敏，分辨率也高；相反，曲线平滑的隶属度函数分辨率低，但在输出变量趋于稳定后的控制性能更加稳定。所以输入变量较大时常采用隶属度函数的平滑区段，输入变量较小时采用隶属度函数的陡峭区段。在众多隶属度函数曲线中，机器对正态分布的模糊变量的运算非常复杂，将导致运算十分缓慢，而对三角分布运算简单且迅速。考虑到被控变量和易于微机实现，设计了高斯函数和三角函数相结合的新型隶属度函数。在偏差 e 的隶属度函数曲线中，ZE 段陡峭以在偏差较小时提高系统的稳态精度；设计的偏差变化率 ec 的隶属度函数曲线中，ZE 段平缓以避免噪声等干扰引起的输出量抖振，造成系统振荡。图 6-17～图 6-21 为偏差 e、偏差变化率 ec、ΔK_p、ΔK_i 及 ΔK_d 的隶属度函数曲线。

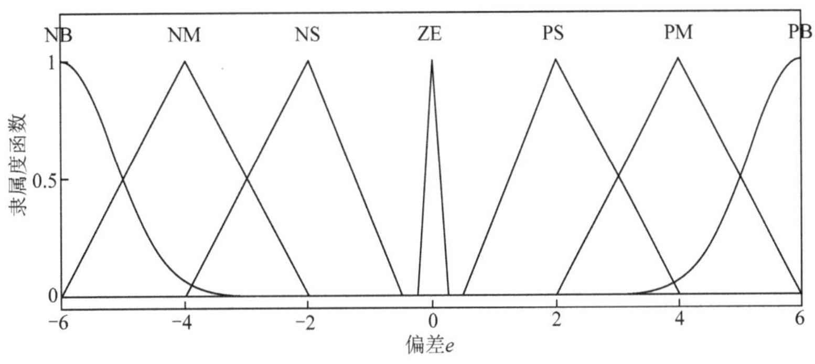

图 6-17　偏差 e 隶属度函数曲线

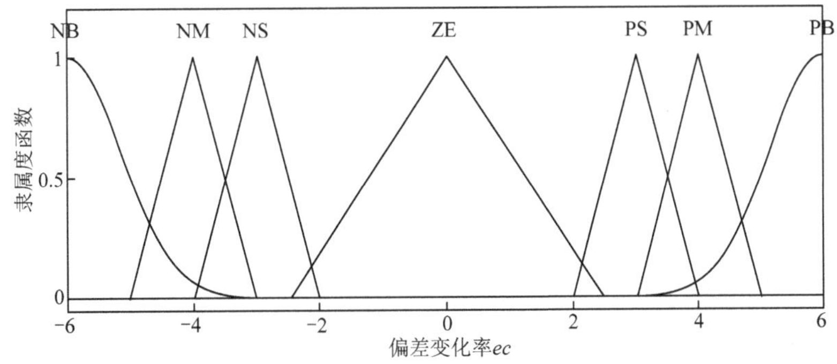

图 6-18　偏差变化率 ec 隶属度函数曲线

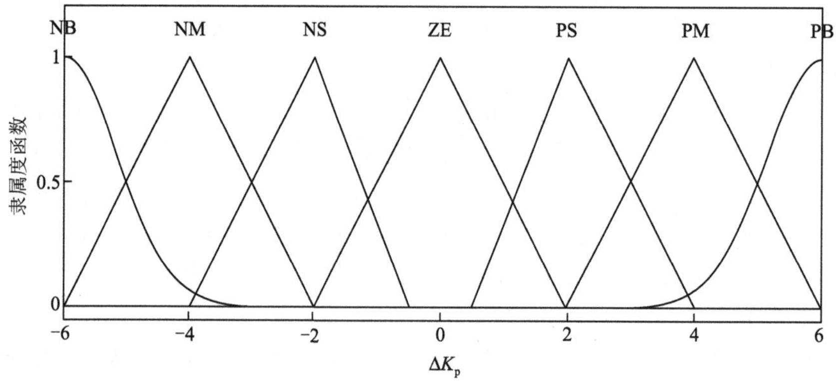

图 6-19　ΔK_p 隶属度函数曲线

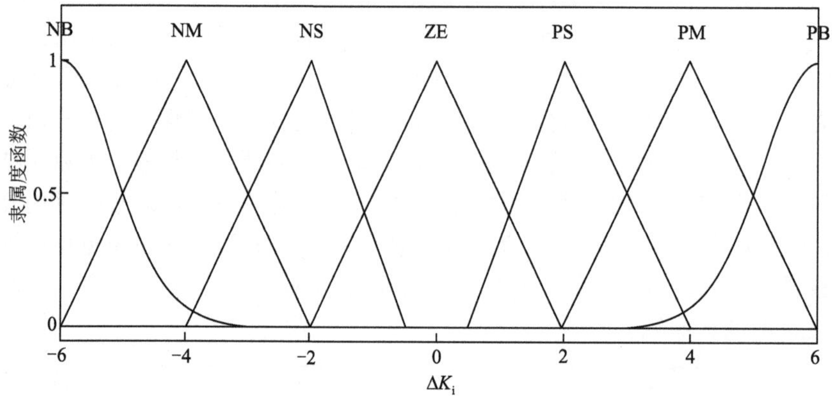

图 6-20　ΔK_i 隶属度函数曲线

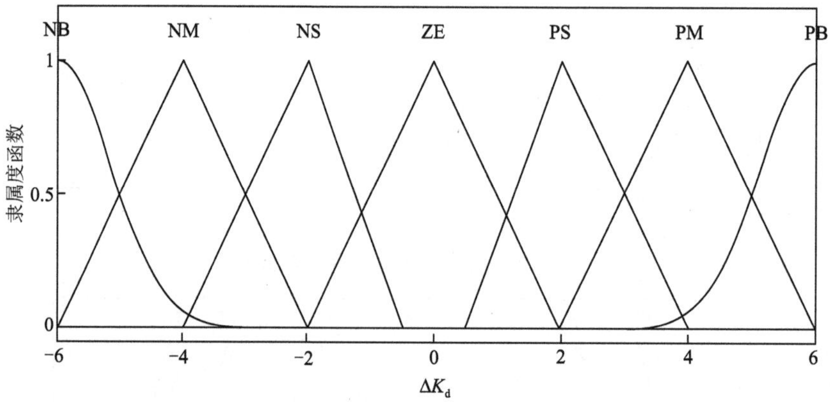

图 6-21　ΔK_d 隶属度函数曲线

3）数据库和规则库

数据库存放所有变量模糊子集的隶属度函数，并在推理模糊关系方程时向推理机提供数据。规则是将技术人员的操作经验总结后得到的模糊条件语句集合，即控制策略。规则库是模糊控制器的核心，描述模糊控制器输入量和输出量之间的关系。表 6-4 展示了 PID 参数整定经验。

表 6-4　PID 参数整定经验

待整定参数	变化趋势	动态性能指标				稳态性能指标		静差情况
		响应速度	超调情况	调节时间	振荡情况	稳态误差	稳定性能	
K_p	减小	减慢	减小	减少	下降	主要靠积分部分调节	提高	存在静差
	增大	加快	增大	延长	增强		下降	
	过大	过快	过大	过长	加剧		极差	
K_i	减小	主要靠比例部分调节	减小	延长	下降	增大	提高	消除静差
	增大		增大	减少	增强	减小	下降	
	过大		过大	过长	加剧	增大	极差	
K_d	减小	主要靠比例部分调节	增大	延长	增强	主要靠积分部分调节	下降	抑制静差
	增大		减小	减少	下降		提高	
	过大		无	延长	增强		下降	

系统响应曲线是品质分析的重要依据，把整个响应曲线分成如图 6-22 所示的几个区段。

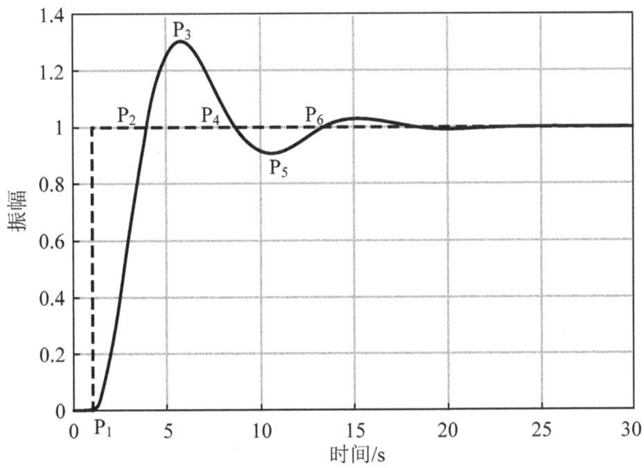

图 6-22　典型二阶系统阶跃响应曲线

整理出典型二阶系统偏差 e 和偏差变化率 ec 之间的关系，如表 6-5 所示。

表 6-5　典型二阶系统阶跃响应下偏差 e 与偏差变化率 ec 的关系

区段	e 与 0 的关系	ec 与 0 的关系	输出与目标的关系
$P_1 \sim P_2$	<0	>0	趋近
$P_2 \sim P_3$	>0	>0	远离
$P_3 \sim P_4$	>0	<0	趋近
$P_4 \sim P_5$	<0	<0	远离
$P_5 \sim P_6$	<0	>0	趋近

当误差较大时，应以尽快消除误差为主；当误差较小时，应防止超调，提高稳定性。

由此可获得控制的经验，模糊规则的制定方案如表 6-6 所示。

表 6-6　模糊规则制定方案

区间	输入变量条件约束			控制量策略	输出变量整定策略		
	e	$\|e\|$	ec		比例增量作用	积分增量作用	微分增量作用
$P_1 \sim P_2$	$e \leqslant 0$	大	$ec \geqslant 0$	应增大	中等 加速趋向给定	较小 以防积分饱和	较小 以防微分饱和
		小	$ec \geqslant 0$		逐渐减小 以防正向超调	逐渐增大 以增强稳定性	逐渐增大 避免正向超调
$P_2 \sim P_3$	$e \geqslant 0$	小	$ec \geqslant 0$	应减小	继续减小 避免后期振荡	中等 消除静态误差	较小 避免后期振荡
		大	$ec \geqslant 0$		较大 以防偏离给定	较小 依靠比例作用	较大 避免超调过大
$P_3 \sim P_4$	$e \geqslant 0$	大	$ec \leqslant 0$	应减小	中等 减弱正差减小	较小 依靠比例作用	减小 快速减小偏差
		小	$ec \leqslant 0$		减小 避免后期振荡	逐渐增大 以增强稳定性	逐渐减小 减小制动作用
$P_4 \sim P_5$	$e \leqslant 0$	小	$ec \leqslant 0$	应增大	增大 抑制负差增大	中等 消除静态误差	继续减小 避免后期振荡
		大	$ec \leqslant 0$		最大 抑制负差更大	较小 以防积分饱和	最小 依靠比例积分

根据表 6-6 的控制经验和大量的实验，制定出 ΔK_p、ΔK_i 和 ΔK_d 的模糊规则。至此，规则库建立完成，在推理时可为推理机提供规则。

4）模糊推理与决策

推理是指求解模糊关系方程，获得模糊控制量。常用的三种推理方式有 Mandani 极大极小运算法、代数乘积运算法、加权运算法。模糊控制规则可用语句描述 if $E = A_i$ and $EC = B_i$ then $U = C_i (i = 1,2,\cdots,m)$。控制量：

$$\tilde{C} = (\tilde{A} \times \tilde{B}) \circ \tilde{R} \tag{6-80}$$

式中：×代表模糊直积运算；○代表模糊合成运算。

5）逆模糊化处理

逆模糊化处理是模糊化的反过程，它将推理得到的模糊量变换为清晰量。较常用的模糊判决方法有重心法。另外还有最大隶属度法、中位数判决法、加权平均法等，此处不赘述。

6）模糊控制查询表

根据偏差和偏差变化率，从控制表中可查找到相应输出清晰量，提高运算速度。

6.3.2　神经网络控制器设计

1. 神经网络结构

从连接方式看，神经网络主要有两种结构：前馈型网络［图 6-23（a）］，没有反馈；

递归型网络，也称互连网络。递归型网络有局部互连网络[图 6-23（b）和（c）]和全互连网络[图 6-23（d）]两种。Hopfield 网络、随机神经网络、有组织竞争型神经网络、对角递归神经网络都属于递归型网络。

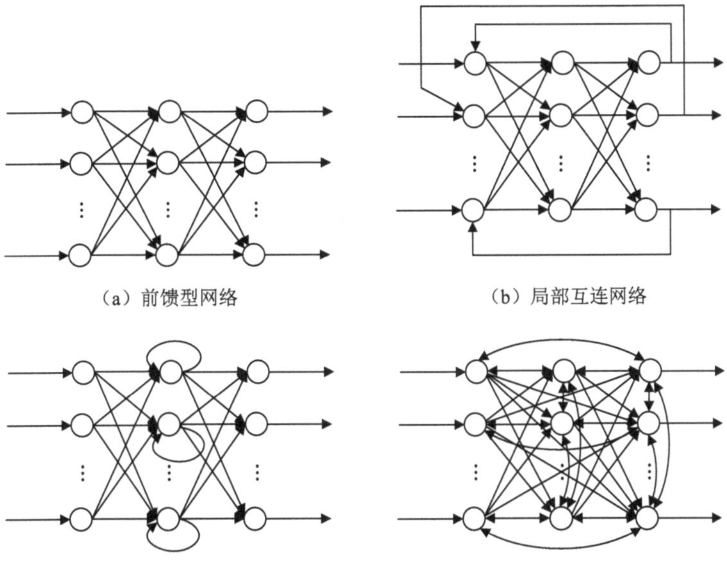

（a）前馈型网络　（b）局部互连网络

（c）局部互连网络　（d）全互连网络

图 6-23　神经网络典型结构

前馈神经网络是一种静态网，把它用于控制或辨识时，必须先确定对象模型。对未知或先验知识很少的系统来说控制或辨识效果不佳，尤其前馈神经网络无法应用于黑箱系统。递归神经网络无须知道详细对象，其可利用反馈环节存储信息并完成动态映射。

2. 自适应激活函数

激活函数是神经网络解决非线性问题的关键。激活函数的种类繁多，如线性函数、阈值函数和 Sigmoid 函数等。将传统 Sigmoid 激活函数的 BP 神经网络定义为 FPBP 神经网络，对应的算法称为 FPBP 神经网络算法[5]。传统的 Sigmoid 函数由下式定义：

$$S(x)=\frac{1}{1+\mathrm{e}^{-x}} \tag{6-81}$$

本节设计的自适应激活函数为

$$f(x,a,b,c,d)=\begin{cases} d-a & x\in\left(-\infty,-\dfrac{\pi}{2b}-c\right) \\ a\sin[b(x+c)]+d & x\in\left[-\dfrac{\pi}{2b}-c,\dfrac{\pi}{2b}-c\right] \\ d+a & x\in\left(\dfrac{\pi}{2b}-c,+\infty\right) \end{cases} \tag{6-82}$$

式中：a代表区间因子，为正实数；b代表斜率因子，为正实数；c和d为位置参数。

显然，只要给出相应的参数值，传统的 S 型激活函数只是式（6-81）的一个特例。

因此，所提出的激活函数具有更丰富的结构形式和非线性表达能力。

3. 自适应神经网络

图 6-24 是所提出的自适应 BP 神经网络拓扑。

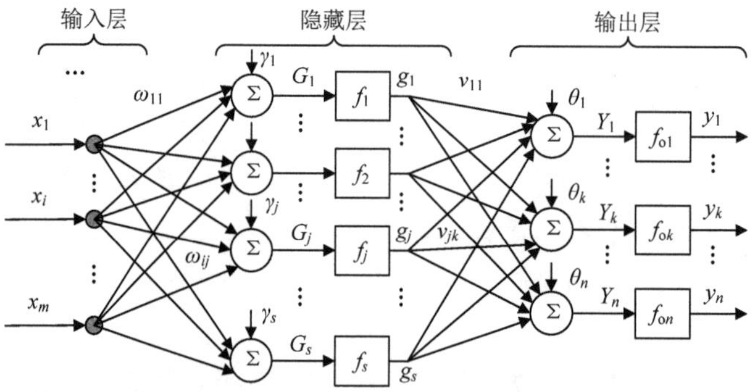

图 6-24 自适应 BP 神经网络拓扑

相关文献已经证明，只要隐藏层中的节点的数量是足够的，三层的 BP 神经网络具有模拟任何复杂的非线性映射的能力。设自适应 BP 神经网络的输入层有 m 个输入量：$x_i(i=1,2,\cdots,m)$；隐藏层有 s 个神经元；隐藏层神经元阈值为 $\gamma_j(j=1,2,\cdots,s)$；隐藏层激活函数为所提出的新型参数可调激活函数 $f_j(j=1,2,\cdots,s)$，其输入量为 $G_j(j=1,2,\cdots,s)$，输出量为 $g_j(j=1,2,\cdots,s)$；自适应 BP 神经网络的输出层有 n 个神经元；输出层神经元阈值为 $\theta_k(k=1,2,\cdots,n)$；输出层激活函数为所提出的新型参数可调激活函数 $f_{ok}(k=1,2,\cdots,n)$，其输入量为 $Y_k(k=1,2,\cdots,n)$，输出量为 $y_k(k=1,2,\cdots,n)$；ω_{ij} 表示输入层第 i 个输入量与隐藏层第 j 个神经元连接的权值；v_{jk} 表示隐藏层第 j 个输入量与输出层第 k 个神经元连接的权值[5]。因此有

$$G_j = \sum_{i=1}^{m} \omega_{ij} x_i - \gamma_j \tag{6-83}$$

$$g_j = f_j(G_j) \tag{6-84}$$

$$Y_k = \sum_{j=1}^{s} v_{jk} g_j - \theta_k \tag{6-85}$$

$$y_k = f_{ok}(Y_k) \tag{6-86}$$

式（6-83）～式（6-86）完成自适应 BP 神经网络输入到输出的映射。$f_j(j=1,2,\cdots,s)$ 和 $f_{ok}(k=1,2,\cdots,n)$ 可简写为 f。f 关于参数 x、a、b、c、d 分别求偏导，可得

$$\frac{\partial f}{\partial x} = ab\sqrt{1-\left(\frac{f-d}{a}\right)^2} \tag{6-87}$$

$$\frac{\partial f}{\partial a} = \frac{f-d}{a} \tag{6-88}$$

$$\frac{\partial f}{\partial b} = a(x+c)\sqrt{1-\left(\frac{f-d}{a}\right)^2} \tag{6-89}$$

$$\frac{\partial f}{\partial c}=ab\sqrt{1-\left(\frac{f-d}{a}\right)^2} \tag{6-90}$$

$$\frac{\partial f}{\partial d}=1 \tag{6-91}$$

显然，$[(f-d)/a]^2 \leqslant 1$，因此保证了式（6-87）、式（6-89）和式（6-90）中平方根运算的可行性且为神经网络权值和激活函数参数的更新计算提供了很大方便。激活函数连续且单调递增，故式（6-87）、式（6-89）和式（6-90）中的求平方根运算不考虑结果为负的情况。

4. 神经网络权值更新

以批处理训练模式来说明参数的调整过程[5]。为了简化推导，把各神经元的阈值并入权矢量。设有 p 个学习样本矢量，对应的期望输出是 $T_k^{(1)},T_k^{(2)},\cdots,T_k^{(p)}$。基于最小均方误差准则，当第 p 个样本输入网络并产生输出时，定义神经网络性能指标函数为

$$E^{(p)}=\frac{1}{2}\sum_{k=1}^{n}\left(y_k^{(p)}-T_k^{(p)}\right)^2 \tag{6-92}$$

则总误差为

$$E=\sum_{p=1}^{p}E^{(p)}=\frac{1}{2}\sum_{p=1}^{p}\sum_{k=1}^{n}\left(y_k^{(p)}-T_k^{(p)}\right)^2 \tag{6-93}$$

输出层权值 v_{jk} 的更新

$$\frac{\partial E}{\partial v_{jk}}=\sum_{p=1}^{p}\frac{\partial E^{(p)}}{\partial v_{jk}}=\sum_{p=1}^{p}\frac{\partial E^{(p)}}{\partial y_k^{(p)}}\frac{\partial y_k^{(p)}}{\partial Y_k^{(p)}}\frac{\partial Y_k^{(p)}}{\partial v_{jk}}=\sum_{p=1}^{p}\delta_k^{(p)}g_j^{(p)} \tag{6-94}$$

式中：$\delta_k^{(p)}=\left(y_k^{(p)}-T_k^{(p)}\right)a_k b_k\sqrt{1-\left(\frac{y_k^{(p)}-d_k}{a_k}\right)^2}$。

考虑学习率和动量因子，输出层权值更新为

$$v(t+1)=v(t)+\eta_v\left[-\frac{\partial E(t)}{\partial v}\right]+\alpha_v\Delta v(t) \tag{6-95}$$

$$\Delta v(t)=v(t)-v(t-1)=\eta_v\left[-\frac{\partial E(t-1)}{\partial v}\right] \tag{6-96}$$

式中：η_v 为 v 的学习率；α_v 为 v 的动量因子。

隐藏层权值 ω_{ij} 的更新为

$$\frac{\partial E}{\partial \omega_{ij}}=\sum_{p=1}^{p}\frac{\partial E^{(p)}}{\partial \omega_{ij}}=\sum_{p=1}^{p}\sum_{k=1}^{n}\frac{\partial E^{(p)}}{\partial y_k^{(p)}}\frac{\partial y_k^{(p)}}{\partial Y_k^{(p)}}\frac{\partial Y_k^{(p)}}{\partial g_k^{(p)}}\frac{\partial g_k^{(p)}}{\partial G_k^{(p)}}\frac{\partial G_k^{(p)}}{\partial \omega_{ij}}=\sum_{p=1}^{p}\sum_{k=1}^{n}\delta_k^{(p)}v_{jk}^{(p)}\delta_j^{(p)}x_i^{(p)} \tag{6-97}$$

式中：$\delta_j^{(p)}=a_j b_j\sqrt{1-\left(\frac{g_j^{(p)}-d_j}{a_j}\right)^2}$。

考虑学习率和动量因子，隐藏层权值更新为

$$\omega(t+1)=\omega(t)+\eta_\omega\left[-\frac{\partial E(t)}{\partial\omega}\right]+\alpha_\omega\Delta\omega(t) \tag{6-98}$$

$$\Delta\omega(t)=\omega(t)-\omega(t-1)=\eta_\omega\left[-\frac{\partial E(t-1)}{\partial\omega}\right] \tag{6-99}$$

式中：η_ω 为 ω 的学习率；α_ω 为 ω 的动量因子。

1）区间因子 a 的更新

（1）输出层区间因子 a_k 的更新。

$$\frac{\partial E}{\partial a_k}=\sum_{p=1}^{p}\frac{\partial E^{(p)}}{\partial a_k}=\sum_{p=1}^{p}\frac{\partial E^{(p)}}{\partial y_k^{(p)}}\frac{\partial y_k^{(p)}}{\partial a_k}=\sum_{p=1}^{p}(y_k^{(p)}-T_k^{(p)})\frac{y_k^{(p)}-d_k}{a_k} \tag{6-100}$$

（2）隐藏层区间因子 a_j 的更新。

$$\frac{\partial E}{\partial a_j}=\sum_{p=1}^{p}\frac{\partial E^{(p)}}{\partial a_j}=\sum_{p=1}^{p}\sum_{k=1}^{n}\frac{\partial E^{(p)}}{\partial y_k^{(p)}}\frac{\partial y_k^{(p)}}{\partial Y_k^{(p)}}\frac{\partial Y_k^{(p)}}{\partial g_j^{(p)}}\frac{\partial g_j^{(p)}}{\partial a_j}=\sum_{p=1}^{p}\sum_{k=1}^{n}\delta_k^{(p)}v_{jk}^{(p)}\frac{g_j^{(p)}-d_j}{a_j} \tag{6-101}$$

考虑学习率和动量因子，区间因子更新为

$$a(t+1)=a(t)+\eta_a\left[-\frac{\partial E(t)}{\partial a}\right]+\alpha_a\Delta a(t) \tag{6-102}$$

$$\Delta a(t)=a(t)-a(t-1)=\eta_a\left[-\frac{\partial E(t-1)}{\partial a}\right] \tag{6-103}$$

式中：η_a 为 a 的学习率；α_a 为 a 的动量因子。

2）斜率因子 b 的更新

模糊推理不依赖于系统的数学模型，能获得更好的动态控制性能，实现高精度、强鲁棒性控制，提高系统的智能化程度[5]。因此，采用模糊推理算法设计斜率因子 b 的更新算法。将模糊子集划分为 $\{Z,PS,PM,PB\}$，分别代表{零,正小,正中,正大}。选取高斯函数和三角形函数相结合的隶属度函数[5]。

首先，当转速误差较大时，选用高斯隶属度函数，且以快速减小误差为主要目的。此时应选用较大的斜率因子，但当转速误差迅速减小时，为防止神经网络发生饱和，斜率因子可保持不变[5]。

其次，当转速误差减小到设定的区段之后，选用三角形隶属度函数，且以防止 BP 神经网络出现假饱和现象为主要目的。此时若转速误差缓慢减小，应选用较大的斜率因子，使神经网络跳出平坦区域[5]。

最后，当转速误差继续减小到模糊子集为 Z 的区间时，应选用较小的斜率因子，以防止 BP 神经网络过饱和，提高系统的稳定性。根据大量的实验，制定了斜率因子变化量 Δb 的模糊规则表，如表 6-7 所示。

表 6-7　Δb 模糊规则表

$\lvert e\rvert$	$\lvert\dot{e}\rvert$			
	Z	PS	PM	PB
Z	PS	PS	PS	Z
PS	PM	PM	PS	Z
PM	PB	PM	PS	Z
PB	PB	PM	PM	Z

表中：$|e|=|\omega_{\mathrm{d}}-\omega_{\mathrm{r}}|$ 为转速误差的绝对值；$|\dot{e}|=|\mathrm{d}e/\mathrm{d}t|$ 为转速误差的变化率的绝对值；ω_{d} 为给定转速。

模糊推理选用马丹尼（Mardani）型，整定好的斜率因子 b 表示为

$$b(t+1)=b(0)+\Delta b(t) \tag{6-104}$$

式中：$b(0)>0$ 为斜率因子初值；$\Delta b(t)$ 为斜率因子变化量。

为避免依赖精确的数学模型和长时间的参数整定的困难，选用重心法作为解模糊化的方法，并导出斜率因子变化量的查询表以实现斜率因子的在线整定[5]。

3）位置参数 c 的更新

（1）输出层位置参数 c_k 的更新。

$$\frac{\partial E}{\partial c_k}=\sum_{p=1}^{p}\frac{\partial E^{(p)}}{\partial c_k}=\sum_{p=1}^{p}\frac{\partial E^{(p)}}{\partial y_k^{(p)}}\frac{\partial y_k^{(p)}}{\partial c_k}=\sum_{p=1}^{p}\delta_k^{(p)} \tag{6-105}$$

（2）隐藏层位置参数 c_j 的更新。

$$\frac{\partial E}{\partial c_j}=\sum_{p=1}^{p}\frac{\partial E^{(p)}}{\partial c_j}=\sum_{p=1}^{p}\sum_{k=1}^{n}\frac{\partial E^{(p)}}{\partial y_k^{(p)}}\frac{\partial y_k^{(p)}}{\partial Y_k^{(p)}}\frac{\partial Y_k^{(p)}}{\partial g_j^{(p)}}\frac{\partial g_j^{(p)}}{\partial c_j}=\sum_{p=1}^{p}\sum_{k=1}^{n}\delta_k^{(p)}v_{jk}^{(p)}\delta_j^{(p)} \tag{6-106}$$

考虑学习率和动量因子，位置参数更新为

$$c(t+1)=c(t)+\eta_c\left[-\frac{\partial E(t)}{\partial c}\right]+\alpha_c\Delta c(t) \tag{6-107}$$

$$\Delta c(t)=c(t)-c(t-1)=\eta_c\left[-\frac{\partial E(t-1)}{\partial c}\right] \tag{6-108}$$

式中：η_c 为 c 的学习率；α_c 为 c 的动量因子。

4）位置参数 d 的更新

（1）输出层位置参数 d_k 的更新。

$$\frac{\partial E}{\partial d_k}=\sum_{p=1}^{p}\frac{\partial E^{(p)}}{\partial d_k}=\sum_{p=1}^{p}\frac{\partial E^{(p)}}{\partial y_k^{(p)}}\frac{\partial y_k^{(p)}}{\partial d_k}=\sum_{p=1}^{p}(y_k^{(p)}-T_k^{(p)}) \tag{6-109}$$

（2）隐藏层位置参数 d_j 的更新。

$$\frac{\partial E}{\partial d_j}=\sum_{p=1}^{p}\frac{\partial E^{(p)}}{\partial d_j}=\sum_{p=1}^{p}\sum_{k=1}^{n}\frac{\partial E^{(p)}}{\partial y_k^{(p)}}\frac{\partial y_k^{(p)}}{\partial Y_k^{(p)}}\frac{\partial Y_k^{(p)}}{\partial g_j^{(p)}}\frac{\partial g_j^{(p)}}{\partial d_j}=\sum_{p=1}^{p}\sum_{k=1}^{n}\delta_k^{(p)}v_{jk}^{(p)} \tag{6-110}$$

考虑学习率和动量因子，位置参数更新为

$$d(t+1)=d(t)+\eta_d\left[-\frac{\partial E(t)}{\partial d}\right]+\alpha_d\Delta d(t) \tag{6-111}$$

$$\Delta d(t)=d(t)-d(t-1)=\eta_d\left[-\frac{\partial E(t-1)}{\partial d}\right] \tag{6-112}$$

式中：η_d 为 d 的学习率；α_d 为 d 的动量因子。

6.3.3　混合神经网络辨识器

PMSM 矢量控制系统简化框图如图 6-25 所示。

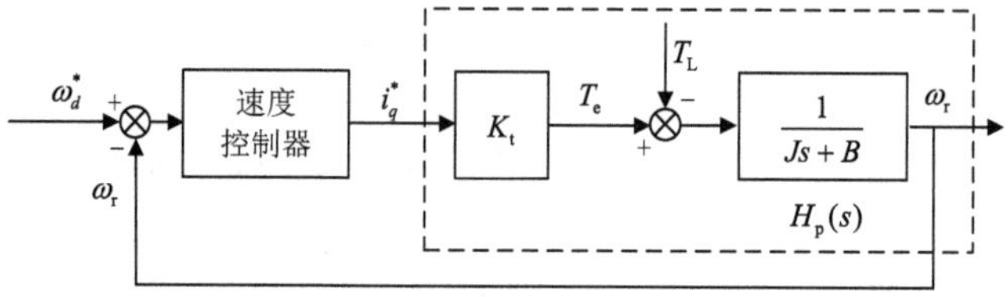

图 6-25 永磁同步电机矢量控制系统简化框图

图 6-25 虚线内为 PMSM 简化模型。结合电机 dq 轴转矩公式：

$$\boldsymbol{T}_{\mathrm{e}} \approx \frac{3}{2} p_{\mathrm{n}}\left[\psi_{\mathrm{f}} i_q^* + (L_d - L_q) i_d i_q^*\right] = \frac{3}{2} p_{\mathrm{n}} \psi_{\mathrm{f}} i_q^* = K_{\mathrm{t}} i_q^* \tag{6-113}$$

$$H_{\mathrm{p}}(s) = \frac{1}{Js+B} = \frac{b}{s+a} \tag{6-114}$$

由此，可得电机转子角速度、q 轴电流给定和负载转矩 T_{L} 的关系为

$$\omega(s) = \frac{K_{\mathrm{t}}}{Js+B} i_q^* - \frac{1}{Js+B} T_{\mathrm{L}} \tag{6-115}$$

对式（6-115）加入零阶保持器且进行 Z 变换，可得到离散方程：

$$\omega(k) = \alpha \cdot \omega(k-1) + \beta \cdot i_q^*(k-1) + \gamma \cdot T_{\mathrm{L}}(k-1) \tag{6-116}$$

式中：$\alpha = \mathrm{e}^{(-BT_{\mathrm{s}})/J}$；$\beta = K_{\mathrm{t}}(1-\alpha)/B$；$\gamma = \beta / K_{\mathrm{t}}$；$T_{\mathrm{s}}$ 为采样周期。

实际的 PMSM 是非线性的，鉴于此，不能仅应用线性辨识方法进行辨识。本节设计一种混合神经网络，用线性网络辨识系统的线性部分，用非线性网络补偿线性网络。混合神经网络辨识器的线性网络取 $\omega(k)$、$i_q^*(k)$ 和 $\gamma(k)$ 作为输入量，权值对应为 $\alpha(k)$、$\beta(k)$ 和 $T_{\mathrm{L}}(k)$，由此可实时得到负载转矩的估计值 $\hat{T}_{\mathrm{L}}(k)$，并作为前馈量可超前消除缓慢变化的负载扰动。混合神经网络辨识器如图 6-26 所示。

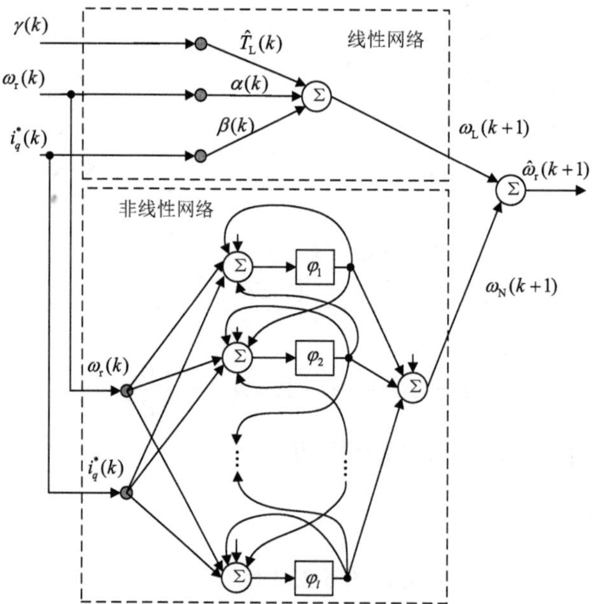

图 6-26 混合神经网络辨识器

图 6-26 所示的混合神经网络辨识器的输出为

$$\begin{aligned}\hat{\omega}_r(k+1) &= \omega_L(k+1) + \omega_N(k+1) \\ &= \left[\alpha(k)\cdot\omega_r(k) + \beta(k)\cdot i_q^*(k) + \gamma(k)\cdot T_L(k)\right] \\ &\quad + f\left[\omega_r(k),\cdots,\omega_r(k-n_1)i_q^*(k),\cdots,i_q^*(k-n_2)\right]\end{aligned} \tag{6-117}$$

式中：$\omega_L(k+1)$ 为线性网络的输出；$\omega_N(k+1)$ 为非线性网络的输出；n_1 和 n_2 为非线性网络的阶次。

由于线性方程不存在陷入局部最小值的问题，直接采用 BP 算法来更新权值即可。取性能指标函数为

$$J_3 = \frac{1}{2}\left[\omega_r(k+1) - \hat{\omega}_r(k+1)\right]^2 \tag{6-118}$$

训练线性网络输出 $\hat{\omega}_r(k+1)$，算法如下：

$$\Delta\alpha(k) = -\mu_1\frac{\partial J_3}{\partial\alpha(k)} = -\mu_1\left[\omega_r(k+1) - \hat{\omega}_r(k+1)\right]\omega_r(k) \tag{6-119}$$

$$\Delta\beta(k) = -\mu_2\frac{\partial J_3}{\partial\beta(k)} = -\mu_2\left[\omega_r(k+1) - \hat{\omega}_r(k+1)\right]i_q^*(k) \tag{6-120}$$

$$\Delta\hat{T}_L(k) = -\mu_3\frac{\partial J_3}{\partial\hat{T}_L(k)} = -\mu_3\left[\omega_r(k+1) - \hat{\omega}_r(k+1)\right]\hat{\gamma}(k) \tag{6-121}$$

为了减少计算量，取学习率 $\mu_1=\mu_2=\mu_3=\mu$。由于 $\gamma(k)$ 是时变的，故在线训练的每次迭代中 $\gamma(k)$ 保持不变，训练结束后，由 $\gamma(k)=\beta(k)/K_t=\left(1-e^{-Bk/J}\right)/B$ 更新 $\gamma(k)$，为下次训练做准备。由此可得到线性网络辨识的余差：

$$\varepsilon_L = \omega_r(k+1) - \omega_L(k+1) \tag{6-122}$$

用非线性网络补偿线性网络辨识余差，神经网络结构采用 QDRNN，训练算法采用 IPRE。学习过程如下：①对混合神经网络线性部分的初始权值赋值 $\alpha(0)$、$\beta(0)$，$T_L(0)=0$；②对非线性部分初始权值赋[−1,1]内随机数；③应用式（6-119）～式（6-121）更新线性部分的权值；④由式（6-122）计算非线性部分的期望输出 ε_L；⑤由 IRPE 训练非线性部分；⑥令 $\gamma(k)=\beta(k)/K_t$，以便下轮训练。

6.3.4　准对角递归神经网络

递归神经网络（recurrent neural networks，RNN），是两种人工神经网络的总称，即时间递归神经网络和结构递归神经网络。两者的训练算法不同，但都属于同一算法的变体。对角递归神经网络（diagonal recurrent neural networks，DRNN）是一种最简单的递归神经网络，如图 6-27 所示。

已经证实，生物神经元之间连接复杂，具有互连特点，蕴含了变幻莫测的反应方式，导致了行为方式的多样化。神经元之间的连接有紧密与疏松之分。虽然 DRNN 结构简单，但没有考虑隐藏层中神经元之间的互连，故本节改进 DRNN 的结构，采用一种改进的递归神经网络结构——准对角递归神经网络(quasi-DRNN，QDRNN)，即在原 DRNN 隐藏层神经元之间增加了相邻神经元的互连关系，同时保留原结构简单的优点，以减小计算量。QDRNN 拓扑结构如图 6-28 所示。

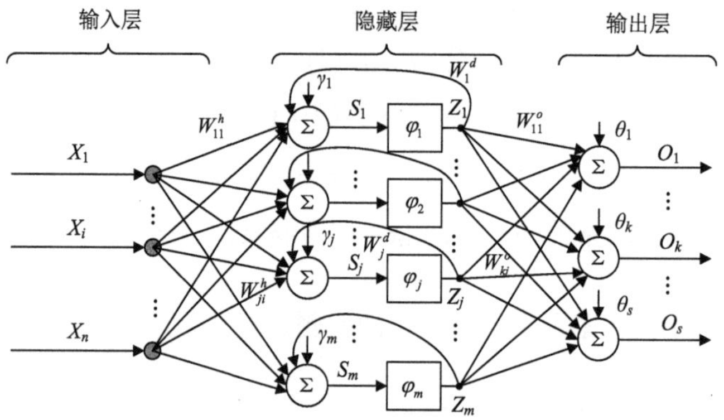

图 6-27　对角递归神经网络拓扑图

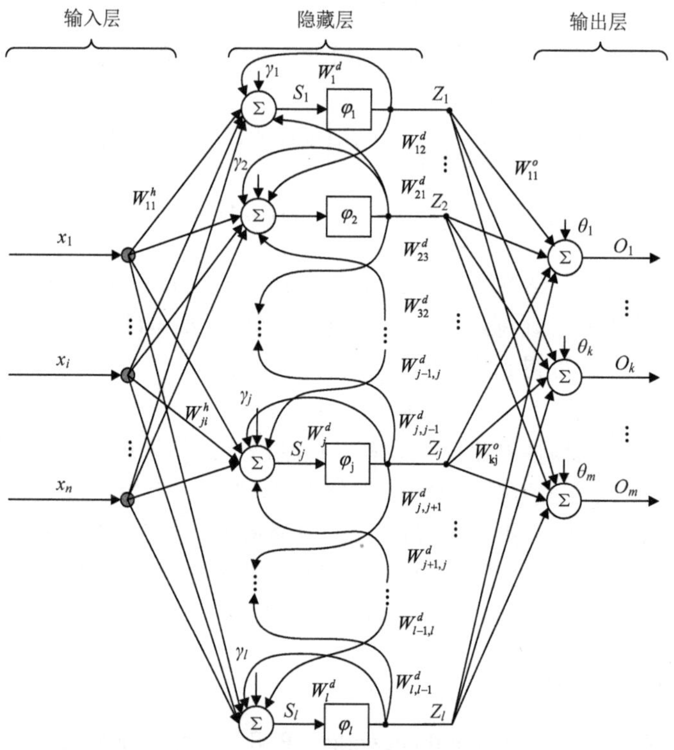

图 6-28　准对角递归神经网络拓扑图

设 QDRNN 的输入层有 n 个输入量 $X(k)=[x_1(k),x_2(k),\cdots,x_n(k)]\in R^n$；隐藏层有 l 个神经元；隐藏层神经元阈值为 $\gamma_j(j=1,2,\cdots,l)$；隐藏层激活函数为 $\varphi_j(j=1,2,\cdots,l)$，其输入量为 $S_j(k)\in R^l(j=1,2,\cdots,l)$，输出量为 $Z_j(k)\in R^l(j=1,2,\cdots,l)$；准对角递归神经网络的输出层有 m 个神经元；输出层神经元阈值为 $\theta_k(k=1,2,\cdots,m)$；m 个输出量为 $O(k)=[o_1(k),o_2(k),\cdots,o_m(k)]\in R^m$。$W_{ji}^h(k)\in R^{l\times n}$ 表示输入层第 i 个输入量与隐藏层第 j 个神经元连接的权值；$W_{kj}^o(k)\in R^{m\times l}$ 表示隐藏层第 j 个输入量与输出层第 k 个神经元连接的权值；$W_j^d(k)\in R^{l\times l}$、$W_{j,j-1}^d(k)\in R^{l\times(l-1)}$、$W_{j,j+1}^d(k)\in R^{l\times(l+1)}$ 代表隐藏层神经元自身与隐藏

层神经元之间的连接权值。由此，QDRNN 的输入输出映射关系为

$$S(k)=W^{d}(k)Z(k-1)+W^{h}(k)X(k)-\gamma \tag{6-123}$$

$$Z(k)=\boldsymbol{\Phi}(S(k)) \tag{6-124}$$

$$O(k)=W^{o}Z(k)-\theta \tag{6-125}$$

式中：$\boldsymbol{\Phi}(\cdot)=\varphi_j(j=1,2,\cdots,l)\in R^{l}$ 代表激活函数向量，通常为 Sigmoid 函数，这里采用所设计的多参数可调激活函数。

$$\boldsymbol{W}^{d}=\begin{bmatrix} W_{11}^{d} & W_{12}^{d} & & & & & \\ W_{21}^{d} & W_{22}^{d} & W_{23}^{d} & & & 0 & \\ 0 & W_{32}^{d} & W_{33}^{d} & W_{34}^{d} & & & \\ & \cdots & & \cdots & & \cdots & \\ & & & W_{n-2,n-3}^{d} & W_{n-2,n-2}^{d} & W_{n-2,n-1}^{d} & 0 \\ & 0 & & & W_{n-1,n-2}^{d} & W_{n-1,n-1}^{d} & W_{n-1,n}^{d} \\ & & & & & W_{n,n-1}^{d} & W_{nn}^{d} \end{bmatrix}_{n\times n} \tag{6-126}$$

6.3.5　改进型递推预报误差算法

1. 准对角递归神经网络学习算法

设神经网络的输出向量期望值为 $\hat{\boldsymbol{O}}(k)$，且用 $\boldsymbol{W}$ 代表神经网络权值，设性能指标函数：

$$J=\frac{1}{2}\|\boldsymbol{O}-\hat{\boldsymbol{O}}\|^{2} \tag{6-127}$$

按照梯度法对权值矩阵 $\boldsymbol{W}$ 进行修正，即

$$\boldsymbol{W}(k+1)=\boldsymbol{W}(k)-\mu\frac{\partial J}{\partial \boldsymbol{W}}=\boldsymbol{W}(k)-\mu(\boldsymbol{O}-\hat{\boldsymbol{O}})^{\mathrm{T}}\frac{\partial \boldsymbol{O}}{\partial \boldsymbol{W}} \tag{6-128}$$

对 $\dfrac{\partial \boldsymbol{O}}{\partial \boldsymbol{W}}$ 进行具体讨论：

（1）隐藏层到输出层的连接权值矩阵 $\boldsymbol{W}_{ij}^{o}$。

$$\frac{\partial \boldsymbol{O}_g}{\partial \boldsymbol{W}_{ij}^{o}}=\begin{cases} Z_j(k) & g=i \\ 0 & g\neq i \end{cases} \tag{6-129}$$

式中：$i=1,2,\cdots,m$；$j=1,2,\cdots,l$；$g=1,2,\cdots,m$。

（2）隐藏层神经元自身递归的连接权矩阵 $\boldsymbol{W}_{ii}^{d}$。

$$\frac{\partial \boldsymbol{O}_g}{\partial \boldsymbol{W}_{ii}^{d}}=\boldsymbol{W}_{gi}^{o}\varphi'(S_i(k))Z_i(k-1) \tag{6-130}$$

式中：$i=1,2,\cdots,l$；$g=1,2,\cdots,m$。

（3）隐藏层相邻神经元之间的互连权值矩阵 $\boldsymbol{W}_{i,i+1}^{d}$、$\boldsymbol{W}_{i,i-1}^{d}$。

$$\frac{\partial \boldsymbol{O}_g}{\partial \boldsymbol{W}_{i,i+1}^{d}}=\boldsymbol{W}_{gi}^{o}\varphi'(S_i(k))Z_{i+1}(k-1) \tag{6-131}$$

式中：$i=1,2,\cdots,l-1$；$g=1,2,\cdots,m$。

$$\frac{\partial \boldsymbol{O}_g}{\partial \boldsymbol{W}_{i,i\text{-}1}^d}=\boldsymbol{W}_{gi}^o\varphi'\left(S_i(k)\right)Z_{i-1}(k-1) \tag{6-132}$$

式中：$i=2,3,\cdots,l$； $g=1,2,\cdots,m$ 。

（4）输入层到隐藏层的连接权值矩阵 $\boldsymbol{W}_{ij}^h$ 。

$$\frac{\partial \boldsymbol{O}_g}{\partial \boldsymbol{W}_{ij}^h}=\boldsymbol{W}_{gi}^o\varphi'\left(S_i(k)\right)X_j(k) \tag{6-133}$$

式中：$i=1,2,\cdots,l$； $j=1,2,\cdots,n$ ； $g=1,2,\cdots,m$ 。

由于传统 BP 神经网络算法存在占用内存大、收敛速度慢且易陷入局部极小值等问题，在准对角递归神经网络的学习中，除了采用本文提出的激活函数，还引入递推预报误差算法，利用 Gauss-Newton 搜索方向代替梯度下降搜索方向，以改进收敛特性。另外，为了避免求黑塞矩阵（Hessian Matrix）逆，引入了动量项，并采用变协方差矩阵 $\boldsymbol{R}(k)$ 的迹为常值等方法来简化计算复杂度。

递推预报误差算法（recursive prediction error，RPE）是一种通过极小化预报误差来获取参数估计的方法。假设由神经网络的所有权值按顺序组成的参数向量为 $\boldsymbol{\Theta}$ ，其维数为所有权的总和 n_Θ ，定义性能指标为

$$J(\boldsymbol{\Theta})=\frac{1}{2N}\sum_{k=1}^{N}\boldsymbol{e}^{\mathrm{T}}(k,\boldsymbol{\Theta})\boldsymbol{e}(k,\boldsymbol{\Theta}) \tag{6-134}$$

式中：$\boldsymbol{e}(k,\boldsymbol{\Theta})$ 代表预报误差矢量；N 代表数据的长度。

RPE 的原理为沿 $J(\boldsymbol{\Theta})$ 的高斯-牛顿（Gauss-Newton）搜索方向修正 $\boldsymbol{\Theta}$ ，以使 $J(\boldsymbol{\Theta})$ 趋于最小。利用 Gauss-Newton 搜索方向代替了梯度下降搜索方向以改进传统算法的收敛特性。$\boldsymbol{\Theta}$ 的更新算法为

$$\begin{aligned}\boldsymbol{\Theta}(k)&=\boldsymbol{\Theta}(k-1)+\mu\cdot\sigma\left[\boldsymbol{\Theta}(k-1)\right]\\&=\boldsymbol{\Theta}(k-1)-\mu\cdot H\left[\boldsymbol{\Theta}(k-1)\right]^{-1}\cdot\nabla J\left[\boldsymbol{\Theta}(k-1)\right]\end{aligned} \tag{6-135}$$

式中：μ 为学习率因子；$\sigma\left[\boldsymbol{\Theta}(k-1)\right]$ 为上一步 Gauss-Newton 搜索方向；$H\left[\boldsymbol{\Theta}(k-1)\right]$ 为 $J\left[\boldsymbol{\Theta}(k-1)\right]$ 的黑塞矩阵，其为一个多元函数的二阶偏导数构成的方阵，描述了函数的局部曲率，常用于解决优化问题；$\nabla J\left[\boldsymbol{\Theta}(k-1)\right]$ 为 $J\left[\boldsymbol{\Theta}(k-1)\right]$ 关于 $\boldsymbol{\Theta}(k-1)$ 的梯度，即

$$\nabla J(\boldsymbol{\Theta})=-\frac{1}{N}\sum_{k=1}^{N}\boldsymbol{\varPsi}(k,\boldsymbol{\Theta})\boldsymbol{e}(k,\boldsymbol{\Theta}) \tag{6-136}$$

$$H(\boldsymbol{\Theta})=\frac{1}{N}\sum_{k=1}^{N}\boldsymbol{\varPsi}(k,\boldsymbol{\Theta})\boldsymbol{\varPsi}^{\mathrm{T}}(k,\boldsymbol{\Theta}) \tag{6-137}$$

式中：$\boldsymbol{\varPsi}(k,\boldsymbol{\Theta})=\left[\dfrac{\mathrm{d}\hat{\boldsymbol{O}}(k,\boldsymbol{\Theta})}{\mathrm{d}\boldsymbol{\Theta}}\right]^{\mathrm{T}}$ 代表神经网络的一步预报值对参数向量 $\boldsymbol{\Theta}$ 的一阶微分。

由此 RPE 算法可归纳如下：

$$\boldsymbol{e}(k)=\boldsymbol{O}(k)-\hat{\boldsymbol{O}}(k) \tag{6-138}$$

$$R(k)=\frac{\left[I+M(k)\cdot\boldsymbol{\varPsi}^{\mathrm{T}}(k)\right]\cdot R(k-1)}{\lambda} \tag{6-139}$$

$$M(k)=\frac{\boldsymbol{R}(k-1)\cdot\boldsymbol{\Psi}(k)}{\lambda+\boldsymbol{\Psi}^{\mathrm{T}}(k)\cdot\boldsymbol{R}(k-1)\cdot\boldsymbol{\Psi}(k)} \tag{6-140}$$

$$\boldsymbol{\Theta}(k)=\boldsymbol{\Theta}(k-1)+\mu\cdot\boldsymbol{R}(k)\cdot\boldsymbol{\Psi}(k)\cdot e(k) \tag{6-141}$$

式中：$\lambda\in(0,1)$ 代表遗忘因子，为减小运算量，通过反复试验，将此值设为确定常数。

式（6-139）为黑塞矩阵的逆矩阵的逼近式，它决定了估计的渐进精度，是估计的协方差矩阵。式（6-141）为 Gauss-Newton 算法的一种近似，这样可以避免黑塞矩阵的求逆运算和病态问题。为了进一步近似，可以对 $R(k)$ 的特征值设置上界，保持其迹为常值以大大简化计算量，即

$$\boldsymbol{R}(k)=\frac{\left[\boldsymbol{I}+M(k)\cdot\boldsymbol{\Psi}^{\mathrm{T}}(k)\right]\cdot R(k-1)}{\lambda\cdot\mathrm{tr}\left\{\left[\boldsymbol{I}+M(k)\cdot\boldsymbol{\Psi}^{\mathrm{T}}(k)\right]\cdot R(k-1)\right\}} \tag{6-142}$$

另外，对参数向量加入动量项以解决学习率与收敛速度的矛盾，即

$$\Delta(k)=\alpha\cdot\Delta(k-1)+\mu\cdot\boldsymbol{\Psi}(k,\boldsymbol{\Theta})\cdot\boldsymbol{e}(k,\boldsymbol{\Theta}) \tag{6-143}$$

式中：$\alpha\in(0,1)$ 为动量项因子。

由此，权值更新算法变为

$$\boldsymbol{\Theta}(k)=\boldsymbol{\Theta}(k-1)+\mu\cdot\boldsymbol{R}(k)\cdot\Delta(k) \tag{6-144}$$

由式（6-138）～式（6-141），用于 QDRNN 权值学习更新的 RPE 算法可归纳如下，为描述方便，这里准对角递归神经网络输出取为 1：

$$[\boldsymbol{\Psi}]_{\mathrm{s}}=\frac{\mathrm{d}\boldsymbol{O}}{\mathrm{d}\boldsymbol{W}_{\mathrm{s}}}=\begin{cases}Z_j(k) & \boldsymbol{W}_{\mathrm{s}}=\boldsymbol{W}_j^{o} & 1\leqslant j\leqslant l\\ \boldsymbol{W}_i^{o}\varphi'\left(S_i(k)\right)Z_i(k-1) & \boldsymbol{W}_{\mathrm{s}}=\boldsymbol{W}_{ii}^{d} & 1\leqslant i\leqslant l\\ \boldsymbol{W}_i^{o}\varphi'\left(S_i(k)\right)Z_{i+1}(k-1) & \boldsymbol{W}_{\mathrm{s}}=\boldsymbol{W}_{i,i+1}^{d} & 1\leqslant i\leqslant (l-1)\\ \boldsymbol{W}_i^{o}\varphi'\left(S_i(k)\right)Z_{i-1}(k-1) & \boldsymbol{W}_{\mathrm{s}}=\boldsymbol{W}_{i,i-1}^{d} & 2\leqslant i\leqslant l\\ \boldsymbol{W}_i^{o}\varphi'\left(S_i(k)\right)X_j(k) & \boldsymbol{W}_{\mathrm{s}}=\boldsymbol{W}_{ij}^{h} & 1\leqslant i\leqslant l,1\leqslant j\leqslant n\end{cases} \tag{6-145}$$

式中：i 代表待求权的数目。

得出 QDRNN 权值矩阵的学习算法步骤如下：

（1）给定权值矩阵初始值并初始化神经网络：$\boldsymbol{W}(0)=\mathrm{random}(\cdot)$，$\boldsymbol{R}(0)$ 及 λ。

（2）计算准对角递归神经网络隐藏层神经元的输出向量 $\boldsymbol{Z}_j(k)$、准对角递归神经网络隐藏层神经元的输入向量 $\boldsymbol{S}(k)$ 和准对角递归神经网络的输出向量 $\boldsymbol{O}(k)$。

（3）按照式（6-145）计算 $[\boldsymbol{\Psi}]_{\mathrm{s}}$。

（4）按照式（6-138）～式（6-141）计算 $\boldsymbol{e}(k)$、$\boldsymbol{R}(k)$ 和 $\boldsymbol{\Theta}(k)$。

（5）返回步骤（2）直至满足性能指标并达到收敛条件。

已有文献表明，由于逆黑塞矩阵具有不唯一性，选择准对角矩阵来修改负梯度搜索方向也可以改进收敛特性。此外，还能够实现并行运算，从而进一步减小计算量，在此不再赘述。

2. 稳定性证明

神经网络的稳定性取决于学习率和初始权值的选择，下面利用 Lyapunov 定理证明 IRPE 在稳定条件下的学习率因子的范围。

设计 Lyapunov 正定函数如下：

$$V(k)=\frac{1}{2}[\boldsymbol{e}(k)]^2=\frac{1}{2}\left[\boldsymbol{O}(k)-\hat{\boldsymbol{O}}(k)\right]^2 \tag{6-146}$$

$$\begin{aligned}\Delta\boldsymbol{e}(k)&=\boldsymbol{e}(k+1)-\boldsymbol{e}(k)\\&=\left\{\frac{\partial[\boldsymbol{O}(k)-\hat{\boldsymbol{O}}(k)]}{\partial w}\right\}\cdot\mu\cdot\left\{\boldsymbol{\Psi}(k)[\boldsymbol{\Psi}(k)]^{\mathrm{T}}\right\}^{-1}\cdot[\boldsymbol{\Psi}(k)\cdot\boldsymbol{e}(k)]\\&=-\mu\cdot\boldsymbol{e}(k)\end{aligned} \tag{6-147}$$

则需要满足

$$\begin{aligned}\Delta\boldsymbol{V}(k)&=\boldsymbol{V}(k+1)-\boldsymbol{V}(k)\\&=\frac{1}{2}[\boldsymbol{e}(K+1)]^2-\frac{1}{2}[\boldsymbol{e}(K)]^2\\&=-\frac{1}{2}\mu\cdot(2-\mu)\cdot[\boldsymbol{e}(K)]^2\end{aligned} \tag{6-148}$$

即

$$\mu\cdot(2-\mu)>0 \tag{6-149}$$

可得$0<\mu<2$。由此可以得到如下结论：若 QDRNN 的 IRPE 的学习率因子范围为$0<\mu<2$，则可以保证 QDRNN 在学习过程中收敛。

6.3.6 永磁同步电机状态空间模型

假设磁路不饱和，空间磁场呈正弦分布，不计铁心磁滞损耗和涡流损耗，表贴式 PMSM 在两相静止坐标系下的状态方程为

$$\begin{cases}\dot{i}_\alpha=-\dfrac{R_s}{L}i_\alpha+\dfrac{u_\alpha}{L}-\dfrac{e_\alpha}{L}=-\dfrac{R_s}{L}i_\alpha+\dfrac{u_\alpha}{L}+\dfrac{\psi_f}{L}\omega\sin\theta\\ \dot{i}_\beta=-\dfrac{R_s}{L}i_\beta+\dfrac{u_\beta}{L}-\dfrac{e_\beta}{L}=-\dfrac{R_s}{L}i_\beta+\dfrac{u_\beta}{L}-\dfrac{\psi_f}{L}\omega\cos\theta\\ \dot{\theta}=\omega\\ \dot{\omega}=-\dfrac{B}{J}\omega+\dfrac{P_n^2\psi_f}{L}i_\beta\cos\theta-\dfrac{P_n^2\psi_f}{L}i_\alpha\sin\theta-\dfrac{P_nT_L}{J}\end{cases} \tag{6-150}$$

式中：u_α和u_β分别为α轴和β轴的定子电压；i_α和i_β分别为α轴和β轴的定子电流；L为定子绕组$\alpha\beta$轴等效电感；R_s为定子电阻；ψ_f为转子永磁体磁链；P_n为极对数；T_L为负载转矩；J为转动惯量；B为黏滞系数；ω为转子角速度；θ为转子位置电角度；e_α、e_β为α、β两相反电动势，表达式为

$$\begin{cases}e_\alpha=-\psi_f\omega\sin\theta\\ e_\beta=\psi_f\omega\cos\theta\end{cases} \tag{6-151}$$

由式（6-151）可提取电机转子位置和速度信息。为了方便神经网络观测器的设计，对式（6-152）进行非线性坐标变换，令

$$\boldsymbol{x}=\begin{bmatrix}x_1\\x_2\end{bmatrix}\triangleq\begin{bmatrix}\dfrac{\psi_f}{L}\omega\sin\theta\\-\dfrac{\psi_f}{L}\omega\cos\theta\end{bmatrix} \tag{6-152}$$

$$\boldsymbol{u} \triangleq \begin{bmatrix} i_\alpha \\ i_\beta \end{bmatrix} \tag{6-153}$$

$$\boldsymbol{y} = \begin{bmatrix} y_1 \\ y_2 \end{bmatrix} \triangleq \begin{bmatrix} \dot{i}_\alpha \\ \dot{i}_\beta \end{bmatrix} = \begin{bmatrix} -\dfrac{R_s}{L} i_\alpha + \dfrac{\psi_f}{L}\omega \sin\theta + \dfrac{u_\alpha}{L} \\ -\dfrac{R_s}{L} i_\beta - \dfrac{\psi_f}{L}\omega \cos\theta + \dfrac{u_\beta}{L} \end{bmatrix} = \begin{bmatrix} \dfrac{\psi_f}{L}\omega \sin\theta + \dfrac{u_\alpha - R_s i_\alpha}{L} \\ -\dfrac{\psi_f}{L}\omega \cos\theta + \dfrac{u_\beta - R_s i_\beta}{L} \end{bmatrix} \tag{6-154}$$

则

$$\begin{aligned} \dot{\boldsymbol{x}} = \begin{bmatrix} \dot{x}_1 \\ \dot{x}_2 \end{bmatrix} &= \begin{bmatrix} \dfrac{\psi_f}{L}\omega\cos\theta & \dfrac{\psi_f}{L}\sin\theta \\ \dfrac{\psi_f}{L}\omega\sin\theta & -\dfrac{\psi_f}{L}\cos\theta \end{bmatrix} \begin{bmatrix} \dot{\theta} \\ \dot{\omega} \end{bmatrix} = \begin{bmatrix} -\dfrac{B}{J} & 0 \\ 0 & -\dfrac{B}{J} \end{bmatrix} \begin{bmatrix} x_1 \\ x_2 \end{bmatrix} \\ &+ \begin{bmatrix} \dfrac{\psi_f}{L}\omega^2 \cos\theta + \dfrac{P_n^2 \psi_f{}^2}{JL} i_\beta \sin\theta\cos\theta - \dfrac{P_n^2 \psi_f{}^2}{JL} i_\alpha \sin^2\theta - \dfrac{P_n T_L}{J}\dfrac{\psi_f}{L}\sin\theta \\ \dfrac{\psi_f}{L}\omega^2 \sin\theta - \dfrac{P_n^2 \psi_f{}^2}{JL} i_\beta \cos^2\theta + \dfrac{P_n^2 \psi_f{}^2}{JL} i_\alpha \sin\theta\cos\theta + \dfrac{P_n T_L}{J}\dfrac{\psi_f}{L}\cos\theta \end{bmatrix} \end{aligned} \tag{6-155}$$

再令

$$\boldsymbol{A} \triangleq \begin{bmatrix} -\dfrac{B}{J} & 0 \\ 0 & -\dfrac{B}{J} \end{bmatrix} \tag{6-156}$$

$$\begin{aligned} \boldsymbol{f} &\triangleq \begin{bmatrix} f_1 \\ f_2 \end{bmatrix} \\ &\triangleq \begin{bmatrix} \dfrac{\psi_f}{L}\omega^2 \cos\theta + \dfrac{P_n^2 \psi_f{}^2}{JL} i_\beta \sin\theta\cos\theta - \dfrac{P_n^2 \psi_f{}^2}{JL} i_\alpha \sin^2\theta - \dfrac{P_n T_L}{J}\dfrac{\psi_f}{L}\sin\theta \\ \dfrac{\psi_f}{L}\omega^2 \sin\theta - \dfrac{P_n^2 \psi_f{}^2}{JL} i_\beta \cos^2\theta + \dfrac{P_n^2 \psi_f{}^2}{JL} i_\alpha \sin\theta\cos\theta + \dfrac{P_n T_L}{J}\dfrac{\psi_f}{L}\cos\theta \end{bmatrix} \end{aligned} \tag{6-157}$$

$$\boldsymbol{v} = \begin{bmatrix} v_1 \\ v_2 \end{bmatrix} \triangleq \begin{bmatrix} \dfrac{u_\alpha - R_s i_\alpha}{L} \\ \dfrac{u_\beta - R_s i_\beta}{L} \end{bmatrix} \tag{6-158}$$

由此 PMSM 状态方程可以写成状态空间的形式：

$$\begin{cases} \dot{\boldsymbol{x}} = \boldsymbol{A}\boldsymbol{x} + f(\boldsymbol{x}, \boldsymbol{u}) \\ \boldsymbol{y} = \boldsymbol{C}\boldsymbol{x} + \boldsymbol{v} \end{cases} \tag{6-159}$$

式中：状态量 $\boldsymbol{x} \in R^2$；输入量 $\boldsymbol{u} \in R^2$；$\boldsymbol{v} \in R^2$；$f(\boldsymbol{x}, \boldsymbol{u})$ 是一个二维函数向量；$\boldsymbol{A} \in R^{2\times2}$；$\boldsymbol{C} = \boldsymbol{I} \in R^{2\times2}$ 是已知定常矩阵，矩阵对 $(\boldsymbol{A}, \boldsymbol{C})$ 可观测；系统输入 $\boldsymbol{u} \in R^2$、$\boldsymbol{v} \in R^2$ 和输出 $\boldsymbol{y} \in R^2$ 可直接测量。

通过非线性变换后，用 $\boldsymbol{x}$ 来表示 ω、$\cos\theta$、$\sin\theta$、f_1、f_2：

$$\omega = \sqrt{x_1^2 + x_2^2} / (\psi_f / L) \tag{6-160}$$

$$\cos\theta = -x_2 / \sqrt{x_1^2 + x_2^2} \tag{6-161}$$

$$\sin\theta = x_1 / \sqrt{x_1^2 + x_2^2} \tag{6-162}$$

$$f_1 = \frac{-x_2\sqrt{x_1^2 + x_2^2}}{\psi_\mathrm{f} / L} - \frac{x_1 x_2}{x_1^2 + x_2^2}\frac{\psi_\mathrm{f}}{L}\frac{P_\mathrm{n}^2\psi_\mathrm{f}}{J}i_\beta - \frac{x_1^2}{x_1^2 + x_2^2}\frac{\psi_\mathrm{f}}{L}\frac{P_\mathrm{n}^2\psi_\mathrm{f}}{J}i_\alpha - \frac{x_1}{\sqrt{x_1^2 + x_2^2}}\frac{P_\mathrm{n}T_\mathrm{L}}{J}\frac{\psi_\mathrm{f}}{L} \tag{6-163}$$

$$f_2 = \frac{x_1\sqrt{x_1^2 + x_2^2}}{\psi_\mathrm{f} / L} - \frac{x_2^2}{x_1^2 + x_2^2}\frac{\psi_\mathrm{f}}{L}\frac{P_\mathrm{n}^2\psi_\mathrm{f}}{J}i_\beta - \frac{x_1 x_2}{x_1^2 + x_2^2}\frac{\psi_\mathrm{f}}{L}\frac{P_\mathrm{n}^2\psi_\mathrm{f}}{J}i_\alpha - \frac{x_2}{\sqrt{x_1^2 + x_2^2}}\frac{P_\mathrm{n}T_\mathrm{L}}{J}\frac{\psi_\mathrm{f}}{L} \tag{6-164}$$

由式（6-163）和式（6-164）可见，f_1和f_2是关于x_1、x_2、i_α、i_β的非线性函数。如果$\boldsymbol{x}$可观测，则可计算θ和ω：

$$\omega = \frac{\|\boldsymbol{x}\|}{\psi_\mathrm{f} / L} = \frac{L}{\psi_\mathrm{f}}\|\boldsymbol{x}\| \tag{6-165}$$

$$\theta = -\arctan\frac{x_1}{x_2} = \arctan(-\frac{x_1}{x_2}) \tag{6-166}$$

由式(6-166)可知，θ的估算需要进行反正切运算，而反正切运算又需要反复查表，且当转子位置角为±π时，计算偏差更大。为解决上述问题，采用如图6-29锁相环技术。

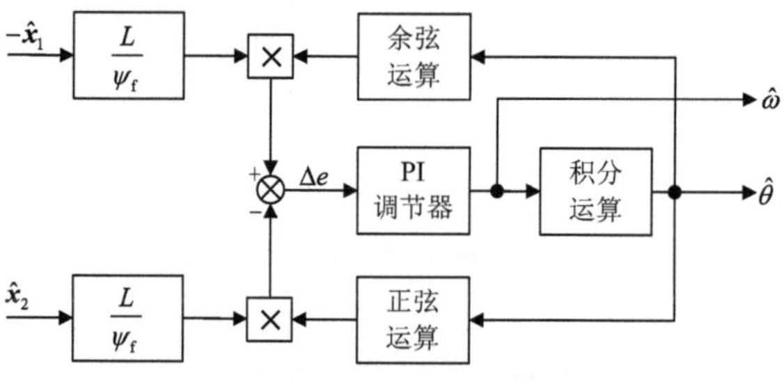

图6-29　锁相环原理图

将观测到的状态变量$\boldsymbol{x}\in R^2$作为锁相环的输入量，经过锁相环的解调计算，输出θ和ω的估计值。锁相环可实现输出信号频率对输入信号频率的自动跟踪。

6.3.7　神经网络观测器

1. 神经网络观测器设计

定义1： 向量和矩阵范数。

向量$\boldsymbol{x}\in R^n$的范数$\|\boldsymbol{x}\| \triangleq \sqrt{x_1^2 + x_2^2 + \cdots + x_n^2}$。

矩阵$\boldsymbol{A}\in R^{m\times n}$的范数$\|\boldsymbol{A}\| \triangleq \sqrt{\mathrm{tr}(\boldsymbol{A}^\mathrm{T}\boldsymbol{A})}$，其中$\mathrm{tr}(\boldsymbol{A})$代表矩阵$\boldsymbol{A}$的迹。

定义2： 最终一致有界（uniform ultimate boundedness，UUB）。

n维动态系统$\dot{x} = f(x,u,t)$，$x(t_0) = x_0$。如果存在紧集U，当系统起始于紧集U内

的任意一点 $x_0 = x(t_0)$，都有 $\varepsilon > 0$ 和时间 $t(x_0,\varepsilon)$，使得在时刻 $t_0 + t(x_0,\varepsilon)$ 后的状态都满足 $\|x(t)\| < \varepsilon$，则称该系统最终一致有界。

设计 NNO 为

$$\begin{cases}\dot{\hat{\boldsymbol{x}}} = \boldsymbol{A}\hat{\boldsymbol{x}} + \hat{\boldsymbol{f}}(\hat{\boldsymbol{x}},\boldsymbol{u}) + \boldsymbol{K}(\boldsymbol{y} - \hat{\boldsymbol{y}}) \\ \hat{\boldsymbol{y}} = \boldsymbol{C}\hat{\boldsymbol{x}} + \boldsymbol{v}\end{cases} \tag{6-167}$$

式中：$\boldsymbol{K}$ 是使矩阵 $\boldsymbol{A}_{\mathrm{m}} = \boldsymbol{A} - \boldsymbol{KC}$ 渐近稳定的常增益矩阵。$\hat{\boldsymbol{x}}$、$\hat{\boldsymbol{y}}$、$\hat{\boldsymbol{f}}(\hat{\boldsymbol{x}},\boldsymbol{u})$ 分别为 $\boldsymbol{x}$、$\boldsymbol{y}$、$\boldsymbol{f}(\boldsymbol{x},\boldsymbol{u})$ 的观测值。

假设存在连续向量函数 $\boldsymbol{F}(\boldsymbol{x},\boldsymbol{u})$，则

$$\boldsymbol{f}(\boldsymbol{x},\boldsymbol{u}) = \boldsymbol{P}^{-1}\boldsymbol{C}^{\mathrm{T}}\boldsymbol{F}(\boldsymbol{x},\boldsymbol{u}) \tag{6-168}$$

式中：$\boldsymbol{P}$ 为正定矩阵，满足 Lyapunov 方程：

$$\boldsymbol{A}_{\mathrm{m}}^{\mathrm{T}}\boldsymbol{P} + \boldsymbol{P}\boldsymbol{A}_{\mathrm{m}} = -\boldsymbol{Q} \tag{6-169}$$

式中：$\boldsymbol{Q}$ 也为正定矩阵。

$\boldsymbol{f}(\boldsymbol{x},\boldsymbol{u})$ 是定义在 $R^2 \times R^2$ 空间中开集 Θ 上的二维函数向量，其函数元素均充分光滑，且是关于 x_1、x_2、i_α、i_β 的非线性函数，根据神经网络的非线性映射能力，选择 QDRNN 逼近 $\boldsymbol{F}(\boldsymbol{x},\boldsymbol{u})$，根据 QDRNN 映射关系设计其表达式：

$$\boldsymbol{F}(\boldsymbol{x},\boldsymbol{u}) = \boldsymbol{W}^{o}\boldsymbol{\varphi}(\boldsymbol{W}^{d}\boldsymbol{z} + \boldsymbol{W}_1^{n}\boldsymbol{x} + \boldsymbol{W}_2^{n}\boldsymbol{u}) + \boldsymbol{\varepsilon}_0 \tag{6-170}$$

式中：$\boldsymbol{W}^{o}$、$\boldsymbol{W}^{d}$、$\boldsymbol{W}_1^{n}$、$\boldsymbol{W}_2^{n}$ 为 QDRNN 的权值矩阵，且 $\|\boldsymbol{W}^{o}\| \leqslant M_{\mathrm{W}}$，$\boldsymbol{W}^{o} \in R^{2\times l}$；$\boldsymbol{W}^{d} \in R^{l\times l}$；$\boldsymbol{W}_1^{n} \in R^{l\times 2}$；$\boldsymbol{W}_2^{n} \in R^{l\times 2}$；$\boldsymbol{\varepsilon}_0$ 为逼近误差向量且 $\|\boldsymbol{\varepsilon}_0\| \leqslant \boldsymbol{\varepsilon}_{\mathrm{sup}}$，$\boldsymbol{\varepsilon}_0 \in R^2$；$\boldsymbol{\varphi}(\cdot)$ 为激活函数构成的 l 维函数列向量。

式（6-170）的权值矩阵 $\boldsymbol{W}^{o}$、$\boldsymbol{W}^{d}$、$\boldsymbol{W}_1^{n}$、$\boldsymbol{W}_2^{n}$ 可通过采用 IRPE 算法离线训练，而在线训练不训练输入层到隐藏层的权系数矩阵 $\boldsymbol{W}^{n}$ 和隐藏层的递归权系数 $\boldsymbol{W}^{d}$ 矩阵，而只训练隐藏层到输出层的权系数矩阵 $\boldsymbol{W}^{o}$。$\boldsymbol{\varphi}(\cdot)$ 中只有 $\boldsymbol{x}$ 是未知的，故简记为 $\boldsymbol{\varphi}(\boldsymbol{x}) \triangleq \boldsymbol{\varphi}(\boldsymbol{W}^{d}\boldsymbol{z} + \boldsymbol{W}_1^{n}\boldsymbol{x} + \boldsymbol{W}_2^{n}\boldsymbol{u})$。设对 $\boldsymbol{F}(\boldsymbol{x},\boldsymbol{u})$ 的估计为

$$\hat{\boldsymbol{F}}(\hat{\boldsymbol{x}},\boldsymbol{u}) = \hat{\boldsymbol{W}}^{o}\boldsymbol{\varphi}(\hat{\boldsymbol{x}}) \tag{6-171}$$

则此非线性函数的估计误差为

$$\begin{aligned}\boldsymbol{F} &= \boldsymbol{F}(x,u) - \bar{\boldsymbol{F}}(\bar{x},u) \\ &= (\boldsymbol{W} \circ \boldsymbol{\varphi}(x) + \boldsymbol{\varepsilon}_0) - \hat{\boldsymbol{W}}^{o} \circ \boldsymbol{\varphi}(\hat{\boldsymbol{x}}) \\ &= \tilde{\boldsymbol{W}}^{o} \circ \boldsymbol{\varphi}(\hat{x}) + \boldsymbol{W} \circ \tilde{\boldsymbol{\varphi}}(\cdot) + \boldsymbol{\varepsilon}_0\end{aligned} \tag{6-172}$$

式中：$\tilde{\boldsymbol{W}}^{o} = \boldsymbol{W}^{o} - \hat{\boldsymbol{W}}^{o}$；$\tilde{\boldsymbol{\varphi}}(\cdot) = \boldsymbol{\varphi}(\boldsymbol{x}) - \boldsymbol{\varphi}(\hat{\boldsymbol{x}})$。

由于激活函数 $\boldsymbol{\varphi}(\cdot)$ 有界，则 $\|\boldsymbol{W}^{o}\tilde{\boldsymbol{\varphi}}(\cdot)\|$ 是有界的，设

$$\|\boldsymbol{W}^{o}\tilde{\boldsymbol{\varphi}}(\cdot)\| \leqslant M_{\mathrm{x}}\ ,\ M_{\mathrm{x}} > 0 \tag{6-173}$$

则前述的 NNO 变换为

$$\begin{cases}\dot{\hat{\boldsymbol{x}}} = \boldsymbol{A}\hat{\boldsymbol{x}} + \boldsymbol{P}^{-1}\boldsymbol{C}^{\mathrm{T}}\hat{\boldsymbol{W}}^{o}\boldsymbol{\varphi}(\hat{\boldsymbol{x}}) + \boldsymbol{K}(\boldsymbol{y} - \hat{\boldsymbol{y}}) \\ \hat{\boldsymbol{y}} = \boldsymbol{C}\hat{\boldsymbol{x}} + \boldsymbol{v}\end{cases} \tag{6-174}$$

图 6-30 为基于 QDRNNO 的 PMSM 无位置传感器控制系统框图。图 6-31 为 QDRNNO 拓扑结构图。

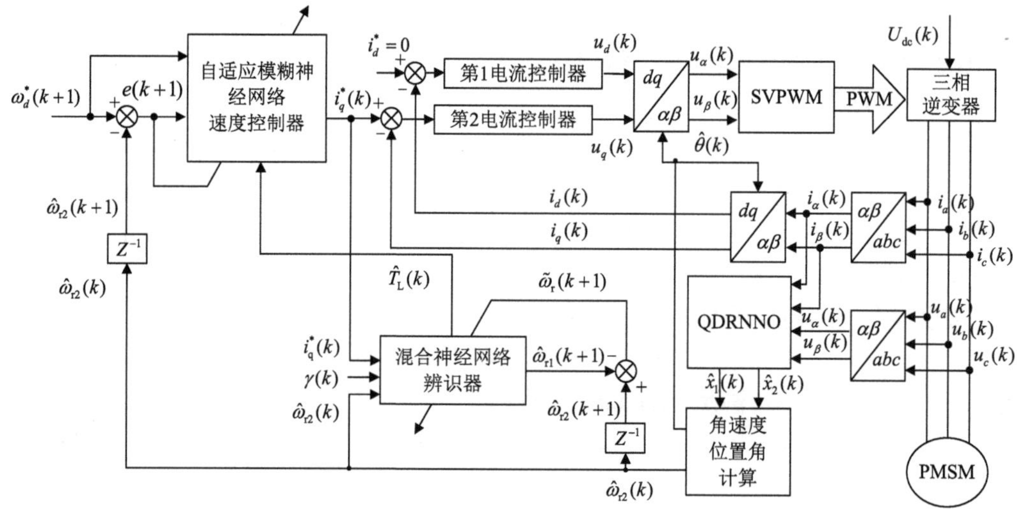

图 6-30　基于 QDRNNO 的 PMSM 无位置传感器控制系统框图

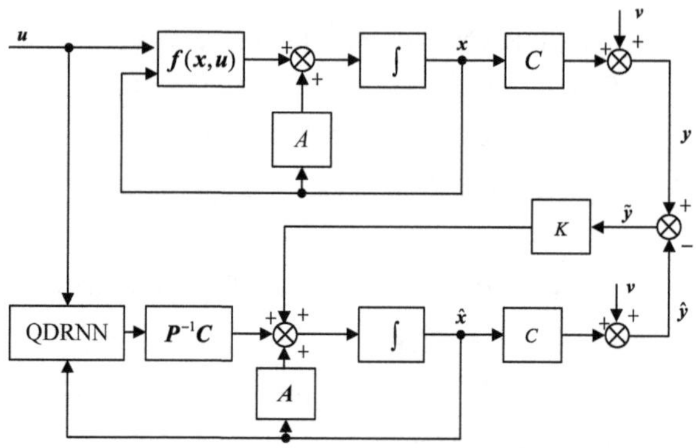

图 6-31　QDRNNO 拓扑结构图

状态估计误差 $\tilde{\boldsymbol{x}}$ 的状态方程为

$$\begin{cases}\dot{\tilde{\boldsymbol{x}}}=\boldsymbol{A}_{\mathrm{m}}\tilde{\boldsymbol{x}}+\boldsymbol{P}^{-1}\boldsymbol{C}^{\mathrm{T}}(\tilde{\boldsymbol{W}}^{o}\boldsymbol{\varphi}(\hat{\boldsymbol{x}})+\boldsymbol{W}^{o}\tilde{\boldsymbol{\varphi}}(\cdot)+\boldsymbol{\varepsilon}_0)\\ \tilde{\boldsymbol{y}}=\boldsymbol{C}\tilde{\boldsymbol{x}}\end{cases}\tag{6-175}$$

式中：$\tilde{\boldsymbol{x}}$、$\tilde{\boldsymbol{y}}$、$\tilde{\boldsymbol{W}}^{o}$ 和 $\tilde{\boldsymbol{\varphi}}(\cdot)$ 分别为 $\boldsymbol{x}$、$\boldsymbol{y}$、$\boldsymbol{W}^{o}$ 和 $\boldsymbol{\varphi}(\cdot)$ 实际值和观测值的误差。

2. 稳定性证明

定义 3：线性定常连续系统渐近稳定 Lyapunov 判据。

线性定常连续系统 $\dot{\boldsymbol{x}}=\boldsymbol{A}\boldsymbol{x}$ 的平衡态 $\boldsymbol{x}_{\mathrm{e}}=0$ 为渐近稳定的充要条件：对任意给定正定矩阵 $\boldsymbol{Q}$，都存在唯一一个对称正定矩阵 $\boldsymbol{P}$ 为 Lyapunov 方程 $\boldsymbol{A}^{\mathrm{T}}\boldsymbol{P}+\boldsymbol{P}\boldsymbol{A}=-\boldsymbol{Q}$ 的解，并且正定函数 $\boldsymbol{V}(\boldsymbol{x})=\boldsymbol{x}^{\mathrm{T}}\boldsymbol{P}\boldsymbol{x}$ 为系统的一个 Lyapunov 函数。该条件在传递函数最小实现下等价于全部特征根都是负实数或实部为负的复数，即全部根都位于左半边复平面。

以下将 $\boldsymbol{W}^{o}$ 简记为 $\boldsymbol{W}$，根据权系数矩阵在线学习规则，设计 Lyapunov 函数如下：

$$V=\frac{1}{2}\tilde{\boldsymbol{x}}^{\mathrm{T}}\boldsymbol{P}\tilde{\boldsymbol{x}}+\frac{1}{2}\mathrm{tr}\left(\tilde{\boldsymbol{W}}^{\mathrm{T}}\Gamma^{-1}\tilde{\boldsymbol{W}}\right) \tag{6-176}$$

取神经网络权矩阵学习规则为

$$\dot{\hat{\boldsymbol{W}}}=\begin{cases}\Gamma\tilde{\boldsymbol{y}}\boldsymbol{\varphi}(\hat{\boldsymbol{x}})^{\mathrm{T}} & \left\|\hat{\boldsymbol{W}}\right\|<M_{\mathrm{W}}\\ \Gamma\tilde{\boldsymbol{y}}\boldsymbol{\varphi}(\hat{\boldsymbol{x}})^{\mathrm{T}}-\delta\hat{\boldsymbol{W}} & \left\|\hat{\boldsymbol{W}}\right\|\geqslant M_{\mathrm{W}}\end{cases} \tag{6-177}$$

式中：Γ、δ和M_{W}代表正常数。

由此，求式（6-176）的全导数，得

$$\begin{aligned}\tilde{V}&=\dot{\tilde{\boldsymbol{x}}}^{\mathrm{T}}\boldsymbol{P}\tilde{\boldsymbol{x}}+\tilde{\boldsymbol{x}}^{\mathrm{T}}\boldsymbol{P}\dot{\tilde{x}}+\mathrm{tr}(\tilde{\boldsymbol{W}}^{\mathrm{T}}\Gamma^{-1}\dot{\hat{\boldsymbol{W}}})\\&=(\boldsymbol{A}_{\mathrm{m}}\tilde{\boldsymbol{x}}+\boldsymbol{P}^{-1}\boldsymbol{C}^{\mathrm{T}}\tilde{\boldsymbol{F}})^{\mathrm{T}}\boldsymbol{P}\tilde{\boldsymbol{x}}+\tilde{\boldsymbol{x}}^{\mathrm{T}}\boldsymbol{P}(\boldsymbol{A}_{\mathrm{m}}\tilde{\boldsymbol{x}}+\boldsymbol{P}^{-1}\boldsymbol{C}^{\mathrm{T}}\tilde{\boldsymbol{F}})+\mathrm{tr}(\tilde{\boldsymbol{W}}^{\mathrm{T}}\Gamma^{-1}\dot{\hat{\boldsymbol{W}}})\\&=-\tilde{\boldsymbol{x}}^{\mathrm{T}}\boldsymbol{Q}\tilde{\boldsymbol{x}}+\tilde{\boldsymbol{y}}^{\mathrm{T}}(\tilde{\boldsymbol{W}}\boldsymbol{\varphi}(\hat{x})+\boldsymbol{W}\tilde{\boldsymbol{\varphi}}(\cdot)+\boldsymbol{\varepsilon}_0)+\mathrm{tr}(\tilde{\boldsymbol{W}}^{\mathrm{T}}\Gamma^{-1}\dot{\hat{\boldsymbol{W}}})\end{aligned} \tag{6-178}$$

另有

$$\begin{aligned}\mathrm{tr}(\tilde{\boldsymbol{W}}^{\mathrm{T}}\Gamma^{-1}\dot{\tilde{\boldsymbol{W}}})&=\mathrm{tr}\{\tilde{\boldsymbol{W}}^{\mathrm{T}}\Gamma^{-1}[-(\Gamma\tilde{\boldsymbol{y}}\boldsymbol{\varphi}(\hat{\boldsymbol{x}})^{\mathrm{T}}-\boldsymbol{I}_{\mathrm{m}}\delta\hat{\boldsymbol{W}})]\}\\&=-\mathrm{tr}(\tilde{\boldsymbol{W}}^{\mathrm{T}}\tilde{\boldsymbol{y}}\varphi(\hat{\boldsymbol{x}})^{\mathrm{T}})+\boldsymbol{I}_{\mathrm{m}}\mathrm{tr}(\Gamma^{-1}\delta\tilde{\boldsymbol{W}}^{\mathrm{T}}\hat{\boldsymbol{W}})\\&=-\tilde{\boldsymbol{y}}^{\mathrm{T}}\tilde{\boldsymbol{W}}\boldsymbol{\varphi}(\hat{\boldsymbol{x}})+\boldsymbol{I}_{\mathrm{m}}\Gamma^{-1}\delta\mathrm{tr}(\tilde{\boldsymbol{W}}^{\mathrm{T}}\hat{\boldsymbol{W}})\end{aligned} \tag{6-179}$$

式中：

$$I_{\mathrm{m}}\triangleq\begin{cases}0 & \left\|\hat{\boldsymbol{W}}\right\|<M_{\mathrm{W}}\\1 & \left\|\hat{\boldsymbol{W}}\right\|\geqslant M_{\mathrm{W}}\end{cases} \tag{6-180}$$

于是有

$$\begin{aligned}\dot{V}&=-\tilde{\boldsymbol{x}}^{\mathrm{T}}\boldsymbol{Q}\tilde{\boldsymbol{x}}+\tilde{\boldsymbol{y}}^{\mathrm{T}}(\tilde{\boldsymbol{W}}\boldsymbol{\varphi}(\hat{\boldsymbol{x}})+\boldsymbol{W}\tilde{\boldsymbol{\varphi}}(\cdot)+\boldsymbol{\varepsilon}_0)-\tilde{\boldsymbol{y}}^{\mathrm{T}}\tilde{\boldsymbol{W}}\boldsymbol{\varphi}(\hat{\boldsymbol{x}})+I_{\mathrm{m}}\Gamma^{-1}\delta\mathrm{tr}(\tilde{\boldsymbol{W}}^{\mathrm{T}}\hat{\boldsymbol{W}})\\&=-\tilde{\boldsymbol{x}}^{\mathrm{T}}\boldsymbol{Q}\tilde{\boldsymbol{x}}+\tilde{\boldsymbol{y}}^{\mathrm{T}}\left(\boldsymbol{W}\tilde{\boldsymbol{\varphi}}(\cdot)+\boldsymbol{\varepsilon}_0\right)+I_{\mathrm{m}}\Gamma^{-1}\delta\mathrm{tr}(\tilde{\boldsymbol{W}}^{\mathrm{T}}\hat{\boldsymbol{W}})\end{aligned} \tag{6-181}$$

又因

$$\begin{aligned}\mathrm{tr}(\tilde{\boldsymbol{W}}^{\mathrm{T}}\hat{\boldsymbol{W}})&=\mathrm{tr}\left[(\boldsymbol{W}-\hat{\boldsymbol{W}})^{\mathrm{T}}\hat{\boldsymbol{W}}\right]\\&=\left\|\boldsymbol{W}\right\|^2-\left\|\hat{\boldsymbol{W}}\right\|^2-\left\|\boldsymbol{W}^{\mathrm{T}}\tilde{\boldsymbol{W}}\right\|^2\end{aligned} \tag{6-182}$$

当$\left\|\hat{\boldsymbol{W}}\right\|\geqslant M_{\mathrm{W}}>\left\|\boldsymbol{W}\right\|$时，$\mathrm{tr}(\tilde{\boldsymbol{W}}^{\mathrm{T}}\hat{\boldsymbol{W}})\leqslant 0$。

所以由式（6-173）和$\left\|\boldsymbol{\varepsilon}_0\right\|\leqslant\boldsymbol{\varepsilon}_{\mathrm{sup}}$，且$\left\|\tilde{\boldsymbol{x}}\right\|\geqslant\dfrac{\left\|\boldsymbol{C}\right\|\left(M_{\mathrm{x}}+\boldsymbol{\varepsilon}_{\mathrm{sup}}\right)}{\lambda_{\min}(\boldsymbol{Q})}$时，可得

$$\begin{aligned}\tilde{V}&\leqslant-\tilde{\boldsymbol{x}}^{\mathrm{T}}\boldsymbol{Q}\tilde{\boldsymbol{x}}+\tilde{\boldsymbol{y}}^{\mathrm{T}}(\boldsymbol{W}\tilde{\boldsymbol{\varphi}}(\cdot)+\boldsymbol{\varepsilon}_0)\\&\leqslant\|\tilde{\boldsymbol{x}}\|\left[\|\boldsymbol{C}\|(M_{\mathrm{x}}+\boldsymbol{\varepsilon}_{\mathrm{sup}})-\lambda_{\min}(\boldsymbol{Q})\frac{\|\boldsymbol{C}\|(M_{\mathrm{x}}+\boldsymbol{\varepsilon}_{\mathrm{sup}})}{\lambda_{\min}(\boldsymbol{Q})}\right]\\&\leqslant 0\end{aligned} \tag{6-183}$$

综上可知，当满足$\left\|\hat{\boldsymbol{W}}\right\|\geqslant M_{\mathrm{W}}>\left\|\boldsymbol{W}\right\|$且$\left\|\tilde{\boldsymbol{x}}\right\|\geqslant\dfrac{\left\|\boldsymbol{C}\right\|\left(M_{\mathrm{x}}+\boldsymbol{\varepsilon}_{\mathrm{sup}}\right)}{\lambda_{\min}(\boldsymbol{Q})}$时，状态估计误差$\tilde{\boldsymbol{x}}$和权系数矩阵的估计误差$\tilde{\boldsymbol{W}}$是最终一致有界的。即对非线性的多输入多输出系统：

$$\begin{cases}\dot{\boldsymbol{x}} = \boldsymbol{Ax} + \boldsymbol{f}(\boldsymbol{x},\boldsymbol{u}) \\ \boldsymbol{y} = \boldsymbol{Cx} + \boldsymbol{g}(\boldsymbol{u})\end{cases} \tag{6-184}$$

式中：$\boldsymbol{x} \in R^n$；$\boldsymbol{u} \in R^p$；$\boldsymbol{y} \in R^q$；未知的 $\boldsymbol{f}(\boldsymbol{x},\boldsymbol{u})$ 和已知的 $\boldsymbol{g}(\boldsymbol{u})$ 为非线性函数，并满足：

（1）矩阵 $\boldsymbol{A}$ 和 $\boldsymbol{C}$ 是能观的，且选择常增益矩阵 $\boldsymbol{K}$ 使矩阵 $\boldsymbol{A}_{\mathrm{m}} = \boldsymbol{A} - \boldsymbol{KC}$ 渐近稳定。

（2）存在正定矩阵 $\boldsymbol{P}$ 和 $\boldsymbol{Q}$ 满足 Lyapunov 方程 $\boldsymbol{A}_{\mathrm{m}}^{\mathrm{T}}\boldsymbol{P} + \boldsymbol{PA}_{\mathrm{m}} = -\boldsymbol{Q}$，且存在 $\boldsymbol{f}(\boldsymbol{x},\boldsymbol{u}) = \boldsymbol{P}^{-1}\boldsymbol{C}^{\mathrm{T}}\boldsymbol{F}(\boldsymbol{x},\boldsymbol{u})$，$\boldsymbol{F}(\cdot)$ 为连续的向量函数。

观测器为式（6-183），权系数矩阵的更新算法为式（6-186），则状态估计误差 $\tilde{\boldsymbol{x}}$ 和神经网络权系数矩阵的估计误差 $\tilde{\boldsymbol{W}}$ 是最终一致有界的。

6.3.8 仿真研究

1. 永磁同步电机自适应模糊神经网络控制策略仿真研究

将传统的 PI 速度控制器与自适应模糊神经网络速度控制器进行比较，其比例和积分增益分别取 20 和 0.8。自适应模糊神经网络速度控制器的比例、积分和微分增益初值分别取 20、0.8 和 0。混合神经网络辨识器首先针对电机额定工况进行离线训练，其中的非线性网络为准对角递归神经网络结构，输入层神经元个数为 2，隐藏层神经元个数为 7，输出层神经元个数为 1。采用的 PMSM 额定参数如表 6-8 所示。

表 6-8 永磁同步电机参数

电机参数	数值	电机参数	数值
额定功率 P_{N} / W	3000	交、直轴电感 L_{q} L_{d} / mH	0.827
额定转矩 T_{N} /（N·m）	9.5	永磁体磁通 Ψ_{f} / Wb	0.057
额定电压 U_{N} / V	200	极对数 P_{n}	5
额定电流 I_{N} / A	18	转动惯量 J /（kg·m^2）	1.78×10^{-4}
额定转速 n /（r·min^{-1}）	1500	阻尼系数 B /（N·m·s·rad^{-1}）	7.403×10^{-5}
定子电阻 R_{s} / Ω	0.258	速度控制器输出限幅 $i_{\mathrm{q}\ \mathrm{limit}}^{*}$ / A	±18

图 6-32 为 PMSM 自适应模糊神经网络矢量控制系统结构框图。

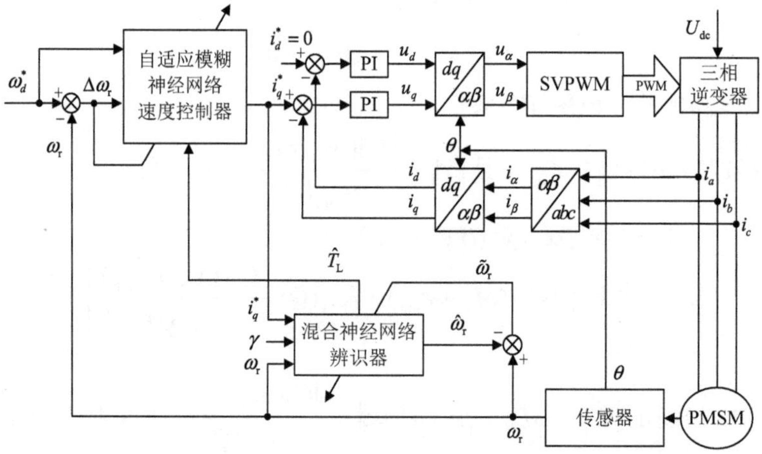

图 6-32 永磁同步电机模糊神经网络矢量控制系统结构框图

图 6-33 为自适应模糊神经网络速度控制器结构框图。

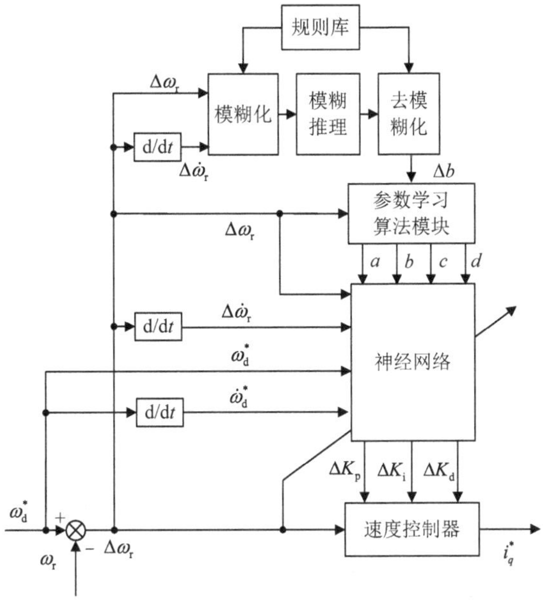

图 6-33　自适应模糊神经网络速度控制器结构框图

通过 MATLAB 对 PMSM 的调速性能、参数摄动及负载扰动下的动态响应性能等进行仿真研究。图 6-34 为 PMSM 模糊神经网络矢量控制系统仿真模型；图 6-35 为自适应模糊神经网络速度控制器仿真模型；图 6-36 为混合神经网络辨识器仿真模型。

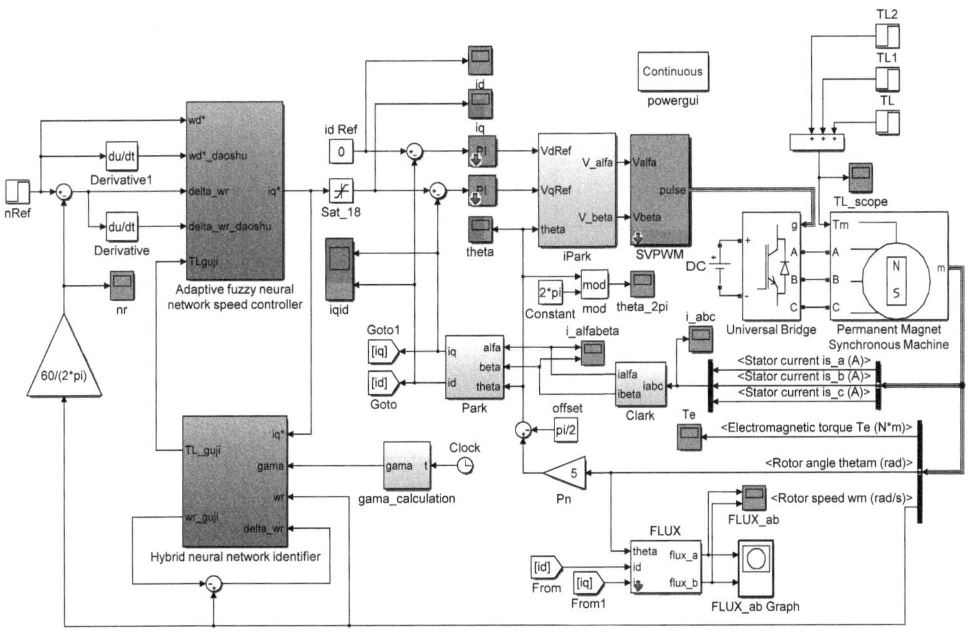

图 6-34　PMSM 模糊神经网络矢量控制系统仿真模型

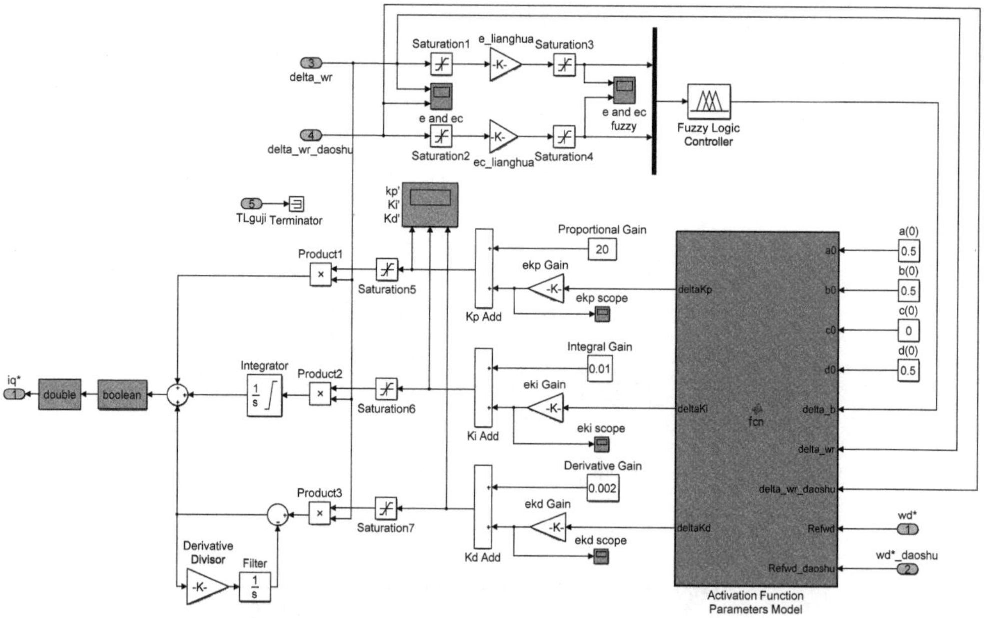

图 6-35　自适应模糊神经网络速度控制器仿真模型

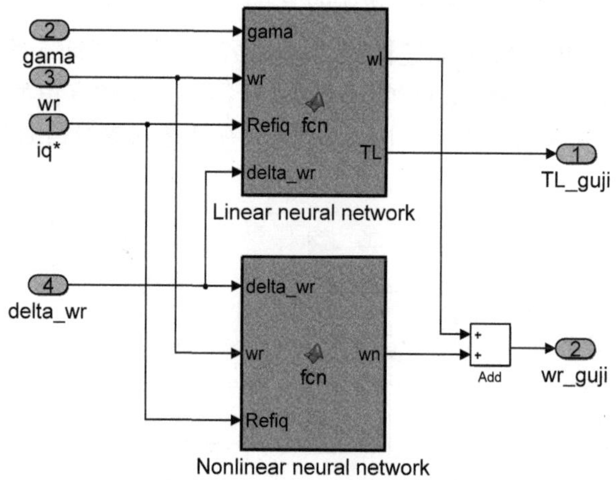

图 6-36　混合神经网络辨识器仿真模型

仿真结果分析如下。

与传统的 PI 控制方法相比，自适应模糊神经网络速度控制器对参数变化和负载扰动具有较强的自适应能力和鲁棒性强，并具有更快的响应速度和更好的动态响应性能。具体仿真结果如下：图 6-37 为加减载仿真过程中的 PMSM 磁链相图；图 6-38 为实时整定的 PID 参数变化曲线。在 0.1s 时刻突加负载 $T_L = 3\text{N}\cdot\text{m}$，模糊控制器迅速做出调整，$K_p$ 增大以抑制动态压降，K_i 减小以防积分饱和，K_d 略有增大以抑制转速反向超调及振荡。在这段时间里，传统的 PI 控制器参数是固定的，不能适应负载变化所出现的新工况。

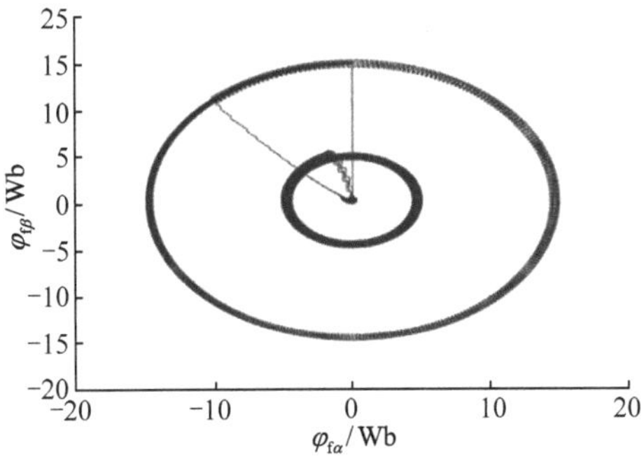

图 6-37　PMSM 磁链相图

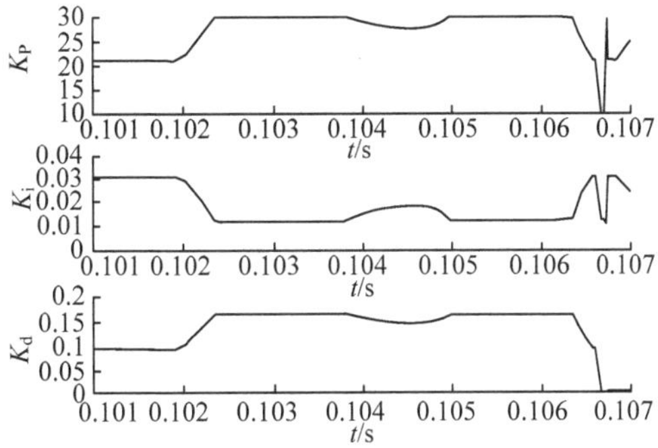

图 6-38　实时整定的 PID 参数变化曲线

1）空载恒速仿真

在传统 PID 控制下，电机转速在 0.06s 稳定在 500r/min；在自适应模糊神经网络控制下，电机转速在 0.057s 稳定在 500r/min。图 6-39 为 PMSM 转速响应波形。

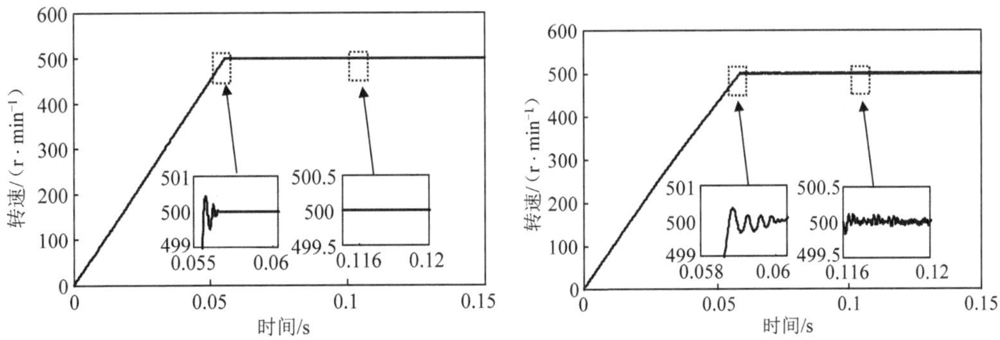

（a）传统 PID 控制器　　（b）自适应模糊神经网络控制器

图 6-39　PMSM 转速响应波形

图 6-40 为 PMSM 三相电流波形；图 6-41 为 PMSM 直、交轴电流波形；图 6-42 为 PMSM 电磁转矩波形。

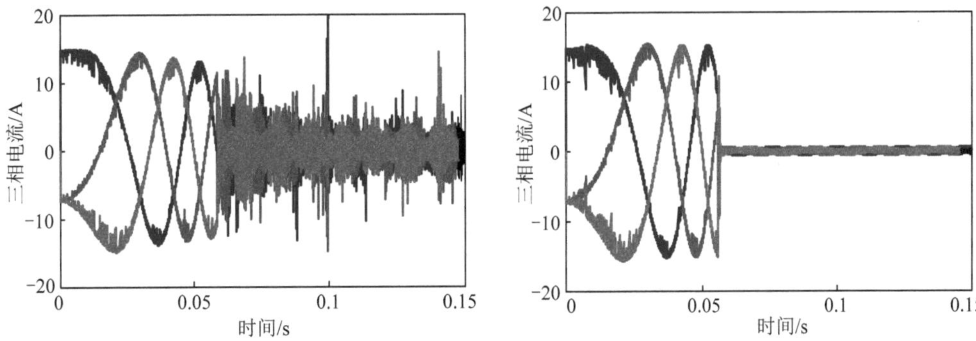

（a）传统 PID 控制器　　（b）自适应模糊神经网络控制器

图 6-40　PMSM 三相电流波形

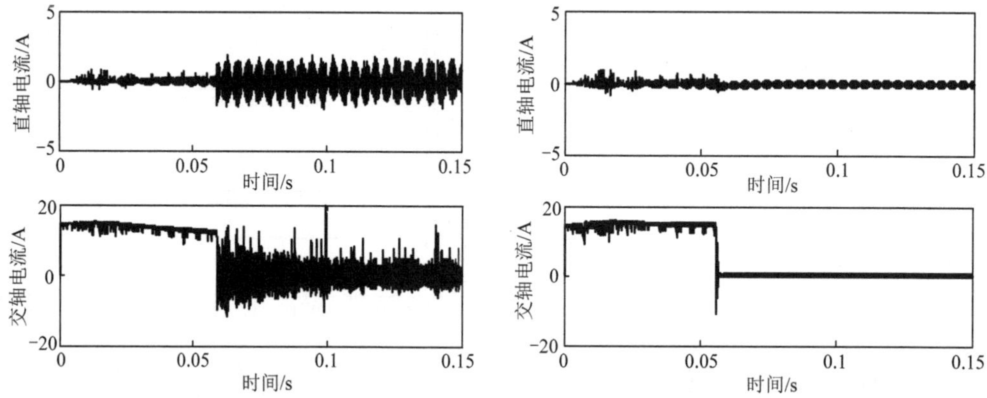

（a）传统 PID 控制器　　（b）自适应模糊神经网络控制器

图 6-41　PMSM 直、交轴电流波形

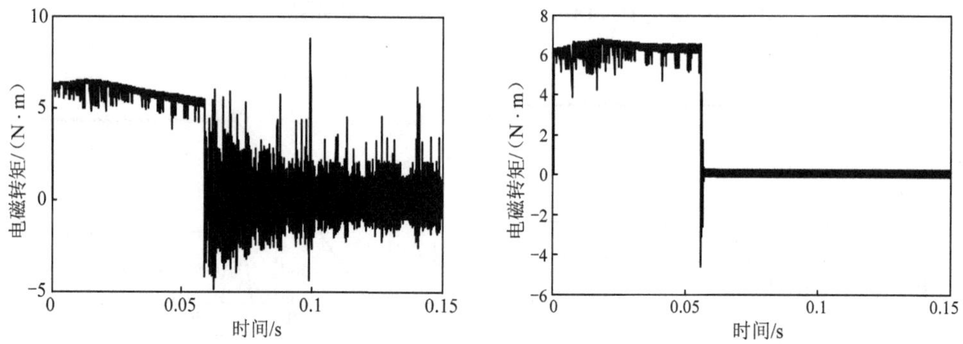

（a）传统 PID 控制器　　（b）自适应模糊神经网络控制器

图 6-42　PMSM 电磁转矩波形

从图 6-40 和图 6-41 可以看出，在传统 PID 控制下的三相电流和直轴电流波动较大，幅度至 ±1A，交轴电流在转速稳定后波动仍较大；在自适应模糊神经网络控制下的三相电流和直轴电流波动较小，交轴电流在转速稳定后波动较小。从图 6-42 可以看出，在传统 PID 控制下的电磁转矩波动较大；在自适应模糊神经网络控制下的电磁转矩平稳。

通过对比分析上述波形可以看出，两种控制策略下，电机转速都能够快速准确地跟踪给定转速值，动态性能好，稳态精度高。相比于传统 PID 控制器，在自适应模糊神经网络控制下，电机在转速给定值附近超调量小，转速波形抖振小，稳态精度更高；转速调节速度更快，动态性能更好。同时，自适应模糊神经网络控制器的电机三相电流和直、交轴电流波动较小，电磁转矩更平稳。

2）空载变速仿真

为验证自适应模糊神经网络控制对电机调速系统的强鲁棒性，分别搭建了采用传统 PID 控制器和自适应模糊神经网络控制器的 PMSM 系统模型。电机空载起动，给定转速为 500r/min，在 0.08s 时给定转速增至 800r/min，在 0.16s 时给定转速降为 400r/min。图 6-43 为两种控制下的转速响应曲线。

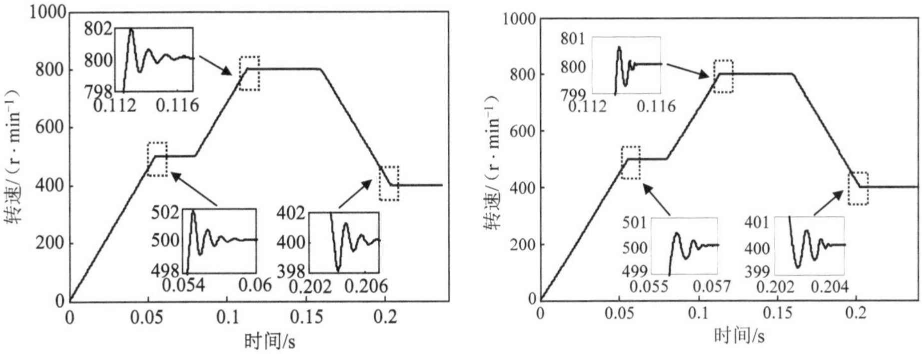

（a）传统 PID 控制器　　（b）自适应模糊神经网络控制器

图 6-43　转速突变时的转速响应

在传统 PID 控制下，电机转速在 0.06s 稳定在 500r/min，超调量为 2r/min；在 0.116s 稳定在 800r/min，超调量为 2r/min；在 0.206s 稳定在 300r/min，超调量为 2r/min。在自适应模糊神经网络控制下，电机转速在 0.057s 稳定在 500r/min，超调量小于 1r/min；在 0.115s 稳定在 800r/min，超调量小于 1r/min；在 0.204s 稳定在 400r/min，超调量小于 1r/min。图 6-44～图 6-46 分别为两种控制策略下电机三相电流、直、交轴电流和电磁转矩波形曲线。

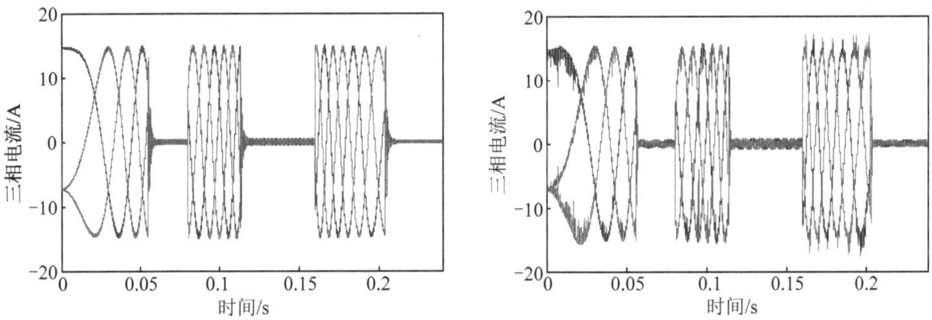

（a）传统 PID 控制器　　（b）自适应模糊神经网络控制器

图 6-44　转速突变时的三相电流波形

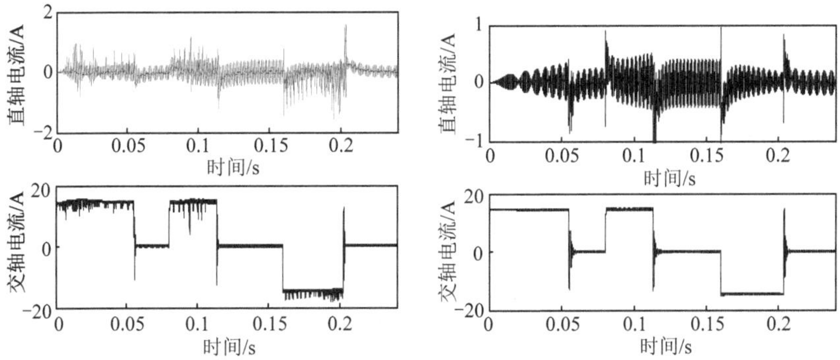

（a）传统 PID 控制器　　（b）自适应模糊神经网络控制器

图 6-45　转速突变时的直、交轴电流波形

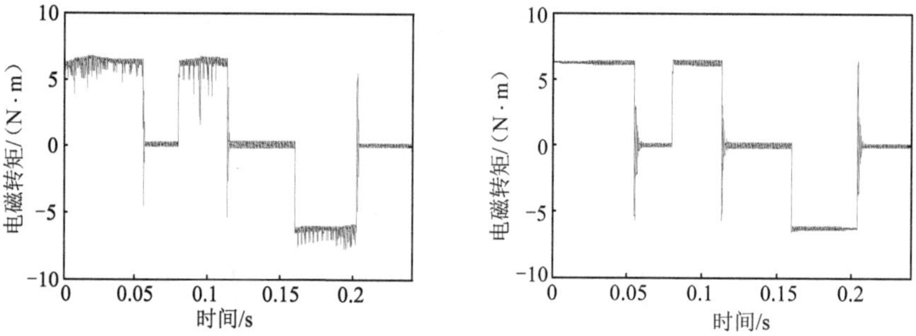

（a）传统 PID 控制器　　（b）自适应模糊神经网络控制器

图 6-46　转速突变时的电磁转矩波形

在自适应模糊神经网络控制下，电机的三相电流波形比较平滑，直轴电流波动较小，波动幅度为±1A，交轴电流在电机转速稳定后波动较小，电磁转矩比较平稳；而在传统 PID 控制下，电机的三相电流波形波动较大，直轴电流波动大，波动幅度为±2A，交轴电流在电机转速稳定后波动较大，电磁转矩存在较大波动。

3）鲁棒性仿真

电机转动惯量设定为正常值的 1.5 倍，空载起动，给定转速为 500r/min，转动惯量变化时的转速响应曲线如图 6-47 所示。电机永磁体磁链设定为正常值的 1.5 倍，空载起动，给定转速为 500r/min，磁链变化时的转速响应曲线如图 6-48 所示。

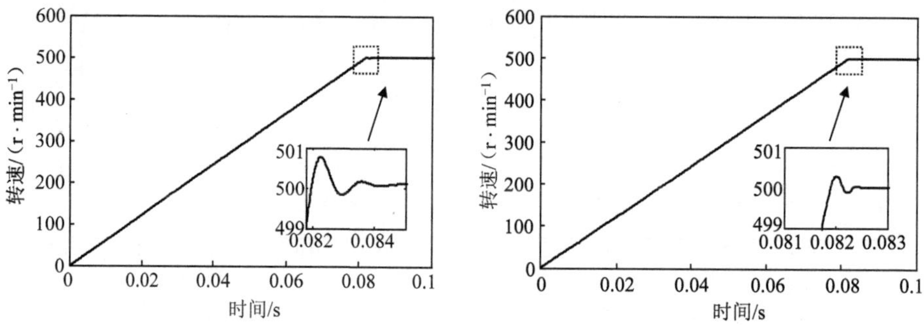

（a）传统 PID 控制器　　（b）自适应模糊神经网络控制器

图 6-47　1.5 倍转动惯量时永磁同步电机转速响应

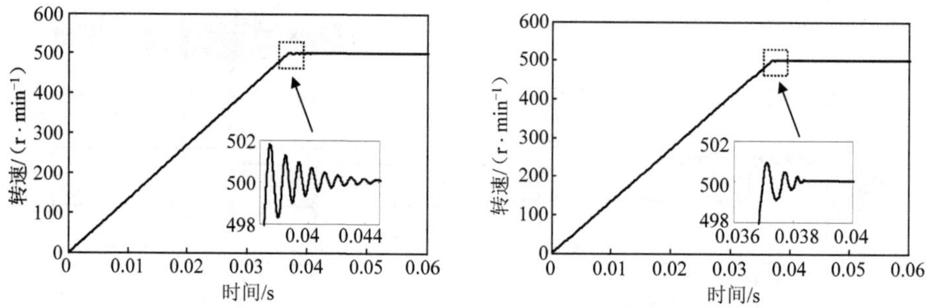

（a）传统 PID 控制器　　（b）自适应模糊神经网络控制器

图 6-48　1.5 倍磁链时永磁同步电机的转速响应

在自适应模糊神经网络控制下，转速在 0.0825s 和 0.038s 时趋于稳定，而在传统 PID 控制下，转速在 0.084s 和 0.044s 时趋于稳定。相比于传统 PID 控制，自适应模糊神经网络控制使转速在转动惯量或磁链变化下过渡时间短，超调量小，鲁棒性强。

电机空载起动，给定转速为 500r/min，在 0.08s 时负载突增至 3N·m，在 0.16s 时负载突降为 1N·m。图 6-49 为负载突变时两种控制下控制系统的转速响应图。

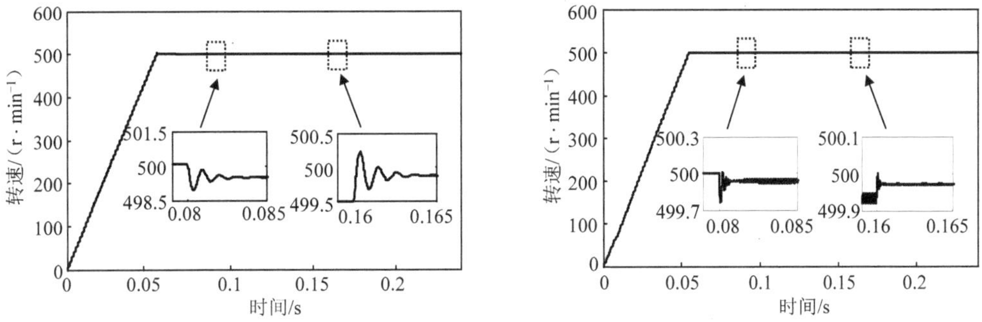

（a）传统 PID 控制器　　（b）自适应模糊神经网络控制器

图 6-49　负载突变时永磁同步电机转速响应

在传统 PID 控制下，0.08s 负载突增时，转速波动超过 1r/min，稳定后存在约 0.8r/min 的稳态误差；0.16s 负载突减时，转速波动超过 1r/min，稳定后存在 0.2r/min 的稳态误差；在自适应模糊神经网络控制下，0.08s 负载突增时，转速波动幅度小于 0.3r/min，稳定后转速无静差。图 6-50～图 6-52 为负载突变时两种控制下电机三相电流、直、交轴电流和电磁转矩波形图。

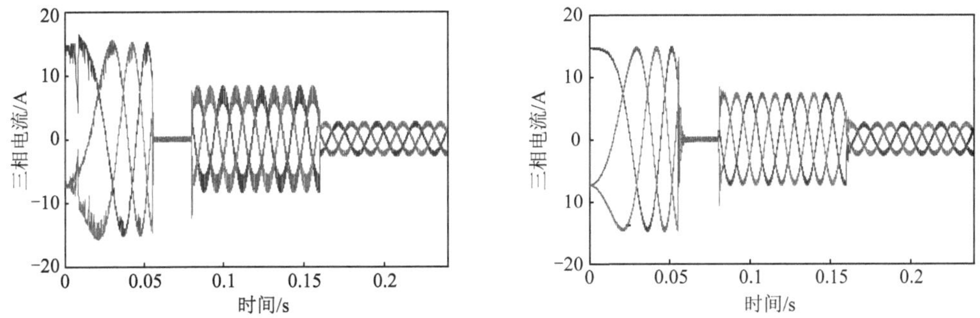

（a）传统 PID 控制器　　（b）自适应模糊神经网络控制器

图 6-50　负载突变时永磁同步电机三相电流波形

在传统 PID 控制下，电机三相电流波形比较平滑，直轴电流波动大，波动幅度为±2A，交轴电流在转速稳定后波动较大，电磁转矩存在较大波动；在自适应模糊神经网络控制下，电机三相电流波形波动较大，直轴电流波动较小，波动幅度为±1A，交轴电流在转速稳定后波动较小，电磁转矩较平稳。综上所述，在负载突变的情况下，自适应模糊神经网络控制能够快速准确地控制电机达到给定转速，稳态精度高，动态性能好，鲁棒性强。

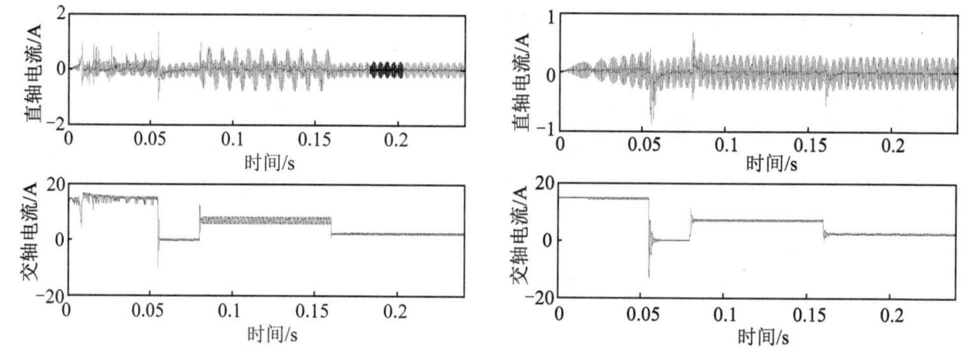

（a）传统 PID 控制器　　（b）自适应模糊神经网络控制器

图 6-51　负载突变时永磁同步电机直、交轴电流波形

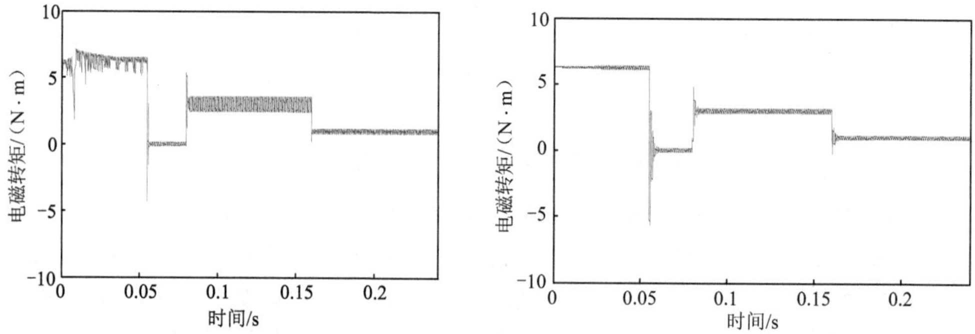

（a）传统 PID 控制器　　（b）自适应模糊神经网络控制器

图 6-52　负载突变时永磁同步电机电磁转矩波形

2. 永磁同步电机神经网络无位置传感器控制策略仿真研究

为验证神经网络无位置传感器控制策略效果，在 MATLAB/Simulink 平台搭建仿真模型。所用 PMSM 参数如表 6-9 所示。转子角速度反馈及转子位置角信号取观测器的输出值，速度控制器为自适应模糊神经网络控制器。先针对额定情况对 QDRNN 进行离线训练，其中输入层神经元个数为 4，隐藏层神经元个数为 8，输出层神经元个数为 2，算法分别为 REBP 和 IRPE，学习率 μ=0.5。

表 6-9　仿真用永磁同步电机参数

电机参数	数值	电机参数	数值
额定功率 P_N / W	3000	交、直轴电感 L_q L_d / mH	0.827
额定转矩 T_N /（N·m）	9.5	永磁体磁通 Ψ_f / Wb	0.057
额定电压 U_N / V	200	极对数 P_n	5
额定电流 I_N / A	18	转动惯量 J /（kg·m²）	1.78×10^{-4}
额定转速 n /（r/min）	1500	阻尼系数 B /（N·m·s·rad⁻¹）	7.403×10^{-5}
定子电阻 R_s / Ω	0.258	速度控制器输出限幅 $i_{q\ limit}^{*}$ / A	±18

图 6-53 为 PMSM 自适应神经网络无位置传感器控制系统仿真模型；图 6-54 为神经

网络观测器仿真模型；图 6-55 为控制系统过程通道仿真模型。

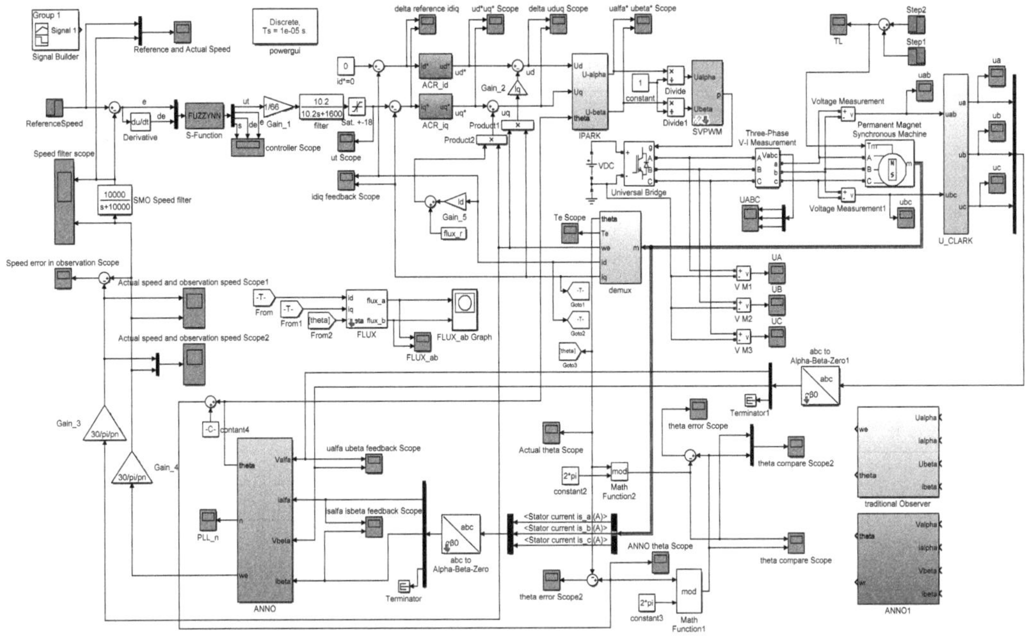

图 6-53　PMSM 自适应神经网络无位置传感器控制系统仿真模型

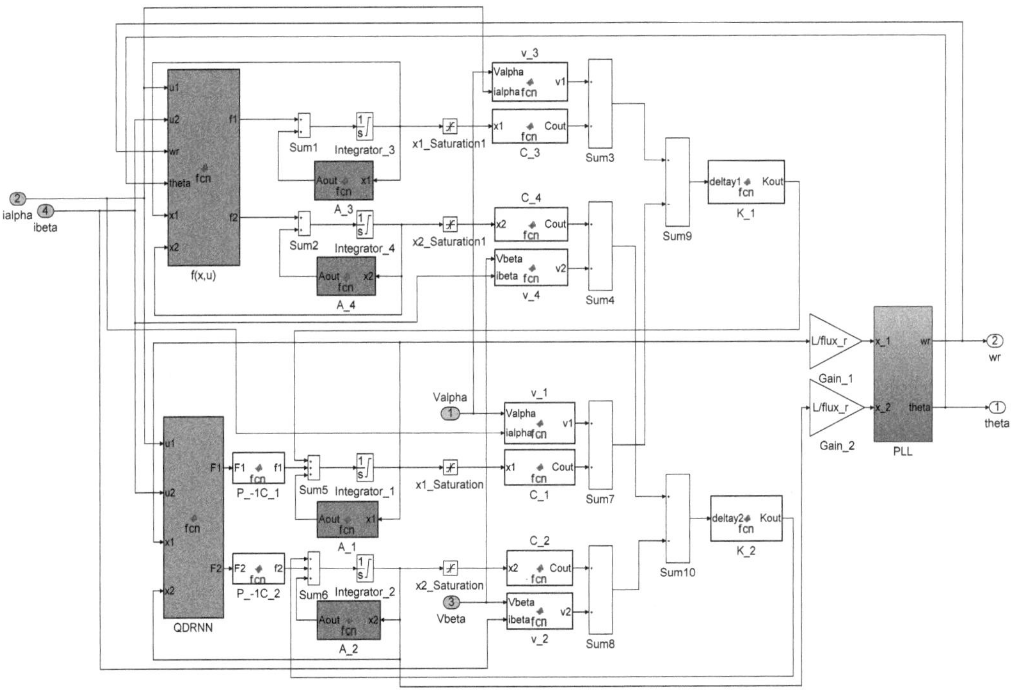

图 6-54　神经网络观测器仿真模型

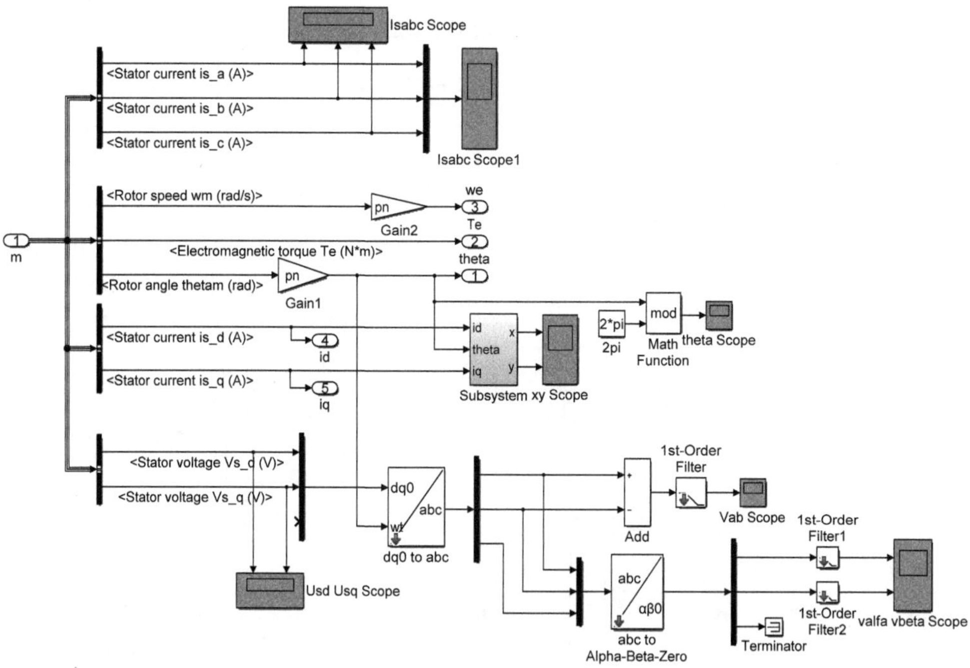

图 6-55　控制系统过程通道仿真模型

系统初始给定转速为 500r/min，在 0.1s 时刻突加 $T_L = 3N \cdot m$ 恒转矩负载；在 0.2s 时刻突减 $T_L = 2N \cdot m$ 恒转矩负载，保持 $T_L = 1N \cdot m$ 恒转矩负载运行。在 0.25s 时刻给定转速变为 1000r/min。图 6-56 为设定的负载转矩曲线；图 6-57 为对应三相电流波形。

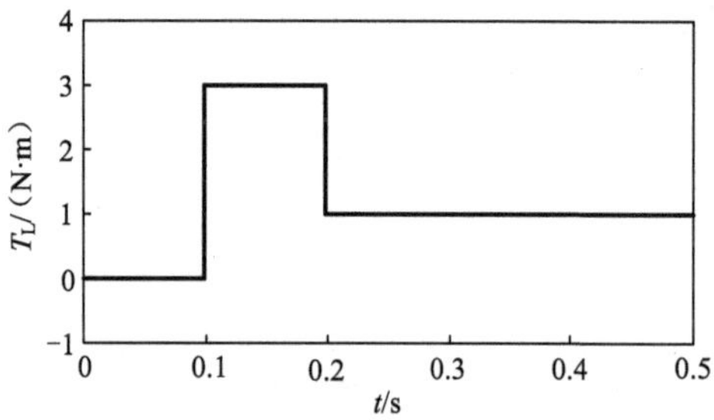

图 6-56　设定的负载转矩曲线

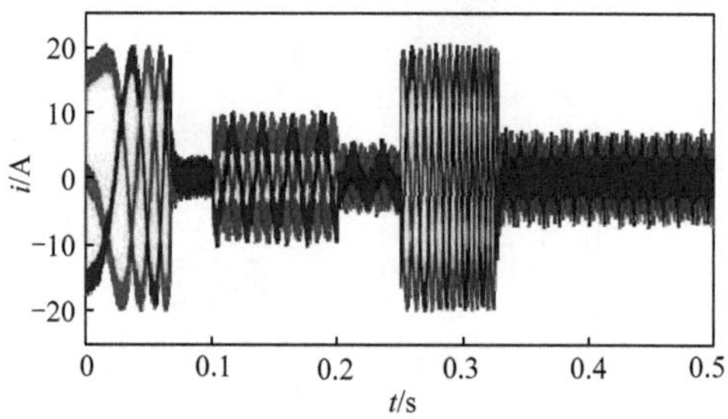

图 6-57　三相电流波形

为了体现 IRPE 算法的优越性，此处给出通过 REBP 算法训练的 QDRNN 的 NNO 对 PMSM 转子角速度和转子位置角的跟踪结果。图 6-58 为 REBP 算法下的转速响应曲线；图 6-59 为 REBP 算法下的转速估计误差曲线；图 6-60 为 REBP 算法下的实际及估计转子位置角及估计误差曲线。

从图 6-58 的估计转速上看，当实际转速趋近给定转速并稳定后，估计转速不能很好地跟踪实际转速；从图 6-59 可知，估计转速误差在±20r/min 内波动；而在动态过渡阶段，给定转速突变瞬间估计转速振荡，估计转速误差甚至可达 70r/min，这是因为 REBP 算法收敛速度慢和易陷入局部极小点的缺陷使得在训练 QDRNN 过程中导致了神经网络的权值未有效收敛。观察图 6-60 的实际及估计转子位置角及转子位置角估计误差曲线，可以发现估计转子位置角和实际转子位置角误差较大，最大估计误差的绝对值达到 6rad 且有相位滞后，这也侧面反应了 REBP 算法带来的不良影响。

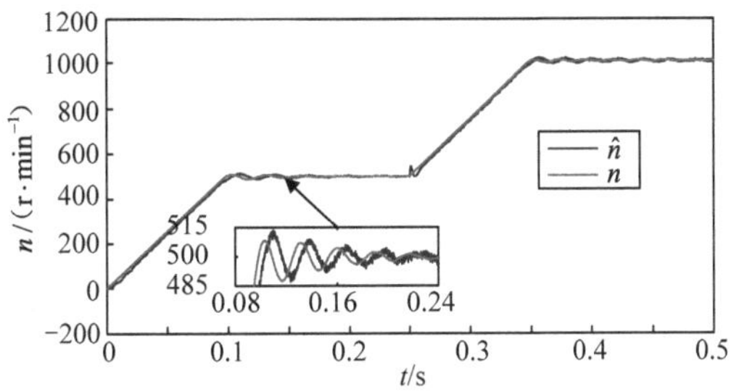

图 6-58 (彩图)

图 6-58　REBP 算法下的转速响应曲线

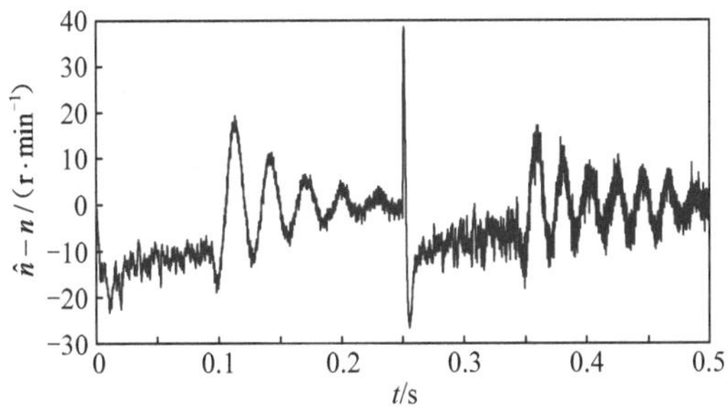

图 6-59 (彩图)

图 6-59　REBP 算法下的转速估计误差曲线

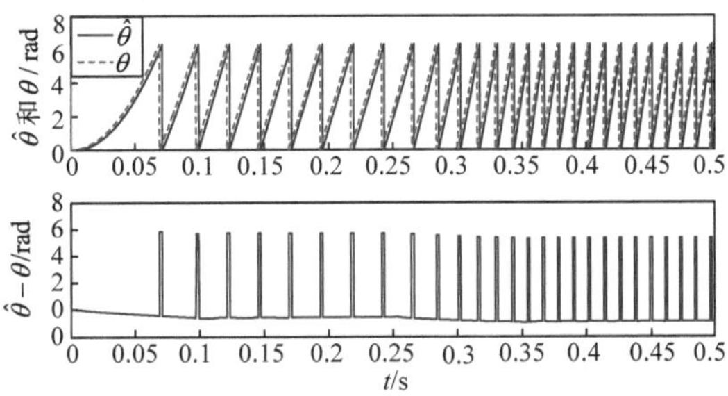

图 6-60 (彩图)

图 6-60　REBP 算法下的实际及估计转子位置角及估计误差曲线

综上，传统 REBP 算法训练的 NNO 可以在一定程度上跟踪 PMSM 的转速和转子位置信号，但由于算法缺陷，会恶化转子信息观测性能。

图 6-61 为神经网络无位置传感器控制下的转速响应曲线。

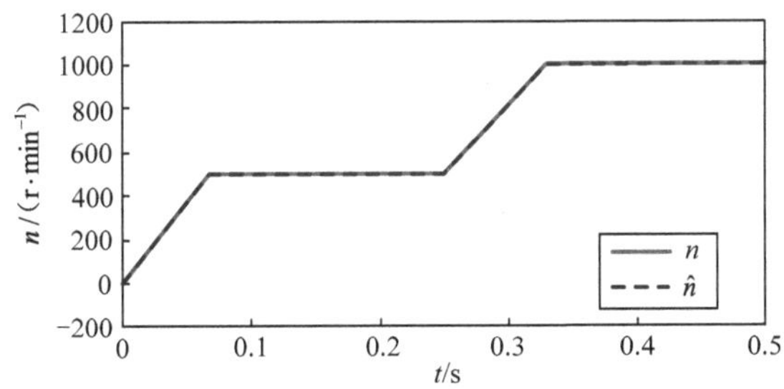

图 6-61　神经网络无位置传感器控制下的转速响应曲线

从图 6-61 可知，实际与估计转速几乎重合，几乎无超调，实际转速能够及时并准确跟踪给定转速，即使转速突变，仍具有良好的动、静态性能。实际转速与估计转速的最大误差在±0.5r/min 内波动。由此可见采用神经网络观测器，可以实现对转速的准确估计。图 6-62 和图 6-63 分别为 500r/min 和 1000r/min 时的转速响应曲线。

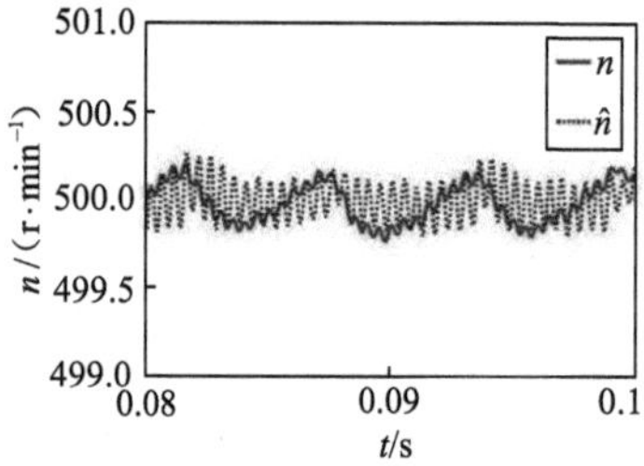

图 6-62　500r/min 时的转速响应曲线

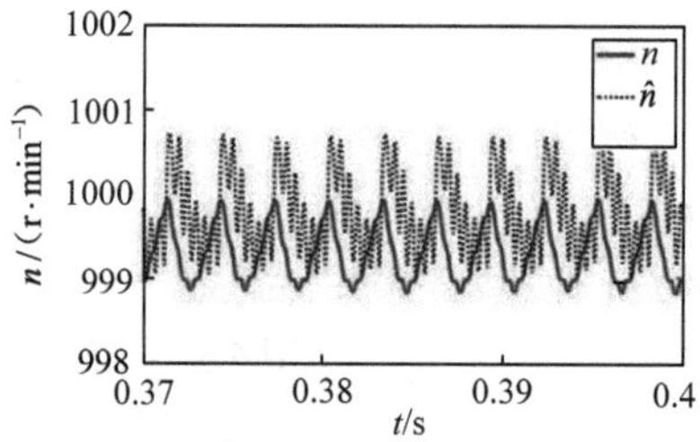

图 6-63　1000r/min 时的转速响应曲线

从图 6-62 和图 6-63 可以看出，当转速在 500r/min 和 1000r/min 时，实际转速与估计转速几乎重合，系统动态响应好，实际转速能够及时并准确地跟踪转速给定值。由此可见，采用神经网络观测器在恒速状态可以实现对转速的准确估计。图 6-64 和图 6-65 分别为第一次加载时和第二次减载时的转速响应曲线。图 6-66 为神经网络无位置传感器控制下的转速估计误差曲线。

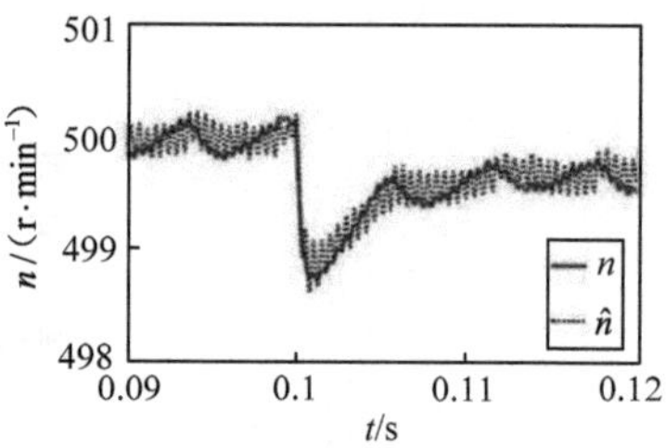

图 6-64　第一次加载时的转速响应曲线

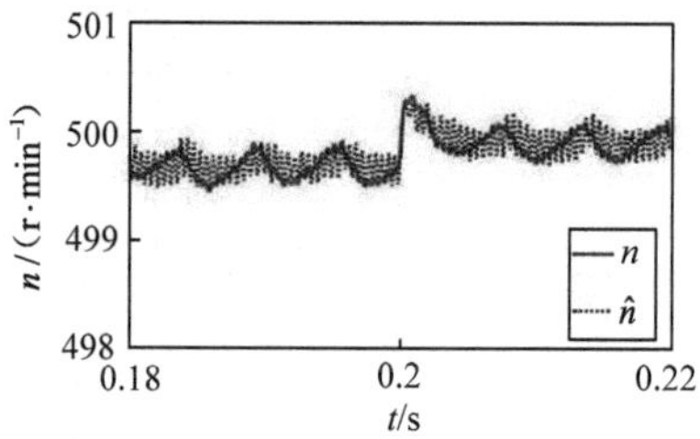

图 6-65　第二次减载时的转速响应曲线

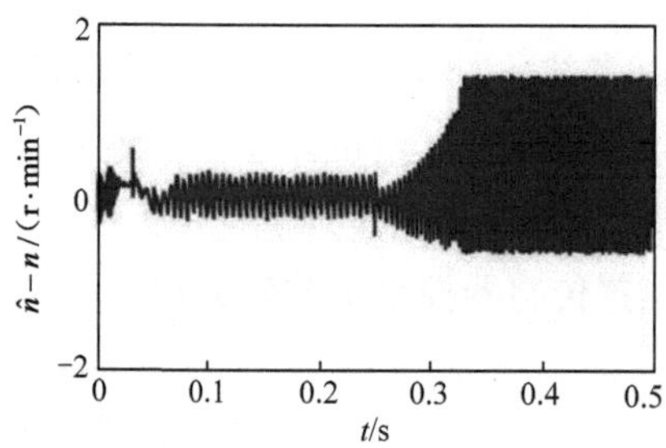

图 6-66　神经网络无位置传感器控制下的转速估计误差曲线

在 0.1s 时刻突加 $T_L = 3N \cdot m$ 恒转矩负载；在 0.2s 时刻突减 $T_L = 2N \cdot m$ 恒转矩负载。从图 6-64 和图 6-65 可以看出，无论是加载还是减载，实际转速与估计转速几乎重合，实际转速能够及时并准确地跟踪转速给定值。由此可见，采用神经网络观测器在变载状态仍可以实现对转速的准确估计。从图 6-66 可以看出，实际与估计转速误差在±1.5r/min

内波动。由此可见，采用神经网络观测器，可以实现对转速的准确估计。

图 6-67 为转子位置角及估计误差曲线；图 6-68 为转子位置角估计误差曲线。

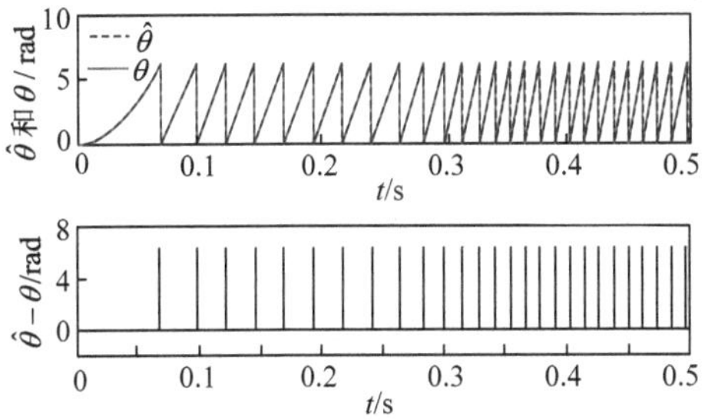

图 6-67　转子位置角及估计误差曲线

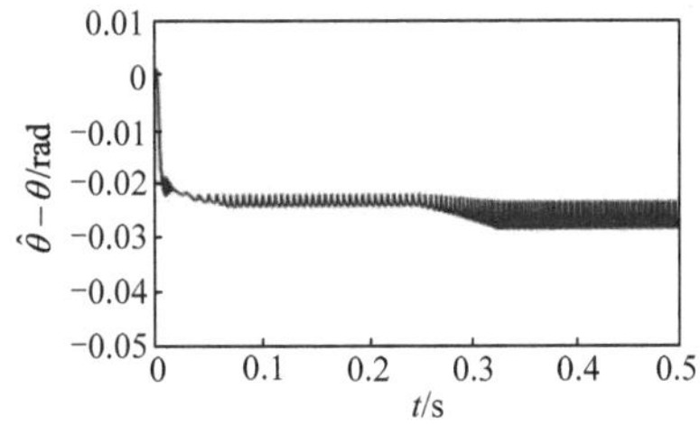

图 6-68　转子位置角估计误差曲线

观察图 6-67 的实际转子位置角及估计转子位置角，可发现两者几乎重合，转子位置角的误差较小，估计转子位置几乎无相位滞后，由此表明利用锁相环技术能够在很大程度上减少估计误差。由图 6-68 可得，转子位置角估计误差能控制在 0.03rad 内。综上所述，神经网络观测器结合锁相环技术，可有效用于非线性动态系统的辨识。对 PMSM 转子角速度和转子位置角的收敛速度快，估计精度高，观测器最终可逼近期望的非线性函数，估计误差可收敛到零，不会给系统带来较大的抖振及相位滞后，具有很大的工程实用价值。

给定转速 500r/min，带 $T_L = 3\text{N}\cdot\text{m}$ 的恒转矩负载运行，首先进行定子电感参数变化鲁棒性仿真。将定子电感设定为初始值 L_s 的 1.5 倍，即定子电感为 $1.5L_s$ 时神经网络无位置传感器控制下的转速响应曲线如图 6-69 所示；对应的实际和估计转子位置角及估计转子位置角误差曲线如图 6-70 所示。

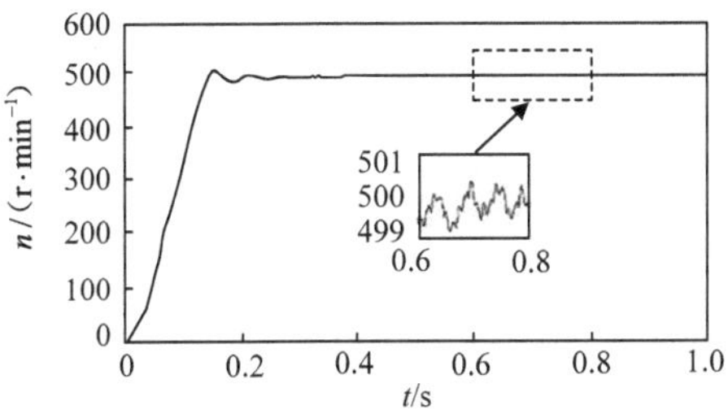

图 6-69　定子电感为 $1.5L_s$ 时转速响应

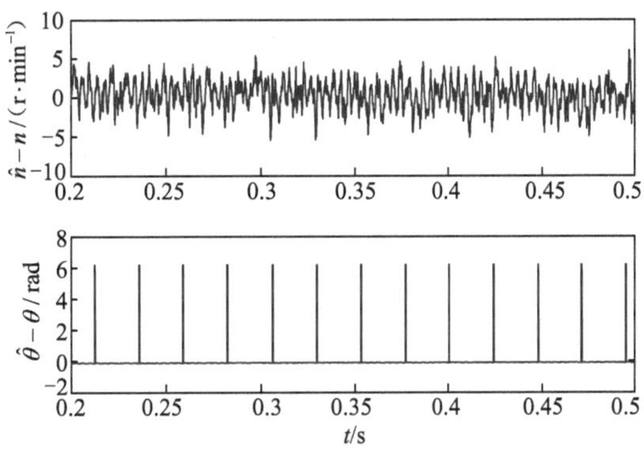

图 6-70　实际和估计转子位置角及估计误差曲线

由图 6-69 可以看出，定子电感为 $1.5L_s$ 时转速波动有所增强，但波动范围在±1r/min 之内。从图 6-70 可以看出，实际转速与估计转速的最大误差在±5r/min 内，虽然转速观测性能有所恶化，但仍在可接受范围内。观察图 6-70 的转子角位置估算误差可得实际转子位置与估计转子位置几乎重合，估计转子位置几乎无相位滞后。因此，当定子电感为 $1.5L_s$ 时，神经网络观测器仍可对转子角速度和转子角位置信息进行高精度估测。

给定转速 500r/min，带$T_L = 3N \cdot m$的恒转矩负载运行，进行定子电阻参数变化鲁棒性仿真。将定子电阻设定为初始值 R_s 的 1.5 倍，即定子电阻为 $1.5R_s$ 时神经网络无位置传感器控制下的转速响应曲线如图 6-71 所示；对应的实际和估计转子位置角及估计转子位置角误差曲线如图 6-72 所示。

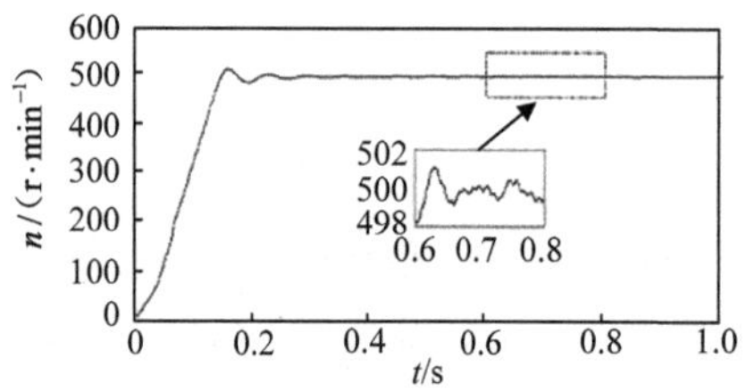

图 6-71　定子电阻为 $1.5R_s$ 时转速响应

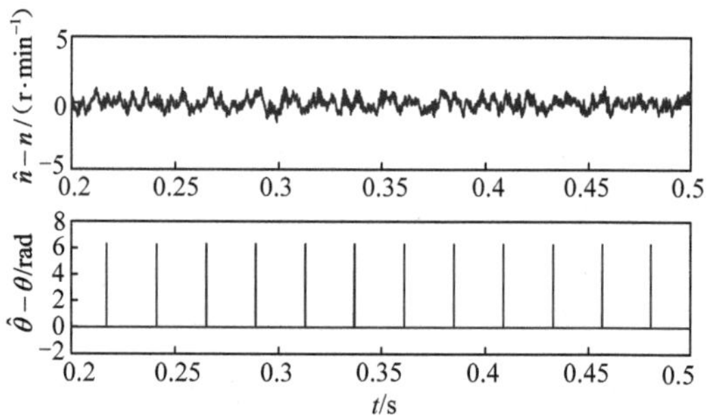

图 6-72　实际和估计转子位置角及估计误差曲线

由图 6-71 可以看出，定子电阻为 $1.5R_s$ 时转速波动仍较小，波动范围在±1r/min 之内。通过观察图 6-72，可以发现实际与估计转速最大误差在±1r/min 内，可见转速观测性能仍然非常出色。观察图 6-72 的转子位置角及估算误差，可得实际转子位置与估计转子位置几乎重合，估计转子位置几乎无相位滞后。因此，当定子电阻为 $1.5R_s$ 时，神经网络观测器仍可对转子角速度和转子角位置信息进行高精度估测。

给定转速 500r/min，带$T_L = 3N \cdot m$的恒转矩负载运行，进行定子负载转矩变化鲁棒性仿真。在 0.2s 时负载变为$T_L = 4.5N \cdot m$，在 0.35s 时负载变为$T_L = 3.5N \cdot m$，对应的神经网络无位置传感器控制下的转速响应曲线如图 6-73 所示；对应的实际和估计转子位置角及估计转子位置角误差曲线如图 6-74 所示。

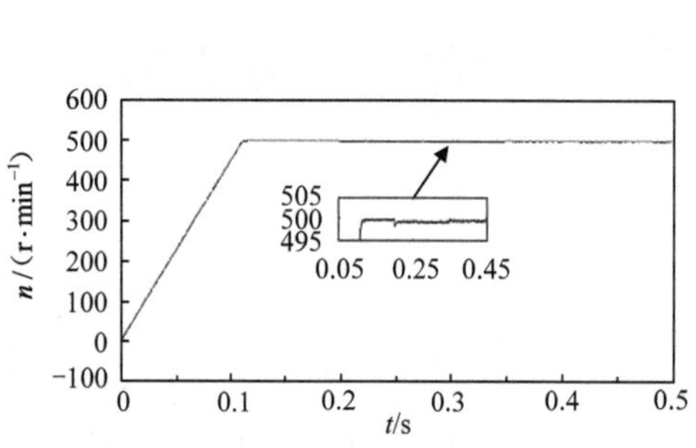

图 6-73　负载转矩突变的转速响应曲线

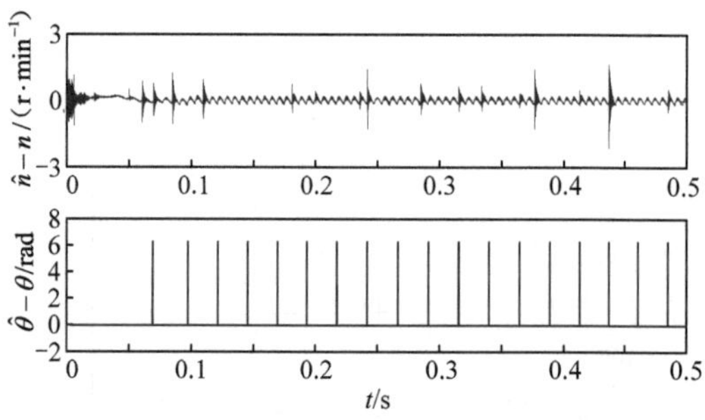

图 6-74　负载转矩突变的转速和转子位置角估计误差

如图 6-73 所示，当负载转矩连续变化时，转速波动较小，波动范围在±1r/min 之内。如图 6-74 所示，当负载转矩连续变化时，转速动态响应依然良好，实际转速与估计转速之间的误差在±1.5r/min 之内；转子位置估计误差较小，几乎不受负载影响。可见当系统存在参数摄动时，神经网络观测器仍能够快速、准确地估计电机转子速度，使电机正常稳定运行，具有较强的鲁棒性。

综上所述，所设计的神经网络观测器对 PMSM 转子角速度和转子角位置的估计精度较高，在起动暂态过程之后能够准确跟踪实际转速和转子角位置。所提出的 PMSM 神经网络无位置传感器控制策略对 PMSM 调速系统的参数摄动和负载扰动具有较强的鲁棒性，可获得令人满意的性能。

参 考 文 献

[1] 范佩樟，刘凌，靳东松，等. 永磁同步电机的无差拍电流预测控制优化算法[J]. 西安交通大学学报，2023，57(4):29-38.

[2] 靳东松，刘凌. 永磁同步电机的改进无差拍预测抗扰前馈控制[J]. 西安交通大学学报，2022，56(7):38-46.

[3] 薛定宇. 分数阶微积分学与分数阶控制[M]. 北京：科学出版社，2018.

[4] AYTEN K K. Real-time speed control of an electrically powered wheelchair by using fractional order model reference adaptive system control[J]. Elektronika ir Elektrotechnika, 2018, 24(5): 24-35.

[5] 杨航，刘凌，倪骏康，等. 双关节刚性机器人自适应 BP 神经网络算法[J]. 西安交通大学学报，2018，52(1):129-135.